猪病
临床诊疗技术与典型医案

刘永明　赵四喜　主编

化学工业出版社

·北京·

本书收录了《中兽医医药杂志》1982—2011 年登载的有关猪病诊断、治疗的理法方药和典型医案。全书分为内科病、外科病、产科病、传染病与寄生虫病、中毒病与营养代谢病、其他疾病和附录，详细介绍了每种疾病的病因、主证、治则、方药及典型医案等。

本书内容翔实、重点明确、结构合理、通俗易懂，适用于广大基层兽医专业人员阅读，也可供农业院校兽医专业师生以及养猪场（户）技术人员阅读和参考。

图书在版编目（CIP）数据

猪病临床诊疗技术与典型医案/刘永明，赵四喜主编.
北京：化学工业出版社，2016.1
Ⅰ ISBN 978-7-122-25608-9

Ⅰ.①猪…　Ⅱ.①刘…②赵…　Ⅲ.①猪病-诊疗
Ⅳ.①S858.28

中国版本图书馆 CIP 数据核字（2015）第 261838 号

责任编辑：漆艳萍　　　　　　　　　　装帧设计：关　飞
责任校对：王素芹

出版发行：化学工业出版社（北京市东城区青年湖南街 13 号　邮政编码 100011）
印　　刷：北京永鑫印刷有限责任公司
装　　订：三河市胜利装订厂
787mm×1092mm　1/16　印张 18½　字数 433 千字　2016 年 1 月北京第 1 版第 1 次印刷

购书咨询：010-64518888（传真：010-64519686）　　售后服务：010-64518899
网　　址：http://www.cip.com.cn
凡购买本书，如有缺损质量问题，本社销售中心负责调换。

定　　价：88.00 元

编写人员名单

主　　　　编　　刘永明　　赵四喜

副　主　编　　王华东　　肖玉萍　　赵朝忠　　王胜义

其他参编人员　　荔　霞　　潘　虎　　刘治岐　　杨馥如

　　　　　　　　赵　博　　齐志明　　王　慧　　崔东安

前　言

近年来，养猪业作为一个大众性产业迅猛发展。由于养猪场规模扩大和数量增加，猪的各种疾病也呈现多发和上升趋势，出现许多新的疾病和疑难杂症。猪的品种、年龄和生产性能差异，猪病的性质、类型和症候既有区别也有类同，临床诊治时既需要辨病更需要辨证，才能取得确实的治疗效果。广大畜牧兽医科技工作者和基层从业人员在总结前人诊疗经验的基础上，对不同种类、不同症候猪病的诊断与治疗积累了丰富经验，能比较全面地反映当代中兽医学发展水平和诊疗技术。

《中兽医医药杂志》自 1982 年 10 月创刊至 2011 年 12 月，历时 30 年，共编辑、出版、发行 171 期。期间，多次出版《中兽医医药杂志》的专辑和论文集，刊登了大量有关猪病的临床研究、诊疗经验和技术。为便于临床兽医技术人员查阅、借鉴和运用，本书在总结前人研究成果的基础上，对《中兽医医药杂志》（含正刊与专辑）刊载的各种猪病，包括临床集锦、诊疗经验和部分实验研究等进行系统归纳、分类整理和编辑，重点突出了临床兽医工作者对猪病的诊疗技术和典型医案，详细介绍了每种疾病（证型）的理法方药，集科学性、知识性和实用性于一体，是广大兽医临床工作者的长期实践经验的总结，行之有效。

本书参考中西兽医对疾病的分类方法，按系统分为六章，共介绍了 145 种猪病诊疗技术。为方便查阅，在编辑中尽可能按文章所列病名、病性、治疗情况进行归纳、分类，并对同一篇文章中不同疾病用同一种诊疗方法（药），按不同疾病分解后进行归类，把相同或相关医案归纳在一起。用一个方药治疗两种或两种以上的疾病，则尽可能分别叙述。对不同方药治疗同一疾病，尽可能收录，但对同一方药治疗多种疾病，在整理过程中仅选择其中比较有代表性的医案。对同一疾病的发病病因，尽管病性各异，但引起发病的原因大相径庭，不再一一赘述，采取前面已表述的部分，后面如若相同，用简述的方式说明表述的位置，然后列出不同的部分，读者在阅读时可前后参阅、一并了解。

本书原则上按"病因"、"辨证施治或主证"、"治则"、"方药"、"典型医案"分别叙述，重点收集"治法、方药"和"医案"等内容，省略"方解"和"体会"等内容，一般诊断内容仅作概括性阐述；传染病和寄生虫病部分增加"流行病学"、"病理变化"、"鉴别诊断"等现代科技成果和诊断技术；凡是仅有医案、没有病因、或没有症状、或没有方药、或没有治疗和治愈情况的病案，本书在编辑中不予收录；"方药"中的药味及用量如与"医案"中的药味、剂量一致，原则上在"医案"中不再一一列出。对于临床上新出现的医案或临床验证医案较少者，大都是原作者临床诊疗智慧的结晶，在以往的中兽医书籍中亦无记载，为力求全面而真实地反映中兽医医药防治猪病的研究成果，在此一并列出，供大家临床验证。

《中兽医医药杂志》中的猪病病名，或用中兽医学名称，或用现代兽医学名称，或根据临床诊疗按实际中西兽医结合命名。笔者在归纳、整理时，原则上保留原有病名，并尽可能说明现代兽医学病名，对应鉴别；同时，在各病的叙述中，凡用中兽医学命名者，尽可能附注西兽医病名；用西兽医学命名者，附注中兽医病名，以便读者对照、查阅。

为了便于读者查阅并对照原文，按照《中兽医医药杂志》出版的总期数和页码在本书中进行标注，分别用 T、P 表示，并列出原作者姓名，若有两个或两个以上作者，仅列出第一作者，在第一作者后用"等"表示，如总第 56 期第 28 页，标注为：作者姓名，T56，P28；引用文章出自专辑，标注为专辑出版的年份和页码，分别用 ZJ+ 年号、P 表示，如 2005 年专辑第 56 页，标注为：作者姓名，ZJ2005，P56。

本书在完稿过程中得到《中兽医医药杂志》编辑部和中国农业科学院兰州畜牧与兽药研究所中兽医研究室科研人员的大力支持，中国农业科学院科技创新工程"奶牛疾病"团队、"十二五"公益性行业（农业）科研专项"'中兽药生产关键技术研究与应用'防治仔畜腹泻中兽药复方口服液生产关键技术研究与应用"经费资助出版，在此一并致谢。

由于时间仓促，加之编者水平有限，书中难免有疏漏之处，敬请读者提出宝贵意见。

编 者

二〇一五年八月

目 录

第一章 内科病 / 1

第二章 外科病 / 59

第三章　产科病 / 85

第四章　传染病与寄生虫病 / 123

第五章　中毒病与营养代谢病 / 231

第六章　其他疾病 / 255

第一章

内科病

第一节 消化系统疾病

口腔炎

口腔炎是指猪口腔黏膜损伤或被异物刺伤，致使口腔黏膜发炎的一种病症。

【病因】 由于粗硬饲料损伤，或误食发霉有毒饲料，或灌服腐蚀性、刺激性药物等引起口腔黏膜发炎；某些传染病（如水泡病、坏死杆菌病、维生素缺乏等）继发本病。

【主证】 患猪饮食困难，咀嚼缓慢，流涎，口腔黏膜红肿，局部有水泡或溃烂；有时能见到溃疡或坏死区，齿龈出血。一般患猪体温正常、呼吸、心跳无异常变化。

【治则】 消炎止痛，清热泻火。

【方药】 蛇蜕明矾散。蛇蜕 1.5g，明矾 10g。用蛇蜕包裹明矾（要包严密），用微火烧焦（食用油火最佳），以明矾熔化和蛇蜕完全凝固在一起为准，待冷却后研成细末。同时把患猪口腔打开，用长 5cm、直径 0.5cm 小圆筒吹入猪的口腔 1～5g，一般 1 次即可，如不愈可再用药 1 次。用药 5min 后，患猪从口中流出大量唾液。

【护理】 加强饲养管理，保证饲料质量；猪舍和用具要保持清洁光滑；猪舍内严禁存放腐蚀性和有刺激性的药品。

【典型医案】 寿县关好乡巴族村杨某一头 60kg 母猪，因有机磷中毒用高锰酸钾经口腔灌服洗胃而引起口腔炎来诊。检查：患猪口腔红肿，两颊和舌体上有大小不等的水泡，口流丝状黏液，精神沉郁，体温 39.7℃。治疗：取上方药，用法同上，2 次痊愈。（胡长付，T60，P42）

不 食

不食是指猪胃肠功能紊乱，引起以食欲减退或食欲废绝为特征的一种病症。

一、不食症

【病因】 由于饲料单一，维生素、微量元素、矿物质缺乏；或患某些慢性消化道疾病（如溃疡、消化不良、长期便秘或下泻等）；饲养管理不当、圈舍阴暗潮湿、通风不良、营养缺乏等均可发生本病。

【主证】 病初，患猪精神、体温正常，食欲减退或挑食；中期，患猪精神沉郁，喜卧懒动，食量明显减少，有时只饮水，不吃料或吃少许青饲料，粪燥结，尿黄色或茶褐色，体温正常或偏低；后期，患猪粪秘结，体温偏低，食欲废绝，站立不稳，甚则瘫痪。待产母猪产仔时间拖延甚至发生难产，仔猪瘦弱，活力下降，生长发育受阻，严重者导致死亡。

【治则】 健脾开胃，消食行滞。

【方药】 消食平胃散合增液汤加减。山楂、麦芽、山药各 60g，生地 50g，神曲、莱菔子、槟榔、玄参、当归、火麻仁各 40g，苍术、麦冬各 45g，厚朴、陈皮各 30g。津液亏损严重者，麦冬量加至 60g（为 100kg 猪药量）。维他好（成都坤宏动物药业有限公司生产）注射液 0.1mL/kg，肌内注射；10% 安钠咖注射液 0.1mL/kg，氯化钙注射液 0.5mL/kg，静脉注射。体重小于 100kg 者，药物用量分别减至 0.05mL/kg 和 0.3mL/kg。针刺百会、脾俞、抢风穴。共治疗 132 例，治愈 117 例，好转 8 例，总有效率为 94.7%。

【典型医案】 2003 年 12 月 27 日，荣昌县峰高镇唐冲五社黄某一头荣昌母猪患病邀诊。主诉：该猪患病已月余，病初精神很好，不发热，只吃不饮，随后食欲减退，便秘，食欲废绝。检查：患猪体温 37.2℃，行走摇晃，脚软无力，精神沉郁，食欲不振，粪干硬、带有白色黏液，尿赤黄。诊为厌食症。治疗：山楂、山药各 60g，神曲、火麻仁、当归、槟榔各 40g，麦芽、苍术、玄参、麦冬各 45g，莱菔子、生地各 50g，厚朴、陈皮各 30g。水煎取汁，候温，胃管灌服。复合维生素 B 注射液 10mL，脾俞穴注射；10％安钠咖注射液 10mL，10％葡萄糖注射液 250mL，混合，静脉注射；健胃消食注射液（主要成分为氯化铵甲酰甲胆碱）10mL，皮下注射；10％氯化钙注射液 50mL，静脉注射；温肥皂水灌肠。用药后，患猪排粪、食欲均恢复正常，未见复发。（鲁华柏等，T137，P50）

二、中暑后不食症

【病因】 伏暑季节高温多湿，猪受日光照射时间长，圈舍不通风，饲养密度过大等引起机体调节紊乱，导致不食症。

【治则】 清热解暑，行气和胃。

【方药】 双花藿香汁。取鲜藿香 50～100g，金银花 50g。武火急煎两沸，候温同药渣一次拌料或取汁灌服，1 剂/d，连服 5～7d。

【典型医案】 商南县富水镇黑漆河村三组张某两头约 70kg 商品猪来诊。初诊时体温 42℃，每头猪用头孢英豪 3g，烧必定、柴胡各 10mL，肌内注射，2 次/d，连续 2d。治疗后，患猪体温复常，3d 后复发，用大开胃无效。取双花藿香汁，用法同上，1 次获效。（刘作铭，T136，P22）

三、母猪顽固性不食症

多发生在母猪产前和产后。

【病因】 多因母猪产前或产后机体代谢异常；或产前、产后饲料中精料突然增加，粗纤维含量急剧减少，胃肠运动机能减弱等引发本病。

【主证】 患猪精神沉郁，食欲减退或废绝，体温正常或略高，举尾拱背，不愿行走，多卧少立，排少量干硬粪球或不排粪，鼻镜干燥，口干。

【治则】 润肠通便，消积导滞。

【方药】 增液承气汤加味。大黄、元参、当归各 20g，芒硝（冲）、麦冬、生地各 15g，厚朴、枳壳、麻仁、番泻叶各 10g。产前不食、便秘不食者去芒硝，加黄芩、白术；产后便秘不食者去生地，加熟地黄、白芍；气虚体弱者加黄芪、白术、党参；空怀母猪顽固性不食、便秘者去枳壳，加枳实、大黄（后下）。水煎取汁，候温灌服，1 剂/d。服药 1 剂治愈 42 例，服药 2 剂治愈 13 例。

【典型医案】 1. 2000 年 5 月 8 日，青铜峡市瞿靖镇友谊村四队张某一头母猪，因产后 2d 不食、便秘、他医治疗无效来诊。检查：患猪精神沉郁，结膜潮红，鼻镜干燥，体温略高，饮欲增加。诊为气虚便秘型不食。治疗：大黄、芒硝（冲）、元参、麦冬、白芍各 15g，厚朴、枳壳、番泻叶、麻仁各 10g，当归、熟地黄、黄芪、党参各 20g。水煎取汁，候温灌服，1 剂。第 2 天，患猪排出少量粪，食欲改善。嘱畜主多喂麦麸汤。随后患猪粪尿正常，食欲恢复。

2. 2001 年 12 月 17 日，青铜峡市某种猪场一头妊娠母猪，因顽固性不食已 6d，经用西药多方治疗无效来诊。检查：患猪精神尚可，食欲废绝，体温 38.4℃，饮水正常，鼻镜干燥，偶尔排出少量小粪球。诊为产前不食症。治疗：大黄、元参、麦冬、生地黄、黄芩、白术各 15g，当归 20g，厚朴、枳壳、番泻叶、麻仁各 10g。水煎取汁，候温灌服。第 2 天，患猪排出少量粪球，食欲稍有恢复。继服药 1 剂，排出大量稀软粪，食欲开始恢复，

3d 后产下 9 头健康仔猪。（赵淑霞等，T118，P30）

不饱食（吃食不饱）

不饱食是指猪消化功能紊乱，出现欲食不食、吃不饱食的一种病症，俗称"半口食"，有的地方称为"害锁口"。

【病因】　多因长期饲喂含粗纤维过多饲料，或饮喂失时或不合理，尤其饮水不足，导致胃肠弛缓，消化液分泌减少所致；某些传染性胃肠炎引起大量失水而引发本病。

【主证】　患猪精神尚可，体温正常或略高，肚腹上吊、被毛粗乱、无光，粪干，尿微黄，口腔潮红，口津短少，舌苔微黄。颊部肉疗（乳头）肿大较硬、赤红色或赤紫色，生长缓慢或停滞。

【治则】　通经活络。

【方药】　1. 穴位针刺法。马口穴（又称锁口疗，位于猪口角内侧后上方最后 2、3 对臼齿间隙所对的颊部圆锥状乳头上黏膜下），主要由颊肌组成，左右侧各 1 穴。患猪取站立保定，一助手两腿挟住猪前胸，两手抓猪两耳，将猪前身提起。术者一手用开口器打开猪口腔，或持直径 4～5cm、长 20cm 木棍，将一端伸入猪口腔内一侧，撬开猪嘴，另一手持三棱针或圆利针对准肉疗平刺或穿透出血，再以调匀的食盐、豆油、百草霜涂擦穴位。对体温较高者，在针刺马口穴时，结合针刺山根、鼻梁、玉堂等穴，配以抗菌消炎药治疗则收效较好。共治疗 308 例，治愈 299 例，治愈率达 97.08%。

注：不宜用剪刀剪去肉疗，更不能用剪刀或止血钳挟住肉疗拉其白筋，以免引起出血不止或腮部水肿。所用针具须先消毒，以防感染。

2. 针刺锁口穴。锁口穴（位于口角后方 2cm 的凹陷中）即口轮匝肌与颊肌之间，左右侧各 1 穴。患猪取站立保定，穴位部常规消毒后即用毫针或圆利针向内下方刺入 1.5～3cm 或向后平刺 3～4cm，起针后消毒穴位。体温较高者辅以针刺血印、脾俞两穴。结合抗菌消炎药治疗则疗效更好。共治疗 200 例，治愈 197 例，治愈率 98.5%。

【典型医案】　1. 1989 年 3 月 15 日，海安县青萍乡钟庙村曹某一头 75kg 育肥猪发病就诊。主诉：该猪吃食半饱已 1 周。检查：患猪精神尚可，体温正常，肚腹上吊，皮毛粗乱，粪干燥。治疗：食母生 30 片，分 2d 服完未见效果。19 日下午复诊，患猪颊部肉疗肿大如黄豆、呈赤紫色，当即施针出血。20 日下午，患猪痊愈，饱食。

2. 1989 年 5 月 26 日，海安县青萍乡钱桥村黄某 11 头 50 日龄猪，有 2 头吃三成饱，出现欲食不食、沿槽跑转的症状，体温正常，口腔两颊部肉疗肿大如稻粒、色红。治疗：按方药 1 方法施针。第 2 天，患猪吃食半饱，第 3 天饱食。（孙福星等，T57，P40）

3. 1990 年 7 月 13 日，固始县杨集乡下沟村李某一头约 90kg 肥育猪发病就诊。主诉：该猪吃食半饱已 1 个月，他医诊治均未见效。检查：患猪精神尚可，体温略高，腹上吊，被毛粗乱，粪干燥。治疗：针刺锁口穴，方法同方药 2。15 日，患猪食欲好转，17 日痊愈。

4. 1990 年 2 月 10 日，固始县杨集乡祝棚村祝某 4 头架子猪发病就诊。检查：患猪食欲不振，常吃半饱，呈现欲食不食、沿槽跑转的症状，体温正常。治疗：针刺锁口穴，方法同方药 2。针后 1d，患猪饮食欲转好，3d 痊愈。（陈正清，T98，P32）

消化不良

消化不良是指猪胃肠道黏膜表层发炎，导致消化器官机能紊乱，胃肠消化、吸收功能减退，食欲不振或废绝的一种病症。

【病因】　由于饲喂条件突然改变，时饥时

饱或喂食过多，饲料霉烂变质、粗硬、冰冻、有泥沙、饮食不洁水、有毒物质；或饲料含蛋白质、脂肪含量过高等，致使猪消化不良。某些传染病、热性病、胃肠道寄生虫病等常继发本病。

【主证】　患猪食欲减退，精神不振，被毛粗乱，体瘦，粪稀薄或黏腻，呈乳白或灰白色，肠鸣如雷，肚胀腹痛，回头顾腹，仔猪兼有呕吐，呕吐物气味酸臭，粪中夹有凝乳块，口臭，口色微红，苔厚腻，脉缓或滑。

【治则】　健胃和中，理气化湿。

【方药】　1. 放血疗法。用三棱针或小宽针刺破猪体特定部位的血管，放出适量血液。血针穴位有耳尖、山根、鼻梁、尾尖、蹄头、太阳等穴。在耳尖、尾尖等穴放血量宜大。应考虑体况、个体大小、季节、气候等诸多因素。血色的浓淡能表现出病情的轻重，在放血过程中要注意观察血色变化，血色暗红可多放，血色淡红应少放或不放，血呈黄色者禁放。血色由暗变红、鲜明适中，则表明放血量已够，不必再放。放血量可按体重比例为1‰～3‰。耳尖、尾尖放血量可较大，25kg以下者放血5～20mL，30～80kg者放血20～40mL。注意严格消毒，防止感染。（徐玉俊等，T108，P43）

2. 马钱子注射液。马钱子（又称番木鳖，为马钱科植物马钱干燥成熟种子，性寒，味苦，有大毒）500g，加水浸泡30min，取出，粗碾，刮去皮，切片，用95%酒精淹过药面浸泡48h，滤出药渣，再加95%酒精淹过药面浸泡24h，过滤，合并2次滤液，用滤纸过滤，回收酒精，浓缩药液至80mL，加蒸馏水10000mL，调pH值为7，加0.5%吐温-80，再加1%甲醛溶液（即加36%甲醛溶液100mL），调节pH值至7，抽滤，分装于高压消毒并烘干的10mL安瓿中。50kg以上者8～10mL，25～50kg者5～8mL，10～25kg者3～5mL，肌内注射，一般注射1～2次即

可；病重者注射1～2次，患猪开始采食，再拌喂健胃药，很快痊愈。共治疗1411例，治好1299例，治愈率为91.99%。

3. 三仙多酶健胃散。糖胃蛋白酶20g，胰酶、淀粉酶各25g，焦山楂、焦麦芽、焦神曲各50g。便秘重者加郁李仁15～20g；脾胃虚寒者加炒白术10～15g。共研末，混于饲料中喂服。50kg以上猪50g/次，育成猪34g/次，仔猪25g/次，1次/d。共治疗1000余例，收效较为满意。

4. 穴位注射刺激法。按常规法取穴与进针。主穴选后三里穴，进针深度1cm，注射10%樟脑醇（樟脑10g装在瓶内，加95%酒精至100mL，溶解后过滤备用）1mL/次，1次/d，连续注射2～3次；松节油（为市售品）0.5mL/次，1次/（2～3）d，连续注射1～2次（均为20kg猪药量）。共治疗12例，治愈8例，好转2例，无效2例。

注：筛选最佳穴位和给予穴位一定的刺激量（刺激强度和维持刺激时间）是本法两个要素。穴位注射刺激剂大大优于提插、捻转、艾灸、火针、烧烙等传统的增加刺激的方法，可代替留针。樟脑醇使用总量不得超过20mL/次；松节油使用量不得超过4mL/穴，且不宜在一个穴位中重复注射，必须重复注射时需隔2～3d进行，若局部出现肿胀，2～3d可自行消失。

5. 大蒜7g，捣成泥，加胃蛋白酶4g，稀盐酸4mL，食母生4.5g，加水500mL，灌服，1次/d。共治疗25例，均治愈。（刘延清等，T54，P42）

6. 大黄末、龙胆末、苏打粉各3～4g，灌服。（王锡祯等，T34，P29）

【典型医案】　1. 宜山县三岔村韦某一头约50kg猪来诊。检查：患猪体温正常，食欲废绝，精神不振。诊为消化不良。治疗：马钱子注射液（见方药2）10mL，肌内注射。药后4h患猪食欲恢复。（邓维惠，T25，P50）

2. 1979年10月，伊盟杭锦旗一中王某一头10月龄、80kg猪发病来诊。检查：患猪体

温、呼吸、脉搏正常，饮食减退，粪干硬、如驼粪，口有甘臭气味，舌苔白黄而腻，曾灌服健胃剂2次疗效不明显。诊为慢性消化不良。治疗：三仙多酶健胃散，1剂，用法见方药3。服药后，患猪食欲增加，粪变软。又服药1剂，痊愈。

3. 1988年3月，伊盟杭锦旗农机局李某一头5月龄、50kg、膘情中等猪来诊。主诉：该猪曾患病，治愈后食欲甚差，用大黄苏打片、健胃散、胃肠活治疗无显效。检查：患猪精神尚好，体温38.9℃，呼吸、心跳均正常，肚腹紧束，粪细少不爽，尿正常。诊为病后消化不良。治疗：三仙多酶健胃散，1剂，用法同方药3。3d后畜主告知，该猪食欲增加。又服药1剂，痊愈。

4. 伊盟杭锦旗农林局张某一头3月龄、膘情中等猪，因吞食凉房中的鸡肉、猪油发病来诊。主诉：该猪发病后曾用消炎药、止泻药、青霉素治疗略见好转，腹泻减轻，但近5d吃食仍少。检查：患猪精神不振，被毛粗乱，体瘦，腹泻，食欲减退，呼吸正常，体温39℃。治疗：三仙多酶健胃散，1剂，用法同方药3。服药5d，患猪痊愈。（郭维藩，T32，P40）

5. 1985年5月20日，盐城市郊永丰乡永南村陈某购进4头约10kg仔猪，饲养2个多月，其中3头猪重达30kg；1头猪只有15kg左右，消瘦，时有腹泻，粪渣粗、色淡。诊为消化不良。治疗：选后三里穴、脾俞穴（见方药4），均进针1cm，各注射樟脑醇1mL。4d后重复注射1次。患猪粪基本正常；2周后病情大有好转，日趋恢复。（吴杰，T35，P43）

肝气郁结

肝气郁结是指猪肝疏泄功能失常，引起以胸腹胀满、食欲不振为特征的一种病症。多发生在气候多变、长期阴雨季节。

【病因】 由于饲料发霉变质或其他疾病迁延日久，致使肝胆湿热内郁，肝气不疏，影响脾运化、肺肃降功能紊乱而发病。

【辨证论治】 临床上分为肝脾型和肝肺型。其共同症状是患猪精神沉郁，胸围明显增大，呼吸浅短而增数，体温正常或稍高，食欲减退或废绝，排粪少，粪球干小或稀软，结膜充血，口色黄，口腔欠津或黏腻。

（1）肝脾型 患猪时有腹痛，起卧，胸围增大，粪稀软，肠音弱。

（2）肝肺型 患猪时有急躁不安、胸胁胀满，连续几次浅呼吸后再来一次深呼吸，卧地时则呻吟，时有短声钝咳，粪球干小。

【治则】 疏肝理气，活血解郁。

【方药】 柴胡疏肝散加味。柴胡、黄芪、白芍、枳壳各25g，附子、陈皮、甘草各20g。肝脾型腹满疼痛起卧，粪稀软者重用白芍、枳壳，加当归、五灵脂、乌药；食欲差者加山楂、神曲；肝肺型呼吸短促、咳嗽者加麦冬、桔梗、生地、大黄。水煎取汁，候温，胃管投服。共治疗29例，其中育肥猪16例，架子猪8例，仔猪5例，全部治愈。

【典型医案】 1. 1990年2月14日，信丰县大塘镇牛口村岭脚下李某一头成年猪就诊。检查：患猪精神沉郁，轻微腹痛，起卧不安，食欲减退，结膜充血，口色黄赤，口津黏腻，胸围增大，粪少、质软色暗，体温39℃，肠音弱。诊为肝气郁结、肝脾不和。治疗：柴胡疏肝散加味。柴胡、白芍各25g，香附、当归各20g，青皮、五灵脂、枳壳、乌药、甘草各15g。水煎取汁，候温灌服。15日，患猪精神好转，食欲增加，胸围缩小，起卧停止，排粪量增加，体温38.5℃，继服药1剂。16日，患猪诸症悉退，月余后追访，一切正常。

2. 1991年6月17日，信丰县大塘镇沛东村中山塘窝施某一头架子猪就诊。主诉：该猪已病4d，现食欲废绝、咳嗽、呼吸加快，他处诊治2次无效。检查：患猪精神不振，结膜充血，口腔稍干，人工诱咳阳性，粪球干小，体温 40.5℃，肺泡呼吸音粗糙，肠音稍弱。初诊为慢性支气管肺炎，治疗 2d 无明显效果。再次仔细诊察，发现病猪除上述症状外还伴有胸胁胀满、呼吸浅表。诊为肝气不疏，肺失肃降。治疗：柴胡疏肝散加味。柴胡 15g，黄芩、枳壳、香附各 18g，白芍、麦冬、桔梗、天花粉、生地、莱菔子各 23g，大黄 20g，甘草 12g。水煎取汁，候温，胃管投服。19 日，患猪精神好转，胸围缩小，呼吸平顺，咳嗽消失，体温 38.5℃，食欲增加，心肺正常，肠音活泼。继服药 1 剂，痊愈。（施先平，T61，P25）

黄　疸

黄疸是指猪以眼结膜、口腔和母猪阴户黏膜黄染为特征的一种病症。

【病因】　由于外感湿热、疫毒等邪气，内阻中焦，脾胃运化失常，湿热不得外泄，熏于肝胆，所致肝失疏泄，胆汁外溢，浸渍黏膜、皮肤而发黄；或脾胃虚寒或病后脾阳受损，湿浊内阻，寒湿郁滞中焦，胆液排泄受阻，溢于黏膜、肌肤而发黄。

【主证】　临床上有阴黄和阳黄之分。患猪眼结膜、口黏膜及母猪阴户黏膜发黄，精神沉郁，少食纳呆。阳黄者黄色鲜明如橘色，粪干或泄泻，发热，口色黏膜呈红黄色，尤舌下更甚，舌苔黄腻；阴黄者黄色晦暗无光，耳鼻、四肢末梢发凉，舌苔白腻。

【治则】　阳黄宜清热利湿；阴黄宜温中化湿。

【方药】　加味茵陈蒿汤。茵陈蒿、栀子、黄芩、蒲公英、金钱草各 30g，大黄 15g。水煎 2 次，取汁，分早、晚拌精料喂服，1 剂/d。本方药对阳黄疗效较好；阴黄者加党参、白术、干姜、炙甘草，去栀子、黄芩、大黄。共治疗 6 例（架子猪 3 例，母猪 3 例），均治愈。

【典型医案】　1982 年 10 月 23 日，泰兴县十里句公社甸河大队第 5 生产队一头 75kg 母猪来诊。检查：患猪精神倦怠，食欲减退，体温 40.5℃，眼结膜、巩膜、皮肤皆黄染如橘皮色，尿短黄，粪干燥，苔黄厚，脉大而数。诊为阳黄。治疗：取加味茵陈蒿汤，用法同上。连服 2 剂，患猪体温正常，食欲转好，尿色变淡，粪变软色黄，眼与皮肤黄色减退；又连服药 3 剂，痊愈。（张荣堂，T6，P16）

脾　约　证

脾约证是指猪胃中燥热、脾受约束，引起以粪干硬、尿频数为特征的一种病症。

【病因】　多因饲料单一或缺乏青绿饲料，饮水不足；或长期患有肠道寄生虫病、热性病；或消化不良，长期腹泻导致猪体阴液不足，胃中燥热，脾胃功能失调而发病。

【主证】　患猪食欲减退，逐渐消瘦，被毛粗乱、干燥，有时伴有异嗜，尿频数，粪干硬，口色红。

【治则】　滋阴养液，健脾和胃，润燥通便。

【方药】　麻子仁丸加减。麻子仁 15g，白芍、大黄、厚朴、杏仁、麦芽、神曲、山楂各 9g。共研末，加蜂蜜 50g 拌入食物内，1 剂/2d，连喂 3 剂（为 40～50kg 猪药量，仔猪酌减）。共治疗 300 余例，均收到了良好效果。

【典型医案】　1. 1987 年 4 月 12 日，户县白庙乡白庙村张某一头 50kg 猪来诊。主诉：该猪早期曾长期泄泻，经治疗虽缓解但食欲不振，喜拱地，异嗜，日渐消瘦，多次用药无效。检查：患猪被毛粗乱，口津黏、口腔红，尿频数，粪干硬。诊为脾约证。治疗：麻子仁丸加减，用法同方药 1，连服 3 剂。患猪食欲增加，粪转粗软。嘱畜主加强饲养管理，经 3 个月精心喂养，体重达 120kg 而出栏。

2. 1988 年 5 月 6 日，户县玉蝉乡曲包村李某 4 头、约 45kg 架子猪，因长期饲喂食堂残羹，出现食欲减退、尿频、粪干硬等症邀诊。诊为脾约证。治疗：麻子仁丸加减，用法同方药 1，1 剂/(2d·头)，连喂 3 剂。用药后，4 头患猪食欲增加，粪尿恢复正常。（武尊平等，T46，P26）

胃阴虚

胃阴虚是指猪胃阴不足、津液亏损，表现以消化不良、口干舌燥等为特征的一种病症。

【病因】 多为饲喂失时，缺乏饮水；或久喂干硬难消化和适口性差的饲料，致使热邪伤胃，胃阴不足；或热证、实证、表证未解，传里化热，耗伤胃津；或吐泻太过，或误服燥热、攻下之品，亏损胃津所致。

【主证】 患猪食欲减退或废绝，喜饮水，舌绛红，少苔或无苔，口干舌燥，脉细数。

【治则】 滋阴清热。

【方药】 石斛散。石斛 30g，沙参、麦冬、玉竹、白芍各 20g，山楂 25g。共治疗 41 例（含马属动物），治愈 39 例。

【典型医案】 1980 年 7 月 30 日，一头 70kg 肉猪因病就诊。检查：患猪神倦多卧，体温 40.1℃，无食欲，有时喝少量凉水，鼻盘干，舌绛红而燥，粪球干小，尿黄。诊为胃阴虚。治疗：石斛散加石膏 30g，用法同上。上午 9 时灌药，下午 7 时患猪即进食，于第 4 天恢复正常。（张典，T18，P39）

胃溃疡

胃溃疡是指猪胃黏膜局部表层组织糜烂、坏死或自体消化，形成溃疡面的一种病症，严重者可引起胃穿孔。

【病因】 由于饲料搭配不当，品质不良，过于粗硬、霉败，营养缺乏，饲养管理粗放，猪饥饱不均，缺乏饮水，湿热内蕴，久则胃黏膜肿胀、瘀血、出血、脱落，形成溃疡；精饲料过多、维生素 B_1 与维生素 E 缺乏、中毒（粗饲料中含有喷洒过的农药残留和化肥等）、圈舍过分拥挤、过度惊扰、临产前管理不当、胃肠内分泌异常，某些传染病、寄生虫病等均可诱发本病。

【主证】 患猪开始采食时食欲旺盛，数分钟后突然停止采食，呻吟，呈现前肢向前、后肢向后拉弓姿势，腰部凹陷，严重者四蹄乱蹬，突然倒地，1～3min 后渐渐恢复正常，继续再食。轻度者采食慢，食量少，喜爬卧湿地，活动量少，粪时稀时干、色黑，有时混有血液，喜饮冷水。剖检病死猪可见胃底部、中部、贲门和幽门部有不同程度的充血、出血或糜烂、溃疡灶。

【治则】 理气止痛，活血化瘀。

【方药】 苍术、焦山楂、郁金、神曲、麦芽各 40g，陈皮、黄连、没药、栀子、元胡、甘草各 30g，五味子 25g，大黄、木香、莪术各 20g，莱菔子 100g，白芍 60g。混合，共研细末，于中午灌服。仔猪 30～50g/次，育成猪 50～100g/次，成年猪 100～150g/次。取酵母 40mg/kg，复方维生素 U3mg/kg，痢特灵 6mg/kg，胃得宁 13mg/kg，胃复安 1mg/kg，共研细，于早、晚灌服。1 个疗程/7d，重者 2～3 个疗程，轻者 1 个疗程。共治疗 349 例，治愈 333 例，死亡 16 例。

【护理】 两头以上猪应分槽单喂；对粗纤维饲料须经软化处理；发霉饲料应经消毒等净化处理；禁喂严重发霉的饲料；饮喂要定时定量，给予富含营养易消化的饲料，减少应激反应；保持圈舍干净。（霍培华，T55，P44）

胃肠炎（肠炎）

一、胃肠炎

胃肠炎是指猪胃肠黏膜表层和深层组织发

生炎症，以体温升高、腹泻、呕吐和脱水为特征的一种病症。

【病因】　原发性胃肠炎是饲养管理不善，猪采食发霉变质、冰冻腐烂的饲料或不洁的饮水；突然更换饲料，冷热不均，不定时定量；或采食有毒植物、有刺激性化学物质，或气候突变、卫生条件不良、运输应激等。继发性胃肠炎常见于各种病毒性和细菌性传染病、寄生虫病及某些内科疾病等。

【主证】　本病分为急性和慢性。

（1）急性　患猪精神沉郁，食欲减退或废绝，脉搏增加，呼吸增数，舌苔厚，口臭；腹泻、气味恶臭或腥臭、混有黏液、血液或脓性物。病初肠音高亢，逐渐减弱至消失。重症者肛门松弛、排粪失禁或里急后重，尿少，腹痛和肌肉震颤，肚腹蜷缩，体温升高，病情严重时体温降低，四肢、耳尖等末梢冰凉，心率增快，脉搏微弱；眼结膜先潮红后黄染，常呕吐带有血液或胆汁的内容物。因机体脱水而血液浓稠、尿少，眼球下陷，皮肤弹性降低，呼吸、心跳加快。后期发生痉挛、昏迷，因脱水而消瘦、衰竭而死亡。

（2）慢性　患猪眼结膜轻度黄染，食欲不定，舌苔黄厚，异嗜，喜食沙土、粪尿，便秘与腹泻交替出现，肠音不整。

【病理变化】　肠壁松弛，胃肠黏膜充血、出血、脱落、坏死，有的可见到假膜并有溃疡或烂斑；肠内容物稀、混有气体、气味腥臭，肠系膜淋巴结肿大，切面多汁、充血。

【治则】　清热解毒，燥湿止泻。

【方药】　1. 苦木注射液（广东省汕头制药厂产品，2mL/支，内含苦木提取物10mg）0.2mL/kg（相当于苦木提取物7mg）。穴位注射或肌内注射（药量相同），1次/d，连用3d。穴位注射选后海穴。将尾巴提起，用16号针头向前上方刺入3～5cm，1次注完药液。共治疗896例，其中1岁以下者835例，1岁者40例，3岁者21例；穴位注射治疗454

例，治愈448例，好转2例，无效4例；肌内注射治疗442例，治愈380例，好转26例，无效36例。

注：保定要稳妥；选穴要准确；消毒要严格，器械应煮沸30min，晾干备用，穴位皮毛用5%碘酊消毒后再用70%酒精棉球脱碘，然后再刺针；注射药液速度要慢，切勿过急；加强护理。（刘云立等，T31，P44）

2. 放血疗法。用三棱针或小宽针刺破猪体特定部位的血管，放出适量血液。血针穴位取耳尖、山根、鼻梁、尾尖、蹄头、太阳等穴。在耳尖、尾尖等穴放血量宜大（应考虑体况、个体大小、季节、气候等诸多因素）。在放血过程中要注意观察血色的变化，血色暗红可多放，血色淡红应不放，血呈黄色者禁放，血色由暗变红、鲜明适中，则表明放血量已够，不必再放。放血量可按体重比例为1‰～3‰。耳尖、尾尖放血量可较大，25kg以下者放血5～20mL，30～80kg者放血20～40mL。注意严格消毒，防止感染。（徐玉俊等，T108，P43）

3. 穴位注射法。取硫酸链霉素2g，硫酸黄连素16mL，混合，于脾俞穴注射10mL，交巢穴注射6mL（为40kg猪药量，根据猪体大小酌情增减）。注射前，穴位常规消毒。进针深度要根据猪的肥瘦、大小确定。一般脾俞穴进针深度为2～3cm，交巢穴3～4cm为宜。共治疗152例，治愈150例。

4. 五味子、诃子、地榆、苍术等量，混合，制成粉剂，取20～80g，1次灌服；或用20%混合煎剂（将切碎、洁净、混合中药200g，加水2000mL浸泡、煮沸后再煎1h，药渣再加水煎煮1次，过滤取汁。两次药液混合后补足水量至1000mL。最好现用现煎，如欲保存待用，应分装后121℃高压灭菌30min）20～80mL，1次灌服；或用混合注射液（同上法煎制成10%药液，用三层纱布滤过后分装于瓶内，高压灭菌，保存备用）10～40mL，

1 次肌内注射或皮下注射，1 次/d。共治疗 13 例，有的用青霉素 20 万～40 万单位，肌内注射，全部治愈。（王锡祯等，T34，P29）

5. 马齿苋汤。马齿苋（干品）60g，铁苋、红辣蓼各 50g。水煎取浓汁，1 剂/d，空腹灌服。服药第 1 天要绝食 1d，连服 3d。

6. 复方南天竹注射液。南天竹 90g，金银花 80g，算盘子 75g，黄柏 70g，薏仁根、仙鹤草各 65g，忍冬藤、栀子各 55g，麦冬 35g，车前草、灯心草各 30g。将采集的鲜药洗净（市售干药亦可），切片、晒干、称重，加入清水 3000mL 浸泡 4h，武火烧沸，再用文火煎至 1500mL，4 层纱布过滤。药渣再加水 1500mL，煎至 700mL，过滤，两次煎液混合浓缩至 1000mL，加入活性炭 5g 除杂脱色，加入亚硫酸钠 3g 用以稳定、防腐，然后用 6 层纱布过滤，不足 1000mL 时，蒸馏水加至 1000mL（含生药约 0.65g/mL），分装，高压消毒，冷却蜡封，备用（室温 20℃ 左右可保存 30～40d）。取 0.3～0.5mL/kg，深部肌内注射，2 次/d，一般连用 2d 即可。若配合后海穴注射（进针 4.5～6.5cm）效果更佳，可缩短疗程 1～2d。共治疗 339 例，治愈 321 例，治愈率 94.5%。

7. 解热胃肠灵。樟脑、大黄、生姜各 25g，桂皮、小茴香各 10g，薄荷油 25mL，穿心莲 125g，乙醇 750mL。将大黄、桂皮、生姜、小茴香、穿心莲粉成粗末，加 95% 乙醇 500mL 浸泡 7d，过滤，药渣再加 95% 乙醇 250mL 浸泡 7d，过滤，合并 2 次滤液，加入樟脑、薄荷油溶解，蒸馏水加至 1000mL，按药液 1% 加入活性炭，摇匀，用布氏漏斗抽滤，再用 G 垂熔漏斗精滤后分装（5mL/瓶）、密封、灭菌、印字。10kg 以下者 0.5～1mL，10～20kg 者 2mL，20～30kg 者 3～4mL，30～40kg者 4～5mL，40～50kg 者 5mL，50kg 以上者 6mL，肌内注射，最多用量不超过 10mL。共治疗 1000 例，治愈 940 例，好

转 40 例，无效 20 例。本方药对痢疾杆菌、大肠杆菌、伤寒杆菌、铜绿假单胞菌、肺炎双球菌及皮肤真菌都有较好的抑制作用；对细菌性痢疾、仔猪副伤寒、仔猪白痢都有较好的治疗作用；对消化不良、胃肠卡他、便秘都有一定疗效；对皮炎、疮、癣均有良好效果。久病体弱者不宜使用。

8. 翁矾柿蒂散。白头翁、明矾各 3 份，柿蒂 1 份。将柿蒂炒焦，同他药一起研细，混匀，2g/kg，开水冲调，候温灌服，1 剂/d。本方药适用于急性胃肠炎。共治疗 66 例，治愈 65 例，死亡 1 例。

9. 白头翁、黄连、秦皮、白芍、黄柏、泽泻、茯苓、苍术、陈皮、厚朴、木香、大黄炭、银花炭、甘草（用量、药味随症和猪体大小增减）。水煎取汁，候温灌服。

10. 穴位注射刺激法。取胃俞穴或后三里穴为主穴，交巢穴为配穴，共针刺 2～3 次。若病情无变化，取脾俞穴为主穴，百会穴为配穴，再针刺 2～3 次。根据猪体肥瘦把握进针深度，力求刺准敏感点。共治疗 31 例，单用穴位注射治愈 23 例，配合其他药物治愈 5 例，有效 2 例，无效 1 例。

【护理】 加强饲养管理，禁喂发霉变质、冰冻或有毒的饲料；保证饮水清洁卫生；及时驱虫，减少各种应激因素。

【典型医案】 1. 1986 年 1 月，寿县张某一头约 50kg 架子猪就诊。主诉：该猪排水样粪已 3d，粪中混有未消化的饲料。曾用庆大霉素、磺胺嘧啶、氯霉素等药物治疗无效。检查：患猪食欲减退，精神沉郁，体温 40.5℃，喜卧，鼻镜干燥。诊为胃肠炎。治疗：穴位注射法（见方药 3），1 次。8h 后，患猪粪转稠；15h 排粪正常，其他症状日渐好转，痊愈。

2. 1988 年 10 月，寿县梅某一头母猪就诊。检查：患猪排酱油状的恶臭粪，食欲废绝，饮欲增加，体温 41.2℃，且有里急后重表现。治疗：穴位注射法（见方药 3，剂量加

大）。12h后，患猪出现食欲。继用药1次。26h后，患猪粪转稠，逐渐康复。（胡长付，T65，P20）

3. 1984年12月，洪湖市食品公司育肥场收购商品猪1256头，由于长途运输，天气突变，饲料变换，其中375头发生胃肠炎，用西药治疗效果不佳，死亡22头。治疗：取马齿苋汤，用法同药5，连服3d，均治愈。（周和银等，T31，P53）

4. 1985年4月初，东安县县中队饲养的17头30～40kg架子猪，因饲养管理不善，饲料单一，圈舍潮湿，时值阴雨连绵，7d相继发病13头。检查：患猪呕吐，食欲废绝，舌苔厚，四肢、鼻端发凉，腹泻，泻粪气味恶臭，有的呈水样、带有黏膜或血液，体温40.6～41.0℃；有的卧地，逐渐消瘦，拱背，行走不稳，初期肠音增强，后期废绝。血液抹片镜检有大肠杆菌。诊为胃肠炎。治疗：取复方南天竹注射液，用法同方药6，注射2次。患猪开始吃食，排软粪，继用药2次，全部治愈（其中5头病猪配合后海穴位注射，仅用药2次即愈）。（胡新桂等，T37，P64）

5. 1988年4月5日，天门市黄潭镇杨四潭村杨某一头30kg猪，因食欲废绝、粪稀带血就诊。检查：患猪体温40.5℃，口臭，泻稀粪、带血、气味恶臭，肠音弱，腹痛，嗜卧。诊为胃肠炎。治疗：解热胃肠灵3mL，用法同方药7。次日，患猪出现食欲，泻稀粪次数减少。再注射1次，第3天康复。（杨国亮等，T51，P22）

6. 1984年6月28日，高密县田庄乡西江村刘某一头约30kg黑猪，因突然不食来诊。检查：患猪呕吐，腹泻，粪腥臭、混有未消化食物，体温40℃。治疗：翁矾柿蒂散（用法同方药8）60g，对开水约200mL，候温灌服，连服2剂，痊愈。（刘际强，T16，P22）

7. 1979年11月，仁怀县中枢城关蔬菜队陈某4头、15～25kg仔猪，因先后发生腹泻来诊。检查：患猪排黄绿色、腥臭的水样粪，其中1头严重脱水，食欲废绝，体温37℃；3头食欲减退，喜饮水，体温38.5～39.5℃。诊为胃肠炎。治疗：取方药9，用法同上，1剂/头；对病情严重的1头进行强心补液，痊愈。（张模杰，T5，P28）

8. 1985年4月9日，盐城市郊永丰乡永南村陈某一头20kg猪就诊。主诉：该猪上槽只吃几口稀食即走开，圈中地面有两处猪呕出的食物，有时发出哼哼声。检查：患猪伏卧，排混有黏液、气味恶臭的糊状粪，体温40.2℃。诊为胃肠炎。治疗：胃俞穴进针1.5cm，交巢穴进针3cm，各注射松节油1mL。第2天，患猪不见呕吐，粪好转。又取脾俞穴进针1.5cm，百会穴进针2cm，各注射1mL。又针治1次，痊愈。（吴杰，T58，P34）

二、肠炎

肠炎是指猪肠道黏膜发炎，出现以腹泻、呕吐和脱水为特征的一种病症。

【病因】　多因饲养管理不当、饲料品质差、饮水不洁、天气突变等引发；某些细菌、病毒、寄生虫等亦可并发或继发本病。

【主证】　患猪呕吐，呕吐物中混有血液或胆汁，腹泻，粪气味恶臭、含有血液、黏液、黏膜组织，有时混有脓液，后期食欲废绝，排粪失禁，眼球下陷，肛门松弛。

【治则】　清热解毒，理气活血。

【方药】　1. 菌毒灵注射液。黄芪、板蓝根、金银花、黄芩各250g，鱼腥草1000g，蒲公英、辣蓼各500g。将诸药洗净、切碎、置蒸馏器中，加水7000mL，加热蒸馏收集蒸馏液2000mL，将蒸馏液浓缩至900mL，备用。药渣加水再煎2次，1h/次，合并2次滤液浓缩至流浸膏状，加20%石灰乳调pH值至12以上，放置12h，用50%硫酸溶液调pH值至5～6，充分搅拌放置3～4h，过滤，滤液用

4%氢氧化钠溶液调 pH 值至 2～8，放置 3～4h，过滤、加热至流浸膏状，与上述蒸馏液混合，用注射用水加至 1000mL，再加抗氧化剂亚硫酸钠 1g，用注射用氯化钠调至等渗，精滤，分装，100℃煮沸 30min 灭菌，即为含生药 3g/mL 菌毒灵注射液。按 0.5mL/kg，肌内注射，1～2 次/d；重症 3 次/d。

2. 大蒜 10g，捣泥，加淀粉 30g，水 500mL，灌服，1 次/d。共治疗 34 例，均获痊愈。（刘延清等，T54，P42）

3. 龙胆草、车前子、白头翁、秦皮各 25g，栀子、黄芩各 18g，泽泻 15g，柴胡、生地、广木香各 12g，木通、甘草各 10g。水煎 2 次，取汁混合，1 次灌服，连服 3d。5%葡萄糖生理盐水 1000mL，5%碳酸氢钠注射液 100mL，0.2%诺氟沙星注射液 300mL，静脉注射，1 次/d，连用 3d。

【典型医案】 1. 1972 年 3 月 8 日，天门市黄潭镇新旺村 3 组养猪场 60 头 15～20kg 仔猪，其中 30 头出现食欲减退，精神沉郁，体温 40.5℃，排黄绿色水样粪，呕吐。诊为肠炎。治疗：菌毒灵注射液（见方药 1），10mL/头，肌内注射，2 次/d。次日，患猪痊愈。（杨国亮等，T168，P63）

2. 1997 年 6 月 10 日，平阳县风卧镇蒲山下猪场一头空怀母猪，因突然便血来诊。检查：患猪体温 40.4℃，粪呈暗红色、血样、腥臭味很浓，连泻 3 次/1h，有明显腹痛表现，呕吐，尿短赤、量少，眼球下陷，精神极差，食欲废绝。诊为肠炎。治疗：取方药 3，用法同上。痊愈。（叶德燎，T97，P44）

肠卡他

肠卡他是指猪肠黏膜表层发生卡他性炎症，出现以消化机能紊乱、排稀糊样或水样粪等为特征的一种病症。

【病因】 多因饲料品质不良，如霉败玉米、谷糠、青饲料堆积发热腐烂、冰冻的块根类；或突然更换饲料、圈舍潮湿、寒冷刺激、长途运输应激等；误服刺激性药物、有毒植物、刺激性化学药品等；某些传染病、寄生虫病等均可引发或继发本病。

【主证】 患猪精神不振，饮食欲减退，肠音增强，腹部紧缩，排粪次数增加，粪呈稀糊样或水样、内含未消化的饲料；严重者饮食欲废绝，肛门四周及尾沾污粪，有的里急后重，排黏液絮状粪。

【治则】 健脾燥湿，涩肠止泻。

【方药】 1. 伏龙散。粳米（炒黄）3 份，伏龙肝 1 份。混合，研成细末，用量酌情，2 次/d。共治疗 4 例，均治愈。

2. 硫酸链霉素 2g，硫酸黄连素 16mL，混合，于脾俞穴注射 10mL，交巢穴注射 6mL（为 40kg 猪药量，根据猪体大小酌情增减）。注射前，穴位常规消毒。进针深度根据猪的肥瘦、大小确定。一般脾俞穴进针深度为 2～3cm，交巢穴 3～4cm 为宜。共治疗肠卡他 127 头，全部治愈。（胡长付，T65，P20）

【典型医案】 鲁甸县小寨乡大坪村大寨庄冯某一头约 40kg 架子猪，患病后经他医治疗 2d 无效邀诊。检查：患猪精神沉郁，食欲废绝，粪呈稀泥样、气味酸臭、内含未消化的饲料，体温 40℃。诊为急性肠卡他。治疗：取穿心莲注射液、鱼腥草注射液合青霉素治疗未见好转。改用伏龙散 100g，分 2 次灌服。第 2 天，患猪痊愈。（平开俊，T83，P40）

肠套叠

肠套叠是指猪的一段肠管套入与其相邻的肠管之中，致使肠腔闭塞不通的一种病症。多发生于吮乳和断乳后不久的仔猪，多发于十二指肠和空肠。

【病因】 多因哺乳母猪营养不良，仔猪饥饿；仔猪断乳后突然更换饲料，或气温突然下降，饲喂冰冷饲料；突然摔倒、打滚、跳越障碍等，肠炎、胃肠卡他、肠道寄生虫病等均可诱发或继发本病。

【主证】　病初，患猪有食欲，排少量黏稠稀粪；中后期，患猪排血粪、混有黏液，精神委顿、眼闭、眼睑肿胀，结膜潮红，腹部增大，叩击背、腹部有疼痛反应，部分猪呕吐。严重者突然倒地，拱背收腹，四肢空中划动，呻吟，匍匐前进，头抵地面，后躯抬高。10～15kg中等膘情的猪触诊可触摸到香肠样套叠的肠管，按压有痛感。剖检病死猪可见胃内多空虚，有气体蓄积；套叠的肠管水肿、瘀血，甚至坏死。

【治则】　手术治疗。

【方药】　症状较轻者可肌内注射阿托品，内服液体石蜡、输液、消炎止痛等，严重者常规打开腹腔手术治疗。共手术治疗32例，治愈29例；药物治疗6例，治愈3例。

【典型医案】　1991年7月22日上午，汝南县十里铺村谢某一头25kg公猪就诊。主诉：今晨发现该猪卧地不起，驱赶不动，排粪少，但有食欲。检查：患猪体温37.3℃，心跳98次/min，呼吸25次/min，精神不振，眼闭、眼睑肿胀，卧于地上驱之不动，腹部胀大，腹腔穿刺腹水稍清亮，腹水蛋白（＋＋），红细胞（＋＋），白细胞（＋＋）。指叩其背部即吱吱嚎叫。诊为肠套叠。治疗：行常规剖腹术，小肠套叠达31cm，难以还原，遂截除套叠肠段，施肠吻合术，27日追访，患猪痊愈。（魏海峰等，T78，P27）

肠梗阻

肠梗阻是指猪肠道内容物在肠道不能正常运行的一种病症。

【病因】　多因腹腔炎症、创伤、出血、异物所致；或因肠道寄生虫等引起胃肠道功能紊乱；饮水不洁、寒冷刺激、暴食等均可诱发本病。

【主证】　患猪腹痛，腹围增大，呕吐，不排粪，听诊腹部有箭鸣音或气过流水声，触诊脐周或后腹部有轻度压痛，无明显移动性浊音。

【治则】　行气导滞，宽中下气。

【方药】　1. 对完全或不完全粘连性肠梗阻患猪，先行常规胃肠减压，补充液体，调节pH值，灌服菜油或大承气汤，并用加温至38～40℃的123液（按5％硫酸镁30mL、菜油60mL、水90mL配制）200～2000mL灌肠3次，再行手术治疗。术后8h给以加味大承气汤。6h给药1次（胃导管投药），肠梗阻症状完全解除后，还需给药2～3d，以巩固效果。手术中若发现腹内病变复杂，再次发生梗阻的可能性较大，应延长给药时间。个别患猪服药后，梗阻症状若不能解除，显现狭窄性肠梗阻者，应停止服药。手术时应注意操作，尽量减少创面暴露时间，减少线头，要采用连续缝合法，彻底止血，仔细清除腹腔和创腔血块及感染灶，减少肠管暴露时间，尽可能不用或少用引流。

2. 加味大承气汤。川厚朴、枳实、桃仁、赤芍、白芍、炒莱菔子、大腹皮、生大黄、芒硝。寒邪所致者加附子、木香；体虚者去芒硝，加当归、黄芪。腹痛明显、粪过稀者可减少药量。水煎取汁，候温灌服。服药后，患猪肠鸣音恢复良好，排稀粪2～3次/d即可。补液、抗感染、纠正酸中毒等对症治疗，按术后常规处理。术后30d未出现异常反应者33例，有效率为94.73％。

【典型医案】　1988年6月4日，绥阳县洋川区关外村邓某一头曾产8胎、约90kg杂交白猪就诊。主诉：该猪于2周前阉割，粪秘结、呈球状，不喜食。检查：患猪体温40℃，尿少而黄，腹围增大，腹壁紧张，精神沉郁，胸式呼吸。诊为瘀结型粘连性肠梗阻。治疗：①取123液（见方药1）灌肠，3次/d，连用

3d；②厚朴、枳实、桃仁、赤芍、白芍、炒莱菔子、大腹皮、生大黄、芒硝。水煎取汁，候温灌服，1 剂/d，连服 4d；③青霉素、安痛定，肌内注射，2 次/d，连用 3d。用药后，患猪病情好转，粪基本正常，尿液正常，采食尚少。上方药减芒硝，加当归、黄芪，用法同上，1 剂/d，连服 5d。用药后，患猪症状消失，食欲正常。为巩固疗效，将方药改为厚朴、枳实、当归、黄芪、赤芍、白芍、大腹皮、大黄。用法同上，1 剂/2d，连服 2 剂，痊愈。（张廷剑，T54，P27）

肠积沙

肠积沙是指猪肠道内积滞过多泥沙而引起腹痛的一种病症。多见于沙化地区或粗放饲养的猪。

【病因】 饲养管理不当，饲喂或采食含有泥沙过多的草料，饮水不洁、含有泥沙；饲料单一，饲料中维生素、矿物质缺乏，猪舔舐泥沙等，或饲养在沙滩地面的猪易发生肠积沙。

【主证】 一般发病缓慢，病程较长。病初，患猪症状不明显，食欲时好时差，有异食现象，消瘦，体温、呼吸正常。病重者体温稍高，食欲减退或废绝，精神沉郁，喜卧。部分患猪肚腹胀满，有轻微腹痛表现。剖检病死猪可见盲肠、大肠、胃内有大量积沙。用清水冲洗沉淀检查病猪粪均检出数量不等的细沙。

【治则】 润肠通便。

【方药】 1. 榆皮豆油合剂。取榆树皮（将榆树皮晒干或晾干，粉成细末）100～250g，豆油 250～500mL，酵母片 60～100mg，粗制土霉素 50g，加水适量，混合，1 次灌服（对食欲较好者也可让其自食），1 剂/d，连服 4～7d。同时，取维生素 B₁ 0.03～0.05g，肌内注射，2 次/d。病情较重者结合强心补液。共治疗 45 例，连续治疗 2d，7 例患猪食欲恢复正常；用药 4d，另 24 例患猪食欲大有好转；用药 7d，

所有患猪食欲都基本恢复正常。10d 后，患猪精神良好，饮食欲均恢复正常，用清水冲洗沉淀检查粪，再未发现细沙。（宋传德，T38，P41）

2. 生麻子（捣碎）1500～4500g/次（视患猪体格大小和体质强弱增减），灌服；以后灌服小米粥 2kg/d 左右，直至病愈。如第 1 次灌服生麻子后 24h 未出现排沙者，可减量灌服第 2 次。在治疗期间，每日按时肌内注射青霉素、链霉素，同时进行腹部按摩或直肠按摩，并根据病情行穿肠放气、补液、强心、止痛等措施。投药后，不断驱赶患猪运动，一般经 5～8h 即能恢复肠音，沙随粪开始排出。

注：治疗肠积沙不能急于泻下，如灌服大量的泻药或峻下之剂会出现水泻不止。在整个治疗过程中，必须注意消除肠道炎症。对于久病或因治疗不当造成脱水、心力衰竭者须强心补液、缓解酸中毒，待全身症状好转后再服生麻子和小米粥。完全阻塞，用生麻子和小米粥治疗效果不理想，应尽早施行手术。

【护理】 立即将患猪移于水泥地面的圈舍，改变单一饲料为配合饲料，同时添加适量维生素、矿物质。

【典型医案】 1983 年 5 月 3 日，察右中旗科镇李某一头 35kg 架子猪就诊。主诉：由于经常饲喂粉条厂的压粉残弃物，半个月来，该猪食欲减退，逐渐消瘦。检查：患猪体温 40℃，心跳 70 次/min，呼吸 17 次/min，肠音低沉，喜卧，肚腹下沉，触诊腹下部坚实、有痛感。诊为肠积治疗：取生麻子 1000g，用法同方药 2。之后改饲小米粥 3d；嘱畜主自行肌内注射青霉素 120 万单位、链霉素 75 万单位，3 次/d。8 日，患猪服药后排泥沙 2d，约 1.5kg，随后食欲恢复正常，诸症悉退。（安琦星，T45，P23）

腹膜炎

腹膜炎是指猪腹部施术后，感染病原微生

物引起腹膜局部或弥漫性炎症，以体温升高、呼吸和心跳加快等为特征的一种病症。多发生于母猪卵巢阉割、难产或疝等腹腔手术后。

【病因】 腹部手术（如摘除母猪卵巢、公猪隐睾）及修补疝气时消毒不严引起感染；或继发于胃肠炎、子宫炎、猪肺疫、副伤寒、猪痘、肝片吸虫病、棘球蚴等。

【主证】 急性者多为脓毒性弥漫性腹膜炎。患猪精神、食欲不振，喜卧，体温升至41℃左右，呈胸式呼吸、快促，心搏亢进，腹痛不安，回顾腹部，有时口渴贪饮，呕吐。腹腔穿刺可见淡黄色或淡红色混浊液体。慢性者多为局限性，一般病程缓慢。患猪体温、呼吸、食欲等均正常。当炎症范围扩大时，出现体温短期的轻度升高，患部结缔组织增生，腹膜增厚，与附近器官发生粘连等变化。触诊时可摸到表面不光滑的瘤状肿块。

【治则】 清热消毒，利水燥湿。

【方药】 穴位与肌内注射法。苦木注射液（广东省汕头制药厂产品，2mL/支，内含苦木提取物10mg）0.2mL/kg（相当于苦木提取物7mg），穴位注射或肌内注射（药量相同），1次/d，连用3d。穴位注射选海门穴（位于肚脐两侧旁开约3cm处），左右侧各1穴。患猪作仰卧保定。用16号针头向内上方斜刺2～3cm，药液分别注入左右穴。共治疗270例，其中1岁以下者231例，1岁者7例，3岁者32例；小挑花感染143例，行隐睾术感染41例，修补疝气感染47例；穴位注射治疗132例，治愈126例，好转3例，无效3例；肌内注射治疗138例，治愈116例，好转3例，无效14例。（刘云立等，T31，P44）

便　秘

便秘是指猪小肠内食糜停滞而干结和大肠硬粪积聚而不能排出的一种病症。成年猪和仔猪均可发生；便秘部位多在结肠；不分季节，以冬春和夏初季节发病较多。

一、便秘

【病因】 长期饲喂营养单一、饲料纤维过多、加工粗糙或腐败霉烂、混有泥沙及杂物，加之饲养管理不良，如饥饱不均或饮水不足，突然更换饲料以及改变饲养方式等，致使肠胃受伤，津液损耗；气温骤变或严寒季节厩舍阴冷，饲喂冰冻饲料，致使阴寒内凝，损伤阳气，气失和降，肠道失于传导，粪迟滞不行；某些传染病和寄生虫病继发。

【主证】 初期，患猪排出少量干小粪球、常被覆黏液，肠音不整、逐渐减弱乃至废绝，口色偏红，口津不足，舌苔白厚；后期，患猪口舌红绛，津液亏乏，口腔干燥，口气臭秽，舌苔黄厚，有的可见齿龈部有紫色瘀血带。随着病情发展，患猪精神不振，肚腹坚实，腹围增大，食欲减退或废绝，排粪困难，拱腰努责，时作排粪状，严重者粪秘结不下，舌体皱缩，舌苔灰黑，结膜赤红，尿赤、短黄、黏稠如油状，较长时间不排尿，一般体温、脉搏、呼吸无变化。

【治则】 行气导滞，润燥破结。

【方药】 1. 通便灵片。大黄4份，槟榔0.5份，川木香0.5份，青木香1份，碳酸氢钠4份。共为极细末，混匀，压片。共治疗157例，治愈131例，好转9例，治愈率为83.44%，总有效率达89.17%。

2. 增液汤加减。玄参、生地黄各150g，麦冬、大黄各100g，芒硝200g，神曲50g，蜂蜜400g为引。粉碎为末，制成糊状，视猪大小定量舔食。本方药适用于治疗热病伤津或肠燥粪干、津亏喜饮之证。（刘汉军等，ZJ2006，P193）

3. 鲜乌桕根（刮去粗黑皮）500g，水煎取汁约2000mL，用其煮玉米粥，分3次让猪自食。共治疗31例（1月龄仔猪16例，肉猪15例），疗效比较满意。

4. 木槟硝黄散。木香 8g，玉片 6g，大黄 15g，芒硝 30g（为 40kg 以下猪药量）。共研末，水煎取汁，候温灌服。共治疗 45 例，疗效满意。

5. 活黄鳝 1 条（根据猪体大小，用黄鳝 25～50g）。把黄鳝头先塞入猪肛门，然后让其自行向里钻，一般 1～2 次可愈。

6. 虎杖 150g，乌桕根 50g。水煎取汁，候温灌服或让猪自饮。共治疗 68 例，效果很好。

7. 白蜡（市售）或白蜡烛（照明用）。将白蜡切碎，有食欲者拌精料中自食；食欲废绝者可灌服。50～100g/次，2 次/d，连服 2～3d。共治疗 57 例，治愈 54 例。

8. 番泻叶、大黄各 30g，芒硝 20g。混合，用文火煮 40min，取汁，候温灌服，2 次/d，服至便秘缓解为止。

9. 岩七（又名心不干、开口箭、羊尾七、竹根七）50g，云木香 20g（均为 100kg 猪药量）。水煎取汁，红糖为引，候温灌服。本方药适用于冬季便秘。（张云贵，T48，P48）

10. 猪苦胆（新鲜）1～3 个，收集胆汁，加入适量温水；或干猪胆（剂量可适当加大），先用温水泡软，取出黏稠胆汁膏，用开水溶化。一般加水 200～300mL，冲泡数分钟，溶解候温，一半灌服，一半用注射器连接橡皮管慢慢注入直肠，2～3 次/d，直到粪下为止。一般服药、灌肠后 2～3h 患猪病情就会好转，24h 后通便。本方药适用于初生仔猪便秘。共治疗 2 例，均痊愈。（孙吉，T7，P27）

11. 解热胃肠灵。樟脑、大黄、生姜各 25g，桂皮、小茴香各 10g，薄荷油 25mL，穿心莲 125g，乙醇 750mL。将大黄、桂皮、生姜、小茴香、穿心莲粉成粗末，加 95% 乙醇 500mL 浸泡 7d，过滤，药渣再加 95% 乙醇 250mL 浸泡 7d，过滤，合并 2 次滤液，加入樟脑、薄荷油溶解，蒸馏水加至 1000mL，按药液 1‰ 加入活性炭，摇匀，用布氏漏斗抽滤，再用 G 垂熔漏斗精滤后分装（5mL/瓶）、密封、灭菌。10kg 以下猪 0.5～1mL，10～20kg 猪 2mL，20～30kg 猪 3～4mL，30～40kg 猪 4～5mL，40～50kg 猪 5mL，50kg 以上猪 6mL，最多用量不超过 10mL，肌内注射。共治疗 10 例，治愈 8 例，无效 2 例。

12. 九应丹。胆南星、半夏各 30g，辰砂、木香、肉豆蔻、川羌活各 25g，明雄黄 10g，巴豆 7g，蒙砂 40g。共研细末，5～15g/次，开水冲调，候温灌服或混食喂服。（汪成发，T88，P34）

13. 大黄 30g，硫酸镁 40～80g，灌服；洗衣粉 3～5g，加水灌肠。（王锡祯等，T34，P29）

【典型医案】 1. 1989 年 12 月 3 日，印江县印江镇严家寨张某一头 3 月龄、约 30kg 白色架子猪就诊。主诉：该猪近日食欲不振，喜饮水，粪干、呈珠状。检查：患猪精神沉郁，食欲减退，口渴喜饮，时有不安，排粪困难，频做排粪姿势，粪球干小、附有少量白色黏液。诊为便秘。治疗：通便灵片 60g，20g/次，痊愈。

2. 1990 年 4 月，贵阳市花溪石区板哨街一头 80kg 猪，因连续数日喂糠而致食欲废绝、不排粪来诊。检查：患猪肚腹坚实，呻吟不安，体温 38.3℃。诊为便秘。治疗：通便灵片 60g，30g/次，混于适量菜油内灌服。服药 2 次，痊愈。（狄兆全等，T62，P30）

3. 1980 年 6 月，江津县秦家公社湾址生产队张某一头 4 岁母猪，产仔猪 8 头。1 个月后，仔猪均发生不同程度的便秘，粪干结、如羔羊粪球，被毛粗乱，食欲减退，个别猪呼吸增快；尿色黄，体温 39.5～40.5℃，结膜潮红，舌红津少，苔黄。治疗：取方药 3，用法同上，1 剂治愈。（杨本登，T8，P57）

4. 西吉县马莲乡北坡村李某一头约 40kg 猪，近日因饲喂胡麻衣后喜饮水、不食、粪干如羊粪球状来诊。检查：患猪鼻盘干燥，腹围大，喜卧地，精神沉郁，体温、呼吸、心率均正常。诊为便秘。治疗：木槟硝黄散（见方药4），2剂，嘱畜主少量多次地诱饲或让患猪自饮。服药后，患猪粪尿、食欲均恢复正常，痊愈。（冯汉洲，T110，P15）

5. 寿县杨集乡张庙村牛棚小队李某一头85kg左右育肥猪就诊。主诉：因长期用紫云英作饲料，该猪已2d未见排粪，食欲废绝，饮欲增加。检查：患猪腹部胀满，体温正常，轻微腹痛，频作排粪动作但无粪排出，尿短少。治疗：先灌服硫酸镁，再用开塞露灌肠无效，遂改用方药5，用法同上，1次痊愈。（胡长付，T60，P42）

6. 1969年5月10日上午，九江市庐山区海会村八组陈某一头40kg猪就诊。主诉：该猪近2d来只饮水，不吃食。检查：患猪粪干硬、呈小球状、表面附有黏液和少量血液，排粪次数少，精神差，拱背倦尾，痛苦不安。治疗：取方药6，1剂，水煎取汁，候温缓慢灌服。当日下午，患猪排粪4次，前3次粪干硬如糠团状，最后1次粪变软，精神好转。翌日，取虎杖50g，乌柏根20g。水煎取浓汁拌粥，让猪自食。第3天痊愈。（吴周水，T33，P60）

7. 1988年5月14日，衡东县吴集镇粮站食堂猪场5头猪发病邀诊。检查：患猪采食减少，口渴，腹围逐渐增大，喜卧，有时呻吟，驱赶站立时常拱背努责，缓缓排出少量干燥珠状粪球、附有灰色黏液，有的粪球还黏有鲜红血液，体温39.8℃。诊为便秘。治疗：白蜡200g/（头·次），拌入饲料中喂服，连服2d。第3天，患猪均排出硬结粪，食欲增加，全部治愈。（唐彬，T46，P37）

8. 2008年5月26日，石阡县中坝镇李某一头母猪发病邀诊。主诉：初期，该猪粪稍干未引起重视，20d后食欲废绝，粪干、如羊粪状、表面附着白色黏膜。治疗：取方药8，用法同上。服药3d，患猪粪正常，食欲增加，

5d后痊愈。（张廷胜，T159，P66）

9. 天门市黄潭镇杨四潭村杨某一头15kg猪发生便秘，用蓖麻油30mL治疗无效来诊。治疗：取解热胃肠灵（见方药11）2mL，肌内注射。翌日，患猪康复。（杨国亮等，T51，P22）

二、阴虚便秘

【病因】 常继发于消化不良、肠道寄生虫病、胃肠炎及高热性疾病，或饲养管理不良所致。

【主证】 患猪长期食欲减退，不喜饮水，粪干燥，生长迟缓，仔猪则易成僵猪。

【治则】 滋阴养胃，润燥通便。

【方药】 麦冬、生地、厚朴各12g，石斛、白芍、甘遂、甘草各9g，大黄、建曲各18g，枳实、槟榔各15g。共为末，混入饲料中喂服，1剂/d。共治疗18例，均取得较为满意的疗效。

【典型医案】 1. 贵州省某县孟关乡西寨村陈某2头20kg猪就诊。主诉：该猪购进后喂养月余，一直只吃半饱，粪干燥，毛逆，生长迟缓。检查：患猪体温38.7℃，粪干燥，体瘦，其他未见异常。诊为阴虚便秘。治疗：取上方药，用法同上，连服3剂。患猪粪转好，食欲好转，痊愈。

2. 贵州省某县五星村刘某6头育肥猪（其中30～40kg 4头，40～50kg 2头），2个月前患猪肺疫虽经治愈，但食欲始终不振，粪干燥，不喜饮水，曾喂服硫酸钠7d粪虽转正常，但停喂后依旧干燥。检查：患猪体温39.0～39.8℃，粪干硬、呈珠状，食欲不振。诊为阴虚便秘。治疗：麦冬、生地、石斛、白芍、白术、党参、厚朴、甘遂、甘草各45g，大黄、神曲各120g，枳实、槟榔各80g，菜油250mL，共为末，混入饲料中喂服，1剂/d，连服2剂。半个月后，5头患猪痊愈，1头好转。（文正常，T62，P25）

三、顽固性便秘

【主证】　患猪精神沉郁，食欲减退，被毛粗乱、无光，喜吃稀食，排粪困难，频频努责作排粪状，每次排少量干小粪球或粪块。

【方药】　将杏核（仔猪5～10粒，成年猪10～20粒）撒入饲槽，任其自由采食。1次/d，连喂6～7d。共治疗43例，治愈39例，好转2例。

【典型医案】　1994年4月，榆林市城区张某一头4月龄架子猪就诊。主诉：该猪近1个月来少食，喜饮，排粪困难，粪球干小。检查：触摸患猪耳根无热感，圈内粪如驼粪，粒粒可数，表面附有少许黏液。诊为便秘。治疗：嘱畜主取杏核15～20粒，投入饲槽任其自由采食，1次/d，连喂7d。饲喂杏核2次后患猪排粪正常，7次痊愈。（霍廷刚等，T85，P38）

四、大肠迟缓性粪干结

大肠迟缓性粪干结症是指猪大肠肠管蠕动迟缓、分泌功能减退，肠内容物停留时间较长，粪不能正常排出的一种病症。

【病因】　饲料中粗纤维含量不足，维生素、矿物质缺乏，饮水不足；慢性肠道疾病，寄生虫感染；妊娠母猪胎儿发育较快，胎儿压迫肠道；母猪产后体质虚弱，消化机能降低等均可引发本病。

【主证】　患猪体温一般正常或略偏高（39.5～41.0℃），或时高时低，食欲减退，听诊大肠音弱、蠕动缓慢，尿少色黄，排粪次数与排粪量减少，粪干燥、硬如球状、表面带有黏液或少量血丝。

【治则】　补中益气，润肠通便。

【方药】　1. 黄芪、白术、肉苁蓉各40g，升麻20g，枳实50g，党参、当归各30g。水煎取汁500～1000mL，候温，行保留灌肠。4h后取太宁栓4～6粒送入直肠深部，1次/d，

连用2～3次。灌肠前先用温盐水灌洗直肠排净粪后，再灌药汁效果更好。共治疗45例，其中母猪31例，架子猪14例，均取得了显著疗效。

2. 菜油5～10mL/次，用胶管从肛门滴注，1次/（10～15）min，3～4次即能浸润肠道。

【护理】　加强饲养管理，经常补喂青饲料，（1～2）kg/d；及时治疗原发病；供足饮水。

【典型医案】　1. 2006年4月，五河县头铺镇都台村丁某一头5月龄、50kg架子猪，因近2个月采食少、生长慢来诊。检查：患猪体温40.1℃（下午），精神活泼，两眼有神，眼结膜、口腔黏膜呈粉红色，被毛有光泽，皮肤有弹性，尾巴自然摆动，外人接近兴奋逃避，鼻盘湿润，腹围小、如筒状，排粪次数少，粪干小、硬圆如球、表面覆有黏液，肚腹不胀不痛，腹部听诊大肠音弱、蠕动缓慢。诊为大肠迟缓性粪干结。治疗：取方药1，用法同上。用药3次，患猪排柔软、温润、呈圆锥状粪。为巩固疗效，第4天继续保留灌肠1次。1周后回访，患猪采食、饮水量比原来增加近2倍，粪正常。

2. 2005年10月，五河县头铺镇玛刘村刘某2头怀孕40d母猪就诊。主诉：2头猪采食少，粪干硬、量少，已有7d，他医曾诊治2次效果不明显。检查：2头患猪采食和饮水少，粪干硬小、表面覆有黏液，其他均正常。诊为大肠迟缓性粪干结。治疗：取方药1，用法同上，2次痊愈。（张静立，T153，P48）

3. 良安区莲花乡某户一头母猪，因吃粗糠而排不出粪已4d来诊。检查：患猪频频努责，食欲废绝，鼻干，口气恶臭，拱背尖叫，腹胀有压痛，直肠有硬粪，体温41℃，呼吸略快，脉数。治疗：取方药2，用法同上。趁猪吸进气尚未呼出时，立即用两指堵塞鼻孔，使患猪憋气1min，硬粪即射出。（龙圣贵，

T16，P12）

腹 泻

腹泻是指猪排粪次数增加、粪稀薄或含有未消化食物的一种病症。一年四季均可发生，以冬天、早春、晚秋季节发病较多。

一、腹泻

【病因】 由于饲养管理不善，饲料品质差，以致湿热毒邪郁积胃肠；或因圈舍卫生不良，防寒保暖差，寒、湿侵袭机体，导致运化失调，腐熟无力，清浊不分，传导失职而成腹泻；湿热疫毒内犯，湿热蕴结肠胃；空腹误饮冷水太多，或过食冰冻草料，损伤脾阳，脾胃运化失职，水液下注大肠成腹泻；夜露风霜、久卧湿地、阴雨苦淋，寒湿之邪内传脾胃；过服凉药损伤胃肠，或体虚或久病，损伤肾阳，致命火不足而无以温煦脾土阳气发生腹泻。某些传染病、寄生虫病都可引发本病。

【辨证施治】 根据临床证候，分为虚寒腹泻、寒湿泄泻、湿热腹泻、伤食腹泻、脾虚腹泻、顽固性泄泻。

（1）虚寒腹泻 一般发病急。患猪泻水样稀粪，鼻寒冷或寒颤，精神不振，体温正常或稍低，体瘦肢冷，卧地不起，肠音亢进，尿液短少，口色青白或淡白或夹黄，脉象沉迟或沉细。

（2）寒湿泄泻 多呈爆发性。患猪突然腹泻，粪清稀或水泻、气味酸臭或腥臭，鼻寒耳冷，寒颤，精神委顿，行走无力，食欲减退或废绝，肠音亢进，尿少而黄，先期体温正常，后期体温下降，口色青白或淡白，脉沉迟或沉细。有受寒史。

（3）湿热腹泻 一般为急性泄泻。患猪精神沉郁，被毛粗乱，不愿起立；病初结膜潮红，食欲减退，喜饮水；后期食欲废绝，行走摇摆，肛门松弛失禁，里急后重，拱腰收腹，

呕吐、腹泻次数增多，粪先稀软、呈灰黄色，后呈水样、气味腥臭、混有黏液或脓血，口气臭，喜饮水，有时腹痛明显，体温 40.0～41.5℃，食欲减退或废绝，心跳加快，口色红、苔黄腻，脉弦速。有少数患猪呼吸加快，心跳减弱，机体消瘦，大约 7d 后全身衰竭死亡。

（4）伤食腹泻 患猪精神不安，食欲不振，腹痛则泻，泻后疼痛减轻，粪稀薄、内含未消化饲料、气味酸臭，口色淡白，舌苔厚腻，脉象沉实。

（5）脾虚腹泻 患猪精神沉郁，被毛粗乱，四肢无力，唇色淡白，腹部虚胀，食欲不振，粪清稀，肛周污秽，脉濡细；平时泻轻，凌晨泻重，久治不愈，消瘦；后期脱水。

（6）顽固性泄泻 患猪被毛粗乱、无光泽，粪溏稀、呈黄色或黄绿色、挟有未消化的食物，口渴，饮欲增加，食欲减退，尿短少，体温偏低。

【治则】 虚寒腹泻宜温中散寒，扶脾健胃；寒湿泄泻宜健脾利湿，温脾暖胃；湿热腹泻宜清热利湿，渗湿固涩；伤食腹泻宜行气宽中，消食导滞；脾虚腹泻宜健脾消食，益气止泻；顽固性泄泻宜祛寒逐湿，健脾止泻。

【方药】 （1～3 适用于虚寒腹泻；4 适用于寒湿泄泻；5～7 适用于湿热腹泻；8 适用于伤食腹泻；9 适用于脾虚腹泻；10～13 适用于顽固性泄泻）

1. 二苓平胃散。猪苓、茯苓、苍术、陈皮、厚朴、甘草。气虚者加党参、黄芪、白术；血虚者加熟地黄、川芎、红花；寒重者加肉桂、砂仁、炮姜；肚胀者加木香、小茴香、枳壳或枳实；食滞者加山楂、神曲、红糖；泻剧而粪、尿失禁者加乌梅、车前子、泽泻；郁久化热者加黄连或黄柏、木通；兼有表证者加柴胡、紫苏、生姜。水煎取汁，候温灌服。同时，可结合强心补液，肌内注射先锋霉素，1 次/d，连用 3d。共治疗 80 例，治愈 78 例。

2. 辣姜水穴位注射法。选择辣味最强的干红辣椒 50g，生姜 25g（冷水洗净、切细），加热水浸泡 30min，待浸液有辣味时即煮沸 15～20min，加蒸馏水 500mL，先后用四层纱布、滤纸过滤。药渣再加蒸馏水 300mL，煮沸 15min，过滤同前，合并 2 次滤液，浓缩至 500mL，分装于干净的有橡皮塞的 100mL 玻璃瓶中，高压消毒 30min，用白蜡封口，备用。取 500mL 辣姜水，供 40～50 头肥猪和架子猪或 80～100 头仔猪使用。辣姜水保存时间不宜超过 10d，否则辣味降低，疗效不显著。本方药未见副作用，对寒湿腹泻、伤食腹泻、消化不良、风寒感冒均有显著疗效。共治疗 142 例（含仔猪白痢），治愈 137 例，治愈率达 89.1%。（谭维寿，T6，P37）

3. 复方香叶子注射液。香叶子（全株，鲜品，秋季采集）70%，云木香（干品）1500g，五味子（干品）1500g（购于药材公司）。将云木香、五味子先用冷水浸泡 24h，然后加入香叶子（切细），蒸馏成 1∶1 药液，加苯甲醇 200mL，过滤，分装于消毒后洁净的 10mL 安瓿内，封口，高压消毒，备用。仔猪 5～10mL/（头·次），架子猪 10～20mL/（头·次），成年猪 20～30mL/（头·次），肌内注射，2 次/d，连用 1～2d。病初一般用药 1 次见效；久泻者用药 2～3 次可愈。本方药用于治疗消化不良、腹泻、下痢、里急后重、寒疝等病症效果良好；亦适用于胃肠积热腹泻和宿食停滞腹泻。共治疗 273 例，治愈 255 例，治愈率达 93.4%；好转 11 例，无效 7 例。

4. 丁香二苓平胃散加味。猪苓、茯苓、苍术、陈皮各 20g，丁香、厚朴、甘草各 10g。气虚、舌软无力、行走摇摆、体瘦者加党参、黄芪、白术各 15g；血虚者加熟地黄、川芎、红花各 20g；寒重、耳鼻、四肢俱冷、口色白滑、口温低、拱背怕冷或体温下降者加肉桂、砂仁、炮姜；肚胀者加木香、小茴香、枳壳；食滞者加山楂、神曲；泻重者加乌梅、车前

子、泽泻。共研末，开水冲调，候温灌服或水煎取汁，候温灌服。

5. 郁金散。郁金、诃子、黄芩、大黄、黄连、黄柏、栀子、白芍（随症加减）。水煎取汁，候温灌服。复方甲砜霉素，肌内注射；病重者应补液。一般治疗 2～3 次可康复。共治疗 50 例，治愈 47 例。

6. 大黄、知母、柴胡、石膏、山楂、陈皮、木通、罂粟壳、甘草各 5g，苦参、地榆、神曲各 10g（均为 10～30kg 猪药量，成年猪可酌情增加）。文火煎 3 次，取药液约 200mL/次，合并药液，1 剂/d，分早、晚灌服；药渣可混入饲料中喂服，连服 2～3d。共治疗 90 例，其中 1 剂治愈 30 例，2 剂治愈 40 例，3 剂治愈 15 例，死亡 5 例。（唐明德等，T54，P35）

7. 苦参、地榆、神曲、滑石各 10g，大黄、黄连、知母、柴胡、石膏、山楂、陈皮、木通、罂粟壳各 5g（均为 10～30kg 架子猪药量，成年猪酌情增加）。水煎 3 次，取药液约 300mL/次，1 剂/d，于早、晚灌服。药渣可混入饲料中喂服，连服 3～4d。若同时给患猪 1～2 次/d 口服补液盐效果更好。共治疗 290 例，其中 1 剂治愈 40 例；2 剂治愈 80 例；3 剂治愈 160 例；无效 10 例。（王学明，ZJ2006，P193）

8. 平胃散加白术三消。苍术、厚朴、陈皮、枳壳、山楂、神曲、麦芽、莱菔子、茯苓、防风。水煎取汁，候温灌服。配合肌内注射庆大霉素、诺氟沙星，或灌服食母生、维生素 B_2 等。共治疗 49 例，全部治愈。

9. 健脾开胃散。党参、炒扁豆、茯苓、白术、山药、炙甘草、神曲、砂仁。水煎取汁，候温灌服。取 10% 葡萄糖注射液，辅酶 A，三磷酸腺苷，混合，静脉注射；维生素 B_{12} 注射液，维生素 B_1 注射液，混合，肌内注射。

10. 大蒜 20g，用文火烧熟，捣成泥，加

颠茄酊 5mL，水 500mL，灌服，1 次/d。共治疗 27 例，均治愈。（刘延清等，T54，P42）

11. 阳藠根散。阳藠根（是民间家种的一种姜科蔬菜的地下茎，性微温，能散寒逐湿，开胃健脾，理血止泻）30～75g，艾叶 15～45g，柞树皮 30～75g，陈皮 15～30g，甘草 21～30g。小肠寒泻兼腹痛者加木香、厚朴；食欲不振者加三仙；寒湿困脾泻者加茯苓、白术；体弱者加党参、黄芪；大肠寒泻者加胡椒、茯苓。水煎取汁，候温灌服。共治疗 98 例（含牛），疗效显著。

12. 煤渣粉。取充分烧透的蜂窝煤灰烬块 3～5 个，碾细过筛，弃去粗粒杂质，取细粉末拌料喂服；食欲废绝者水调灌服。3～5g/kg，3 次/d，连服 2～3d。共治疗 198 例，治愈 190 例；轻者 1～2 次，重者 3～5 次即愈，无任何毒副作用。本方药对脾胃虚寒引起的非传染性泄泻有良好的疗效。

13. 新鲜麻子叶，成年猪 50g/头，仔猪 15g/头（干品减半）。水煎取汁，候温灌服或拌料任其自由采食，2 次/d。共治疗顽固性腹泻 36 例，治愈 35 例。

14. 大米榴叶汤。鲜番石榴嫩叶 50～150g，大米 50～100g。将番石榴嫩叶和大米放进铁锅中炒至米色转黄色，加水 500～1000mL，煮沸，候温取汁，1 次灌服，1～2 次/d，连服 2～3d。（陈惠青，T33，P25）

15. 瞿麦（为石竹科多年生草本，味苦、性寒、有显著的利尿作用）全草，干品 50～150g，鲜品 100～250g。水煎取汁，候温灌服或切碎喂服。

16. 畜禽类纳米蒙脱石护肠剂（浙江三鼎科技有限公司生产，25kg/袋）。小于 8kg 猪 3g/（次·头），大于 8kg 猪 5g/（次·头），重症者加倍。与饲料混合均匀饲用或对水灌服。

17. 禽痢停（西北农业大学兽药厂生产，纯中药制剂）。对有食欲、病症轻者，以 2% 比例拌料喂服；饮食欲减退或食欲废绝者，取 30～50g/（头·次），灌服，1～2 次/d，连服 2d，个别病重者可连服 3d。对健康猪群，以 1% 比例拌料喂服，喂药期间必须保证充足的清洁饮水。共治疗 85 例（轻症者 48 例，重症 37 例），治愈 84 例，治愈率 98.8%。（华进联等，T84，P34）

18. 甘草鞣酸蛋白合剂，拌入饲料或混于饮水中，由猪自食自饮。用量随症加减。虚寒性泄泻用炙甘草；湿热性、中毒性泄泻用生甘草；泻盛时要酌情减少鞣酸蛋白的用量；脱水严重者要进行补液，以防虚脱。本方药用于治疗各种泄泻。共治疗 25 例，轻者 1 剂，重者 3 剂，收效良好。

19. 五味子、诃子、地榆、苍术等量，混合，制成粉剂，20～80g/次，灌服；或取 20% 混合煎剂（将切碎、洁净、混合的中药 200g，加水 2000mL 浸泡、煮沸后再煎 1h，药渣再加水煎煮 1 次，过滤取汁。两次药液混合后补足水量至 1000mL。最好在用前煎制，如欲保存待用，应分装后 121℃ 高压灭菌 30min）20～80mL，灌服；或用混合注射液（同上法煎制成 10% 药液，用三层纱布滤过后分装于瓶内，高压灭菌，保存备用）10～40mL，肌内注射或皮下注射，1 次/d。共治疗 13 例，有的病例配合使用青霉素 20 万～40 万单位，肌内注射，全部治愈。（王锡祯等，T34，P29）

20. 附子 20g，干姜 15g。水煎 3 次，频频灌服。

【护理】 加强饲养管理；对病猪应减少饲喂量，待其康复后再逐渐增加；加强防寒保暖措施，保持猪舍清洁、干燥和卫生。

【典型医案】 1. 龙海市榜山镇田边村陈某 12 头，约 20kg 仔猪发病来诊。检查：患猪拉白色稀粪、气味酸臭，肛门污秽，怕冷，堆卧，精神委顿，被毛无光泽，食欲减退，已腹泻 7d，个别出现呕吐，皮肤发绀。治疗：猪苓、茯苓、苍术、陈皮各 75g，厚朴、柴胡、紫苏、干姜各 45g，甘草 15g，加红糖适量，水煎取汁，混合，分 3 次灌服，个别重症不采食者用胃导管投服。取 10% 安钠咖注射液 3mL，5% 糖盐水 300mL，5% 碳酸氢钠注射液 50mL，地塞米松注射液 3mL，10% 维生素 C 注射液 5mL，静脉注射。次日，患猪粪转稠，诸症均好转。继用上方中药 2 剂，痊愈。（杨雪景，T128，P36）

2. 1992 年 12 月 25 日，萍乡市芦溪区银河乡鸟石村胡某 5 头架子猪相继发生腹泻就诊。检查：患猪食欲减退或废绝，粪稀薄如水，耳鼻俱冷，肠鸣如雷，尿少，口色青白或青黄，口津滑利。诊为寒湿腹泻。治疗：复方香叶子注射液 20mL/（头·次），肌内注射。翌日，患猪均已康复。

3. 1993 年 11 月 7 日，萍乡市溪镇江下村徐某 4 头架子猪突然发病就诊。检查：患猪食欲减退或废绝，有的出现呕吐，继而频频腹泻，粪稀薄或黏腻、呈灰色、气味恶臭，精神沉郁，轻热，尿短赤，口臭。诊为胃肠积热腹泻。治疗：复方香叶子注射液 20mL/（头·次），肌内注射。当天下午注射 1 次，翌日再注射 1 次，第 3 天康复。（朱朝真等，T79，P25）

4. 2005 年 3 月，乐都县雨润镇红坡村王某购进的 40 头仔猪，于 10d 左右腹泻就诊。检查：患猪粪稀薄、呈水样，食欲不振，口色青白，有的呕吐，体温 37.8～38.10℃，心跳 82～86 次/min，呼吸 40～48 次/min。诊为寒湿泄泻。治疗：猪苓、茯苓、苍术、陈皮、肉桂、砂仁、炮姜、黄芪、白术各 25g，茴香、枳壳、川芎、红花各 40g，乌梅、车前子、泽泻各 20g。水煎取汁，候温灌服。服药当天，患猪症状减轻，第 2 天继服上方药，4d 后全部治愈。（祁玉香，T138，P60）

5. 龙海市榜山镇芦州村林某 2 头架子猪发病就诊。检查：患猪体温 40.5℃，口唇较干而色红，尿短黄，日泻数次，粪气味恶臭、内含脓血黏液，食欲废绝，用抗生素治疗 3d

未见好转。治疗：复方甲砜霉素 3mL，氨基比林 10mL，地塞米松 2mL，肌内注射，1 次/d；取郁金、诃子、黄柏、白芍各 20g，大黄、黄芩、黄连、地榆、仙鹤草各 15g，麦冬 20g，石斛 25g，用法同方药 5，1 剂/d。服药 2d，患猪症状明显好转；3d 后恢复正常。

6. 龙海市榜山镇南苑村许某 3 头、50kg 菜猪发病来诊。检查：患猪精神不安，食欲不振，粪呈黄色油状、气酸臭味、内含未消化饲料，腹围增大，间有腹泻，里急后重，泻后疼痛减轻。治疗：取苍术、厚朴、陈皮、茯苓、防风各 50g，山楂、神曲各 60g，麦芽、莱菔子、木香各 30g。用法同方药 8，1 剂/d，连服 2 剂。患猪腹胀消失，精神、食欲恢复正常。

7. 龙海市榜山镇翠林村郑某一头约 100kg 母猪发病来诊。主诉：该猪长期时泻时溏，久治不愈。检查：患猪神疲乏力，食欲减退，多卧，粪渣粗并带有未消化的食物，臭味不重，体瘦毛焦，两眼凹陷，尿失禁，四肢浮肿，口色淡白，用西药治疗症状消失，但几天后又复发。治疗：党参、炒扁豆、茯苓、白术、山药、神曲、砂仁、猪苓各 30g，煨诃子、泽泻各 20g，甘草 15g。用法同方药 9。5% 葡萄糖氯化钠注射液 500mL，10% 氯化钾注射液 10mL，重泻先锋注射液 10mL，安钠咖注射液 10mL，地塞米松注射液 4mL，混合，静脉注射，1 次/d。用药 1d，患猪症状减轻；第 2 天粪成形。继服中药 2d，第 3 天痊愈，未见复发。（杨雪景，T128，P36）

8. 1994 年 1 月 18 日，萍乡市芦溪区银河乡河下村高某 5 头架子猪先后发病来诊。检查：患猪食欲废绝，肠胃蠕动音减弱，肚腹微胀，粪稀软、气味酸臭、内含未消化的饲料，腹痛不安。诊为宿食停滞腹泻。治疗：复方香叶子注射液 15mL/（头·次），肌内注射，连用 2d。第 3 天，患猪食欲、粪尿均正常。（朱

朝真等，T79，P25)

9. 1979 年 12 月 4～6 日，遵义县大岚公社东升猪场 6 头肥猪、3 头架子猪、4 头断奶仔猪相继突然发病，水泻严重，粪带泡沫、无臭味，体温正常。诊为寒泻。治疗：阳蔺根散，用法同方药 11，3 剂/头，痊愈。(谭治明，T2，P50)

10. 钟祥市罗集镇新河村 2 组某户 13 头猪先后腹泻来诊。检查：患猪形体消瘦，严重者行走不稳。用氯霉素和痢菌净治疗皆无效。治疗：取煤渣粉，用法同方药 12。13 头患猪均在 3d 内先后痊愈。(张勤等，T66，P44)

11. 2002 年 6 月，巍山县庙街镇白桥村公所向阳厂村刘某 9 头仔猪，因患水样腹泻已数日，曾用痢特灵等药物治疗无效来诊。检查：患猪体温、食欲均正常，粪臭味不浓。治疗：鲜麻子叶 150g，水煎取汁，灌服，10mL/头，2 次/d。第 1 天用药后，4 头患猪腹泻停止，其余 5 头症状明显好转；第 2 天用药后，9 头患猪全部治愈。

12. 2003 年 1 月，巍山县庙街镇盟石村公所陈得厂村熊某 16 头架子猪，因患水样腹泻，曾用磺胺、庆大霉素、阿托品等药物治疗 4d 不见好转来诊。检查：患猪体温正常，食欲减退，腹泻物臭味不浓。治疗：鲜麻子叶 800g，水煎取汁，拌料任其自由采食，2 次/d。服药 3d，患猪全部治愈。(张扬杰，T130，P50)

13. 1982 年 11 月，礼县燕河乡旧城村石某一头约 75kg 育肥猪，腹泻 2d 来诊。检查：患猪精神差，饮食欲减退，无尿，泻粪如水，服用土霉素治疗无效。治疗：干瞿麦 200g，水煎取汁 500mL，候温，任其自饮，2 次，痊愈。

14. 1984 年 8 月，礼县燕河乡祁窑村马某一头约 40kg 架子猪，因腹泻 3d 来诊。检查：患猪精神、食欲差，毛焦欣吊，尿少、粪稀、气味臭，结膜潮红，体温 40℃，腹痛。治疗：鲜瞿麦 150g，切碎混在麸皮中喂服；土霉素

100 万单位，肌内注射。用药 2 次，患猪粪成形，尿量增多，食欲好转。继服药 1 剂，痊愈。(高杉，T50，P41)

15. 2006 年 6 月，武汉市郊某猪场 10 头约 50kg 猪和 18 头 10～28 日龄仔猪、17 头 30～50 日龄仔猪发生腹泻邀诊。治疗：纳米蒙脱石 60g，加温水至 100mL，制成混悬液，充分摇匀，8kg 以下者 5mL/头；8kg 者 7mL/头，用金属注射器灌服，2 次/d，1 个疗程/3d。10～28 日龄仔猪有效率为 77.8%，30～50 日龄仔猪有效率为 94.1%，50kg 左右猪有效率为 80.1%。

16. 2006 年 6 月，绍兴市天天田园生态养殖有限公司某猪场 43 头 10～28 日龄和 30 头 30～50 日龄仔猪发生腹泻邀诊。治疗：纳米蒙脱石 30g，加温水至 100mL，制成混悬液，充分摇匀，10mL/头，金属注射器灌服 2 次。10～28 日龄者有效率为 88.9%；30～50 日龄者有效率为 93.0%。(王荣锦等，T142，P54)

17. 1986 年 4 月 6 日，齐齐哈尔市龙沙毕某一头 50kg 壳郎猪发病来诊。主诉：该猪经常排稀粪，时轻时重，近日改喂凉食，病情加重，现只喝水，不吃食。检查：患猪精神倦怠，鼻镜干燥，耳鼻俱凉，粪稀薄，完谷不化，肛门松弛。诊为虚寒泄泻。治疗：炙甘草末 50g，鞣酸蛋白 5g，拌入饲料或混于饮水中，由猪自食自饮，3 剂，1 剂/d。1 周后随访，患猪精神良好，粪正常。(王克会，T38，P39)

18. 1981 年 12 月 20 日上午，京山县雁门口区熊店村杨某一头约 15kg 小猪，腹泻已 10 多天，他医用磺胺脒、土霉素、活性炭、氯霉素、庆大霉素等药物治疗无效来诊。检查：患猪极度消瘦，弓背吊肚，身颤，行走不稳，后肢及尾黏满稀黄粪，四肢末端冷，体温 36.2℃。治疗：取方药 20，用法同上。第 4 天痊愈。(杨卫国，T28，P44)

二、仔猪腹泻

【病因】 吮乳仔猪腹泻多由细菌或病毒感染引起；保育仔猪以日粮抗原过敏、断奶、饲料突然更换、寒冷、环境应激等非传染性因素引起的腹泻为主。

【主证】 患猪呕吐、腹泻，粪稀软或水样，排粪次数增多，粪呈黄色、灰色、红色、白色、绿色或褐色，粪中混有杂物或含有未消化的乳凝块、饲料渣、黏液、黏膜等。重症者眼结膜发红、贫血，后肢无力，行走困难，站立不稳，甚至卧地不起。腹泻4～5d后，常因食欲废绝、衰竭而陆续发生死亡。

【病理变化】 下颌淋巴结和肠系膜淋巴肿胀、多呈淡黄色；肠系膜与网膜血管高度充血、扩张；脾、肾肿胀；肝质地变脆，结构模糊，有暗红色血液流出；心肌松软；肺被膜上偶见有散在针尖大出血点；心叶、尖叶、膈叶有暗红色粟粒大的肝变；胃显著膨胀，充满多量酸臭气体和少量白色、黄色的凝固乳块，胃壁黏膜附着多量黏液，胃底黏膜呈红色或暗红色，偶尔见有少量针状出血点；小肠肠腔充满黄色液体，内含多量气泡性内容物，肠壁变薄；结肠和盲肠的肠腔充满多量黄色液体，内含少量气泡和凝固小点的内容物（pH值8～9），肠黏膜轻度充血和出血。

【治则】 补气健脾，和胃渗湿。

【方药】 1. 猪苓、茯苓、苍术、淮山药、炒白扁豆、白头翁、陈皮、厚朴、甘草。气虚者加党参、黄芪、白术；血虚者加熟地黄、川芎、红花；寒重者加肉桂、砂仁、炮姜；肚胀者加木香、小茴香、枳壳或枳实；食滞者加山楂、神曲、红糖；泻剧而粪失禁者加乌梅、车前子、泽泻；郁久化热者加黄连或黄柏、木通；兼有表证者加柴胡、紫苏、生姜。水煎取汁，候温灌服。西药用先锋霉素、复方甲砜霉素、氨基比林、盐酸环丙沙星、恩诺沙星，肌内注射。10％安钠咖注射液、5％葡萄糖氯化钠注射液、5％碳酸氢钠注射液、地塞米松注射液、10％维生素C注射液，静脉注射。

2. 乌梅散合白头翁汤加减。乌梅、诃子、白头翁各15g，党参、升麻、茯苓、泽泻、石斛、当归、何首乌各5g，黄芪、地榆各10g（以100g比例为基准），200g可拌料25kg，治疗15～25kg仔猪15～20头；治疗100～125kg母猪4～6头。或水煎取汁，候温灌服。正常治疗量200g中药可拌料15～25kg，预防量拌料为40～50kg，可同时辅以抗菌消炎的西药。

3. 鲜五花果，切碎投服或捣烂加适量洁净常水，混合后滤液滴服。未开食仔猪1～2枚/次，开食仔猪2～3枚/次，1次/d，2～3次即愈。（戴立成等，T115，P24）

4. 黄芩、陈皮各6g，茯苓、猪苓各8g，贯众4g，肉桂5g（为25kg仔猪1次药量，视体重酌情增减）。共为细末，开水冲调，候温灌服，1剂/d，连服2～3剂。在使用中药的同时，用西药对症治疗，强心补液，调节酸碱平衡及胃肠功能。有饮欲者可口服补盐液（氯化钠3.5g，氯化钾1.5g，碳酸氢钠2.5g，葡萄糖20g），加温开水任其自饮；同时取10％安钠咖注射液1～3mL，维生素B_1注射液50～100mL，10％维生素C注射液2～10mL，阿托品1～2mg，肌内注射，1次/d，连用2～3d。无饮欲者，耳静脉或腹腔注射5％葡萄糖氯化钠注射液100～200mL，10％安钠咖注射液2～5mL，5％碳酸氢钠注射液10～40mL；同时取维生素B_1注射液50～100mL，10％维生素C注射液2～10mL，阿托品1～2mg，肌内注射，1次/d，连用2～3d。穴位注射：用7号或9号针头刺入交巢穴1～2cm，注入黄连素注射液1～2mL，1次/d，连用2～3d。有条件的地区，采用高敏感抗菌药物，足量、足疗程进行治疗。

5. 六茜素（中国农业科学院中兽医研究所产品，呈白色片状结晶，易溶于水，水溶液久置变色而药效下降，需现用现配）。仔猪

10～15mg/kg；成年猪 3～5mg/kg，肌内注射，2～3 次/d，1 个疗程/3d。共治疗 435 例，治愈 414 例，治愈率达 95.2%。

6. 通乳止痢散。川芎、木通、王不留行、当归、苦参、连翘、白头翁、板蓝根、生石膏各 1 份，穿山甲、天花粉各 0.5 份，蒲公英 2 份（药量按母猪体重、临床症状与仔猪头数的多少、个体大小和病情等情况酌情增减，预防量酌减）。混合，制成散剂。母猪 1～1.5g/kg，水煎后连同药渣投服，2 次/d，连服 2～3d，于母猪临产前 1d，产后第 2 天、第 4 天服用。配合有关抗生素、补液或其他辅助疗法则效果更佳。共治疗 42 窝 481 头，治愈率 96.5%。

【典型医案】 1. 呼玛县某村刘某一窝 40 日龄断奶仔猪，其中 2 头仔猪于第 4 天发病来诊。检查：患病仔猪腹泻，粪溏稀，食欲尚好。治疗：盐酸环丙沙星注射液 0.2mL/kg，肌内注射。中药取党参、白头翁各 25g，茯苓、焦白术、淮山药、炒白扁豆、黄柏、秦皮、木香各 15g，黄连 12g。研成细末，分 5 次拌料喂服，1 剂治愈，未见复发。

2. 呼玛县西山口村卢某一窝（12 头）约 20kg 仔猪发病来诊。检查：患猪精神委顿，被毛无光泽，食欲减退，泻白色稀粪，气味酸臭，肛门污秽，怕冷，堆卧，已腹泻 1 周，个别出现呕吐，皮肤发绀。治疗：猪苓、茯苓、苍术、陈皮各 75g，厚朴、柴胡、紫苏、干姜各 45g，甘草 15g。水煎取汁，加红糖适量，分 3 次灌服，个别重症不采食者用胃导管投服。10%安钠咖注射液 3mL，5%葡萄糖氯化钠注射液 300mL，5%碳酸氢钠注射液 50mL，地塞米松注射液 3mL，10%维生素 C 注射液 5mL，静脉注射。次日，患猪粪好转，诸症减轻。继用上方中药 2 剂，痊愈。

3. 呼玛县某村张某 2 头约 30kg 猪发病来诊。检查：患猪食欲废绝，体温 40.5℃，口唇干，色红，尿短黄，腹泻每日数次，气味恶臭、内含脓血黏液，曾用抗生素治疗 3d 未见好转。治疗：郁金、诃子、黄柏、白芍、麦冬各 20g，大黄、黄芩、黄连、地榆、仙鹤草各 15g，石斛 25g。水煎取汁，候温灌服，1 剂/d。复方甲砜霉素注射液 3mL，氨基比林注射液 10mL，地塞米松注射液 2mL，肌内注射。治疗 2d 后，患猪明显好转，3d 后恢复正常。（李佩林等，T143，P46）

4. 2004 年 1 月 12 日，洛阳市东郊来沟村冯某 24 头二元长白杂交后代仔猪，28d 断奶后开始转圈，断奶后由原来饲喂的颗粒全价料和食堂泔水改喂粉状预混料和食堂泔水，约 2d 后仔猪普遍腹泻，重者粪水从肛门喷出，轻者呈糊状，粪呈黄白色、黄绿色、黑绿色带黏液。用西药痢菌净、磺胺嘧啶钠治疗 1d 不见好转来诊。检查：患猪精神尚可，饮食基本正常，剧烈腹泻，肛门周围及后躯被毛全被稀粪污染。随机检查 3 头病猪体温分别为 38.6℃、38.9℃、39.1℃。诊为仔猪断奶前后腹泻综合征。治疗：乌梅散合白头翁汤加减 600g，健胃散 400g，拌料 50kg，饲喂 24 头仔猪，吃完为止。随后回访，仔猪进食拌中药料 2d 后病情得到控制，3d 后仔猪逐渐痊愈，无 1 头死亡。

5. 2004 年 3 月 22 日，偃师市佃庄村张某 62 头长白杂交仔猪，断奶时间分别为 28 日龄、30 日龄、32 日龄，体重为 10～13kg，断奶后由全价颗粒料转为粉状预混料，饲养 2d 后，约 90%的仔猪陆续出现腹泻症状，开始为稀糊状，后转为水状或糊水状，粪中带有黏液，部分仔猪粪带有黑红色血液；体温升高达 41～42℃，濒死期体温下降至 37℃以下，耳发紫，毛孔周围有出血性结痂或出血点，极度消瘦，自体中毒、脱水严重。当地兽医诊断为慢性猪瘟与附红细胞体混合感染，治疗 8d，并做过猪瘟疫苗紧急预防注射，但仔猪陆续死亡达 34 头。经临床诊断和血液涂片镜检，诊为仔猪断奶前后腹泻综合征（仔猪圆环病毒、附红细胞体继发混合感染）。治疗：上午肌内注射黄芪多糖注射液、长效土霉素；下午肌内注射菌美欣（磺胺间甲氧）注射液、乳酸环丙沙星注射液，1次/d（按说明书用药），连用2～3d。中药用乌梅散合白头翁汤加减600g，拌50kg饲料饲喂，连用3～5d。部分不能进食的仔猪采用煎汤灌服，20～50mL/（头·次）2～3次/d。半个月后回访，28头仔猪除1头死亡外，剩余仔猪7d后全部治愈。（王宝艾等，T138，P56）

6. 2003年10月，南召县四棵树乡盆尧村某养殖户仔猪发病邀诊。主诉：16头47日龄仔猪陆续出现腹泻，已治愈7头，仍有9头不见好转。检查：患猪体温下降，37℃左右，不时寒颤，精神沉郁，拱背、吊腹，被毛粗乱，粪稀、呈灰色水样，眼球深陷，有3头已卧地不能起立。治疗：取方药4中药、西药进行治疗，连续治疗3d后，痊愈7头。（魏小霜，T131，P40）

7. 1996年3月26日，定西县城关乡福台村张某10头25日龄仔猪相继发生腹泻，自用氯霉素、诺氟沙星、庆大霉素等药物治疗效果不佳来诊。检查：患病仔猪挤卧一团，精神萎靡，体温38.7～39.6℃，心跳70～85次/min，有的粪呈粥状，有的粪泻如水，气味轻微恶臭；有的拱背、腹痛。诊为腹泻。治疗：六茜素，15mg/kg，肌内注射，2次/d。第2天，患猪诸症减轻，体温38.5～38.7℃，心跳60～72次/min，继用药1次，痊愈。

8. 1997年9月13日，定西县内官乡锦屏村门某5头断奶仔猪发生高热、腹泻，当地兽医诊为猪瘟并发痢疾，用磺胺嘧啶、病毒灵、止痢散等药物治疗无效来诊。检查：患猪精神沉郁，食欲减退或废绝，体温38.9～39.8℃，心跳85～90次/min，耳鼻热，粪呈粥样，有的带血丝、黏膜，口色红，贪饮。诊为湿热性腹泻。治疗：清热解毒注射液10～20mL/头，肌内注射；六茜素10mg/kg，肌内注射，连

用2次，痊愈。（董书昌等，T95，P33）

9. 1994年8月21日，如皋市郭元乡朱阜村杨某一头白色杂交母猪，产仔猪16头。因仔猪咬伤其乳头而患乳房炎，至22日16头仔猪既因缺奶而嗷嗷待哺，又因吮吸了病乳发生腹泻。他医用青霉素治疗母猪无效，死亡仔猪2头，另有2头仔猪也已至衰竭期，24日转来救治。治疗：通乳止痢散，用法同方药6。喂服母猪3d而愈，仔猪吮乳也多，除2头仔猪死亡外，其余12头仔猪均健壮。（宗志才等，T81，P22）

三、仔猪断奶前腹泻

【病因】 仔猪断奶前腹泻可由产肠毒素性大肠杆菌（ETEC）、传染性胃肠炎（TGE）病毒、猪流行性腹泻（PED）病毒、A型和C型产气荚膜梭菌等感染引起，7日龄至断奶前仔猪的腹泻有时还可由轮状病毒和猪等孢球虫（球虫病）引起。

【辨证施治】 临床分为寒泻型、热泻型、脾虚型和伤食型。

（1）寒泻型 患猪精神倦怠，四肢欠温，肠鸣腹泻，粪呈淡黄色，舌淡，苔薄白，脉沉迟等。

（2）热泻型 患猪肠鸣腹痛，腹泻如注、一日数次、色黄、气味恶臭，口渴喜饮，肚腹胀满，四肢温热，舌红少津，脉数。

（3）脾虚型 患猪精神倦怠，皮肤干燥，粪溏、呈灰白兼微黄色，持续时间长或反复泄泻，形体消瘦，时有腹胀，舌淡，苔薄白，脉沉无力。

（4）伤食型 患猪腹痛不安，腹泻，粪气味酸臭、混有未消化饲料，苔厚腻，脉滑。

【治则】 寒泻型宜温中散寒，化湿止泻；热泻型宜清热利湿，泻火解毒；脾虚型宜补中健脾，利湿止泻；伤食型宜消食化积，和中止泻。

【方药】 （1适用于寒泻型；2适用于热

泻型；3 适用于脾虚型；4 适用于伤食型）

1. 附桂理中汤加减。附子、甘草各 10g，肉桂 6g，干姜、白术各 12g，党参 20g。文火水煎 2 次，合并药液约 200mL。用棉球蘸药液，在患猪腹部、背部反复涂擦 2～3min，尽量不让药液流失，1～2 次/d，连用 1～3d。

2. 葛根芩连汤加减。葛根、黄芩各 12g，黄连、炙甘草各 10g。粪赤白者加白头翁 12g，用法同方药 1。

3. 七味白术散加减。党参、茯苓各 15g，白术、藿香、葛根各 12g，木香、甘草各 10g。用法同方药 1。

4. 保和丸加减。神曲 20g，川黄连、半夏、陈皮各 10g，茯苓、莱菔子、车前子各 15g。用法同方药 1。

【典型医案】　1. 2002 年 10 月 12 日～14 日，尉氏县邢庄张某 8 头 13 日龄仔猪相继发病来诊。检查：患猪吮乳减少，肠鸣腹泻、呈水样，四肢不温，尿清长，舌淡，苔薄白，脉沉迟。治疗：取方药 1，用法同上，2～3 次/d。用药第 1 天痊愈 2 例，第 2 天痊愈 4 例，第 3 天痊愈 1 例，无效 1 例。

2. 2002 年 5 月 20 日，河南省农业学校养殖场 13 头 8 日龄仔猪相继发病来诊。检查：患猪粪水清如米泔、色黄、呈喷射状、一日数次，口渴喜饮冷水，尿短少，四肢较温，形体消瘦，舌红少津，脉数。治疗：取方药 2，用法同上，连用 1～3d，痊愈 8 例，好转 3 例，疗效不明显 2 例。

3. 2003 年 2 月 22 日，河南省农业学校养殖场 2 头 20 日龄仔猪，溏泻 5d，粪呈灰白兼淡黄色，6～8 次/d，食欲减退，皮肤干燥，行走无力，轻度脱肛，舌色淡，苔白滑，脉沉细。治疗：取方药 3，用法同上，治疗 3d，痊愈。

4. 2002 年 6 月 2 日，河南省农业学校养殖场 2 头 28 日龄仔猪，由于接近断奶，饲喂过多的精料，大量饮水，已发生腹泻 3d 就诊。

检查：患猪粪溏泻、气味酸臭、混有未消化的饲料，腹胀拒按，苔厚白腻，脉滑数。治疗：取方药 4，用法同上，涂擦时间延长 3～5min，连续用药 3d，痊愈。（张丁华等，T136，P40）

四、仔猪慢性腹泻

【病因】　多因仔猪断奶后饲养管理粗放，营养缺乏，饥饱不均，致使脾胃虚弱，消化功能下降；寄生虫感染等慢性疾病引起；急性腹泻未及时治疗而转为慢性。

【主证】　患猪消瘦，被毛粗乱，精神倦怠，口干渴，喜舔墙壁，粪呈灰白色或灰褐色，尿呈淡黄色。

【治则】　清热解毒，止痢厚肠。

【方药】　当归、黄芪、维生素 B_{12} 注射液，混合，1 次颈部肌内注射（10～12kg 仔猪 1 次用药量为当归注射液 2mL，黄芪注射液 2mL，维生素 B_{12} 注射液 0.5mg）。治疗前灌服盐酸左旋咪唑（15mg/kg）进行预防性驱虫治疗效果较好。共治疗 35 例，治愈 29 例，治愈率 83%。

【典型医案】　1997 年 9 月 20 日，盐都县龙冈镇高黄村刘某 4 头 45 日龄仔猪（平均体重 15kg/只），因饲养不当，1 周后全部发生腹泻，虽多次使用止泻药治疗，用药病情好转，停药后复发。检查：患猪平均体重 18kg/只，消瘦，被毛粗乱，精神倦怠，口干渴，喜舔墙壁，粪呈灰白色或灰褐色，尿呈浅黄色。诊为慢性腹泻。治疗：取当归注射液、黄芪注射液各 4mL，维生素 B_{12} 注射液 1mg，用法同上，2 次/d。用药 2d，患猪腹泻停止。为巩固疗效，第 3 天改为 1 次/d，又连续用药 3d。1 个月后追访，再未复发，且生长良好。（杨广忠等，T97，P47）

五、仔猪顽固性腹泻

【病因】　多因感受外邪、内伤乳食和脾胃

虚弱，加之饲养管理不善，致使脾胃运化功能失常，水谷不化，清浊不分而发生泄泻；或由仔猪黄痢、白痢、红痢、传染性胃肠炎、流行性腹泻、副伤寒、轮状病毒感染引发。

【主证】 患猪以泻糊状、黄色、灰白色、黑色稀粪为主，个别水泻、内含有未消化的食糜，气味腥但不臭，轻者腹泻4～6次/d，重者6～10次/d，两后肢及臀部被粪污染，严重者还会出现脱肛，肛门外周红肿，时而有稀粪流出，眼眶下陷，被毛粗乱无光，皮肤弹性差，食欲减退，精神不佳，行走乏力，拱背，卧地挤堆，喜卧于垫草，眼结膜苍白，怕冷，耳鼻四肢不温，肌肉寒颤，体温偏低，舌色淡白，津液少，心跳快而无力。

【治则】 补中益气，渗湿利水，涩肠止泻。

【方药】 自拟顽泻痢停散加减。党参、黄芪、当归各15g，炒白术20g，炒山药30g，乌梅、煨诃子、酸石榴皮各12g，茯苓、泽泻各13g，炙甘草10g（为15～20kg仔猪1d药量）。脱肛者加柴胡、升麻；四肢、耳鼻冰冷者加干姜、附子；消化不良者加焦三仙、砂仁。水煎20min，取汁，候温灌服，1剂/d，分3次灌服，1次/6h，连服2～4剂。共治疗226例，治愈204例，治愈率90%以上。

【典型医案】 2005年3月29日，白水县雷村乡龙西村8组刘某10头仔猪发病邀诊。主诉：20日前从外村购回30日龄仔猪10头，第2天有3头猪泻黄色带水稀粪，用痢菌净粉拌食喂猪治疗，连用3d无效。他医用黄连素、穿心莲、诺氟沙星、庆大霉素等药物治疗7d，用药好转，停药又泻，又改用抗毒5号、长效土霉素等西药治疗8d，日渐加重。检查：10头仔猪均毛焦体瘦，精神差，行走乏力，体温低，食欲减退，尿少色清白，泻黄色带水稀粪和灰白色带黏液稀粪，圈内到处可见，气味腥但不臭，四肢耳鼻俱冷，心跳慢而无力，口色淡白，皮肤弹性差，眼结膜发白，卧地拥挤，

寒颤，其中3头仔猪已有轻度脱肛，泻灰白色带水稀粪，肛门外周红肿，有粪水流出，黏满两后肢，眼眶稍有下陷。此症为泄泻不止致元气亏虚、中气下陷、脾失健运之腹泻。治疗：自拟顽泻痢停散加减：党参50g，黄芪40g，当归、炒白术、乌梅、煨诃子、酸石榴皮、茯苓、泽泻麻、附子、干姜各30g，炒山药100g，炙甘草20g。加水煎20min后，取汁550mL，候温用注射器灌服，15mL/次，病重者20mL/次，3次/d，1次/6h。同时让仔猪自由饮服电解多维或口服补液盐（以上用药剂量为35～45日龄10头仔猪1d药量，平均每头体重8～10kg）。第2天，患猪腹泻次数明显减少，大多数粪呈糊状，精神好转，食欲增加，效不更方，继服药2剂。10d后随访，患猪泻止，精神好，食欲佳，皮毛光亮，再无复发。（刘成生，T138，P45）

六、仔猪冷泻

【病因】 多因仔猪脾胃阳气不足，卫气不固，饲养管理不当（如喂霉变饲料），饮水不洁，圈舍潮湿或外感风寒，内伤湿滞，邪气（寒、湿）内侵，造成脾胃升清降浊功能失调，不能运化水湿所致。

【主证】 患猪寒颤怕冷，耳鼻四肢发凉，食欲不振，呕吐，肚腹胀满，肠鸣如雷，尿清长，粪泄泻，完谷不化，口色淡白，苔白而腻，脉迟等。

【治则】 解表化湿，理气和中。

【方药】 藿香正气散。藿香、大枣各15g，紫苏、白芷、桔梗、白术、厚朴、半夏、大腹皮、茯苓、陈皮各10g，甘草5g。水煎取汁，候温灌服，1剂/d。体质较差、气血虚弱者加人参12g，熟地黄、黄芪各10g；严重脱水者腹腔注射或静脉注射25%葡萄糖注射液100～200mL、维生素C注射液10～20mL、安钠咖注射液2～10mL等。内热较盛及阴虚而无湿邪者忌用。共治疗30余例，治愈率达

91%以上。

【典型医案】　1. 1995 年 10 月 30 日，上杭县珊瑚乡下坑村张某一头约 20kg 菜猪就诊。主诉：患猪呕吐、腹泻，经他医用抗生素治疗效果不佳。检查：患猪精神委顿，食欲不振，被毛逆立，颤抖怕冷，耳鼻俱凉，呕吐，腹胀，肠鸣如雷，粪溏稀，口色淡白，苔白。诊为冷泻。治疗：藿香正气散，藿香 20g，紫苏、白芷、桔梗、大腹皮、茯苓各 12g，白术、厚朴、半夏、陈皮、大枣各 15g，甘草 10g。水煎取汁，候温灌服，1 剂/d，连服 3 剂。5% 痢菌净 3mL，交巢穴注射，1 次/d，连用 3d，痊愈。

2. 1998 年 3 月 16 日，上杭县珊瑚乡华伯村兰某一头约 15kg 猪就诊。主诉：该猪不食，腹泻，用抗生素、磺胺类、痢特灵等药物治疗效果不明显。检查：患猪精神不振，食欲废绝，喜卧，恶寒颤抖，耳鼻四肢发冷，呕吐，尿液清长，肚腹胀满，肠鸣如雷，粪溏稀，口色淡白，苔白滑。诊为冷泻。治疗：藿香正气散：藿香 20g，紫苏、白芷、桔梗、厚朴、半夏、大腹皮、大枣各 10g，白术、茯苓、陈皮各 12g，甘草 5g。水煎取汁，候温灌服，1 剂/d，连服 4 剂，痊愈。（陈万昌，T110，P24）

直肠脱

直肠脱是指猪的一部分或大部分直肠脱出肛门外的一种疾病，又称脱肛。

一、直肠脱

【病因】　多因老龄猪中气不足，中气下陷，不能固摄，饲养失调，营养缺乏，机体虚弱，使用刺激性药物灌肠，或慢性便秘或下痢等导致直肠脱。

【主证】　轻者，患猪在排粪时直肠脱出体外，可自行缩回；严重者直肠脱出不能回缩，黏膜肿胀、呈红紫色、糜烂、坏死。

【治则】　补中益气，升阳举陷。

【方药】　1. 自拟防脱汤。柴胡、当归、白术、厚朴、甘草、陈皮、薄荷各 10g，黄芪、升麻、地榆各 20g，党参、苍术各 15g，熟大黄 5g。水煎取汁，候温分 3 次灌服。共治疗直肠脱数十例，治愈率达 100%。

2. 先行整复术；取 0.5% 普鲁卡因 10mL，于百会穴注射。

注：选穴要准，进针要控制好深度，严格消毒；对怀孕母猪特别是怀孕后期母猪不宜用本法治疗；用两种或两种以上药物混合注射时，应特别注意有无配伍禁忌；进针次数不宜过多，每个疗程以 2～3 次为宜。（王永书，T53，P25）

3. 甲鱼头枯矾合剂。将平时收集的甲鱼头置瓦上焙黄、研末，与枯矾以 3：1 比例混合，研成细末，装瓶备用。将直肠脱出部分用淡盐水洗净，针刺排除瘀血、水肿液，再用 5% 白矾水或 0.1% 高锰酸钾溶液彻底洗净，用消毒纱布吸干血液及渗出液，撒布甲鱼头枯矾合剂适量，然后送入肛门。初发病者不需作任何辅助治疗，撒布 1 次即愈。如果直肠脱出部分多、时间长，坏死及炎症重者，可结合清理坏死组织，撒布上药并整复后，肛门可行烟包缝合或肛门周围用酒精分点注射，并加强饲养管理，适当灌服泻药则效果更佳。共治疗 9 例，其中母猪 4 例，断乳仔猪 3 例，育肥猪 2 例，均收到满意的效果。

【典型医案】　1. 2002 年 2 月，大邑县家畜良种繁殖站一头约 50kg 种公猪，因直肠脱出月余，经用中西药治疗均无效邀诊。检查：患猪精神、食欲均正常，唯直肠脱出约 10cm，粘满粪尿且有干痂。治疗：自拟防脱汤，用法同方药 1，连服 3 剂。患猪脱出的直肠回纳。随访 2 年，未复发。

2. 2002 年 10 月，大邑县凤凰镇萧某 2 头 40kg 母猪，因直肠脱出来诊。检查：患猪直肠脱出约 5cm，精神、食欲正常，圈舍阴暗潮湿。

治疗：自拟防脱汤，用法同方药1，2～3剂/d，5d后全部治愈，至今未复发。（王小辉，T148，P44）

3. 1986年9月18日，余庆县敖溪区松烟镇大松村黄某一头15kg仔猪，因脱肛来诊。治疗：在洗净、整复后，取0.5%普鲁卡因10mL，于百会穴注射。1周后追访，未见脱出。（王永书，T53，P25）

4. 1991年4月，临沭县自旅乡西自旅村刘某一头33kg猪，购回3d后发生便秘并继发脱肛就诊。治疗：分别用淡盐水、0.1%高锰酸钾溶液冲洗洁净，撒布甲鱼头枯矾合剂（见方药3）后整复。每天上午喂1次开水烫麸皮，共喂服5d，未再复发。

5. 1989年冬，临沭县青云乡黄泥沟村张某一头空怀母猪，因改喂花生皮为主的粗饲料后发生脱肛来诊。治疗：第1次冲洗、撒布甲鱼头枯矾合剂、整复，翌日又脱出。第2次用淡盐水洗净后，针刺排出瘀血和积液，彻底清除坏死组织，又用5%白矾水冲洗，撒布方药3，整复后肛门周围用75%酒精作"品"字形注射，并灌服花生油200mL、大黄苏打片及健胃药以轻泻，用开水烫麸皮饲喂1次/d，5d后痊愈。（张德晨，T68，P36）

二、顽固性直肠脱

一般的直肠脱可以整复，而顽固性直肠脱不易整复。切除脱出直肠是治疗顽固性直肠脱的理想疗法。

【病因】　多因瘦弱病猪或经产母猪因直肠周围组织松弛，对直肠支撑和固定功能下降；饲料营养调配不当，饲喂过多的粗糠，饮水不足，造成长期便秘等均可引发本病。

【主证】　患猪直肠脱出不能回缩，高度水肿，脱出肠黏膜被粪、尿、泥土、垫草等污染，表面干燥、污秽、发炎、变硬、呈暗红色或紫黑色、溃烂、出血、裂口，排粪困难，拱背，努责。

【治则】　补中益气，手术整复。

【治疗】　直肠全切术。术前温水灌肠，排净直肠后段缩粪，侧卧保定，后躯适当垫高，术部用0.2%高锰酸钾溶液冲洗消毒，除去黏膜坏死组织和污物，用纱布包裹棉花塞于直肠内，避免粪排出污染术部，手术时将脱出直肠轻轻向外牵引，使肛门皮肤与直肠接壤处充分暴露，在近肛门处用两根长针互相垂直并交叉刺入直肠脱出部做暂时固定，后在针后方1cm处，将脱出的两层直肠全部切除，结扎止血，将肠管两断端作全层结节缝合，最后除去固定的长针。术后将患猪置于单个安静的圈舍内，让其自由活动。喂以营养好、易消化的饲料，少喂勤添，自由采食，体质差的猪可灌服补中益气汤：黄芪、党参、当归、白术、陈皮、甘草、升麻、柴胡。术后加强饲养管理，抗菌消炎，一般7d即可痊愈。共治疗顽固性直肠脱4例，取得了良好的效果。

【典型医案】　2008年4月初，吴起县铁边城镇铁边城行政村许某一头5月龄猪，膘情差，因患直肠脱出就诊。主诉：猪肛门处似鸡蛋大小物从肛门翻出，时有时无，一次比一次大，数天不见复回。检查：患猪直肠脱出部分似小拳头大小，污染严重，黏膜高度水肿、呈圆筒状、发绀，约10cm。部分黏膜层已破溃，瘢痕坚硬而厚，破溃处分泌出脓性物、有恶臭味，食欲减退，精神沉郁，不时努责常做排粪姿势。治疗：采用肛门周围袋口缝合法。侧卧保定，用0.2%高锰酸钾冲洗，除去黏膜溃烂坏死部分，充分清除黏膜的坏死组织至露出新鲜组织。对水肿面乱针刺破，揉擦挤出水肿液，使脱出部分明显缩小，将脱出部分整复，送回肛门内，肛门口做袋口缝合，以肛门中央留有适当排粪孔而又不脱出为度，5d后拆线，十余天又脱出。2周后脱出肠管溃烂严重，再施行上述直肠全切术，灌服补中益气汤，1剂/d，连服3剂。同时取青霉素160万单位，肌内注射，2次/d，连用5d，未再复发。（白占江，

T154，P66）

三、虚寒久泻性脱肛

【病因】 由于饲养管理不善，饲料单一，缺乏营养，或长期饲喂冰冻饲料，致使脾胃虚弱而泄泻；日久则气血亏损，中气不足，气虚下陷，提举无力，肛门括约肌松弛而脱肛；圈舍潮湿，保暖防寒性差亦可引发本病。

【主证】 轻症，患猪仅直肠末端脱出、呈暗红色半球形，黏膜瘀血、水肿、污秽不洁。重症，患猪则频频努责，直肠全部脱出、呈圆筒状，表面被粪、尿泥土污染，黏膜高度水肿、干裂、坏死、腐烂，甚者直肠破裂，可见小肠从破裂孔脱出。若直肠前部连同小肠脱出时则呈圆筒状向上弯曲，脱出的肠管呈青白色。

【治则】 补虚温中，固脱涩肠。

【方药】 真人养脏汤。诃子（煨）、肉桂、炙甘草各40g，罂粟壳（蜜炙）160g，肉豆蔻（煨）25g，木香50g，当归、炒白术、人参各30g，白芍60g。脾肾虚甚、洞泻无度者加干姜、附子；气陷严重者加柴胡、升麻、黄芪。共研粗末。150g/次，水煎取汁，食前温服。

【典型医案】 1. 1995年4月24日，仁寿县慈航镇方家村陈某2头架子猪，因饲养管理不善，饲料单一，圈舍寒冷潮湿，猪体瘦形羸，被毛焦燥，皮温低，耳凉，精神不振，食欲减退，喜卧懒动，自15日开始腹泻至今。检查：患猪直肠末端脱出、呈暗红色半球形，脱出部分黏膜瘀血、出血、水肿、污秽不洁，频频努责。诊为虚寒性久泻脱肛。治疗：取上方药，用法同上，连服3剂，痊愈。

2. 1995年4月26日，仁寿县勤乐乡庆余村刘某刚满3个月的4头仔猪，由于发育不良、饲料单一、营养欠佳，已下痢10d左右，致使直肠脱出并呈圆筒状、向上弯曲，脱出的肠管呈青白色，黏膜高度水肿。检查：患猪直肠末端脱出、呈暗红色半球形，脱出部分黏膜瘀血、出血、水肿、污秽不洁，频频努责。诊为虚寒久泻脱肛。治疗：2头脾胃虚脱肛者，上方药加干姜、附子各20g；2头气陷脱肛者，上方药加柴胡、升麻、黄芪各30g，用法同上，连服4剂，痊愈，无复发。 （熊小华，T92，P26）

胎粪不下

胎粪不下是指仔猪出生后半天或一天以上胎粪不能及时排出，出现以腹痛不安为特征的一种病症。

【病因】 多因母猪妊娠期间饲养管理不当，三焦积热，致使热毒壅结胎儿，耗伤津液，从而导致胎粪难以排出；或因母猪虚弱，乳量少，初生仔猪没有吸吮足够的初乳；或仔猪出生后外感风寒或风热，以致邪热郁结肠腑而致便秘。

【主证】 患猪不排胎粪，精神沉郁，腹部膨胀，腹痛不安，肠音减弱，呼吸喘促，口干舌燥等。

【治则】 清热解毒，润肠通便。

【方药】 干无花果100g，水煎3次或捣为细末，开水冲调，分3次灌服，1剂/d。0.25%比赛可灵0.5mL/kg，青霉素80万单位，分别肌内注射，2次/d。共治疗108例（其中猪83例），均获痊愈。

【典型医案】 1996年7月15日，新州县李集镇李集居委会万某一头5岁母猪产仔12头，其中4头出生4d未见排粪来诊。检查：患猪精神沉郁，举尾努责，体温39.5℃，呼吸喘促，口干舌燥，肠音减弱，腹部膨胀。诊为胎粪不下。治疗：无花果100g，1剂/d；0.25%比赛可灵，2mL/头，青霉素30万单位/头，分别肌内注射，2次/d，翌日痊愈。（申济丰等，T87，P24）

第二节 呼吸系统疾病

感 冒

感冒是指猪受风寒、风热侵袭，出现以发热、恶寒、咳嗽、流鼻涕为特征的一种病症。本病一年四季均可发生，风寒感冒多见于秋冬季节；风热感冒多见于春夏季节。

【病因】 多因圈舍阴暗潮湿，猪相互拥挤，或长途运输，或天气突然变化，猪体抵抗力下降，卫阳不固，风寒、风热之邪乘虚而入，邪束肌表，腠理不通，内热不得外泄而发病。

【主证】 临床上常见的有风寒感冒和风热感冒。

（1）风寒感冒 患猪精神沉郁，食欲减退，低头拱腰，恶寒震颤，喜钻草堆，耳根偏凉，皮温偏低，鼻涕清水样，粪正常或稍稀，尿清长，严重者咳嗽，叫声低沉，呼吸不畅，体温升高，早晚受冷风刺激或驱赶时有咳嗽，舌苔薄白。

（2）风热感冒 患猪食欲减退或废绝，鼻流黄稠涕，骚动不安，鼻镜干燥，耳根偏热，皮温偏高，粪稍干，尿黄少，叫声嘶哑，体温升高至 40.0～41.5℃。

【治则】 风寒感冒宜辛温解表，疏风散寒；风热感冒宜清热健胃，辛凉解表。

【方药】 （1～9 适用于感冒；10～13 适用于风寒感冒；14 适用于风热感冒）

1. 穴位注射刺激法。按常规法取穴与进针。主穴选小风门穴或耳根穴，进针深度 2～3cm，注射 10% 樟脑醇（樟脑 10g 装在瓶内，加 95% 酒精至 100mL，溶解后过滤备用）3～4mL/次，1 次/d，连续注射 2～3 次；松节油（为市售品）1～2mL/次，1 次/（2～3）d，连续注射 1～2 次。配穴选大椎穴和百会穴，进针深度分别为 4～6cm 和 3～4cm，分别注射樟脑醇 3～5mL/次和 3～4mL/次，1 次/d，连续注射 2～3 次；松节油 2～3mL/次，1 次/（2～3）d，连续注射 1～2 次（均为 50kg 猪药量）。共治疗 91 例，治愈 76 例，好转 9 例，无效 6 例。

注：筛选最佳穴位和给予穴位一定的刺激量（刺激强度和维持刺激时间）是本法两个要素。穴位注射刺激剂大大优于提插、捻转、艾灸、火针、烧烙等传统的增加刺激的方法，可代替留针。樟脑醇使用总量不得超过 20mL/次；松节油使用量不得超过 4mL/穴，且不宜在 1 穴中重复注射，必须重复注射时，需间隔 2～3d 进行，有时局部发生肿胀，2～3d 可自行消失。（吴杰，T35，P43）

2. 穴位与肌内注射法。患猪取鼻捻棒保定法。选三台、苏气穴，用 16 号针头顺棘突向前下方刺入 3～5cm，分别注射等量药液。取苦木注射液（广东省汕头制药厂产品，2mL/支，内含苦木提取物 10mg）0.2mL/kg（相当于苦木提取物 7mg），穴位注射或肌内注射（药量相同），1 次/d，连用 3d。共治疗 785 例，穴位注射治疗 389 例，治愈 383 例，好转 3 例，无效 3 例；肌内注射治疗 396 例，治愈 360 例，好转 8 例，无效 28 例。

注：保定要稳妥；选穴要准确；消毒要严格，器械应煮沸 30min 后晾干备用，穴位皮毛用 5% 碘酊消毒后再用 70% 酒精棉球脱碘，然后再刺针；注射药液要慢，切勿过急；加强护理。（刘云立等，T31，P44）

3. 放血疗法。用三棱针或小宽针刺破猪体特定部位血管，放血液适量。血针穴位有耳尖、山根、鼻梁、尾尖、蹄头、太阳等穴。在耳尖、尾尖等穴放血量宜大。应考虑个体大小、季节、气候等诸多因素。血色的浓淡能表现出病情的轻重，在放血过程中要注意观察血色的变化，血色暗红可多放，血色淡红应不放，血呈黄色者禁放。血色由暗变红、鲜明适中，则表明放血量已够，不必再放。放血量可按体重比例为1‰～3‰。耳尖、尾尖放血量，25kg以下者放5～20mL，30～80kg者放20～40mL。注意严格消毒，防止感染。（徐玉俊等，T108，P43）

4. 感冒速愈散。金银花、连翘、黄芩、滑石、大黄、杭菊花各30g，荆芥穗、薄荷、石菖蒲、藿香各18g，川贝母、木通各15g，神曲、白豆蔻各12g。混合、粉碎，过40目筛，20～50g/次，1次/d，开水冲调，并加盖闷片刻，候温1次灌服，或将药粉拌料喂服。外用时，取大葱7～10根，捣泥，加适量食醋，调成糊状，加温至沸（1～2煎），离火，晾至指探不烫时搅入药粉25g，冰片少许。随即涂抹于猪背部，反复涂抹均匀，从脑后天门穴，沿大椎、三台、身枢（柱）、灵台、断血、肾门、百会、开风至尾根等穴依次涂擦。共治疗47例，全部治愈。

注：将内服药稍作处理后作为外用透皮给药，即口服、透皮双途径给药以增强疗效。大葱、冰片、醋在适当的温度下可增强药物透皮肤的力量。

5. 自拟荆芥防风汤。荆芥、防风、苍术、柴胡、连翘、香附、陈皮、青皮各10g，藿香、紫苏各12g，焦槟榔、厚朴、枳壳各9g，金银花、滑石各20g，蒲公英15g，甘草4g，薄荷、木通各6g。过饱伤食者加焦三仙10g；病邪直中肠胃、腑气不通、粪秘结者加芒硝30g，大黄15g；高热不退者加生石膏30g，知母、夏枯草各12g；咳嗽、呼吸急促者加浙贝母、黄柏各12g，益母草15g，泽兰叶20g；产后发生乳房炎者加瓜蒌皮15g，皂刺10g，王不留行20g；怀孕母猪去枳壳、木通、焦槟榔，加白术、党参各10g，砂仁6g；咽喉发炎、呼吸有呼噜音者加山豆根、射干各6g，

板蓝根15g。水煎2次，合并药液，候温，胃管1次灌服。复方氨林巴比妥20mL，青霉素400万单位，链霉素1g，混合，肌内注射，间隔10h，同药同量再注射1次（以上中药、西药均为80kg成年猪药量）。

6. 柴胡1000g，细辛250g。各药切细，加水2500mL，浸泡煮沸，候温自饮或灌服。成年猪100～300mL，仔猪酌减。共治疗19例，全部治愈。

7. 五味子、诃子、地榆、苍术等量，混合，制成粉剂，20～80g/次，1次灌服；或用20%混合煎剂（取切碎、洁净、混合的中药200g，加水2000mL浸泡、煮沸后再煎1h，药渣再加水煎煮1次，过滤取汁。两次药液混合后补足水量至1000mL。最好现用现煎，如欲保存待用，应分装后121℃高压灭菌30min）20～80mL，1次灌服；或用混合注射液（上法煎制成的10%药液，用三层纱布滤过后分装于瓶内，高压灭菌，保存备用）10～40mL，1次肌内注射或皮下注射，1次/d。共治疗43例，全部治愈。（王锡祯等，T34，P29）

8. 麻黄细辛附子汤加甘草。麻黄10g，附子、细辛各8g，炙甘草5g。加水以浸没药面为度，煮沸10min，取汁，候温灌服。

9. 参苏饮。人参、紫苏叶、葛根、前胡、姜半夏、茯苓各12g，陈皮、甘草、炒枳壳、桔梗、木香各10g。共研细末，25g/次，加生姜、大枣一同煎煮，取汁，候温灌服。共治疗208例，治愈199例，治愈率95.67%。

10. 葱豉汤加味。鲜葱白、淡豆豉各30g，生姜15g（为1头猪药量）。将鲜葱白、生姜切片或粉碎，加入淡豆豉，和适量水，煮沸2～3min，过滤取汁，候温灌服。2～3次/d，连服2～3d。

11. 人用风油精（约3mL/瓶）3～6mL（视猪大小而定），吸入注射器，1次缓慢耳后肌内注射。注射时若推进较困难，可用2mL安痛定稀释后再注射，2次/d，1个疗程/3

次。一般注射 2 次即可见效。共治疗 27 例，用药 1 次痊愈 16 例，2 次痊愈 7 例，3 次以上痊愈 2 例；治愈 25 例，无效 2 例。

注：注射后个别猪在几分钟内有气喘现象，注射部位有轻度肿胀，1～2d 后自行消失。

12. 麻黄、柴胡、陈皮、党参各 20g，桂枝、黄芩、法半夏各 30g，苍术、厚朴、建曲各 40g，麦芽 50g，甘草 15g。水煎取汁，候温，分 3 次胃管投服。

13. 菌毒灵注射液。黄芪、板蓝根、金银花、黄芩各 250g，鱼腥草 1000g，蒲公英、辣蓼各 500g。将诸药洗净、切碎、置蒸馏器中，加水 7000mL，加热蒸馏收集蒸馏液 2000mL，将蒸馏液浓缩至 900mL，备用。药渣加水再煎 2 次，1h/次，合并 2 次滤液浓缩至流浸膏，加 20% 石灰乳调 pH 值至 12 以上，放置 12h，用 50% 硫酸溶液调 pH 值至 5～6，充分搅拌放置 3～4h，过滤，滤液用 4% 氢氧化钠溶液调 pH 值至 2～8，放置 3～4h，过滤、加热至流浸膏状，与上述蒸馏液合并，用注射用水加至 1000mL，再加抗氧化剂亚硫酸钠 1g，用注射用氯化钠调至等渗，精滤，分装，100℃ 煮沸 30min 灭菌，即为每 1 毫升含生药 3g 的菌毒灵注射液。取 0.5mL/kg，肌内注射，1～2 次/d。重症者 3 次/d。

14. 金银花、桔梗、麦芽、建曲各 40g，连翘、牛蒡子、黄芩各 30g，苍术 25g，荆芥、厚朴各 20g，黄连 10g。加水 1500mL，煎煮 2 次，合并药液，分 3d 灌服，病愈即停药。

【护理】 多给患猪清洁饮水；做好环境卫生消毒；天气变化时要注意猪舍保暖。

【典型医案】 1. 商南县黑漆河村刘某一头产仔母猪就诊。检查：患猪鼻镜无汗，鼻流清水，耳热，畏寒。诊为感冒。治疗：感冒速愈散 50g，冰片 2g，大葱 10 根，醋 250mL。先将葱捣成泥状，用醋调成糊状置火上加温至沸，离火候温（指探不烫手），加入前两味药粉搅匀，即涂抹于患猪背部诸穴。傍晚，患猪

出现食欲。次日，继用感冒速愈散 50g，拌食喂服即愈。（刘作铭，T92，P24）

2. 1989 年 10 月 6 日，文水县城关岳村王某一头母猪因不食、卧地不起、3～4d 不排粪来诊。检查：患猪皮温不整，强迫行走运步不灵，肷吊毛燥，头低，尾垂不动，轻度跛行。诊为外感风寒致腑气不通而便秘。治疗：复方氨林巴比妥注射液 20mL，青霉素 400 万单位，链霉素 1g，肌内注射，间隔 10h 原方药再注射 1 次。次日，患猪症状减轻。取荆芥防风汤加芒硝 30g，大黄 15g，1 剂，用法同方药 5。患猪粪排出，痊愈。（李文中等，T140，P50）

3. 遵义县刘家沟村五组杨某 9 头、10～35kg 猪发病就诊。主诉：该猪不食，发烧。检查：患猪体温 40.2～41.2℃，鼻流清涕，被毛粗乱，结膜潮红，口津黏稠，粪微干，皮温较高，喜卧凉处，脉象洪数。诊为感冒。治疗：取方药 6，浸泡煮沸，取汁 100～300mL，用法同上。服药数小时，患猪症状减轻，体温 39.5～40.5℃。再用原药量灌服。次日上午，患猪恢复食欲。原方药连续治疗 3d，全部治愈。（彭国海，T137，P56）

4. 1987 年 1 月 12 日上午，京山县孙桥区支援村张某一头约 10kg 猪于 5d 前发病，食欲不振，体温 37℃，肌内注射 10% 樟脑磺酸钠注射液 5mL，下午 5 时就诊。检查：患猪精神沉郁，食欲废绝，懒动，毛逆，寒颤，气喘（约 48 次/min），体温 38.9℃，前肢末端不温，口淡，苔薄白，脉甚沉。诊为阳虚感冒。治疗：麻黄细辛附子汤加甘草，用法见方药 8，用药 3 次。13 日下午 5 时，患猪食欲增加，恶寒、气喘消失，体温 39.2℃，四肢温，走转觅食。（杨卫国，T28，P44）

5. 2000 年 2 月 8 日，仁寿县钟祥镇尖石村陈某一头约 50kg 架子猪就诊。主诉：该猪周身震颤，喜钻草堆，咳嗽。检查：患猪恶寒重，轻度发热，微汗，运步不灵，呼吸不畅。

诊为风寒感冒。治疗：取参苏饮，用法同方药9，连服2剂，痊愈。（熊小华等，T108，P21）

6. 2010年冬季，遵义县某养殖户杨某14头仔猪和同村王某8头仔猪全部发病邀诊。检查：患猪精神沉郁，食欲减退或废绝，恶寒重，发热轻，低头拱腰，毛乍尾垂，周身震颤，喜钻草堆，无汗或微汗，运步不灵，呼吸不畅，流清涕，早晚受冷风刺激或驱赶时有咳嗽，舌苔薄白。诊为风寒感冒。治疗：葱豉汤加味。鲜葱白、淡豆豉各30g，生姜15g（为1头猪药量）。将鲜葱白、生姜切片或粉碎，加入淡豆豉和适量水，煮沸2～3min，过滤取汁，候温灌服，2～3次/d，连服2～3d，痊愈。（彭国海，T170，P63）

7. 1989年12月13日上午，水城县者戛村刘某一头约100kg猪因不食来诊。检查：患猪被毛竖立，颤抖，鼻流清涕，体温41.6℃。诊为风寒感冒。治疗：取风油精3mL，于耳后肌内注射。下午6时，患猪开始吃食。又肌内注射3mL。次日，患猪康复。（罗险峰，T53，P41）

8. 1982年11月4日，荣昌县城关菜蔬队一头3岁、约80kg、中上等膘情种用白母猪就诊。主诉：该猪于10月28日早上赶出配种，归途中冒雨急行500多米，29日喜卧发抖，11月1日开始减食，3日起不食。检查：患猪卧地发抖，皮肤敏感，皮温低，耳根凉，时有沉闷哼声，左侧鼻气不通，右侧鼻气有热感，粪、尿正常，体温40.5℃。诊为风寒感冒。治疗：取方药12，用法同上。5日下午，患猪吃食约5kg，症状消失，唯精神稍差。服药第2天，患猪精神、食欲均正常。（王存槐，T7，P28）

9. 1975年7月8日，天门市黄潭镇水府庙村李某一头50kg猪发病，村兽医用青霉素等治疗3d未见好转来诊。检查：患猪体温41℃，鼻流清涕，口渴喜饮，粪干，尿少，不愿活动，咳嗽，不食。诊为风热感冒。治疗：菌毒灵注射液20mL/次，肌内注射，2次/d，2d治愈。（杨国亮等，T168，P63）

10. 1982年8月21日，荣昌县联升公社四大队六队一头5月龄、约25kg、中等膘情肉用白猪来诊。主诉：近两日该猪吃食减退，喜卧地，鼻鼾声响，有时咳嗽。检查：患猪左侧鼻气不通，触摸叫声嘶哑，左右耳温不匀，左热右凉，粪稍干，尿黄少，体温40.8℃，吻突干，皮温高。诊为风热感冒。治疗：取方药14，用法同上。28日，患猪服药2d而愈。（王存槐，T7，P28）

鼻　炎

鼻炎是指猪鼻黏膜发炎，出现以黏膜潮红、肿胀、流鼻涕为特征的一种病症。多发生于仔猪；气候寒冷时多发。

【病因】　由于圈舍粪、尿堆积过多，产生大量的氨气，或圈舍潮湿、通风不良，霉败气体长期刺激，消毒剂含氯浓度高等；气候寒冷、潮湿，风寒侵袭；有毒气体、粉尘等均可引发本病。感冒、流感、猪肺疫、咽喉炎等可继发本病。

【主证】　急性，患猪精神沉郁，鼻黏膜红肿，打喷嚏，流浆性、黏性或脓性鼻液，呼吸时有鼻息声，摇头、摩擦鼻。慢性，患猪一侧或两侧鼻孔流鼻液，经常流出黏性鼻液，时多时少，鼻黏膜肿胀稍显苍白，病程较长。

【治则】　宣肺开窍。

【方药】　1. 通关散（《丹溪心法》）。细辛、猪牙皂、生南星、生半夏各等份，焙干，研为细末。将猪前肢提举保定，用麦秸管或竹管的一端装上药粉，吹入猪两侧鼻腔内，1.5～2.5g/侧，早、晚各1次/d，连用2d。共治疗63例，用药2～3d，治愈61例，4d以后自愈者2例。（杨序贤等，T29，P57）

2. 25％盐酸普鲁卡因300mL，青霉素

160 万单位，0.1％肾上腺素溶液 4mL，混合均匀，用注射器吸入后滴入鼻腔；野菊花、黄连、水杨柳各 10g。水煎取汁，加童尿洗鼻腔；取抗菌败毒散：荆芥、薄荷、防风、桔梗、连翘、贯众、生石膏、枳实、炙甘草各10g。水煎取汁，候温灌服，一般 2 剂痊愈。（谭明元，T109，P37）

鼻 衄

鼻衄是指猪鼻孔出血的一种病症，俗称猪鼻出血。

【病因】 猪鼻部受机械性创伤（如意外碰撞、相互咬架等），或鼻中隔偏曲，黏膜干燥，造成血管破裂引起出血；鼻部炎症（如急性鼻窦炎、干燥性鼻炎、萎缩性鼻炎等）易引起鼻衄。

【主证】 患猪一侧或两侧鼻孔点滴或线状出血、呈鲜红色，身热，微喘，烦躁，食欲减退，口内津黏，舌红，脉数。

【治则】 凉血止血，清热。

【方药】 白茅根汤。取鲜茅草根（味甘、性寒，入肺、胃经，主要含有多量钾盐、果糖、蔗糖、柠檬酸等，具有缩短凝血、出血时间，降低血管通透性的功能）1～5kg。洗净、切短，加 5 倍水煎煮 50min，取汁，药渣再加 2.5 倍水，煎煮 30～40min，混合药液，20kg 以下者 150～250mL/次；20～50kg 者250～500mL/次；50kg 以上者 500～1000mL/次。将药液分 2 次拌入饲料中，分早、晚 2 次喂服，连喂 3～5d。共治疗 9 例，均取得了满意效果。

【典型医案】 1. 1988 年 4 月，临沭县韩村镇韩村街王某一头约 10kg 架子猪发生鼻衄，其他未见有异常。治疗：鲜茅根 5kg，水煎取汁，候温饲喂，连喂 5d，痊愈。

2. 临沭县青云乡车庄村阎某于 1991 年购入一头约 30kg 架子猪，不久一侧鼻孔流血，

经他医用止血、消炎药治疗 3 次不愈来诊。检查：患猪体温、呼吸、食欲、粪尿均无明显变化，唯膘情稍差。诊为鼻衄。治疗：嘱畜主挖鲜茅根 3kg，按上法煎汤拌料喂服 5d，鼻衄停止。经多次追访，再未复发。（张德晨，T73，P36）

咽喉炎

咽喉炎是指猪咽喉部黏膜发生炎症，以咽喉部红肿、疼痛、吞咽障碍为特征的一种病症。常发生于寒冷季节。

【病因】 多因饲料粗硬、过冷、过热或腐败变质，灌药时操作不当、粗暴损伤咽喉，或灌服药物温度过高，或吸入有刺激性气体（如氨气、煤烟等）导致咽喉部发炎；猪肺疫、感冒等病继发。

【主证】 患猪被毛逆立，鼻寒耳冷，鼻流清涕，咽喉肿胀，吞咽困难，咽喉黏膜红肿，伸头展颈，常流涎，频频咳嗽，声音嘶哑，次数与日俱增，日轻夜重，动则喘粗，触诊有痛感、过敏。急性者颌下淋巴肿胀，触摸咽喉部有痛感。

【治则】 清利咽喉，消肿止痛。

【方药】 通光散。通关藤（别名乌骨藤、萝莫藤、奶浆藤、黄木香、下奶藤、大苦藤、地甘草、扁藤、癫藤子、白暗消，生于向阳山坡灌木林中，攀援树干，药用全藤。味苦、微甘、性凉、无毒）100g/d，水煎取汁，候温灌服，或用其药液拌料喂服，2～3 次/d，1个疗程/(7～10)d，一般 1 个疗程即愈。

【护理】 加强饲养管理，饲料和饮水不要太冷或太热；饲料严禁发霉变质；猪舍应冬暖夏凉；地面保持干燥；预防寒暑侵袭。

【典型医案】 1. 1992 年 11 月，兰坪县河西乡河西村文某 5 头约 40kg 架子猪，已咳嗽 7d 来诊。检查：患猪初期咳声短、小，随后食欲不振，日渐消瘦，嘴抵于地，痉挛性连续

阵咳，日轻夜重，鼻寒身冷，被毛粗乱，鼻流清涕，舌苔薄，脉细数。治疗：通光散（鲜品）100g/（头·d），水煎取汁，候温分 2 次饮服，或用药液拌料喂服，连服 8d，痊愈。

2. 1993 年 11 月 15 日～12 月 8 日，兰坪县畜牧局某养猪户 35 头、3～9 月龄、20～80kg、营养中等猪陆续发生咳嗽，病情日渐加重，症状基本同典型医案 1。治疗：发病 6d 后取通光散（鲜品）100g/（头·d），水煎取汁，候温，按猪头数给药饮服和拌料喂服。病情轻者给药 7d，较重者给药 10d，均获痊愈，无复发。（张国锋，T78，P25）

咳 嗽

咳嗽是指猪因外感或内伤，致使肺气壅塞，宣降失常而引发的一种病症。

一、咳嗽

【病因】 寒热之邪侵犯猪体，束其肌表，致使肺气壅塞不宣，肃降失常而发生咳嗽；肺热咳喘迁延，久咳伤气，或其他脏腑病变影响肺，使肺气逐渐虚弱而致气虚咳嗽；管理不善，机体虚弱，气虚不能输布津液，虚热内生，灼津为痰，肺失宣降引起阴虚咳嗽。

【主证】 初期，患猪呈阵发性咳嗽，精神、食欲正常，体温、呼吸无变化。随之咳嗽次数增多，被毛粗乱、无光。有的患猪咳嗽延至月余，不断加剧；有的平时少咳，一吃食咳嗽即加重，甚至离开食槽，连声咳嗽，垂头拱背，呕出食物方可停止。

【治则】 止咳平喘，解热镇静，平喘通络。

【方药】 血余炭。将人发拣去杂质，放在锅内用温火慢烤并不断翻动，待烫手时停锅底火，燃着人发使其成为焦炭，放凉、研末、过箩。用量视猪体大小而定，25kg 左右者 5～10g/次，拌料饲喂，3 次/d，连喂 10d 左

右即可。寄生虫和肺热引起的咳嗽先除去病因后再使用本方药。共治疗 86 例，治愈 78 例。

【典型医案】 1. 1978 年 4 月初，射阳县徐某一头约 40kg、黑色杂交育肥猪发病邀诊。主诉：该猪咳嗽已月余，曾服中药两剂，注射青霉素、链霉素数次，病情好转又复发，咳嗽日剧，吃食减退。检查：患猪咳嗽症状同上。治疗：嘱畜主到理发店找来人发数斤，制、用法见上方药，3 次/d，连喂 15d，患猪咳嗽停止。

2. 1981 年 5 月 19 日，射阳县新洋乡中东大队某集体猪场 7 头约 15kg 白色杂交猪，因咳嗽邀诊。主诉：半个月内 7 头猪相继发生咳嗽，按 20mg/kg 给予驱虫净进行全面驱虫。1 个月后仍咳嗽，体形变瘦，毛粗无光，阵发性咳嗽，呕吐后方可停止。治疗：人发 2.5kg，制、用法见上方药，10g/（头·次），连喂 15d，患猪病情好转。停药 1 个月，全部康复。（陈有鸿，T9，P74）

二、仔猪风热咳嗽

风热咳嗽是指仔猪感受风热邪毒引发的外感内伤，肺脏宣降失常而上逆作声，鼻流痰涎的一种病症。

【病因】 由于仔猪抵抗力较弱，风热邪毒犯肺，或风寒化热，邪热蕴肺，肺受热毒所灼，失于宣降清肃，痰热内壅；或肺内郁热、肺气失宣等引发本病。

【主证】 仔猪群发咳嗽在临床上少见。仔猪群体况及食欲一般良好，全群仔猪呈现不同程度不间断的咳嗽声，鼻镜干燥，流浓稠涕，粪干，尿黄，口色红。

【治则】 宣肺祛痰，降气止咳。

【方药】 桑白皮、鱼腥草各 1000g，芦根、瓜蒌皮各 800g，黄芩、杏仁、半夏、荆芥、茯苓、陈皮、甘草各 500g，百部、紫菀、白前、桔梗各 600g。充分拌匀后粉成碎末，30g/（头·次），水煎 10min，分槽拌料喂服，

2 次/d，连服 3d。

【典型医案】 2009 年 9 月 23 日，秦江县扶欢镇松山村 2 社陈某猪场仔猪发生咳嗽邀诊。主诉：5d 前发现有 4～5 头仔猪咳嗽，未引起注意，逐渐蔓延至全场 52 头 15～25kg 仔猪，成年猪、母猪不咳。该群仔猪体况及食欲良好，全场呈现不间断的咳嗽声，有 8～9 头咳嗽严重，数分钟后方才停止。检查：患猪体温 38.6～40.0℃，鼻孔干燥，流浓稠涕，粪干，尿黄，口色偏红。治疗：取上方药，用法同上。服药 1d，仔猪咳嗽症状明显减轻；服药 2d，部分仔猪已不咳；服药 3d，大部分猪康复，仅有 3 头稍咳，以余药喂服。5d 后追访，全部治愈。（余凤等，T165，P79）

喘 证

喘证是指猪肺气上逆，出现以咳嗽、呼吸急促并呈腹式呼吸为特征的一种病症。不同品种、年龄、性别的猪均能发病，其中以吮乳猪和幼猪最易发；母猪和成年猪多呈慢性和隐性经过。常见于秋冬和早春季节。

【病因】 多由风寒、痰火、痰浊壅阻于肺所致；猪舍通风不良、猪群拥挤、气候突变、阴湿寒冷、饲养管理和卫生条件不良，或因猪体瘦弱，遭受风吹雨淋，或夜露风霜，或久病失治而又感受寒邪引发本病。气候突变，感受风寒，寒邪侵于肺，肺失宣降而成寒喘。暑月炎天，热邪伤肺，以致痰热壅滞，肺失宣降而成热喘。

【辨证施治】 临床上分慢性气喘、寒喘和热喘。

（1）慢性气喘 患猪采食减少，张口喘气、呈犬坐状，腹式呼吸明显，咳嗽，大多咳嗽声低沉，有时可见痉挛性咳嗽，运动和进食后尤为明显。

（2）寒喘 患猪肺部胀满，鼻乍气粗，张口喘气，胸腹扇动。

（3）热喘 患猪喘粗、发吭，体温升高。

【治则】 慢性气喘宜补肾益精，益气养血；寒喘宜解表散寒，燥湿化痰，降逆平喘，止咳润肺；热喘宜解热定惊，行水解毒，平喘通络。

【方药】 1. 胎盘粉、地龙（研细末）、猪胆粉各 30g，樟脑粉 0.3g，混匀，灌服，1 剂/d。本方药适用于慢性气喘。

2. 二陈青龙汤加减。法半夏、橘皮、瓜蒌、杏仁、厚朴各 12g，麻黄 9g，茯苓、五味子各 15g。久咳者去紫菀、款冬花，重用五味子、杏仁。共为末，分 4 次拌食喂服，2 次/d。本方药适用于寒喘。共治疗 10 例，疗效颇佳。

3. 取新鲜葶苈子，适量，研末备用。用药棉少许吸附适量蒸馏水，然后加入适量葶苈子末，制成黄豆大药丸子，在猪两耳尖端背部皮下作一小切口，将药丸卡入即可，24h 后两耳肿大，开始生效，3～7d 痊愈。本方药适用于热喘。共治疗 68 例，治愈 65 例，治愈率达 95% 以上。

4. 地龙汤。地龙（又名曲鳝，环节类蚯蚓属，入药以白须者为佳，干品 50g，鲜活 100g），板蓝根 30g，白芍、知母、贝母各 20g。水煎取汁，候温，胃管投服，1 剂/d。本方药适用于热喘。共治疗百余例，疗效颇佳。

注：内服地龙非阳明损伤或脾胃虚寒者禁用。（朱德文，T86，P25）

【典型医案】 1. 2010 年 11 月 5 日，东港市某猪场新购进 120 头仔猪，运回第 1 天有几头仔猪出现咳嗽，采食减少，体温 37.5℃。第 2 天病情较为严重，发病猪增多，病猪张口喘气、出现犬坐姿势，呈明显的腹式呼吸，大多数病猪咳嗽声低沉，有时可见痉挛性咳嗽，运动和进食后表现明显，用青霉素治疗无效。共发病 64 头，发病率 55%，第 6 天开始死亡，已死亡 9 头。治疗：取方药 1，全群拌料喂服；病重者同时取硫酸卡那霉素 2 万～4 万单位/kg，土霉素 1～3mL/头，肌内注射，2 次/d。第 2 天，患猪病情开始好转，再未出现新增病例；第 5 天痊愈，治愈率为 96%。（胡成波等，T169，P61）

2. 1986 年 9 月上旬，公安县甘厂乡清河 14 组张某一头约 50kg 猪发病来诊。主诉：该猪曾患肺炎治愈。因猪舍失修，饲养管理不善，时逢久旱日晒，夜宿霜露，又出现少食，张口喘气，有时咳嗽。畜主误认为白天晒得厉害，受热而使呼吸迫促，拖延月余，食欲减退至废绝。检查：患猪鼻端无汗，耳根发热，体温 40.5℃，呼吸急促（52 次/min），鼻乍气粗，张口喘气，胸腹扇动。治疗：用青霉素、链霉素治疗 3d，体温复常，但仍少食，喘气未减，又肌内注射麻黄素无效，遂取二陈青龙汤加减，用法同方药 2。服药后，患猪痊愈。（吴源承，T45，P26）

3. 1990 年 6 月 21 日，新野县上庄乡东风村雷某一头白色母猪发病来诊。检查：患猪喘粗发吭，体温 42℃。治疗：取方药 3，用法同上。用药 3d，患猪病情开始好转；7d 后追访，痊愈。（黄风勤，T64，P19）

支气管炎

支气管炎是指猪由于支气管黏膜表层和深层发生炎症，出现以咳嗽、呼吸困难、流鼻液和发热为特征的一种病症。多发生于冬春季节，以小猪常见。

【病因】　多因饲养管理不当，圈舍潮湿，空间狭小，猪群拥挤，卫生状况、营养不良等，使猪体抵抗力下降而诱发；猪舍寒冷或天气突变，猪受寒感冒而抵抗力降低，导致病毒和细菌感染。环境中空气不洁，猪吸入刺激性气体或冷空气而直接刺激支气管黏膜引发；喉炎、咽炎和胸膜炎等疾病继发。

【主证】　临床上有急性和慢性经过。

（1）急性　患猪体温升高，呼吸加快，胸部听诊呼吸音增强，人工诱咳呈阳性，多为干性、疼痛性咳嗽，咳出较多的黏液。后期疼痛减轻，伴有呼吸困难，呈湿性咳嗽，两侧鼻孔流出浆液性、黏液性或脓性分泌物，可视黏膜发绀。

（2）慢性　患猪精神不振，消瘦，咳嗽持续时间较长，采食和运动时咳嗽剧烈，流鼻液，病情时轻时重，体温变化不大，肺部听诊早期有湿啰音，后期出现干啰音。

【治则】　清热解毒，止咳平喘。

【方药】　1. 菌毒灵注射液。黄芪、板蓝根、金银花、黄芩各 250g，鱼腥草 1000g，蒲公英、辣蓼各 500g。将诸药洗净、切碎、置蒸馏器中，加水 7000mL，加热蒸馏收集蒸馏液 2000mL，将蒸馏液浓缩至 900mL，备用。药渣加水再煎 2 次，1h/次，合并 2 次滤液浓缩至流浸膏，加 20% 石灰乳调 pH 值至 12 以上，放置 12h，用 50% 硫酸溶液调 pH 值至 5～6，充分搅拌放置 3～4h，过滤，滤液用 4% 氢氧化钠溶液调节 pH 值至 2～8，放置 3～4h，过滤，加热至流浸膏状，与上述蒸馏液合并，用注射用水加至 1000mL，再加抗氧化剂亚硫酸钠 1g，用注射用氯化钠调至等渗，精滤，分装，100℃ 煮沸 30min 灭菌，即为每 1 毫升含生药 3g 的菌毒灵注射液。取 0.5mL/kg，肌内注射，1～2 次/d，重症者 3 次/d。（杨国亮等，T168，P63）

2. 取鲜荔枝草（是唇形科植物荔枝草的全草，二年生草本，高 15～90cm，根黄白色，茎方形、多分枝，被倒向疏柔毛。主产于华东、华北、中南及西南）全草 6000g，洗净切碎，煎煮 2 次。第 1 次煎煮 1h，第 2 次煎煮 30min，合并药液，八层纱布过滤，浓缩至糖浆状，冷却加入 2 倍量 95% 乙醇。静置 48h，取其上清液以滤纸过滤，滤液加三倍量 95% 乙醇，再静置 48h，过滤。将滤液减压回收乙醇，并在水浴锅上蒸发至无醇味，加注射用水至 1000mL。过滤后冷却 24h，调节 pH 值至 7～8，调整其容积至全量 1000mL。再用三号垂熔漏斗反复精滤至药液澄明，分装于 10mL 安瓿内，100℃灭菌 30min，灯检，印字，成品。取 30～40mL/(头·次)，静脉注射，开始 2 次/d，以后 1 次/d。本方药对支气管肺炎疗效显著，对大叶性肺炎、脓毒性败血症、疹块型猪丹毒、仔猪白痢、肾炎水肿、尿闭等均有较好的疗效。共治疗 121 例，有效率达 95.9%。

3. 通光散。通关藤（别名乌骨藤、萝摩藤、奶浆藤、黄木香、下奶藤、大苦藤、地甘草、扁藤、癞藤子、白暗消，生于向阳山坡灌木林中，攀援树干，药用全藤。味苦、微甘、性凉、无毒）100g/d，水煎取汁，候温灌服，或用其药液拌料喂服，2～3 次/d，1 个疗程/(7～10)d，一般 1 个疗程即愈。

【典型医案】 1. 1983 年 4 月 20 日，泰兴县十里甸乡席荡村第二生产队席某从江南购回 2 头 15kg 小猪，因不吃食来诊。检查：患猪营养不良，精神不振，呼吸迫促，有短促干咳，鼻流清涕；听诊肺部有湿啰音。诊为支气管肺炎。治疗：取荔枝草注射液 15mL/(头·次)，静脉注射，开始 2 次/d，以后 1 次/d。连用 3d，患猪诸症俱消，痊愈。

2. 1982 年 5 月 13 日，泰兴县十里甸乡甸何村第九生产队 2 头 75kg 左右的产后母猪发病，用青霉素、土霉素、卡那霉素等抗生素治疗 3d 病势仍未减退来诊。检查：患猪食欲废绝，精神沉郁，呼吸困难，有阵发性咳嗽，两鼻流出黏性鼻液；心音增强而有力，肺有湿性啰音，体温稽留 41℃左右，便秘，尿赤。诊为支气管肺炎。治疗：立即取荔枝草注射液 60mL，静脉注射，上午、下午各注射 1 次。次日，患猪体温降至正常，呼吸平稳，精神转好，开始采食。以后改为 1 次/d，50mL/次，连用 3d。患猪呼吸平稳，咳喘消失，体温、

食欲均恢复正常，痊愈。（张荣堂等，T18，P6）

3. 1992 年 11 月，兰坪县河西乡河西村文某 5 头约 40kg 架子猪，已咳嗽 7d 来诊。检查：患猪初期咳声短、小，病情与日俱增，发展较快，以至食欲不振，日渐消瘦，嘴抵于地，痉挛性地连续阵咳，日轻夜重，鼻寒身冷，被毛粗乱，鼻流清涕，舌苔薄，脉细数。治疗：通光散（鲜品）100g/(头·d)，水煎取汁，候温，分 2 次饮服或用药汁拌料喂服，连用 8d，痊愈。（张国锋，T78，P25）

肺　炎

肺炎是指猪肺组织感染病原微生物或异物刺激发生炎症，出现以发热、咳嗽、气促、呼吸困难为特征的一种病症。

一、肺炎

【病因】　由于饲养管理不当，圈舍潮湿，气候突变，外感风寒，猪体抵抗力降低；或吸入刺激性气体，灌药不当，异物进入气管而引发；感冒、喉炎、支气管炎等上呼吸道疾病以及猪瘟、猪肺疫、结核、肺丝虫病等继发。

【主证】　临床上一般分为小叶性肺炎和大叶性肺炎两种。小叶性肺炎又分为卡他性肺炎和化脓性肺炎，猪以卡他性肺炎较为常见。

患猪精神沉郁，食欲减退或废绝，鼻寒耳冷，被毛逆立，体温 40～41℃，初期呈弛张热型，后期呈稽留热型；心音增强，脉搏加快，鼻液增多，初期为黏液性，后期变为脓性或带铁锈色鼻液；呼吸增数、迫促，咳嗽，初期呈干痛性咳嗽、声短，后期为湿性低咳，或痉挛性连续阵咳，日轻夜重，动则喘粗；听诊肺部有小水泡音和捻发音，触诊胸部疼痛；舌苔薄，脉细数。后期呼吸困难，黏膜发绀，严重者卧地不起，肌肉抽搐，多导致心力衰竭而

死亡。

异物性肺炎时呼出的气味恶臭，臭汁污秽，鼻汁中可镜检有如羊毛状的肺弹力纤维。

【治则】 清热解毒，止咳平喘。

【方药】 1. 菌毒灵注射液。黄芪、板蓝根、金银花、黄芩各250g，鱼腥草1000g，蒲公英、辣蓼各500g。将诸药洗净、切碎、置蒸馏器中，加水7000mL，加热蒸馏收集蒸馏液2000mL，将蒸馏液浓缩至900mL，备用。药渣加水再煎2次，1h/次，合并2次滤液浓缩至流浸膏，加20%石灰乳调节pH值至12以上，放置12h，用50%硫酸溶液调节pH值至5～6，充分搅拌放置3～4h，过滤，滤液用4%氢氧化钠溶液调节pH值至2～8，放置3～4h，过滤、加热至流浸膏状，与上述蒸馏液合并，用注射用水加至1000mL，再加抗氧化剂亚硫酸钠1g，用注射用氯化钠调至等渗，精滤，分装，100℃煮沸30min灭菌，即为每1毫升含生药3g的菌毒灵注射液。取0.5mL/kg，肌内注射，1～2次/d，重症者3次/d。共治疗253例，治愈240例。

2. 穴位注射刺激法。先取肺门穴，配大椎穴，针治2～3次；再取肺攀穴，配苏气穴（主穴一穴），针治2～3次。根据猪体肥瘦把握进针深度，力求刺准敏感点。共治疗13例，单用穴位注射治愈9例，配合其他药物治愈2例，有效、无效各1例。

3. 穴位注射与肌内注射法。患猪取鼻捻棒保定法。选肺俞穴，用16号针头向内下方刺入2～3cm，将药液分别注入左右2穴。取苦木注射液（广东省汕头制药厂产品，2mL/支，内含苦木提取物10mg）0.2mL/kg（相当于苦木提取物7mg），穴位注射或肌内注射（药量相同），1次/d，连用3d。共治疗177例，其中1岁以下165例，1岁4例，3岁8例；穴位注射治疗91例，治愈88例，好转1例，无效2例；肌内注射治疗86例，治愈76例，

好转6例，无效4例。

注：保定要稳妥；选穴要准确；消毒要严格，器械应煮沸30min后晾干备用，穴位皮毛用5%碘酊消毒后再用70%酒精棉球脱碘，然后再刺针；注射药液要慢，切勿过急；加强护理。（刘云立等，T31，P44）

4. 放血疗法。用三棱针或小宽针刺破猪体特定部位的血管，放出适量血液。血针穴位有耳尖、山根、鼻梁、尾尖、蹄头、太阳等穴。在耳尖、尾尖等穴放血量宜大。放血时应考虑体况、个体大小、季节、气候等诸多因素。在放血过程中要注意观察血色的变化，血色暗红者可多放，血色淡红者应不放，血色呈黄色者禁放。血色由暗变红鲜明则表明放血量已够，不必再放。放血量按体重比例为1‰～3‰。耳尖、尾尖放血量可较大，25kg以下者放5～20mL，30～80kg者放20～40mL。注意严格消毒，防止感染。（徐玉俊等，T108，P43）

5. 通光散。通关藤（别名乌骨藤、萝莫藤、奶浆藤、黄木香、下奶藤、大苦藤、地甘草、扁藤、癞藤子、白暗消。生于向阳山坡灌木林中，攀援树干，药用全藤。味苦、微甘、性凉、无毒）100g/d，水煎取汁，候温灌服，或用其药液拌料喂服，2～3次/d，1个疗程/（7～10）d，一般1个疗程即愈。（张国锋，T78，P25）

【护理】 猪舍应保持干燥、温暖、通风、有适当的光照，防止猪受寒感冒；灌药时应固定好猪体，防止强迫灌药造成呛肺；要预防传染病与寄生虫病。

【典型医案】 1. 1985年8月2日，天门市黄潭镇张台村4组张某1头约25kg猪发病来诊。检查：患猪精神沉郁，不食，体温高达41.5℃，流鼻涕，听诊有支气管啰音，阵发性咳嗽，鼻盘干燥。诊为小叶性肺炎。治疗：菌毒灵注射液10mL，肌内注射，2次/d，连用2d，治愈。（杨国亮等，T168，P63）

2. 1986年12月4日，盐城市郊永丰乡石

华村袁某一头 20kg 猪来诊。检查：患猪咳嗽、气喘，体温 40.6℃，流白色黏稠鼻液，曾用青霉素、链霉素治疗 2d，庆大霉素治疗 2d，第 5 天症状仍同前。治疗：取肺门穴，进针 1.5cm，注射樟脑醇 2mL；取大椎穴，进针 2cm，注射樟脑醇 2mL。针治 2 次，患猪病情明显好转。又针注 1 次，痊愈。（吴杰，T58，P34）

二、仔猪肺炎

【病因】　由于天气寒冷，吸入刺激性气体，或营养不良，猪体衰弱，抵抗力下降，呼吸道常因细菌大量繁殖以及病原菌大量侵入而发病。饲养管理不善，卫生条件差，圈舍通风不良等因素也可诱发本病。

【主证】　患猪精神沉郁，被毛逆立，体温 40.0～41.8℃，喜卧，怕冷，粪干燥，脉数，咳嗽，鼻液呈浆液性、黏液性或脓性，呼吸迫促，听诊时有干性或湿性啰音，胸部能听到捻发音，肺泡呼吸音粗厉。严重时呼吸极度困难，甚至张口呼吸。

【病理变化】　大叶性肺炎主要为肺有红色或灰色肝变区，切面如红色花岗岩外观；小叶性肺炎肺表面和切面有炎症变化，X 射线检查有散在的局灶性阴影。

【治则】　清热解毒，降气化痰。

【方药】　新鲜鱼腥草全草 1000～1500g，水煎取汁，候温喂母猪，3 次/d，连用 3d。亦可拌于饲料中喂仔猪。诺氟沙星注射液（盐酸诺氟沙星）2mL/头，肌内注射，2 次/d，连用 3d。共治疗数例，治愈率达 98% 以上。

【典型医案】　1. 1992 年 6 月 24 日，黄州市溢流河乡杨庙村孙某一窝仔猪患肺炎，他医曾用卡那霉素、青霉素、链霉素、磺胺嘧啶钠等治疗多日无效（死亡 2 头）邀诊。检查：患猪体温 41℃，呼吸困难，喜饮脏水，精神不振，粪干，食欲废绝。诊为肺炎。治疗：取上方药，用法同上，3d 痊愈。

2. 1993 年 8 月 30 日，黄州市溢流河乡李榜村李某一窝仔猪患肺炎邀诊。主诉：该猪发病多日，他医曾用土霉素肺俞穴注射等疗法治疗均未见效。检查：患猪精神倦怠，体温升高至 40.0～41.7℃，呼吸加快，偶有咳嗽，食欲减退或废绝，行动缓慢，病重者动则张口呼吸，挤堆而卧，粪干。诊为肺炎。治疗：取上方药，用法同上，连用 3d，痊愈。半月后追访，未复发。（林险峰，T81，P37）

肺 水 肿

肺水肿是指猪肺充血持续时间过长，导致血管内的液体由肺的毛细血管渗入肺间质、肺泡和细支气管内所形成的一种病症。以母猪发病率最高，育肥猪次之。

【病因】　多因天气炎热，长途运输，烟尘刺激等引发；心脏功能减退（如心肌炎、急性胃扩张等）而继发。

【主证】　临床上呈急性和慢性经过。

(1) 急性　一般发病突然。患猪精神不振，不食，呼吸困难，张口喘气，个别猪体温达 40℃ 以上，多数患猪濒死时鼻孔流出啤酒泡沫状液体，有的口鼻流血，可视黏膜严重充血、发绀，眼球突出，静脉怒张，前肢叉开，肘部外展，低头，严重者很快倒地死亡。

(2) 慢性　初期，患猪精神不振，食欲减退，呼吸增快、呈腹式呼吸。随着病情的加重，患猪食欲废绝，结膜发绀，粪干燥，呼吸困难，肋间肌随呼吸抽动，后期则张口喘气，有时呈犬坐姿势；听诊肺部有水泡音和捻发音，叩诊肺下部呈半浊音或浊音；体温初期正常，后期降低。

【治则】　宣肺利水，止咳平喘。

【方药】　1. 葶苈子、金银花各 18g，枳壳 10g，甘草 20g，大腹皮 15g，芒硝 30g。水煎

2次，合并药液，于上午、下午灌服，1剂/d。

2. 鲜风阳草（味辛、苦、性温，有毒，民间用其试治蛇伤、水肿、黄疸、咳喘等），鸡蛋1枚。水煎取汁，加入蛋汁，灌服，1剂/d，连服3～4剂。一般3～5d后症状改善。共治疗60余例，有效率约70%。

3. 美丽胡枝子（含黄酮苷、植物甾醇等，具有强筋活络、活血消肿、驱虫之功效）根皮50g，水煎2次，合并药液，分2次灌服。共治疗70余头，有效率约85%。

【典型医案】 1. 德兴县潭卜农科所猪场13头猪，先后发病12头，其中1头就诊时已废食5d，卧地不起，呼吸迫促，体温35.1℃。诊为肺水肿。治疗：取方药1，用法同上。翌日，患猪能起立、行走。服药2剂，患猪食欲、呼吸皆好转。继服药2剂，痊愈。

2. 1971年夏，德兴县暖水五队猪场一头肥母猪发病来诊。检查：患猪喘气，呈腹式呼吸，食欲减退。先用土霉素、青霉素交替注射连续7d症状有增无减。治疗：取方药2，用法同上。由于灌药时不慎，造成呛咳，倒地不起，病情危笃，但至次日，患猪精神好转，喘气和腹式呼吸基本消失，能自行起立觅食，4～5d后康复。

3. 德兴县铅锌矿三八农场31头猪，有11头发生急性肺水肿，他医用抗生素、美兰等药物治疗无效，死亡6头。治疗：取方药3，肌内注射；并取其药液灌服。连用3d，治愈5头。对20头未发病猪用上方药液预防，连用3d，再未发病。（卢世钟，T62，P23）

第三节　泌尿生殖系统疾病

肾　炎

肾炎是指猪肾小球、肾小管和肾脏间质组织发生炎症，以肾区敏感和疼痛、尿量减少、尿液含有病理产物为特征的一种病症。一般很少单独发生，多与某些疾病并发或受某些化学药品刺激引起。

【病因】 多因饲料霉败，饮水被毒物污染，采食有毒植物，误用化学药品等引发；跌扑、摔倒损伤，流行性感冒、猪瘟、猪丹毒，或重症胃肠炎、肺炎等均可继发或并发肾炎。

【主证】 患猪精神沉郁，食欲减退，体温升高，心跳加速，腰背拱起，多卧少立，站立时后腿张开，或收于腹下，不愿行走，驱赶行走时后腿不能高抬。外部压迫肾区敏感、有疼痛反应。病初频频排尿，尿少或呈点滴状，尿液呈深黄色或红褐色，病重时排尿停止；前胸、腹下、四肢下部、头部（上眼皮尤为明显）和阴囊等处发生水肿。

【治则】 温补肾阳，消肿利尿。

【方药】 1. 菌毒灵注射液。黄芪、板蓝根、金银花、黄芩各250g，鱼腥草1000g，蒲公英、辣蓼各500g。将各药洗净、切碎、置蒸馏器中，加水7000mL，加热蒸馏收集蒸馏液2000mL，将蒸馏液浓缩至900mL。药渣加水再煎2次，1h/次，合并2次滤液浓缩至流浸膏，加20%石灰乳调节pH值至12以上，放置12h，再用50%硫酸溶液调节pH值至5～6，充分搅拌放置3～4h，过滤，滤液用4%氢氧化钠溶液调节pH值至2～8，放置3～4h，过滤加热至流浸膏状，与上述蒸馏液合并，用注射用水加至 1000mL，再加抗氧化剂亚硫酸钠 1g，用注射用氯化钠调至等渗，精滤，分装，100℃ 煮沸 30min 灭菌，即为每 1mL 含生药 3g/mL 菌毒灵注射液。取 0.5mL/kg，肌内注射，1～2 次/d。重症者 3 次/d。本方药对肺痈、乳痈、淋浊、呼吸道感染、细菌性痢疾、传染性肠炎、流行性感冒、产后综合征等均有很好的治疗作用。共治疗 363 例，治愈 60 例。

2. 鲜车前草、鲜灯心草、鲜乌桕根（二重皮）、红枣各 250g，附子（先煎）、桂枝各 60g。水煎取汁，加红糖 200g，候温，让猪自饮，1 剂/d。

3. 金银花、连翘、蒲公英各 10g，车前子、苍术、大腹皮各 8g，猪苓 6g，泽泻、玉米须、白茅根各 5g（为 50kg 左右猪药量）。腰痛者加杜仲、牛膝各 8g；厌食者加焦三仙各 6g。水煎取汁，候温，于早、晚 2 次灌服，1 剂/d，连服 3～5 剂。青霉素 10 万～20 万单位/kg，链霉素或卡那霉素 10 万～15 万单位/kg，肌内注射，2 次/d，连用 3～5d；地塞米松磷酸钠注射液（2～15mg/头）或其他激素类药物，1 次/d（疗程较长者用量酌情递增或递减等）；速尿注射液 20～40mg/（头·次），肌内注射，或双氢克尿噻片 0.05～0.1g/（kg·次），灌服。安钠咖注射液 0.5～2g/次，或樟脑磺酸钠注射液 0.2～1g/次，肌内注射或静脉注射。尿毒症者，取 50g/L 碳酸氢钠注射液 50～250mL/次，静脉注射。共治疗 267 头，治愈 229 头，好转 14 头，总有效率 91.0%。

注：磺胺类药物及其衍生物对肾脏有毒副作用，应慎用或禁用。

4. 九应丹。胆南星、半夏各 30g，辰砂、木香、肉蔻、川羌活各 25g，明雄黄 10g，巴豆 7g，蒙砂 40g。共研细末，5～15g/次，开水冲调，候温灌服或混食喂服。

【护理】 改善饲养管理，将病猪置于温暖、干燥、阳光充足且通风良好的猪舍内；避免风、湿、寒邪对猪体的侵袭，防止继续受寒感冒；饲料营养要全面，蛋白质含量不宜过高，不喂霉变饲料。

【典型医案】 1. 1982 年 7 月 5 日，天门市黄潭镇张台村 2 组张某一头 40kg 猪因病来诊。检查：患猪体温 40.5℃，精神沉郁，食欲减退，行走困难，弓背弯腰，站立时四肢张开，触诊腰部有痛感，四肢和阴囊水肿，尿量少、暗红而浓。诊为肾炎。治疗：菌毒灵注射液 20mL，用法同方药 1，2 次/d，连用 5d，治愈。（杨国亮等，T168，P63）

2. 1982 年 11 月 19 日晨，福鼎县桐城西门队郑某一头约 55kg 长白母猪发病来诊。主诉：该猪起初头、面、耳部轻度浮肿，精神不振，食欲减退，尿少，没有引起重视。20 日，该猪浮肿加重，精神沉郁，不吃食，饮水少。上午，体温 37.4℃。取樟脑水 20mL，青霉素 160 万单位，链霉素 1g，肌内注射。下午，体温 38.8℃。21 日上午，体温 38.4℃，用药同前。至 22 日，浮肿加重，波及全身，按之留指痕、久而不起、呈白色。继续用青霉素、链霉素治疗，并取灯心草、车前草、艾白根各 500g，大蓟头 250g。水煎取汁，候温灌服，1 剂/d。23 日晚，尿量少、如红茶色、多泡沫。24 日晨，排少许干粪，稍有食欲。原方药加干萝卜种头 500g，水煎取汁加芒硝 150g，饮服。25 日，病情稍见好转，粪正常，但尿少、色黄、泡沫多，水肿消退慢，吃食少。26 日邀诊。检查：患猪体温 38.4℃，精神尚可，皮温稍凉，喜卧懒行，采食少，粪较软，耳及腹部水肿尚未消退。诊为急性原发性肾炎。治疗：取方药 2，用法同上；停用抗生素。27 日晨，患猪尿量增加，尿色呈淡黄色、泡沫减少，食欲好转。再服药 2 剂，同时采患猪尿液送检，尿浅黄色、透明、呈酸性，有微量蛋白，脓球少许，红细胞偶见。29 日，患猪水肿全部消退，食欲、粪尿恢复正常。12 月 1 日清晨，又采患猪尿液化验，尿色浅黄、透明、呈酸性，上皮细胞阳性，未发现蛋白、脓球和红细胞。（林振祥，T7，P26）

3. 1996 年 9 月 26 日，如皋市南凌乡民范村沈某一头约 60kg 猪就诊。检查：患猪体温 40.4℃，两眼水肿，共济失调，触诊腰荐部有疼痛反应。诊为肾炎。治疗：金银花、大腹皮、连翘、猪苓、苍术、牛膝、陈皮、神曲各 10g，蒲公英、麦芽各 15g，车前子 12g，泽泻、杜仲各 5g。水煎取汁，候温，分 2 次灌服，1 剂/d，连服 2 剂。青霉素 160 万单位，链霉素 1g，注射用水稀释，混合，肌内注射，2 次/d；地塞米松磷酸钠注射液 10mg，肌内注射，2 次/d；连续治疗 4d，痊愈。（吴仕华等，T94，P25）

4. 1995 年底，乐平市接渡镇张家坡某户一头架子猪发病来诊。检查：患猪水肿，叫声嘶哑，不能站立，经他医治疗 3d 无效。治疗：九应丹（见方药 4）20g，以大腹皮、灯心草煎汁调和，灌服。翌日，患猪病情好转，5d 后诸症悉退，食欲复常。（汪成发，T88，P34）

尿　闭

尿闭是指猪膀胱运化失常，导致尿液在膀胱内潴留而排泄不畅或不能排泄的一种病症。

【病因】　多因暑湿热毒内侵膀胱，或腰肾被外力打击损伤，膀胱气化受阻，水道通利不畅而引发。

现代兽医学认为，膀胱炎、尿道炎、尿道外伤和尿路感染等疾病均可引起排尿不畅或尿液不能排出。

【主证】　初期，患猪举尾拱腰，后肢张开，排尿痛苦，有少量尿液排出、呈点状或线状外溢。严重者蹲腰踏地，剧烈努责，不断做排尿姿势，仍无尿液排出，呈疝痛样。

【方药】　百会穴水针法。取百会穴（位于最后腰椎棘突与第一荐椎间隙即腰荐十字部。因猪的荐结节靠前，故百会穴与两侧荐结节成正三角形。用拇指按压有明显的凹陷即为注射部位），选用 16 号注射用针头，长度视猪体的大小及膘情而定。穴位处剪毛消毒后，针体与猪体垂直进针 3～5cm，然后将药物缓缓注入。选用庆大霉素 10 万～20 万单位，或黄连素 10～20mL 以及速尿 5～10mL 等，1 次百会穴注射，1 次/d，连用 2～3 次。起针后，迅速用酒精棉球将针孔按压 1min 左右即可。一般 1 次/2d，重症者 1 次/d。

注：选穴要准，进针要控制好深度，严格消毒；对怀孕母猪特别是怀孕后期母猪不宜用本法治疗；用两种或两种以上药物混合注射时，应特别注意有无配伍禁忌；进针次数不宜过多，每个疗程以 2～3 次为宜。

【典型医案】　1989 年 5 月 13 日，余庆县敖溪区松烟镇三合村王某一头约 20kg 猪，因 2d 不排尿邀诊。检查：患猪会阴部水肿，腹胀，肛门外翻，全身有尿臭味。诊为尿闭。治疗：庆大霉素 10 万单位，百会穴注射；速尿 6mL，肌内注射。用药 1h 后，患猪即排尿。次日，患猪会阴部水肿基本消退，腹胀和肛门外翻已消除，排尿通畅。为巩固疗效，继用庆大霉素 10 万单位，百会穴注射。（王永书，T53，P25）

尿血（血尿）

尿血是指猪尿液中混有血液的一种病症。

【病因】　多因夏暑或炎热天气，圈舍拥挤，通风不良，或长途运输，过度拥挤，或饮食后长时间在野外运动，遭雨淋、受寒等，致使热邪侵入小肠，下注膀胱，膀胱湿热蕴结，或肾经积热，迫血妄行，种公猪配种频繁等。某些中毒病（如棉籽饼中毒、磷化锌中毒等）

或寄生虫病（如附红细胞体病、焦虫病等）均可引发本病。

【主证】　患猪精神不振，食欲减退，体温升高，尿呈淡红色。重症者频尿、滴尿，尿呈暗赤色甚至混有血块。

若血尿混浊，放置后出现红细胞沉淀，则是肾、尿路或膀胱出血；若混有大量凝血块，多为膀胱出血，亦可见于肾或膀胱肿瘤。

【治则】　清热利尿，凉血止血。

【方药】　1. 木通 8g，灯心草 6g，瞿麦、生栀子、生大黄、蒲黄、红花各 10g，车前子、萹蓄各 16g，甘草 5g。水煎取汁，候温，分 2 次喂服，1 剂/d，连服 3 剂。同时，取青霉素 80 万～160 万单位，链霉素 100 万单位，复方氨基比林或安乃近注射液 10mL，肌内注射，2 次/d，连用 3d。共治疗 5 例，均获满意效果。

2. 虎杖（为蓼科蓼属植物虎杖，别名花斑竹、酸筒杆、酸汤梗、川筋龙、斑庄、黄地榆，根茎叶均可入药。性凉，味酸苦，具有清热利湿、通便解毒、逐瘀之功效）60g，瞿麦 45g，木通、萹蓄各 40g，栀子、马鞭草、车前草各 30g（为 50kg 以上猪药量；50kg 以下者酌减）。水煎取汁，候温灌服。共治疗 65 例，治愈 55 例，好转 6 例，无效 4 例。（张洪启，T37，P64）

3. 血淋安逸汤。北黄芪、白茅根各 15g，当归、甘草、地龙各 10g，红人参 6g。水煎取汁，候温灌服。

4. 萹蓄草（味苦、性寒，入胃、膀胱二经，清膀胱之湿热）3g/kg，切碎，置砂锅或铝锅内，加水适量煎熬 30min，取汁候温，胃管投服，1 次/d，连服 2 剂。共治疗 5 例，均治愈。

【典型医案】　1. 1998 年 9 月，吉水县文峰镇水南背村刘某一头 50kg 育肥猪患病邀诊。检查：患猪精神不振，食欲减退，嗜睡，体温 40.5℃，频尿，仅最后一部分混有血液，

有大小不一的凝血块。尿沉渣检查，除见到上皮细胞外，还可看到沙砾样物质。诊为尿血。治疗：取方药 1，用法同上，3 剂，1 剂/d；取青霉素 160 万单位，链霉素 100 万单位，安乃近注射液 10mL，肌内注射。连用 3d 后，患猪症状消除，恢复常态。（曾建光，T116，P35）

2. 2006 年 1 月，一头猪尿中带血，3～4 次/d，反复发作，持续约 20d，每次发作时尿呈红色，点滴难尽，舌质淡胖嫩，薄白苔。治疗：血淋安逸汤，用法同方药 3，连服 5 剂。服药后，患猪血尿止，纳食亦可，精神仍差。改用八珍汤加黄芪，连服 20 剂，调理善后，3 个月后未再复发。（李梅，T157，P70）

3. 1975 年 7 月 26 日，民勤县收成乡丰庆 5 队某户 3 头、均 50kg 左右肉猪，因患尿血来诊。检查：患猪体温分别为 38.7℃、38.9℃、39.1℃；心跳分别为 78 次/min、82 次/min、85 次/min；呼吸分别为 18 次/min、24 次/min、30 次/min。喜卧，食欲减退，排尿淋漓不畅，尿液前段清，后段混浊、混有凝血块，试管放置后出现红细胞沉淀。治疗：取方药 4，用法同上，痊愈。（潘发存等，T41，P34）

尿路感染

一、尿路感染

尿路感染是指猪尿路被病原菌感染，引起尿路发炎的一种病症。包括尿道炎、膀胱炎、肾盂肾炎等。

【病因】　多因猪体虚弱，外邪乘虚侵入腰肾和膀胱，湿热蕴结下焦所致。

【主证】　患猪饮食欲减退，肚胀，排尿时频频努责，弓背缩腰，痛苦呻吟，尿少、频、急、淋滴难下，触诊膀胱膨胀。常规检查，尿液

中含有白细胞和少量的红细胞、脓球和蛋白。

【治则】 清热利湿，利尿通淋。

【方药】 二马益母汤。马鞭草、马齿苋、益母草、玉米须各180～250g。水煎取汁，候温灌服。共治疗急性尿路感染38例，治愈36例。

【典型医案】 泰兴县十里甸公社官西四生产队3号圈母猪就诊。检查：患猪尿频努责，食欲减退，肚胀，眼结膜充血，后肢开张下蹲，频频努责，尿淋滴难下，触诊膀胱臌胀。尿常规检查，白细胞（＋＋＋），红细胞（＋），脓球（＋），蛋白（＋）。诊为急性尿路感染。治疗：二马益母汤，1剂，用法同上。服药后，患猪食欲增加，肚腹变小，尿流逐渐顺畅，痊愈。（张荣堂等，T6，P11）

二、尿道炎

尿道炎是指猪尿道感染、黏膜发炎的一种病症，属中兽医热淋范畴。

【病因】 多因导尿管消毒不严，操作粗暴，损伤尿道感染病原菌；或尿结石机械刺激、药物化学刺激损伤尿道继发感染。

【主证】 患猪排尿时弓背缩腰，痛苦呻吟，尿少、尿频、尿急、尿痛，尿液呈黄赤色，脉洪数。公猪阴茎伸出时未发现阴茎外表有损伤的痕迹，精液内混有淡红色浊物、无异常气味。

【治则】 利尿通淋，消肿止痛。

【方药】 1. 鲜车前草1～1.5kg，洗净，拌入饲料中自由采食，1次喂服，连喂4d。服药期间种公猪停止采精。连续治疗10d，患猪饮食欲、活动、精液均恢复正常。（邓远森，T38，P21）

2. 新鲜柳枝（杨柳或垂柳的细嫩枝条，味苦、性寒）约50g，水煎取汁约300mL，候温灌服。共治疗10例，多数病例用药1次即愈。（王志远，T44，P42）

三、膀胱炎

膀胱炎是指猪膀胱黏膜或黏膜下层发炎，出现以尿频、尿急、尿痛、尿量少、尿红为特征的一种病症。

【病因】 多因病原菌感染尿道，侵入膀胱所致；肾炎、子宫炎、尿道炎蔓延，或导尿、尿结石等机械性刺激，有毒物质、化学性刺激性物质刺激膀胱黏膜等诱发膀胱炎。

【主证】 患猪排尿频繁，常作排尿姿势，尿量很少甚至无尿，排尿时有痛感，呻吟，尿液含有血液，多在排尿的最后出现，尿色混浊、腥臭，按压后腹部有疼痛感，体温一般正常，严重时稍升高。尿检时可见到白细胞、红细胞、膀胱上皮细胞，静止后有大量沉渣。种公猪阴茎频频勃起。

【鉴别诊断】 膀胱炎应与膀胱麻痹或弛缓、膀胱疝、尿道结石进行鉴别。膀胱炎与膀胱麻痹或弛缓两者都有积尿，常有排尿姿势，滴尿或不尿等，但后者滴尿时不显努责，也无痛苦状，按压后腹部有膨大坚硬感，施压按摩增加排尿量，体温不高。膀胱炎与膀胱疝两者都呈现不尿、滴尿等症状，但后者多发生于阉割过的公猪，有阴囊疝的症状（阴囊膨大），按压阴囊龟头有尿排出，切开阴囊可见膀胱，并可将积尿全部挤完。膀胱炎与尿道结石两者都呈现不尿、滴尿等症状，但后者自龟头至膀胱的尿道可触摸到结石。

【治则】 清热利湿，利尿解毒。

【方药】 虎杖散。虎杖（为蓼科蓼属植物虎杖，别名花斑竹、酸筒杆、酸汤梗、川筋龙、斑庄、黄地榆，根茎叶均可入药。性凉，味酸苦）60g，瞿麦45g，木通、萹蓄各40g，栀子、马鞭草、车前草各30g（均为50kg以上猪药量；50kg以下者酌减）。水煎取汁，候温灌服。共治疗318例，治愈302例，好转16例。

【护理】 改善饲养管理，停止喂给有刺激性的饲料，多喂青饲料，给予清洁饮水。

【典型医案】 威宁县城关区新义村陈某一头公猪，因多日排尿困难，打针灌药无效来诊。检查：患猪体温正常，频频出现排尿姿势，奋力努责仅排出点滴紫红色血尿。诊为膀胱炎。治疗：虎杖散加金钱草，用法同上，2剂，痊愈。（张洪启，T37，P64）

尿道阻塞

尿道阻塞是指猪泌尿系统发生炎症，脱落的膀胱上皮细胞、血凝块和尿结晶等阻塞尿道的一种病症。多阻塞于阴茎"S"状弯曲部；公猪多发生；阻塞物多为结石（沙粒样或豆腐渣样），部分病例阻塞物为凝血块。

【病因】 由于膀胱湿热，肾虚气化失司，水道不利，津液疑结成块，轻则似砂，重则似石，积于膀胱或尿道，致使尿道阻塞或淋浊。

【主证】 初期，患猪精神、食欲正常，体温正常或稍高，有轻度尿频、尿淋滴，尿液浑浊。随着病情发展，患猪烦躁不安，食欲减退，体温升高，膀胱充盈，频频努责，尾巴有节律地上下摇动，长时间保持排尿姿势，排出少量浑浊或混有血液的尿液。后期，患猪膀胱破裂，精神沉郁，体温正常或下降，饮食欲废绝，呕吐或便秘，腹围显著增大，腹部下垂，全身皮肤颜色变暗或腹下皮肤出现蓝紫色出血点。触诊腹部，膀胱无充盈感。

【治则】 利尿通淋。

【方药】 玉米须（味甘、性平，有清热利胆、利尿通淋之功效）30～60g（鲜品60～100g），水煎取汁，候温灌服。共治疗公猪尿道阻塞、淋浊症59例，除1例尿道结石外，其余全部治愈。

【典型医案】 1986年9月27日，合水县何家畔乡赵家川村代某1头90kg左右公猪就诊。主诉：该猪病初排尿淋滴不畅，继而尿道阻塞。曾用利尿药、抗生素治疗无效。检查：患猪阴茎稍肿胀，用手捏挤则流出少量混浊液体、如泔浆状。治疗：取玉米须50g，水煎取汁，候温灌服。服药后，患猪排出少量尿液。翌日，再服药1剂，痊愈。（王志惠，T97，P47）

尿道结石

尿道结石是由于尿路盐类结晶形成尿石阻塞尿道，导致猪排尿障碍和腹痛的一种病症，又称尿道结石。常继发于砂石淋；多呈地方性发生。属中兽医石淋范畴。

【病因】 长期饲喂富含硅酸盐类的酒糟，富含磷的麸皮或谷物类精饲料，或饮水中钙盐过高，炎热季节饮水不足，或饲料中维生素、胡萝卜素不足或缺乏，某些肾病、尿路感染等均可引发本病。

中兽医认为，湿热下注，化火灼阴，煎熬尿液，结为砂石，积于尿道而为石淋，积于下焦则膀胱气化失司，尿液不利，甚则排尿时淋漓不尽。

【主证】 患猪尿频，排尿困难。病初尿液淋漓，尿中混有细状物质或尿中带血；后期拱腰努责，常呈排尿姿势，但排不出尿液，疼痛不安，回头顾腹，有时出现蹲腰踏地、欲尿无尿、欲卧不卧等。轻者脉象、口色无明显变化，重者脉沉或脉紧，口色微红而干。

【治则】 清热利湿，通淋排石。

【方药】 1. 磁化水与排石汤。①磁化水。用沸水冲泡大磁铁5～30min，饮服，3次/d，500～1500mL/次。②排石汤。金钱草60g，车前子、木通、牛膝、鸡内金各15g，海金沙30g，石韦20g，甘草6g。水煎取汁，候温，胃管灌服，2次/d。治疗3d效果不明显时，注射黄体酮加速排石速度，要与排石汤同时运用。共治疗15例，治愈11例，有效3例，好转1例。

2. 腹壁膀胱造瘘术。将患猪倒立保定，局部浸润麻醉。①腹中线旁开2cm，由耻骨前缘2～3cm处向前作6～7cm与腹中线平行的纵行切口，依次切开皮肤、筋膜、腹直肌及腹膜。②拉出部分膀胱，切开膀胱壁（1～2cm），排出尿液（若尿液过度充满，应先谨慎地穿刺膀胱，排出尿液）。③从前端一次性螺旋缝合腹膜、肌肉、筋膜，待切口与膀胱切口大小相等时，膀胱壁、腹膜、肌肉筋膜一次性环形螺旋缝合。从前端结节缝合皮肤，待皮肤切口与膀胱环形造口相吻合时，将皮肤切口作环形结节缝合于造口上，膀胱瘘即成。本法优于尿道切开术，亦可用于膀胱破裂症的治疗。（包斌，T73，P14）

3. 生理盐水注入法（须确诊公猪尿道结石部位）。将患猪横卧保定，术者在其背侧（个体较大者也可在腹侧）用手术钳将阴茎拉出并固定。将事先抽满生理盐水（20～30mL）的注射器接上磨秃的长 5cm 左右的注射针头，插入尿道口。左手用力将尿道口捏紧，右手推动注射器活塞，并注意推进时阻力的大小和发生阻力的时间。25～40kg 者仅注入 1～2mL 时即注不进，结石则阻塞在尿道口 "S" 状弯曲下方；注入 3～4mL，结石则阻塞在尿道 "S" 状弯曲附近或其上方；若阻力不大，且可注入生理盐水 10mL 以上（溢出的不计），则可认为尿道无结石。共治疗 123 例，效果满意。（王汝英等，T11，P53）

【典型医案】 2002 年 9 月 3 日，武山县鸳鸯镇石街村张某一头 5 月龄猪发病来诊。检查：患猪尿淋漓、尿中带血，腹痛不安、翘尾、拱背，食欲减退，发烧，口色红，尾根脉紧而数。治疗：取方药 1，用法同上，连服 5d。患猪尿流畅通，食量增加。又服药 2 剂，余症消除。1 个月后随访，未复发。（孙天存，T167，P73）

淋 浊

淋浊是指猪排尿淋漓涩痛、尿液浑浊的一

种病症。属现代兽医学尿路感染范畴。

一、公猪淋浊

【病因】 由于膀胱湿热，肾虚气化失司，水道不利，津液凝结成块，轻则似砂，重则似石，积于膀胱或尿道，致使尿道阻塞或淋浊。

【主证】 患猪弓背努责，阴茎肿胀，排尿淋漓，尿液混浊，或尿道流出脓样浑浊物。

【治则】 清热解毒，利尿通淋。

【方药】 玉米须 30～60g（鲜品 60～100g）。水煎取汁，候温灌服。本方药适用于肾炎水肿、尿闭、尿结石、黄疸等症。共治疗公猪尿道阻塞、淋浊症 59 例，除 1 例尿道结石外，其余全部治愈。

【典型医案】 1997 年 11 月 24 日，合水县吉岘乡黄寨村张某一头约 50kg 公猪患病来诊。主诉：该猪频频弓背努责，食欲减退。检查：患猪阴茎稍肿胀，排尿淋漓，尿液混浊。治疗：取玉米须 40g，用法同上，1 剂，痊愈。（王志惠，T97，P47）

二、母猪淋浊

一般母猪产后较多。

【病因】 由于湿热下注，渗入膀胱，致使气化不全，排尿淋漓、痛涩而发病。

【主证】 患猪频频作排尿姿势，仅有少量尿液排出或无尿，或尿频、尿急、尿痛，尿液落地呈泡沫样久久不散。

【治则】 清热解毒，通淋利尿。

【方药】 八正散加减。木通、车前子、瞿麦、茯苓、萹蓄、金钱草、海金沙、栀子、大黄、滑石、大黄、甘草、灯心草（剂量、药味随症增减）。水煎取汁，候温灌服；20% 安钠咖注射液 10mL，肌内注射。共治疗 213 例，收效满意。

【典型医案】 1. 1992 年 8 月 10 日，江北县人和区人和镇大坡村李某一头约 90kg 母猪，于产后 2d 发病邀诊。主诉：该猪产后一直尿少，淋漓不畅，尿液落地后形成泡沫。检查：患猪频频作排尿姿势，仅排出少量黄色尿液且落地成泡沫；粪较干。诊为淋症。治疗：20％安钠咖注射液 10mL，肌内注射（注药后 20min 排尿约 250mL）；八正散加减。木通、车前子、瞿麦、萹蓄、金钱草、海金沙各 25g，栀子、大黄各 30g，滑石 60g，甘草 20g，灯心草 10g。水煎取汁，候温灌服。3d 后追访，患猪痊愈。

2. 1985 年 6 月 10 日，江北县人和区礼加乡平场村赛某一头约 100kg 母猪，于产后数天少食，他医诊为感冒，用氨基比林、APC、土霉素等药物治疗无效邀诊。检查：患猪精神较好，体温 37℃，两耳冰凉，尿量较少，尿液落地后形成泡沫并堆积不散，食欲减退。诊为淋浊。治疗：八正散加减。木通、车前子、茯苓、瞿麦、萹蓄、大黄、海金沙各 25g，滑石 40g，甘草 15g，灯心草 10g。水煎取汁，候温灌服。安钠咖注射液 10mL，肌内注射。次日，患猪食欲增加，尿量增多，泡沫减少。继用药 1 剂（去大黄）。3d 后追访，患猪痊愈。（郑高禄，T69，P31）

阳　痿

阳痿是指适龄的种公猪肾经亏损，性欲减退，阴茎不能勃起，或举而不坚、坚而不久，不能正常交配的一种病症。

【病因】　多因配种过早或频繁交配，精窍屡开，致使命门火衰，下元虚惫；饲养管理不善，营养不良，缺乏运动，或配种之际偶受惊吓，肝气郁结，命门火为湿热所遏制；配种不当，闪伤腰胯；营养过盛，体质异常肥胖而致性欲降低。

【主证】　患猪过于肥胖或营养不良，消瘦无力，精神萎靡，畏寒，腰肢软弱，举步无力，交配时阴茎不举，或举而不坚，或坚而不久，偶尔能交配也是一举即泄。

【治则】　补肾经，壮肾阳。

【方药】　1. 自拟二仙散。仙茅 40g，仙灵脾、阳起石、肉苁蓉、破故纸、巴戟天、白茯苓各 30g，独活 20g。共为细末，拌入饲料喂服，1 次/d，40g/头，1 个疗程/6d。共治疗 32 例，治愈 29 例，治愈率 90.6％。

2. 仙灵脾、阳起石各 40g，肉苁蓉、菟丝子、杜仲、党参、黄芪各 30g，续断 25g，地榆、车前子各 20g，甘草 10g。先水煎取汁，拌料喂服，后用药渣拌料喂服。共治疗 30 例，治愈 28 例，无效 2 例。

3. 还少丹。山茱萸、淮山药、茯苓、熟地黄、牛膝、肉苁蓉、枳实、小茴香、巴戟天、枸杞子、远志、石菖蒲、五味子各 25g，红枣 100 枚（加姜煮熟，去皮核用肉）。炼蜜和丸（如梧桐子大小），用淡盐汤喂服，2 次/d，50g/次。

4. 人参养营汤。人参、五味子、茯苓、肉桂、白芍、当归、仙灵草、巴戟天、菟丝子各 30g，远志 25g，姜片 20g，炒白术、黄芪各 35g。共为细末，拌入饲料喂服，1 次/d，50g/次，1 疗程/6d，一般 1～2 个疗程治愈，性欲可恢复正常。共治疗 28 例，治愈 26 例，有效 2 例，有效率达 100％。

【典型医案】　1. 1997 年 8 月，庄浪县良邑乡某养猪大户，从某种猪场引进一头 11 月龄、150kg 纯种大约克公猪，饮食欲正常，生长发育良好，精神不振，四肢欠温。检查：患猪不愿接近母猪，无性欲，不愿交配。曾用丙酸睾丸素治疗无效。治疗：取二仙散，用法同方药 1。用药 1 个疗程，患猪出现性活动；用药 2 个疗程，患猪开始正常交配，而且受胎率高，极少出现复配。（郑海，T112，P30）

2. 1994 年年初，新化县畜禽良种繁殖场从长沙调入一头长白种公猪，饲养 10 个月，体重达 180kg 左右，营养状况中等，一直没有性欲，也不见阴茎勃起现象和种公猪特有的腥臭味。检查：患猪双侧睾丸均匀、对称、略偏小，包皮、阴茎及四肢、躯干无异常。诊为阳痿，治疗：取方药2加牛膝、独活、桑螵蛸各20g，用法同上，2剂/周。用药2剂后，患猪遇发情母猪即口扎嘴，嘴角有少量白色泡沫，出现轻微的公猪特有的腥臭味。继用药2剂，患猪阴茎能勃起，有爬跨行为，腥臭气味浓烈，再服药1剂以巩固疗效。1个月后配种，性欲强烈。之后追访，该猪所配母猪受胎率达100％，产仔均在12头以上。

3．1995年8月，新化县游家镇白沙乡某户一头约克种公猪就诊。主诉：该猪于今年3月开始配种，时值生产高峰，一周内配种多达30头（次），最多1d配8头，不久便出现性欲冷淡，继而发生阳痿。检查：患病公猪体重100kg左右，营养略差，头耷耳垂，不愿走动，腥臭味消失，双侧睾丸对称，睾丸皮肤皱折很多，似有萎缩状，包皮、阴茎、四肢等无异常。治疗：取方药2加白术30g，芡实、山药各20g。用法同上，2剂/周。服药期间严禁配种。服药3剂，患猪精神好转，出现公猪特有的腥臭味，阴茎已能勃起，继服药2剂，痊愈，休息1周后配种。（罗青凤，T98，P25）

4．仁寿县慈航镇观子村余某一头猪患病就诊。主诉：该猪是青年大约克种公猪，患阳痿不举多日，他医曾用睾丸酮等药治疗多次无效。根据临床检查诊为阳痿。治疗：取方药

3，用法同上，3d痊愈。

5．1996年6月，井研县集益乡界牌村徐某由东山种猪场引进1头长白种公猪，虽精心饲养，但两年来却一直没有性欲表现，配种时阴茎不举，间或偶举但不坚硬，施以人工辅助亦无法交配。即使配合发情母猪引诱及加强调教等措施仍不奏效。于8月15日来诊。治疗：还少丹，用法同方药3，连服4剂，痊愈。

6．仁寿县月桥乡牛市村余某一头4岁、90kg本地土种公猪，因喂养粗放，饲料单一，体质瘦弱而丧失配种能力。治疗：还少丹，用法同方药3，连服2剂，痊愈。（熊小华，T105，P28）

7．2003年8月，民和县官亭镇河沿村张某从某猪场引进一头约100kg长白种猪就诊。主诉：该猪采用全价配合饲料饲喂，当时种猪性欲旺盛，而且受胎率高，极少出现复配。近日该猪性欲低下，精神不振，食欲减退，不愿接近受配母猪，有时卧地不起，体温37℃，曾用丙酸睾丸素治疗无效，改用10％葡萄糖注射液500mL，50％葡萄糖注射液100mL，维生素C30mL，混合，静脉注射，1次/d，连用4d仍无效。治疗：人参养营汤，用法同方药4。用药5d，患猪精神好转，食欲恢复正常，出现性活动；用药2个疗程后性欲正常；1周后追访未见复发，而且性欲比之前更加旺盛。（张发祥，T137，P52）

第四节　心脏与神经系统疾病

面神经麻痹

面神经麻痹是指猪面部肌群运动功能障碍，出现以口眼歪斜为特征的一种病症。中兽医称歪嘴风、吊线风。

【病因】　由于饲养失调，猪体虚弱，卫外不固，脉络空虚，风寒外邪乘虚侵入头面肌

肤，凝滞经络所致。

【主证】　患猪口眼歪斜，单耳侧垂，上唇歪向一边，下唇向一侧下垂，口流清涎，饮食困难，食入口中的食物不能吞咽，自动流出，一侧鼻孔塌陷，呼吸不畅。

【治则】　通经活络，祛风化湿。

【方药】　穴位点刺法。选锁口穴（口角后1～7cm处）、开关穴（最后一对上下臼齿间即眼外角的垂线与口角延线的交点）、风池穴（颈韧带的耳后凹陷中）。用5％碘酊穴位消毒。根据猪体大小和点刺部位深浅选择针头大小和长度。将针头固定在木棍上，点燃酒精棉球，针头置于火焰的外焰烧红到发白，立即刺入穴位。

【典型医案】　2010年4月17日，石阡县某户一头80kg猪发病来诊。检查：患猪口眼歪斜，上唇向右歪斜，口流清涎，进食困难，伴有呼吸困难。治疗：取16号、20mm注射针头固定于木棍上，用5％碘酊对右侧锁口、开关、风池穴消毒，再将95％酒精浇在药棉上点燃，让针头在外层火焰烧红发白，立即刺入右侧3个穴位，1次/2d。经过3次治疗，患猪能自由采食。继续治疗2次，痊愈。（张廷胜，T175，P55）

中　暑

中暑是日射病和热射病的总称，是指猪在外界光或热作用下或在机体散热不良时引起机体急性体温过高的一种病症。

【病因】　在炎热的夏季，日光照射强烈、湿度较高，猪受日光照射时间，或猪圈狭小、不通风，饲养密度过大；长途运输时车厢狭小、过分拥挤，通风不良，加之气温高、湿度大，引起猪心力衰竭等发生中暑。

【主证】　患猪突然发病。日射病患猪精神沉郁，四肢无力，呕吐，皮肤干燥，体温升高，脑膜充血时兴奋狂躁，恐惧不安，脉搏细弱，呼吸急促，卧地不起，陷入昏迷状态，剧烈战栗或呈现痉挛状态死亡。热射病患猪体温显著升高，气喘、呼吸紧促，口吐白沫，心跳加快，喜滚稀泥水，严重者体温升高至42℃以上，精神极度沉郁，昏迷，一般多发生心脏麻痹和窒息死亡。

【治则】　清热解暑，发汗解表。

【方药】　1.青藿散注射液。青蒿籽40％，香薷25％，藿香15％，佩兰、薄荷各10％。各药除净杂质（无霉变、无虫蛀），混合，用蒸馏法制取注射液（《农村中草药制剂技术》，广州市药品检验所编），相当于含生药5g/mL，灌装于经严格消毒的疫苗瓶，高压灭菌，避光保存于干燥处。30kg以下猪20～40mL；30～50kg猪50～60mL；50～100kg猪70mL，肌内注射。本方药对猪无名高热亦有满意疗效。共治疗1517例，除87例因各种原因死亡、38例诊断不确实治疗无效外，其余1392例全部治愈。

2.放血疗法。用三棱针或小宽针刺破猪体特定部位的血管，放出适量血液。血针有耳尖、山根、鼻梁、尾尖、蹄头、太阳等穴。在耳尖、尾尖等穴放血量宜大。放血时应考虑患猪体况、个体大小、季节、气候等诸多因素。血色浓淡能表现出病情的轻重，在放血过程中要注意观察血色的变化，血色暗红可多放，血色淡红应不放，血呈黄色者禁放。血色由暗变红鲜明适中，则表明放血量已够，不必再放。放血量可按体重比例为1‰～3‰。耳尖、尾尖放血量可较大，25kg以下者放血5～20mL，30～80kg者放血20～40mL，血针尾尖、耳尖。注意严格消毒，防止感染。（徐玉俊等，T108，P43）

3.穴位注射刺激法。主穴选山根穴，进针深度0.5cm，注射10％樟脑醇（樟脑10g装在瓶内，加95％酒精至100mL，溶解后过滤备用）1mL/次，1次/d，连续注射1～2次；松节油（为市售药品）0.5mL/次，1次/（2～3）d，连续注射1～2次。配穴选天门穴，进针深度为4～6cm，注射樟脑醇3～5mL/次，1次/d，连续注射1～2次；注射松节油2～3mL/次，1次/（2～3）d，连续注射1～2次（均为50kg猪药量）。取穴与进针方法按常规法进行。共治疗16例，治愈11例，好转2例，无效3例。

注：筛选最佳穴位和给予穴位一定的刺激量（刺激强度和维持刺激时间）是本法两个要素。穴位注射刺激剂大大优于提插、捻转、艾灸、火针、烧烙等传统的增加刺激的方法，可代替留针。樟脑醇使用总量不得超过20mL/次；松节油使用量不得超过4mL/穴，且不宜在一穴中重复注射，必须重复注射时需隔2～3d进行，有时局部发生肿胀，2～3d可自行消失。（吴杰，T35，P43）

【典型医案】　1. 1976年7月初，宝鸡县固川乡张某一头约50kg长白猪，中暑已3d，畜主自用大剂量抗生素及内服中药治疗无效邀诊。治疗：复方青蒿注射液100mL，分2次肌内注射，3d痊愈。

2. 1990年6月12日，宝鸡县固川乡唐某一头约100kg怀孕母猪因中暑就诊。检查：患猪精神不振，肌肉颤抖，站立不稳，体温42℃，呼吸急迫，抽搐。治疗：复方青蒿注射液60mL，肌内注射。约6h后，患猪诸症悉退。继用复方青蒿注射液40mL。8日，畜主告知，该猪产仔猪11头。（贾敏斋等，T68，P28）

脑　炎

脑炎是指猪软脑膜及脑实质发生炎症的一种病症，也叫脑膜脑炎。

【病因】　多由病原微生物侵入机体，随血液循环到达软脑膜引起炎症，进而侵害脑实质而发病；或流行性感冒或脑外伤等继发。

【主证】　一般突然发病。患猪四肢行动失调，盲目转圈，空嚼磨牙，尖叫，倒地不起，四肢抽搐，肌肉震颤，两耳直竖，头往后仰等，后躯麻痹继而倒地不起，四肢做划水状；体温升高至40～42℃，食欲废绝，粪呈球状，鼻孔流浆性鼻汁，鼻镜干燥，眼结膜潮红，眼睑轻微肿胀。濒死期体温下降，昏睡；有的关节出现不同程度的肿胀。

【治则】　清热凉血，醒神开窍。

【方药】　1. 安宫牛黄丸（吉林省东丰县制药厂生产）。50kg以上猪2丸/次，50kg以下猪1丸/次。温开水调和，灌服；食醋20mL，分别注入两耳；硫酸镁20～60mL，肌内注射，2次/d，间隔5h；维丁胶性钙注射液2～10mL，肌内注射；地塞米松磷酸钠注射液3～6mL，肌内注射，共治疗疑似脑炎5例，初用西药治疗收效不佳，后以安宫牛黄丸为主，辅以西药治疗，彻底治愈。

2. 九应丹。胆南星、半夏各30g，辰砂、木香、肉豆蔻、川羌活各25g，明雄黄10g，巴豆7g，蒙砂40g。共研细末，5～15g/次，开水冲调，候温灌服或混食喂服。

【护理】　患猪置于安静、阴暗、宽敞、通风良好猪舍；多铺垫草；给予有营养和易消化的饲料。

【典型医案】　1. 1991年3月1日，伊通县五一乡五一村金某一头约120kg、营养中等母猪就诊。主诉：该猪产仔猪已月余，于今晨卧地不起，食欲废绝，触摸猪身不热，至中午转圈行走、似推磨状，口吐白沫。检查：患猪营养中等，兴奋、抑制交替出现，行走时呈圆周运动，步态不稳，共济失调，阵发性痉挛；有时口吐白沫，呕吐，尿失禁，对外界任何刺激均无反应，兴奋时上述症状加剧；抑制期则卧地不起，四肢呈游泳样划动。两眼发呆，视物不清，目光无神，眼反射消失，鼻镜歪向一侧，喂以食物则无采食动作，不听呼唤；针刺皮肤时反应迟钝（四肢则无反应）。诊为脑炎。治疗：1～2日，用青霉素、硫酸镁等西药治疗，初期诸症似减轻。2日下午病情加重。3日上午取安宫牛黄丸，用法同方药1；硫酸镁注射液60mL，于脑俞穴注入；维丁胶性钙注射液10mL，肌内注射；食醋20mL，分别灌入两耳，10mL/耳；针刺锁口、开关、牙关、鼻梁、山根、寸子穴。下午5时，患猪采食4碗米粥，运动姿态复常，唯行走缓慢；吐沫与痉挛消失，针刺皮肤反应灵敏，粪尿正常。4日上午，患猪诸症悉除。（张嘉儒等，T62，P36）

2. 2003年3月6日，湟源县日月乡山根村李某一头成年母猪患病来诊。主诉：该猪从今早不食，卧地不动，体温38℃，转圈运动，口有白沫，用西药治疗多次无效。检查：患猪营养中等，体温37℃，兴奋时呼吸急速，心跳89次/min，转圈运动，步态不稳，共济失调，阵发性痉挛，有时口吐白沫，呕吐，严重时转圈运动加剧，尿失禁，饮食欲废绝，兴奋期过后，卧地不起，四肢不动或呈游泳状，双目发直，视物不清，视觉反射极弱，眼肌痉挛，斜视，瞳孔反射极弱乃至消失，鼻歪向左侧，采食呈现咽部、舌肌麻痹，吞咽障碍，用针刺皮肤反应极弱。诊为脑炎。治疗：安宫牛黄丸，2丸（50kg以下猪1丸/次），用温开水调和，灌服；硫酸镁60mL，于脑俞穴注射；维丁胶性钙注射液10mL，肌内注射；食醋20mL，两耳孔各灌10mL。同时，针灸锁口、开关、牙关、鼻梁、山根、寸子等穴。下午5时，患猪出现采食并进食，运动功能恢复，口中白沫、阵发性痉挛消失，针刺皮肤反应敏感，排粪、尿正常。9日，患猪视力恢复，饮食、排泄、运动等功能均恢复正常。10d后追访，未见复发。（窦春香等，T136，P65）

3. 乐平市接渡镇汪某一头15kg仔猪，因患急性脑炎来诊。检查：患猪反应迟钝，神志不清。治疗：取九应丹10g，以薄荷、金银花汤调药，灌服。服药2d，痊愈。（汪成发，T88，P34）

癫痫是指猪由于突发性大脑机能障碍，出现以短暂的意识丧失为特征的一种病症。中兽医俗称"羊角风"、"痰晕"等。

【病因】 因脑部受到意外撞击，或突然受惊，或饲喂无节，脾胃受伤，水谷之湿聚为痰涎，痰涎壅盛，攻于上焦，蒙闭心窍，或外感暑邪，肝胆积热，流注心经，或某些寄生虫病等引发。

【主证】 患猪突然发病，肌肉痉挛，四肢抽搐，牙关紧闭，目光呆滞，神志不清，突然倒地，四肢划动，口吐白沫，持续数分钟后症状自行缓解，行动恢复自如，进食正常。

【治则】 豁痰开窍，熄风定痫。

【方药】 1. 白花蛇1条，全蝎、桑寄生、防风各15g，僵蚕10g，钩藤、菖蒲、香附子、白芍、郁金各20g。肝阳上亢、肝阴不足者加元参、生地、珍珠母；肝郁气滞、清阳被阻者加乌药、枳实；心肾不交者加夜交藤、五味子、女贞子；头部外伤、有瘀血者加丹参、赤芍；气血不足、筋脉失养者加党参、白术、当归；痰浊郁火、上扰清宫者加礞石、胆南星、龙胆草。水煎取汁，候温灌服，1剂/2d。共治疗6例，效果满意。

2. 氯丙嗪250～300mg，百会穴注射；维生素B_1 1.2～1.5g，20%安钠咖注射液10mL，肌内注射；针刺天门、脑俞、血印、山根、鼻梁、尾尖、锁口、牙关、八字等穴。共治疗12例，均1次治愈。

3. 新鲜半夏、生姜等量，共捣成泥状，加适量饵料，喂服，3 次/d，连服 5～6d。共治疗 2 例，疗效显著。

【典型医案】 1. 2003 年 5 月 20 日，乐都县碾伯镇东庄村李某一头 3 月龄仔猪发病来诊。主诉：4 月 10 日，该猪突然发病，四肢抽搐，肌肉痉挛，经注射安乃近和磺胺嘧啶钠后症状消失，近日又反复发作。检查：患猪消瘦，神志不清，体温正常，舌淡、苔薄白，脉弦。诊为肝盛脾虚型癫痫。治疗：白花蛇 1 条、全蝎、钩藤、桑寄生、香附子、白芍、郁金、白术、茯苓、天麻各 10g，党参 15g，僵蚕 6g。水煎 2 次，取汁混匀，于 2d 内分 4 次灌服，连服 3 剂，痊愈。（逯登明等，T139，P58）

2. 1981 年 5 月 12 日中午，固始县武庙乡新店村刘某一头约 45kg 白花猪发病就诊。检查：患猪体温 39.4℃，心跳 106 次/min，呼吸 54 次/min，卧地尖叫，四肢乱划，咬牙，口流涎沫，频频发作。治疗：氯丙嗪 250mg，百会穴注射；维生素 B$_1$ 1.2g，20% 安钠咖注射液 10mL，肌内注射；针刺天门、脑俞、血印、山根、鼻梁、尾尖、八字穴。次日，患猪一切复常。

3. 1988 年 3 月 27 日上午 10 时，固始县武庙乡太平村王某一头约 60kg 白猪发病就诊。检查：患猪体温 37.5℃，心跳 92 次/min，呼吸 42 次/min，突然尖叫昏倒，间隔 5min 苏醒站起，东碰西撞，爬墙，跳水，转圈；瞳孔散大，视力障碍，全身抽搐，咬牙，口流白沫。治疗：氯丙嗪 300mg，百会穴注射；维生素 B$_1$ 1.5g，20% 安钠咖注射液 10mL，肌内注射；针刺天门、脑俞、锁口、牙关、八字、血印、尾尖穴。28 日，患猪精神、食欲均恢复正常。（吴玉峰，T36，P44）

4. 1984 年 4 月 2 日，庆元县竹口镇枫村吴某一头 18kg 架子猪患病来诊。主诉：该猪购入近半月，其间进食正常。今天突然倒地，四肢震颤，眼发直，磨牙，口吐白沫，经用苯妥英钠治疗 2d 无效。治疗：新鲜半夏（手指尖大小 1 粒）、生姜各 3g，共捣成泥状，加适量饵料喂服，3 次/d，连服 5d。随后追访，再未发作。

5. 2000 年 6 月 11 日，庆元县竹口镇蔡双村李某一头约 40kg 猪，在外界突发声响刺激（如拖拉机轰鸣声、清扫卫生时铁锹与地面摩擦的刺耳声）时会突然倒地，口吐白沫，四肢抽搐或划动，如此持续数分钟后症状自行缓解，行动自如，进食正常。治疗：将患猪移至僻静处喂饲。取鲜半夏 5g，加等量生姜一同捣烂成泥状，加饵料喂服，早、晚各 1 次，连服 10d。患猪遇突发声响未再发作。（吕小钧等，T117，P35）

狂躁症

狂躁症是指仔猪心经郁久化热导致兴奋、狂躁不安的一种病症，临床较少见。

【病因】 多因受外界不良刺激，如暑热、惊吓、追逐等，导致气血瘀滞，郁久化热，引起热入血分而发病。

【主证】 患猪狂躁不安，兴奋，体温 40℃，不食，粪干。

【治则】 清热凉血，宁心安神。

【方药】 黄连、栀子、陈皮、远志、茯神、郁金、胆南星、白芍各 9g，大黄、芒硝、枳实各 10g，朱砂 2g，石菖蒲、全蝎各 3g。水煎取汁，候温灌服，不食者用胃管灌服。

【典型医案】 2001 年 4 月 12 日，天水市麦积区某村孔某一头约 13kg 仔猪发病，治疗数天无效来诊。诊为狂躁症。治疗：取上方药，用法同上。连用 2 剂，痊愈。（杨建有，T138，P29）

第五节　临床典型医案集锦

【咥喘病】　1. 1986 年 7 月 14 日，唐河县湖阳镇常庄一头约 50kg 白色公猪发病来诊。主诉：该猪已喘数日，采食少，不打泥，饮污水。用抗生素和磺胺药治疗无效。检查：患猪体温 40.8℃，心跳 92 次/min，呼吸 53 次/min，听诊肺部有捻发音；结膜潮红，尿短少、色黄，粪偏干、带有白色黏液。治宜泻热宣肺。药用黄芩、金银花、菊花各 25g，苦参、黄柏、栀子、鱼腥草、枇杷叶、天花粉、桔梗、木通、茯苓各 20g，甘草 10g，大黄 15g，芒硝 20g。水煎取汁，候温灌服，1 剂即愈。

2. 1986 年 7 月 25 日，唐河县湖阳镇常庄常某一头 30kg 白色公猪发病来诊。主诉：该猪已病半月，咥喘，不吃食，不打泥，喜饮污水，稍有咳嗽，当日出现腹泻，他医用大量抗生素、磺胺类药和葡萄糖生理盐水治疗不见好转。检查：患猪体温 41.3℃，心跳 90 次/min，呼吸 56 次/min，听诊肺部有湿啰音，结膜红，尿呈黄色，粪稀溏，气味臭，腹式呼吸明显。治宜泻热宣肺。药用黄芩、金银花、菊花、天花粉、木香、茯苓各 20g，黄连、黄柏、栀子、鱼腥草、枇杷叶、桔梗、生地各 15g，甘草 10g，石膏为引。水煎取汁，候温灌服。服药 2d，患猪咥喘减轻，腹泻停止，出现食欲。上方药去黄连，加苦参 20g，又服 1 剂，痊愈。（陈义海，T25，P58）

【精子坏死】　博白县屯谷乡畜牧站一头 3 岁、280kg、中等膘情长白公猪就诊。主诉：该猪隔日采精 1 次。采精以来精液品质良好，受胎率达 95.2%。1989 年 3 月，镜检精液，连续 5d 发现精子运动非常缓慢，片刻即有 70% 的精子死亡。治疗：加味五子衍宗丸。党参、茯苓、归身、熟地黄、肉苁蓉、菟丝子、五味子、覆盆子、车前子各 20g，黄芪、枸杞子各 25g，白芍、川续断、杜仲、故纸各 15g，蛇床子、淫羊藿各 12g，甘草 10g。1 剂/d，水煎取汁，候温，分早、晚喂服，连服 7d。同时增加富含蛋白质、矿物质的饲料，加强运动。用药后，患猪精子活力显著增强，75% 以上精子呈直线运动。（戴世杰，T50，P43）

【抽风】　1. 1982 年 8 月，浑江市群生大队郑某一头约 60kg 猪就诊。检查：患猪全身抽搐、呈犬坐姿势，空嚼，吐沫，两眼圆睁，反射减弱，体温 39.5℃。治疗：直接火烙天门、风门穴，即将烙铁烧红，按在穴位上，边烙边喷醋，使皮肤呈深黄色为止。针刺牙关、锁口、百会穴。当日下午，患猪症状消失并采食。

2. 1983 年，浑江市许某一头约 40kg 猪就诊。检查：患猪突然倒地抽搐、四肢呈游泳状、触诊敏感尖叫，体温 39℃。治疗：直接火烙天门、风门穴，针灸百会、牙关、锁口穴，方法同 1；临江风药，灌服；磺胺嘧啶钠注射液 1mL，肌内注射，1 次治愈。

3. 1984 年 4 月，浑江市王某一头 100kg 猪就诊。检查：患猪转圈、视力障碍等。治疗：间接火烙天门、风门穴，即将麻袋片或棉花团浸醋，放在穴位上，然后用烧红的烙铁烧烙。配穴取血印、百会、山根、承浆穴。第 2 天，患猪症状减轻。取磺胺嘧啶钠 8mL，青霉素 160 万单位，肌内注射，2 次/d，第 4 天，患猪痊愈。共治疗 55 例，治愈 48 例，收效满意。（张锡利，T17，P16）

第二章

外科病

角膜炎

角膜炎是指猪角膜组织发生炎症的总称。

【病因】 多因外感风热，内伤料毒，热毒积于肝经，上冲于目；或因圈舍湿闷，污浊之气熏蒸于目；或外伤、鞭伤、尖锐物刺伤、化学物质刺激等以及结膜炎蔓延使角膜发炎；某些传染病或寄生虫病等诱发。

【辨证施治】 本病分为肝热传眼和角膜损伤。

（1）肝热传眼 病初，患猪眼睑微肿，结膜瘀血，羞明流泪，角膜呈灰白色，或蓝色云翳，角膜混浊，白睛血管怒张。后期，眼睑肿胀逐渐消退，羞明流泪症状消失，如不及时治愈则形成翳斑，遮住瞳仁，以致失明。

（2）角膜损伤 有外伤史，多为一侧眼发病。患猪角膜常有伤痕，伤痕周围角膜粗糙，有的溃烂，留有凹陷，甚至角膜穿孔而化脓。

【方药】 选长 10～16cm 的新鲜棕叶茎，根据患猪个体大小将棕叶茎制成长 15cm、粗 0.1～0.3cm 的一端稍细小段；保定患猪，用开口器或适当的木棍把猪口腔打开；术者用棕叶茎细端在切齿乳头两侧眼角方向轻轻捻插，即可插入鼻腭管口（顺气穴），枝条插入时直至有受阻感为止；最后剪去外露部分。枝条不再取出，会自行消失。

【典型医案】 2008 年 3 月 27 日，石阡县汤山镇溪口村张某一头 15kg 猪，因两眼结膜潮红、角膜呈灰白色来诊。主诉：该猪发病后他医治疗无效。治疗：取 15cm 长棕叶茎削成 0.1cm 粗小段，患猪保定好，将头提高，用木棍打开口腔，把准备好的棕叶茎轻轻捻插入鼻腭管，直至有受阻感为止，最后剪去外露部分。半月后，患猪角膜灰白部分消失，食欲增加。（张廷胜等，T152，P53）

疮 黄

疮是猪体气衰血涩，瘀血积于肌腠，溃破化脓的一种病症；黄是猪体气壮，迫血妄行，血离经络，溢于肌腠，日久化为黄水的一种病症。

【病因】 疮多为猪体羸弱，气血不足，血循缓慢，致使瘀血气滞，积于肌腠，发生肿胀，日久溃破化脓成疮；黄因湿热邪毒侵入猪体，迫血妄行，滞于肌肤腠理而形成黄肿，或因气血旺盛，血离经脉，溢于肌肤，化为黄水而成黄。

【主证】 疮多发生在头、颈、背、肩等部位，初期局部肿硬热痛，针刺流血后则变软，热痛减轻，破溃后流出脓血；黄多发生在腹下、胸前、颌下、四肢等部位，局部表面软肿、无热、无痛，指压留痕，针刺流出黄色清水。

【治则】 清热解毒，化腐生肌，排脓止痛。

【方药】 1. 自拟五味生肌散。银珠、冰片、朱砂各 2 份，孩儿茶、硼砂各 3 份。共为细末，装瓶备用。患部作常规处理（对创口小而有腔体的应扩创排脓），排净脓血后视疮面大小、疮腔深浅，均匀撒布五味生肌散（见方药1）。疮腔较深时用药棉蘸药送到腔内即可。严重者换药 1 次/d，待转轻时可 1 次/2d 或数日换药 1 次；当肉芽长平疮口时，停止用药。本方药对流行性淋巴管炎亦有良好效果。

2. 豆油或花生油 1 份，食用精盐 3 份。先将盐放锅内炒 3～5min，再加油炒 5min 后冷却待用。术者先将脓肿部位按外科常规处理，然后在病灶的上方和下方用手术刀做两个切口，排脓、冲洗、消毒，再用油盐填满脓腔。重者除脓腔内填满油盐外，用消毒纱布引流。轻者用药 1 次，1 周可愈；重者经 6～7d 换药 1 次，一般换药 2～3 次即可康复。共治

疗 9 例（含马、牛），均获良效。（谢大福，T33，P25）

3."七三七"合剂。黄丹、铜绿、石灰各等份，共为细末，装瓶备用。用药前，必须将脓汁冲洗洁净，夏日应暴露伤口，冬季包扎防冻，药量可依据伤口大小而定。对各种化脓创有显著疗效。共治疗 63 例，治愈率达 96.8%。

【典型医案】 1.1979 年，北安市新兴乡永兴村某户一头母猪，因前肢患脓肿邀诊。治疗：患部经常规处理后外敷五味生肌散（见方药 1），1 次/d。第 3 天，患部脓汁减少，肉芽生长。之后隔日敷药 1 次，共敷药 5 次，痊愈。（杜万福，T41，P32）

2.1991 年 2 月，查哈阳农场海洋分场 6 队尹某一头种公猪，因骟割后感染化脓来诊。检查：患猪阴囊红肿如足球大小、内有大量脓血，行动迟缓，两后肢开张，体温升高，饮食欲减退。治疗：切开阴囊，放出脓血；用 5% 高锰酸钾溶液洗净脓汁，撒布"七三七"合剂（见方药 3），同时配合抗生素疗法，2 次痊愈。（卢江等，T82，P22）

创 伤

一、创伤

创伤是指猪体受外力直接作用引起肌肤破损、肿胀、疼痛、出血等一种病症。

【病因】 多因尖锐物体（如刀、斧）砍伤，虫兽咬伤，或强大的钝性物体击打猪体等致使猪体局部肌肤破损、肿胀、疼痛等机能障碍。

【主证】 患部肌肤破损、出血、疼痛、肿胀或化脓。创伤轻者出血较少，肿胀、疼痛较轻；创伤重者创口较大，出血较多，局部肿胀、疼痛剧烈，局部组织撕裂等。

【治则】 止血消肿，防腐生肌。

【方药】 将伤口消毒后，撒上研成细末的白糖适量，包扎。共治疗 35 例（含牛、羊），治愈 34 例。

【典型医案】 1988 年 3 月 21 日晚，鹿邑县高集乡姜庄队姜某一头 35kg 黑公猪，因被犬咬伤背部，面积达 2/3 来诊。治疗：取白糖适量，研成细末，撒于伤口（未包扎）。7d 后痊愈。（秦连玉等，T57，P41）

二、软组织出血（血瘀）

软组织出血（血瘀）是指猪体因受外力撞击、跌扑或打击等强力作用致使体表局部出现瘀血、肿胀、疼痛等机能障碍的一种病症。

【病因】 猪体因遭受剧烈殴打、撞击等致使局部气血瘀滞、肿胀等。

【主证】 患猪局部疼痛、肿胀、瘀血、发热、功能障碍等。

【治则】 活血化瘀，消肿止痛。

【方药】 桃仁、红花各 9g，当归、柴胡、神曲各 12g，川芎、升麻各 6g。水煎 2 次，滤过取汁，合并滤液 800mL，分 2 次灌服。一般用药 2~3 剂即愈。共治疗各种类型血瘀 12 例，治愈率为 91.9%。

【典型医案】 1990 年 8 月 20 日，景泰县喜集乡南滩村葛某一头 2 岁黑母猪被打伤邀诊。检查：患猪精神沉郁，卧地不起，肚腹阵痛，食欲废绝，粪尿排泄不通，头、腰、荐部有肿块多处，荐部左侧有破伤一处，舌青紫，口津少，体温 38.5℃，呼吸 18 次/min。诊为软组织血瘀。治疗：取上方药，用法同上。用药后，患猪基本能起立行走，粪尿排泄通畅，出现食欲。服药 2 剂，患猪痊愈。（葛文俊等，T63，P34）

烧（烫）伤

烧（烫）伤是猪体因受高热作用而引起皮肤损伤的一种病症。由湿热（如沸水等）引起的称为烫伤；由火焰等引起的为烧伤。

【病因】 多因高热气体、液体、固体、火焰或炽热金属器具等直接作用于猪体而造成猪体皮肤和肌肉损伤。如热气、热汤、猪舍失火、化学药品腐蚀等。

【主证】 轻度，患部皮毛焦枯，局部肿胀、痛感，无全身性反应，数日后即可自愈。重度，患部皮肤肿胀，出现水泡，水泡内积聚大量的黄水，溃后形成干痂。若属强烈的火焰灼伤，患部皮肤为焦黑色，或皮肉焦枯坏死，继而溃烂，若治疗不及时则出现体温升高等全身性反应。

【治则】 止痛消肿，抗感染，促进创伤愈合。

【方药】 将伤口消毒后，撒上研成细末的白糖适量，内加少许冰片和适量炒黄的猪鬃细末，混匀，用香油调成糊状，涂于患处作包扎。共治疗 35 例（含牛、羊），治愈 34 例。（秦连玉等，T57，P41）

鼠 咬 伤

鼠咬伤是指老鼠咬伤猪体，引起其皮肤发炎、红肿、疼痛的一种病症。

【病因】 老鼠口腔及牙齿附有多种病原微生物，咬伤猪体，导致其皮肤感染病原微生物所致。

【主证】 患猪伤口红肿、疼痛，甚至引起全身寒颤，高热，伤口化脓、溃烂，久不愈合。

【治则】 止痛消肿，抗感染。

【方药】 鲜马齿苋、猪脊肉各 100g。水煎取汁，候温灌服，3 剂/d，连服 2 次。共治疗 9 例，收效满意。

【典型医案】 1987 年 7 月 8 日傍晚，海南省某县道美乡吴某一头架子猪，被老鼠咬伤尾根，10 日因食欲减退、精神不振来诊。检查：患猪尾根鼠咬伤口红肿，体温 42℃；畏

寒，拱腰战栗。治疗：取上方药，用法同上，1 剂。11 日，患猪高热退去。再服药 1 剂。4d 后，患部伤口愈合。（潘云，T32，P60）

腰脊挫（扭、损）伤

腰脊挫（扭、损）伤是指猪背腰椎部受各种外力打（撞）击，引起背腰肌肉、神经、关节挫（扭、损）伤或腰椎、肌肉过度伸屈导致机能障碍的一种病症，俗称"吊腰子"、"抻腰弦"。多见于仔猪或中等猪。

【病因】 多因奔跑过急、跳跃、跌扑而闪（挫）伤，或突然遭到重物打击，或分娩、交配时受伤所致。

【主证】 触摸患猪腰部疼痛敏感，拒按，手感微热或凉，后肢活动不灵，严重者前肢跪地，后肢不能自行站立，排粪尿不畅，甚者粪带血。精神、食欲、体温、呼吸一般无明显变化。

挫伤者一般突然发病。患猪多卧少立，或两前肢站起，两后肢倒向一侧，强迫其行走则前行后拽，手压腰部痛苦不安，针刺后躯不敏感；一般都是倒数第 1、第 2 腰椎挫伤，其他腰椎发生挫伤者少见。病初食欲正常，以后逐渐减食、便秘、消瘦等，严重者卧地不起。

扭、损伤轻者，患猪食欲减退，精神欠佳，跛行，拧腰摆尾，背腰部疼痛明显，前肢跪地，后肢活动失灵，移动困难，触压腰部有疼痛表现。个别患猪呈犬坐姿势，腹后部皮肤发红或发白，手感微热或凉；重者，背腰部肌肉僵硬，肿胀明显，卧地不起，粪尿不畅，频频努责，甚者粪中带血。脊髓挫伤者，患猪脊柱呈轻度弓形，挫伤部位组织增生稍突起，不肿胀、不疼痛，食欲良好。

【治则】 消炎去肿，活血止痛。

【方药】 1. 穴位注射法。将猪横卧保定，在百会穴处剪毛消毒，用 12 号针头垂直刺入 3cm，注入硝酸士的宁，25kg 以下者注射

0.5mL，25kg 以上者注射 1mL，1 次/d，连续注射 3～5d。共治疗 7 例，经 3～5d 均痊愈。（张凤民，T30，P35）

2. 永龙正红花油［永龙（南洋）集团生产］。每穴（部）位用药 5～10 滴，一边滴油，一边用右手食指在穴（部）位用力涂擦，1～2 次/d，一般连续用药 5～7d。共治疗 25 例，治愈 23 例。

3. 鳖龟合剂。将等量个大肥厚的鳖甲、龟板用清水浸泡数日，刮净皮肉，凉干。炭火烤黄，趁热醋焠至凉，再入炭火中烤至焦黄为度，混合碾细过箩，装瓶密封，勿令泄气，严防潮湿。取鳖龟合剂 100～150g，食盐 15～20g（大猪 1 次药量），混合，温开水灌服。一般连服 3～5 剂，个别重症者 5～7 剂。起卧艰难、四肢冰凉麻木、卧地难起者加牛膝、附子等；腰硬背弓、行走时吱吱作响尤以转弯明显者，在内服鳖龟合剂时，辅以八珍汤调理。服药的同时，应加强护理，配合活血理气止痛药，收效更佳。共治疗 200 余例（含其他家畜），全部获效。

4. 七厘散（人用）。15kg 猪取 15g，黄酒 15mL，灌服，1～2 次/d，1 个疗程/7d。服药 1 周，患猪即可自行站立，缓慢行走；一般服药 2 周痊愈。本方药适用于脊髓挫伤。共治疗 10 例，收效满意。

5. 0.2% 硝酸士的宁 1～2mL（2～4mg），于百会穴注射；在百会穴旁开 1～2 指处，每侧各注射 2% 普鲁卡因 2～5mL。连续用药 2d，轻者一般 1 次即愈。本方药适用于脊髓震荡。共治疗 12 例，痊愈 10 例，无效 2 例（腰椎骨折、脊髓挫伤严重者）。

【护理】 加强饲养管理，喂给易消化吸收的饲草、饲料，勤换垫草，防止褥疮。严禁驱赶、活动，勿拍打其腰部或拽拉尾部强使其站立行走。

【典型医案】 1. 1997 年 10 月 25 日，盐都县龙冈镇仇家村仇某一头 30kg 后备母猪患病邀诊。主诉：该猪于 23 日跳越圈门后一直瘫卧圈内，不能站立行走。检查：患猪瘫痪，腹下皮肤发红，局部发白，手感凉；触摸腰部疼痛敏感，不能自行站立。诊为腰部扭伤。治疗：永龙正红花油（见方药2），涂擦肩臂部、背腰部、臀部、大腿部，10 滴/(部·次)，1 次/d。连续涂药 5d，患猪站立行走。1 个月后，患猪发情受孕。（杨广忠等，T110，P34）

2. 宝鸡县固川乡坊塘村某户一头约 50kg 猪，因偷食粮食被人击伤腰部，当即倒地，口鼻出血，腰部骤肿，欲起不能，针刺尾端尚有反应。治疗：鳖龟合剂 200g，食盐 40g，伸筋草 90g。混合，分 3 次灌服。服药后患猪痊愈。（贾敏斋，T71，P23）

3. 1982 年 6 月 21 日，肇东县城郊公社新建大队王某一头 30kg 哈白猪，因腰部被人打伤，于次日来诊。检查：患猪两后肢不能站立行走，有时两后肢膝关节以下着地或后躯倒向一侧而用两前肢拖拉前进。针刺后躯皮肤反射消失，食欲良好。治疗：七厘散 30g，黄酒 50mL，灌服，2 次/d。7d 后，患猪两后肢即能自行站立，缓缓行走，两周后痊愈。（于彬等，T6，P16）

4. 1985 年秋，纳河县太和乡灯塔四队董某一头 25kg 猪，因腰部被钝物打伤，立即出现后躯瘫卧就诊。诊为腰脊挫伤。治疗：取 0.2% 士的宁 1mL，百会穴注射；同时百会穴旁各注射普鲁卡因 4mL；用草把蘸白酒按摩局部。共治疗 2 次，恢复正常。

5. 1987 年 10 月 20 日晨，纳河县太和乡灯塔四队赵某一头 140kg、体格健壮白色母猪就诊。检查：患猪卧地不能站立，两后肢痿软无力、发凉、无痛感。强令其行走，前肢正常，后肢拖地，不吃食。诊为腰脊损伤。治疗：0.2% 硝酸士的宁 2mL，2% 普鲁卡因 10mL，于百会穴及百会穴旁开注射。次日，患猪病情好转，在人工扶助下两后肢可以短时站立，但仍不能行走。又用药 1 次，并用樟脑

酒精涂擦腰部。第 3 天，患猪病情显著缓解，第 5 天痊愈。（张世千，T30，P35）

后肢（髋关节）扭伤（麻痹）

后肢扭伤（麻痹）是指猪后肢受外力冲撞、打击或跌（摔）倒等致使后肢出现跛行、肿胀、麻痹等机能障碍的一种病症。

【病因】 多因腰部和臀部受机械性钝挫伤，如棒棍伤、鞭打、跌扑、跳越栏门等受伤未能得到及时治疗，或者误治导致后肢麻痹。

【主证】 患猪后肢出现不同程度的跛行，站立时两后肢向外伸展，肌肉松弛无力，呈犬坐姿势，针刺后肢无反应，常以蹄尖着地，触诊患部肿胀、热痛，压迫损伤的关节侧韧带时有明显的压痛点，后肢上部关节扭伤时，由于肌肉丰满，患部肿胀常不明显。严重者后肢麻痹。

【治则】 消肿止痛，活血祛瘀。

【方药】 1. 永龙正红花油［永龙（南洋）集团生产］，5～10 滴/[穴（部）]，一边滴油，一边用右手的食指在穴（部）位用力涂擦，1～2 次/d，一般连续用药 5～7d 即可治愈。共治疗 8 例，治愈 7 例。

2. 百会穴水针法。猪百会穴位在最后腰椎棘突与第一荐椎间隙，即腰荐十字部。因猪的荐结节靠前，故百会穴与两侧荐结节成正三角形。用拇指按压此处有明显的凹陷即为注射部位。一般选用 16 号注射用针头，长度视猪体的大小及膘情而定。穴位部剪毛消毒后，针体与猪体垂直进针 3～5cm，然后将药物缓缓注入，起针后，再迅速用酒精棉球将针孔按压 1min 左右即可。一般 1 次/2d，重症 1 次/d。选用 30% 安乃近 10～20mL、10% 安基比林注射液 10～20mL、红花注射液、当归注射液和川芎注射液等。

注：选穴要准，进针要控制好深度，严格消毒；对怀孕母猪，特别是怀孕后期母猪不宜用本法治疗；

用两种或两种以上药物混合注射时，应特别注意有无配伍禁忌；进针次数不宜过多，每个疗程以 2～3 次为宜。

【护理】 加强饲养管理，喂给易消化吸收饲草、饲料，勤换垫草，防止褥疮。

【典型医案】 1. 1998 年 4 月 12 日，盐都县龙冈镇许巷村许某一头 45kg 商品猪就诊。主诉：该猪被棍棒伤及腰部，引起两后肢不能活动，他医治疗十余天不见好转。检查：患猪消瘦，被毛粗乱，呈犬坐姿势，两后肢左侧伸展，松弛无力，按压、针刺后肢无反应，腰部有明显的棍棒伤。诊为外伤性后肢麻痹。治疗：用永龙正红花油涂擦肾门、百会、大小胯、后三里穴，5 滴/(次·穴)，2 次/d；喂服维生素 B$_1$ 100mg，早、晚各 1 次。19 日，患猪两后肢能站立，行走正常。（杨广忠等，T110，P34）

2. 1987 年 8 月 19 日，余庆县敖溪区松烟镇大松村罗某一头逾 70kg 母猪，在发情配种时，地滑摔倒，致使后肢髋关节扭伤。治疗：30% 安乃近 20mL，百会穴注射，1 次/2d，连用 3 次，痊愈。（王永书，T53，P25）

关节炎（肿痛）

一、关节炎

本病是指病毒性关节炎。由于猪被某些病毒感染而引起以跛行和关节肿胀为特征的一种病症。夏末、秋初季节多发，呈散发流行；各品种的猪均可发病，特别是久卧潮湿圈舍的猪发病率高；患病母猪所产仔猪死亡率也较高。

【病因】 多因感染病毒而引起。

【主证】 患猪突然跛行或跪地行走，四肢关节肿胀、疼痛，严重者卧地不起，强行驱赶时则尖叫、匍匐爬行，当拎尾巴迫使其站立时则全身颤抖、尖叫，短时间内又倒下，往往是早晨前肢跛行，下午转为后肢跛行或左右肢交替跛行，体温 38.5～40.3℃，粪秘结，食欲减退或废绝。剖检病死猪可见关节囊有脓液或黄色水样物或血、水混合。

【治则】 抗菌消炎，解热镇痛。

【方药】 碘酊溶液，适量，涂擦关节，2 次/d；布洛芬注射液 25mL、青霉素 480 万单位，混合，肌内注射；氢化可的松注射液 30mL、维生素 B_1 20mL，混合，肌内注射；民星 2 号 50mL，肌内注射。病情严重者，按以上药量再注射 1 次。共治疗 363 例，治愈 348 例，治愈率达 95.8%。

【典型医案】 1999 年 9 月 30 日，南召县南河店镇韦湾村白土场组赵某一头约 100kg 母猪，因患关节炎就诊。主诉：该猪经他医治疗 2 次无效，随后又发现该母猪所产未满月的 3 头仔猪也发病，与母猪症状相同。检查：患猪一前肢关节肿胀，另一前肢红肿，跪地采食，体温 39.8℃，患病仔猪均见前肢一关节肿胀，一前肢向上提举。诊为疑似病毒性关节炎。治疗：布洛芬 70mL、青霉素 80 万单位，混合，肌内注射；氢化可的松注射液 50mL、维生素 B_1 50mL，混合，肌内注射；民星 2 号 70mL，肌内注射。嘱畜主用 2% 碘酊涂擦两前肢，2 次/d。将以上药量缩小至 1/10，分别给 3 头仔猪肌内注射。患关节亦涂以碘酊。隔日，患猪已能站起吃食，即用 16 号针头行患肢关节穿刺，有脓血流出。嘱畜主继续用碘酊涂擦，他药停用，3 头仔猪除 1 头死亡外，另 2 头均痊愈。（米向东，T106，P40）

二、关节肿痛

关节肿痛是猪的四肢关节肿胀、疼痛，以跛行为特征的一种病症。

【病因】 多因猪舍简陋潮湿，猪多栏小，运动场泥泞。此外，某些传染病如猪副嗜血杆菌病、链球菌病、猪丹毒等都能导致猪四肢关节肿痛。

【主证】 患猪关节肿大、疼痛、跛行，肢蹄不敢着地，或卧地不起，强迫行走时摇晃，共济失调。严重者两前肢、两后肢或四肢不能行走，小猪多数为营养性后躯麻痹。15～35kg 猪秋季多发生链球菌病，跛行或卧地不起。

【方药】 止痛药（安痛定或氨基比林）与维生素 B_{12} 或维生素 C，百会穴注射，轻者用药 1～2 次，重者 2～3 次。患链球菌病的猪体温高，先需用抗菌消炎、解热镇痛药，待稳定病情后再治疗肢蹄疼痛。

注：注射时要选准穴位，严格消毒，垂直进针，将药液徐徐注入。起针时，用棉球压住皮肤上的针孔方可拔针，再继续按压 1～2min，以防注射部位出血；最后在针孔上涂蓖麻油或其他油类，防止蝇蛆。

【典型医案】 1. 1969 年 2 月，某国营农场 4 队猪场 67 头小猪，患肢蹄痛病日渐增多，严重时后肢不能站立邀诊。治疗：安痛定 2～4mL、维生素 C 500mg（为 1 头猪药量），于百会穴注射，1 次/2d。共治疗 25 头，多数注射 2～3 次，治愈。

2. 1984 年 4 月 19 日，惠阳县平潭示范农场一头 2 岁、约 70kg、营养中下等杂交母猪就诊。检查：患猪右后肢疼痛，卧地不起，采食需人工扶助，吃几口即卧地。治疗：氨基比林注射液 12mL，肌内注射。翌日检查疗效甚微。24 日，取安痛定 4mL、维生素 C 500mg，百会穴注射。25 日上午，患猪能自起采食，26 日又注射 1 次，29 日痊愈。（沈容，T32，P64）

瘫 痪

瘫痪是指猪的运动机能障碍，导致知觉丧失、四肢无力或不能屈伸自如的一种病症。

【病因】 因饲养管理不当，感受风、寒、湿邪，每当脾胃衰弱时出现四肢无力，肝病衰弱时出现筋不能屈伸自如，肾病衰弱时出现骨软无力等，都是功能不足或衰弱引起。

【主证】 患猪卧地不起，有的爬行，强行站立时四肢打战，鸣叫，不愿行走；有的侧卧，四肢划动，疼痛明显，体温一般不高，食欲正常或稍减退。急性者突然发病。

【方药】 1. 针刺后肢三阴经。将患猪侧卧保定，术者左手掌心向上握住患猪后肢趾部，提起患猪趾部皮肤，右手持长圆利针平行刺入（针体与皮肤呈 15°夹角），刺入深度视猪体大小而定，一般大猪 7～8cm；中猪 5～6cm；小猪 3～4cm。进针时先将针尖刺入皮下，然后调整进针角度和进针方法，将针体在皮下和肌肉间向前捻转刺入或直接缓慢刺入。待针刺达一定深度后，术者手感沉紧，患猪出现提肢、摆尾、拱背、局部肌肉收缩或跳动等"得气"反应后再施行恰当提、插或捻转等刺激手法 3～5min。治疗时可选择先针脾经穴，再针肝经穴，最后针肾经穴。也可以用三支圆利针先后刺入脾经、肝经、肾经三个穴位。"得气"后再刺激 3～5min，先后退针。该侧三阴经针刺完毕后，再针刺对侧后肢三阴经。

注："得气"明显，疗效明显，反之则差。病程短较病程长的"得气"明显，小猪较大猪明显。对"得气"不明显的患猪，只要多针 1～2 次，同样达到治疗目的。对进针后没有"得气"反应的，应重新进针，并注意调整进针角度和进针方向，直至"得气"为止。进针时注意避开血管。

2. 当归注射液、维生素 B_1 注射液各 20～40mL，混合，于大椎穴和百会穴深部注射。视猪体大小，成年猪大椎穴进针 6.7～10.0cm，百会穴进针 3.3～6.7cm。轻者 1 次即愈，重者隔日再注射 1 次，一般 2 次即愈。

3. 夏天无（又名伏地延胡索、无柄紫堇，为罂粟科植物伏生紫堇的块茎或全草）注射液（江西省余江县制药厂生产，2mL/支，含原阿片碱 1mg）为其干燥块茎提取物制成的灭菌水溶液（含延胡索乙素、原阿片碱、紫堇碱等多种生物碱）。病初或小猪 5 支/次；重症者或成年猪 10 支/次，肌内注射，2 次/d。一般治疗 1～2d 即愈。本方药对风瘫、血虚抽搐、肾经痛和闪伤等有偏瘫症状的疾病疗效良好。共治愈 11 例。

【典型医案】 1. 2005 年 10 月 20 日，宝应县西安丰镇集丰村东风组梁某一头架子猪发生瘫痪，经补充钙制剂未见效果来诊。检查：患猪卧地不起，不能站立，食欲不振，体温正常，四肢无红、肿、热、痛症状。治疗：针刺后肢三阴经。先针脾经穴，再针肝经穴，最后针肾经穴。针刺见患猪有提肢反应，每穴持续刺激 3～5min 退针。23 日，患猪病情好转，爬行。又针刺 1 次，"得气"较上次明显。24 日，患猪可勉强站立，行走摇摆，步态不稳。再针刺 1 次，25 日，患猪能起卧，行走稳健有力，痊愈。（梁联志，T139，P60）

2. 2003 年 10 月，上蔡县崇礼乡张庄村六组张某一头母猪突然发病来诊。检查：患猪不能站立，站立时四肢打颤，嘶叫，食欲正常，趴下采食，体温 38.6℃。治疗：当归注射液、维生素 B_1 注射液各 40mL，混合，分别注入大椎穴和百会穴各 40mL。第 2 天，患猪病情好转，第 3 天痊愈。（贾保生等，T135，P58）

3. 一头约 25kg 猪发病来诊。检查：患猪体瘦毛糙，食欲废绝，口紧咬牙，两目直视，四肢抽搐，倒地不起，耳鼻、四肢厥冷。治疗：取夏天无注射液（见方药 3），于上午、下午各注射 5 支，患猪当晚痊愈。（郑滨，T17，P35）

风湿（热）证

风湿（热）证是猪体受风、寒、湿邪侵袭，经络受阻，气血凝滞，引起肌肉、关节肿痛，伸屈不利，麻木，运动障碍，严重者导致瘫痪的一种病症。属于中兽医疗证范畴。早春、晚秋或寒冷潮湿的季节多发。

一、风湿证

【病因】　多因猪体卫气不固,气候突变,久卧湿地,夜露风霜,阴雨苦淋,或久喂冰冻饲料、久饮冷水等,风、寒、湿乘虚而侵于肌肤,流窜经络,侵害肌肉、关节筋骨,引起经络阻塞,气血凝滞而发生本病;日久邪伤其肝、肾,导致筋骨瘫痪,卧地不起。种公猪夏天配种后经雨淋或即沐浴等亦可引发风湿证。

【辨证施治】　本病分为肌肉风湿、背腰风湿、四肢风湿、关节风湿、后躯风湿。

(1)肌肉风湿　患猪突然肌肉疼痛,且反复出现,疼痛无定处。

(2)背腰风湿　患猪腰背僵硬,弓背,四肢集于腹下,行走时腰部强拘,转弯不灵,触诊腰肌板硬、有疼痛反应,压之无弯腰反射。一侧风湿时患猪斜行,两侧风湿时则难于转弯,后肢往往不愿活动。

(3)四肢风湿　患猪突然发病,先发生于两后肢,继而发展到前肢;四肢挛缩,行走困难,拱腰夹尾,甚至卧地不起,轻叩或触摸到痛点则嚎叫不安,食欲减退或废绝。

(4)关节风湿　患猪关节变形、肿胀、疼痛,行走困难,强迫运动可听到关节摩擦音,如膝关节炎,运动时则膝关节屈曲,腿高抬不敢着地,且保持屈曲状态,形如鸡走路样,故称"鸡跛";如跗关节炎,则关节粗大、变形、肿胀坚硬如石。

(5)后躯风湿　患猪后肢提举困难,运步强拘,呈明显悬跳,其跛行程度随运动增加而减轻,倒地后起立困难,严重者卧地不起。

注:本病应与软骨症相区别。软骨症是由于饲料中缺乏钙磷或钙磷比例不当而发生,患猪异食,啃槽,跛行随运动量增大而加剧,严重者骨骼变形、肢骨弯曲,骨质疏松。风湿证是受风、寒、湿邪侵袭引起,四肢关节肿大、疼痛、有热感,疼痛表现游走性。陈旧风湿证常并发轻微软骨症。

【治则】　消炎去肿,祛风活血,祛寒止痛。

【方药】　1. 烫砖浸人尿法。取2块砖,置火上烧烫,浸入准备好的人尿液中迅速取出,在病猪两前肢抢风穴、两后肢大胯穴、百会穴、肾俞穴、大椎穴任意1穴位上热敷,两块砖交替使用,3次/穴,1次/d,直至痊愈。共治疗6例,均痊愈。

2. 永龙正红花油〔永龙(南洋)集团生产〕涂擦法。取永龙正红花油5～10滴/〔穴(部)〕,一边滴油,一边用右手的食指在穴(部)位用力涂擦,1～2次/d,一般连续用药5～7d。共治疗36例,治愈33例。

3. 芎活胜湿汤加减。川芎、苍术、独活、防己、川续断、当归、地龙、千年健、柴胡、防风、巴戟天、破故纸、木瓜、杜仲各30g,乳香、没药各25g,菟丝子、牛膝各35g(为约100kg猪药量,根据病情可酌情增减)。水煎取汁,拌料喂服。前肢风湿配合针灸患肢抢风、膊尖、膊栏、冲天、前蹄叉等穴;后肢和腰胯部风湿可针灸百会、大胯、小胯、后三里、肾门等穴。共治疗31例,均获痊愈。(魏振雄,T108,P19)

4. 干艾叶(越陈越好)1把,炒至稍焦,放在250mL加温到60℃的白酒中浸泡片刻,即取出艾叶擦患肢,边擦边蘸酒,一直擦到皮肤发红,10～15min/次,早、晚各1次/d。病期较长者,配合抗风湿中草药或水杨酸制剂。共治疗52例,擦药3次治愈31例,擦药5次治愈18例,3例病程较长,好转后配合注射水杨酸制剂治愈。本方药适用于后肢风湿证。(汪烈进,T12,P8)

5. 乌蛇散。乌蛇、地龙各40g,木瓜、牛膝、威灵仙、醋炒元胡各30g。共研细末,30～40kg者分3d喂服,10～20kg者分4d喂服。本方药适用于腰胯风湿。共治疗15例(含羊),均获痊愈。(郭建秀,T3,P22)

6. 百会穴注射法。首次取氢化可的松注

射液 2～5mL，第 2 天用强的松龙注射液。用 16 号针头，进针 2～3cm，于百会穴注射。发热 40℃ 以上者，同时用 30％ 安乃近 5～20mL，肌内注射。用药 24h，患猪一般能站起采食。共治疗 146 例，均 1 次痊愈。（王可行等，T11，P50）

7. 将猪横卧保定在平地上，尽量使其保持站立时的正常姿势。以患肢为主，取涌泉穴（向后下方刺入 1.0～1.7cm）、滴水穴（向后下方刺入 0.7～1.0cm）、八字穴（向后下方刺入 0.3～1.0cm）、抢风穴（直刺 1.3～2.7cm）、追风穴（直刺入 0.7～1.1cm）、寸子穴（直刺入 1.0～1.7cm）或百会穴（直刺入 1.7～2.0cm）、压痛点与肿胀部位，以不锈钢中宽针刺出血或渗出物为宜。1 次/（2～3）d，针刺 1～3 次。本方药适用于四肢风湿。共治疗 23 头，治愈 21 头，好转、无效各 1 头。

注：诊断、选穴要正确；以患肢为主选穴施针；一定要顺着肌肉纤维方向进针，不能横刺，否则会刺断肌肉纤维和神经血管。起针后一定要将针刺部位的血液或浆液性渗出物挤压出来，消除肿胀再行消毒。进针深度依据猪的大小而定。

8. 前肢先选抢风穴，再触摸痛点；后肢选大胯穴，再触摸痛点；前后肢都有疾患者，前后肢穴位皆用。先将患肢拉直，对选定穴位和痛点用 5％ 碘酊消毒，取 12 号针头刺入，并左右旋转，同时上下提刺数次，之后注射当归注射液 2mL，1 次/d，轻者 5 次，重者 8 次即愈。共治疗 16 例，治愈 14 例。

9. 丹参（片）、当归（片）各 2g，肌苷（片）0.5g（为 25kg 猪药量）。混合，拌入饲料喂服，2 次/d，连服 15d，停药 5d，再继续用药 15d，直至痊愈。本方药适用于关节风湿。

10. 百会穴水针法。猪百会穴位在最后腰椎棘突与第一荐椎间隙即腰荐十字部。因猪的荐结节靠前，故百会穴与两侧荐结节成正三角形。用拇指按压此处，有明显的凹陷即为注射部位。一般选用 16 号注射用针头，长度视猪体的大小及膘情而定。穴位剪毛消毒后，针体与猪体垂直进针 3～5cm，然后将药物缓缓注入，起针后，再迅速用酒精棉球将针孔按压 1min 左右即可。一般 1 次/2d，重症者 1 次/d。选用 30％ 安乃近 10～20mL、10％ 安基比林 10～20mL、红花注射液、当归注射液和川芎注射液等。本方药适用于后躯风湿。

注：选穴要准，进针要控制好深度，严格消毒；对怀孕母猪，特别是怀孕后期母猪不宜用本法治疗；用两种或两种以上药物混合注射时，应特别注意有无配伍禁忌；进针次数不宜过多，每个疗程以 2～3 次为宜。

11. 小活络丹合独活寄生汤加减。制川乌、制草乌、乳香、没药、当归、川芎、独活、羌活、桑寄生、杜仲、牛膝、续断、肉桂各 30g，胆南星、陈皮、甘草各 25g，地龙、附片、厚朴各 15g，细辛 10g。水煎取汁，候温灌服，3 次/剂，连服 3 剂；夏天无注射液，肌内注射，2 次/d，连用 3d。治疗时应及时补充含钙丰富的饲料。共治疗 29 例，痊愈 28 例。

【护理】 加强饲养管理，喂给易消化吸收饲草、饲料；保持圈棚干燥暖和，避免风吹雨淋；勤换垫草，防止褥疮。患猪要多晒太阳。

【典型医案】 1. 2005 年 10 月 26 日，石阡县中坝镇高塘村杨某一头 150kg 母猪，产仔后 3d 突然站立不起邀诊。主诉：该猪不食，当地兽医治疗后未见好转。治疗：烫砖浸人尿法，用法同方药 1。治疗 2d 后，患猪开始缓慢走动、进食，6d 后全部正常。

2. 2004 年 4 月 11 日，石阡县中坝镇河西村陈某一头 50kg 架子猪，因突然站立不起来诊。检查：患猪食欲不振，用力压前肢肘关节处有疼痛感。治疗：取方药 1，用法同上。治疗 1 次后，患猪前肢可直立，连续治疗 2 次，痊愈。（张廷胜，T140，P63）

3. 1998 年 12 月 15 日，邻县庆丰镇朱港村黄某一头 2.5 岁、230kg 长白种公猪发病就诊。主诉：夏季外出配种后，经常淋雨或凉水沐浴，引起关节肿痛、腰背板硬、不能行走。检查：患猪精神萎靡，被毛粗乱，驱赶行走时步态强拘，蹄尖不敢着地，着地时剧烈疼痛，运动困难，随着时间延长，痛感逐渐减轻。诊为急性风湿证。治疗：取永龙正红花油 5mL/次，分别涂擦背腰部和四肢关节，2 次/d；陈醋250mL，煮开，用药棉蘸醋，热敷背腰部。连续用药 5d，患猪症状消除，痊愈。（杨广忠等，T110，P34）

4. 1982 年 4 月 6 日，博兴县店子公社莲石十队张某一头 22.5kg 架子猪，患病 37d 就诊。检查：患猪走路拱腰，右后肢跛行，卧地不起，吃食减少，四肢肌肉和关节肿大、触之尖叫。治疗：用消毒中宽针刺涌泉、滴水、追风、八字、寸子、抢风、百会穴，针孔流出蛋清样的渗出物，1 次/3d。18 日，患猪开始站立、吃食和自由放牧；25 日恢复正常。（林桂扬，T6，P45）

5. 1997 年 4 月 21 日，石阡县国荣乡各容村七组熊某一头 75kg 架子猪，因后肢不能站立来诊。主诉：该猪饲喂时后肢拖地，饮食量减少，并不停尖叫。检查：患猪体温 38.5℃，用手按摸右后肢大胯穴下 12cm 处有痛感，左后肢大胯穴前 7cm 处有疼痛，前后肢皮肤被尿浸湿。治疗：先将患猪转移到干燥处，在两后肢大胯穴和痛点分别各注射当归注射液2mL，1 次/d，连用 4d。患猪能够站立，继续治疗 2d。1 个月后患猪一切正常。（张廷胜，T120，P26）

6. 1990 年 4 月 29 日，沿河县和平镇杨某一头产仔母猪发病邀诊。主诉：该猪于 2 月 18 日产仔猪 10 头，常卧在脏污潮湿的圈舍中哺乳，日久后肢出现无力，行走困难，继而四肢不能站立。产后 45d，母猪病情仍无好转，曾用水杨酸钠、激素类药物静脉注射或肌内注射，并配合针灸和口服中草药治疗半月无效。

检查：患猪侧卧在潮湿的圈舍中，体温正常，呼吸浅表，心跳无力，精神沉郁，食欲废绝，极度消瘦，四肢不温且屈伸不利、麻木。诊为四肢慢性风湿性麻痹。治疗：①改善饲养管理，卧处铺以木板和稻草；②葡萄糖氯化钠注射液 1000mL/d，静脉注射，连用 3d；③前肢取膊尖穴区、肩胛冈穴区、肺门（滋元）穴区、肩井（中膊）穴区和抢风（中腕）穴区；后肢取大转穴区、气门穴区、大胯穴区、小胯穴区、归尾穴区、百会侧后方穴区和开风穴区。前后肢两侧取 2 个穴区/次，交替注射安乃近、硝酸士的宁、葡萄糖注射液，每种药物各注射 2 次，1 次/2d。5 月 15 日，患猪康复。（田发荣，T48，P14）

7. 2008 年 9 月 6 日，石阡县坪山乡坪贯村肖某 5 头二元杂交母猪，其中 1 头体质差，且经常咳嗽、发烧等，经多方治疗效果不理想就诊。检查：患猪行动迟缓，食欲不振，附关节明显肿大，压有痛感。诊为关节风湿证。治疗：取方药 9，用法同上。2 个月后，患猪关节活动、食欲均正常。（张廷胜等，T157，P59）

8. 1986 年 3 月 21 日，余庆县敖溪区松烟镇三星村毛某一头约 40kg 架子猪，因后躯不能起立邀诊。检查：患猪运步时后躯拖地，吃食减少，触摸后躯关节有疼痛反应，并发出尖叫声，体温 38.2℃。诊为后躯风湿证。治疗：30% 安乃近 20mL，于百会穴注射，连用 3d，痊愈。（王永书，T53，P25）

9. 1999 年 12 月 14 日，印江县中坝乡夫子坝村李家沟组李某一头 120kg 左右母猪瘫痪不起来诊。主诉：因圈舍潮湿透风，天气寒冷，该猪已病半月，食欲减退，不发烧，他医用水杨酸钠注射液和葡萄糖酸钙输液治疗近10d 仍站立不起。检查：患猪身体瘦弱，体温37.8℃，四肢僵硬，不能行走，腰部拱起，触诊反应迟钝，粪干燥。诊为风湿性瘫痪。治疗：取方药 11，用法同上，3 剂；夏天无注射

液 20mL，每天早、晚肌内各注射 10mL，连用 3d。加强运动，7d 后恢复正常。（李承强，T110，P25）

二、风湿热证

【病因】　风、寒、湿、热诸邪侵入肌肤、关节、经络，致使气血瘀滞，经脉不通，引起肌肉、关节红肿疼痛发热等症状；或因饲养管理不善，先天不足，后天营养不良，或种公猪配种过早过多，母猪配种繁殖过度；或仔猪营养缺乏，体质瘦弱；或圈舍潮湿闷热；或遭受冷水的侵袭；或素体阴虚，内有蕴热复感外邪，湿热蕴结而诱发风湿热证。

【辨证论治】　本病分为急性型和慢性型。

（1）急性型　患猪发病急剧，患肢肿胀，发热疼痛，拘行束步，甚至卧地不起，体温升高，尿色红、黄，口渴喜饮，口色赤红，脉象洪数。

（2）慢性型　患猪阴气虚弱，出现阴虚内热证候，表现为午后潮热且夜晚较重，肌肉、关节红肿热痛，蹄甲干枯，行走困难，甚至卧地不起，粪干少，尿黄。

【治则】　急性发热期宜清热化湿，祛风通络；慢性肝肾阴虚、气血虚弱者宜滋阴养血，舒筋活络。

【方药】　急性发热期，药用宣痹汤加味。秦艽、防风、羌活、黄连、茯苓、苍术、当归、茵陈、蒲公英、桑白皮各 30g，二花梗、黄柏、连翘、地骨皮各 45g，黄芩 40g，防己 20g，川芎 15g。水煎取汁，候温灌服，1 剂/d。慢性肝肾阴虚、气血虚弱者，药用三痹汤。当归、白芍、防风、秦艽、杜仲、川牛膝各 30g，熟地黄、党参、黄芪各 60g，茯苓 40g，川木瓜、续断各 25g，桂枝、川芎各 15g，生姜、大枣为引，水煎取汁，候温灌服，1 剂/d。西药取 10%水杨酸钠注射液 50～100mL，5% 葡萄糖注射液 300mL，静脉注射，1 次/d，连用 3～5d；10%复方氨基比林注射液 20mL，

青霉素钠盐 320 万单位，肌内注射，2 次/d，连续注射 5～7d。针灸取山根、血印穴，放血；电针百会、大胯、小胯穴或三台、抢风、肩井穴，30min/次，1 次/d，1 个疗程/(5～7)d。外用 10%樟脑酒精溶液，涂擦患部后揉搓按摩 2～3 次/d，30min/次，连续 5～7d。

【典型医案】　2001 年 6 月 6 日，南阳市北京大道石油公司加油站鲍某的种猪场 3 号杜洛克种公猪（14 个月、250kg），因猪舍闷热，呼吸喘促，饲养人员用冷水管在其背部冲洗后发出一声怪叫，突然倒地不起就诊。主诉：该种猪是去年 7 月从湖北省武汉种猪场引进 3 月龄的预备种公猪，进场后，因急于进行三元杂交，7 月龄时即开始本交配种。该场种公猪头数过少，母猪发情集中，配种过度。检查：患猪精神不振，采食量减少，结膜潮红，蹄甲干枯，上午体温正常，下午到晚上体温 40.0～40.5℃，粪干，尿黄，口渴喜饮，四肢、肌肉关节红肿热痛，卧地不起，强迫站立时四肢疼痛，肌肉颤抖，遂即侧卧于地。诊为急性风湿热证。治疗：宣痹汤加味。秦艽、防风、羌活、黄连、茯苓、苍术、当归、茵陈、蒲公英、桑白皮各 30g，二花梗、黄柏、连翘、地骨皮各 45g，黄芩 40g，防己 20g，川芎 15g。水煎取汁，候温灌服，1 剂/d，连服 5d。10%水杨酸钠注射液 100mL，5%葡萄糖盐水，静脉注射，1 次/d，连用 3d；复方氨基比林 20mL，青霉素 320 万单位，混合，肌内注射，2 次/d，连用 5d。取山根、血印穴放血；电针百会、大胯、小胯、三台、抢风、肩井穴，1 次/d，通电 30min，1 个疗程/(3～5)d。取樟脑酒精溶液，患部涂擦，结合进行按摩 2～3 次/d，0.5h/次，连续治疗 7d，痊愈。（金立中等，T111，P23）

注：风湿热证属风湿证的一种症型，其发病机理、临床症状和治疗方法与风寒湿痹不尽相同。风寒湿痹多发生于冬、春季节，与寒冷潮湿的环境有关，患猪肢体疼痛，四肢僵硬，屈伸不利，跛行，遇寒冷

阴雨天气加重，晴暖天气减轻，静卧不动，运动后跛行减轻，且病程长，不易根治，常呈慢性经过。风湿热证常呈急性发作，多发生于夏秋高温、潮湿季节，其特点是发病急剧，四肢、肌肉关节肿胀热痛，束步难行，甚至卧地不起，体温 40℃ 以上，口渴，粪干，尿黄，口色赤红，脉象洪数。

湿 疹

湿疹是指猪皮肤发生迟发型变态反应的一种病症，以皮肤粗厚、潮湿、瘙痒，发生红斑、丘疹、水泡、脓疱、糜烂、结痂及鳞屑等为特征，又称湿毒疮、浸淫疮等。常见于春、夏多雨季节。

【病因】 传统兽医学认为，湿疹由风热、湿热、血热交感而成。猪出汗过多，失于刷洗，污垢堵塞毛孔，湿热熏蒸，积于皮毛而成其患；饲养管理不当，猪舍潮湿，久卧湿地，复感风邪侵入肌肤，郁于皮毛，久而化热，湿热熏蒸遂成此病；慢性消化不良或进食某些有刺激性的饲料而发生过敏性反应等亦可引发。

现代兽医学认为，湿疹常发生于具有过敏素质的个体，凡有过敏素质的个体对体内外各种致敏物质（如饲料中的蛋白质、某些化学药品、肠道寄生虫分泌的毒素）均可发生过敏反应，有时还与神经功能障碍、新陈代谢异常有关。

【主证】 本病分为急性和慢性两种。

（1）急性 以育肥猪、架子猪和仔猪易发，母猪少见；一般发病迅速、病程 15～25d，个别达月余。病初，患猪皮温偏高，皮肤潮红，先在颜面部和耳根皮肤上出现数量不等的米粒样红色斑点；3～5d 后，全身皮肤或在腹下出现丘疹、血疹，有些丘疹密集成片，瘙痒不安，常在树干、墙壁上擦痒。当疹块、水泡和脓疱被擦破后，皮肤不断有浆液性渗出物，感染后呈脓性分泌物，常伴有糜烂或化脓、结痂等病变。有的仔猪和架子猪在

发病初期即出现呼吸迫促，体温升高至 40℃ 以上。

（2）慢性 多见于营养不良、形体瘦弱的母猪或架子猪；病程 1～2 个月不等，有的长达 3 个月之久。常由急性湿疹治疗不当转变而来，亦可因其他因素刺激所致。患猪精神倦怠、体瘦、毛逆，患部皮肤脱毛、粗糙、增厚变硬，甚至出现褐黑色痂皮；有的出现黑色脂肪样苔，黏滞油腻，奇痒难耐，频频地挠痒。常见于肩胛部和髋结节部。

【鉴别诊断】 疥螨病是由疥螨引起，传播快，临床症状及痒觉与湿疹相似；取渗出液涂片镜检可见大量疥螨虫体，湿疹则个别猪患病，查不出虫体。皮肤瘙痒症是由外界和体内各种不良因素反射性作用引起皮肤机能障碍产生的瘙痒，皮肤虽痒但完整无损，且无湿疹的潮红、充血、水泡、脓疱等症状。霉菌性皮炎除其具有传染性外，可检查出霉菌孢子。皮炎主要表现为红、肿、热、痛，多不瘙痒。晒斑多发生于仔猪和白猪，受到强烈日光照射引起的皮肤炎症，临床上只有强烈的疼痛，无奇痒表现。角化不全症服用硫酸锌有效，湿疹服用该药无效。

【治则】 燥湿止痒，祛风收敛。

【方药】 1. 骆驼蓬散。骆驼蓬 100g（烧灰存性），黄柏 25g，荆芥、防风各 20g。共为细末，备用。先用鲜骆驼蓬全草 500g，水煎取汁，洗涤患部，或用 1% 食盐水或 2% 明矾溶液洗净患部痂皮、污物；患部有渗出液，可将上药粉末撒布；患部干燥，可用凡士林将该药调成糊状涂于患部。1 次/d，一般 2～3 次即愈。

2. ①大叶桉注射液、地塞米松注射液、维生素 B_2 注射液各 10mL。混合，肌内注射，1 次/d，连用 2～3d。②吴贼硫磺散。吴茱萸 200g，乌贼骨 15g，硫磺 80g。共研末，将药粉均匀撒布湿疹处、渗出液多处；湿疹患处若无渗出液，可将细粉用蓖麻油或猪脂化开，调

匀涂抹，1次/d，连用3d。③湿疹散。老红高粱500g，乳香、没药各100g，冰片20g。先将红高粱炒炭、研细，再加后3味药共研细末，混匀。使用时，将花椒油（先将香油煮开，放入少量花椒炸糊捞出，候凉）调和后涂于患处，1次/d，连用3～5d。共治疗68例，其中轻者52例，单用中药涂擦；重者16例，中药辅以西药2d，效果较好。

3. 二草汤。苍耳草1000～2000g，黄毛耳草500～1000g（干品用量酌减）。水煎沸后20min取汁，候温，擦洗患部，2～3次/d，或用麻袋旧衣浸药温敷0.5h，或用喷雾器喷淋，2次/d。共治疗27例，全部治愈。

4. 复方大青叶注射液（山东省淄博人民制药厂或江苏省六合县制药厂生产）。大青叶、金银花、羌活、拳参、大黄，经加工提取制成（相当于原药5g/2mL）。10～30kg猪4～6mL/次，40～60kg及以上猪8～10mL/次，肌内注射，1次/d，连用3～4d。共治疗26例，均获得了满意疗效。

5. 紫草汤。紫草800g，白芍220g，菊花1100g，葛根2500g，栀子600g，甘草250g。加水连煎3次，取汁，混合，分3次拌料（为30头猪药量）喂服，药渣亦让猪自食。取千里光4000g，一点红2000g，飞扬草1300g（为30头猪药量），水煎取汁，用喷雾器喷洒于猪体。共治疗247例，经喂服和喷洗，疗效俱佳。

6. 当归、生地、苦参、地肤子、白藓皮各30g，丹参、萆薢各25g。水煎取汁，候温灌服，1剂/d，连服3d。共治疗73例，治愈69例，有效4例。（魏振雄，T107，P40）

7. ①用温水、0.1％高锰酸钾溶液或1％～2％的鞣酸溶液清洗患猪皮肤上的污垢、汗液、痂皮、分泌物等，保持皮肤清洁干燥。红斑性和丘疹性湿疹，用等量混合的胡麻油和石灰水涂于患部。水泡性、脓疱性和糜烂性湿疹，涂3％～5％龙胆紫或撒布氧化锌滑石粉

（1∶1）。②枯矾35g，黄柏30g，海螵蛸20g，黄连、黄芩、板蓝根、甘草各15g，冰片、苦参、生地、滑石、车前子各10g。共为细末，开水冲调，候温灌服，2次/d，连服2～3d。③0.25％普鲁卡因注射液2～6mL，10％氯化钙注射液10～50mL，维生素B₁、维生素C注射液各2～6mL，静脉注射，1次/d，连用2～3d。④痂皮期，用硼酸软膏或氧化锌软膏涂擦患部，1次/2d。奇痒不安时，用1％～2％石炭酸酒精液涂擦患部。共治疗238例，治愈236例，治愈率为99.2％。

注：治疗时，表皮坏死组织和不洁异物必须彻底清除、洗净、消毒，如有继发感染和体温升高时，应配合使用抗生素。

8. ①急性，用0.1％高锰酸钾溶液对患部皮肤清洗，1次/d，连用3～5次；取荆防败毒散：荆芥、苍术、苦参、甘草、薄荷各10g，防风、金银花、地肤子各12g（为1头架子猪药量，可酌情增减），水煎取汁，候温灌服，连服2剂。②慢性，取苦参、地肤子各3份，桉叶4份。水煎取汁，涂擦患部皮肤，1次/d，连续涂擦5～7次。

【护理】 猪舍要保持干净、干燥和通风，勤除猪粪，保持猪体皮肤卫生，生猪密度不要太大；投喂营养丰富的配合料，严禁饲喂发霉变质、冻结的饲料和有毒的植物；垫草要干净、无农药残留；加强灭蚊、灭蝇，防止化学物质使用不当而直接刺激皮肤等。对体内寄生虫、慢性便秘、慢性消化不良、慢性肾病、下痢等疾病要及时治疗，防止继发湿疹。

【典型医案】 1. 甘谷县安远乡黄河村董某一头猪，因久卧湿地发病来诊。检查：患猪腹下、四肢内侧皮肤溃烂、结痂，营养中等，饮食欲正常。治疗：骆驼蓬散，用法同方药1，连用2次，痊愈。

2. 甘谷县安远乡石方村集体猪舍4头猪，因圈舍不洁、潮湿而发生湿疹，其中1头患猪较轻，仅腹下、后肢内侧皮肤出现扁平淡红色

疹斑。治疗：骆驼蓬散，用法同方药1，1次即愈；3头患猪发病较重，颈下、腹下、后肢内侧皮肤溃烂、结痂，用骆驼蓬散治疗，2次治愈2头，3次治愈1头。（蔺明杆，T63，P43）

3. 1999年12月8日，余庆县敖溪镇南庄村何柿湾兰某7头猪，因耳部全部出现红肿、奇痒邀诊。检查：全群猪皮肤明显粗糙，耳部出现红肿、有米粒大丘疹，烦躁不安。诊为湿疹。治疗：取方药2②，加猪脂调成膏，涂擦患部，1次/d，连用2d，之后又继用2d，痊愈。

4. 2000年12月26日，余庆县敖溪镇关仓村老田组蒋某4头、均30kg猪，因耳部、腹部有豆粒大水泡来诊。检查：患猪耳部、腹部下面及四肢内侧均有豆粒大的脓疱、流出渗出物，有的变成红色烂斑，皮肤出血，后两肢内侧出血较多。诊为脓疱糜烂性湿疹。治疗：取方药2①，用法同上，连用2d；取方药2②，先用吴贼硫磺散末匀撒于脓疱处，连用3d；继用方药2③，涂擦2d。患猪病情减轻，5d后痊愈。（刘丰杰等，T112，P22）

5. 2004年7月，庆元县竹口镇新窑村吴某一头3岁母猪发病邀诊。检查：患猪遍身出现米粒至黄豆大丘疹，瘙痒不安，不时在圈墙上摩擦，皮破血流，经用抗生素、皮炎平、硫磺软膏、阿维菌素等药物治疗均未见效。治疗：鲜苍耳草2000g，鲜桑枝500g，鲜黄毛耳草500g。用法同方药3，连用2d。患猪无瘙痒。为巩固疗效，继续用药2d。1个月后追访，无复发。

6. 2005年2月15日，庆元县某户一头50日龄小猪，因右侧鼠蹊部发生三圈呈同心圆的丘疹，皮损面积约15cm×18cm来诊。检查：患部皮肤粗糙、水肿，患猪常在墙壁、食槽、地桩处擦痒，丘疹擦破后流出黄色黏稠液体，结成糠麸样褐色痂皮，已扩大到前至剑突、后至阴囊部。治疗：苍耳子50g，鲜黄毛耳草750g，加水1000mL，煎煮至250mL左右时取汁，分成3份，以布浸药汁擦洗患处2次/d，连用3d。患猪褐色痂皮脱落，丘疹部水肿减退。仍用上药量擦洗3d，痊愈。（吕小钧，T133，P58）

7. 1989年3月10日，墨江县供销社孙某购进2头约20kg四川白猪，分别于15日和20日出现瘙痒不安，腹股部有红疹，用敌百虫、柴油及中草药外擦治疗未愈。诊为湿疹。治疗：取方药4，6mL/次，肌内注射，1次/d，连用3d，痊愈。（宗石贵，T50，P43）

8. 1991年8月5日，恭城县城关镇张某从市场购进32头猪，开始1个月长势良好，至9月10日发现有15头猪的头、嘴部皮肤出现红点，3d后全部出现红点，8d后遍身形成黑红色疤痕，死亡2头。检查：患猪头、臀、腹部形成黑色、糠麸样痂块，有的尾尖坏死，腋下溃烂；食欲减退，体温偏高。观其栏舍，食槽与水槽相连，水槽上盖有水泥板，仅留一小孔，让猪食后自由饮水。掀开水泥板盖，槽内发出恶臭难闻的霉败饲料味，槽中沉积并悬浮有较多霉败饲料。嘱畜主拆去水槽上的水泥板，洗水槽1次/d，换用新水。治疗：紫草汤，1剂，用法同方药5；喷洒千里光等药液，2次。用药后，30头猪全部治愈。（杨景中等，T64，P41）

9. 2006年4月5日，邵武市和平镇李某12头40日龄仔猪发病来诊。检查：患猪腿内侧皮肤湿润红肿，有的发生水泡、脓疱、糜烂，不停地在墙壁上摩擦，体温、精神、食欲均正常，渗出液涂片镜检未见疥螨虫体。诊为湿疹。治疗：先用温水冲洗体表，将皮肤污垢和坏死组织除去，再用2%鞣酸洗干净、擦干，患部涂3%龙胆紫；取10%氯化钙注射液10mL，维生素B_1、维生素C注射液各2mL（为1头仔猪药量），静脉注射，1次/d，连用3d；取方药7②，用法同上，60g/头，2次/d，连服3d。服药4d，患猪表皮干燥，红肿消退，

12 头猪全部治愈。

10. 2005 年 6 月 2 日，邵武市和平镇苏某 2 头 50kg 猪发病来诊。检查：患猪头、嘴部皮肤出现红点，5d 后臀部、腹部、头部等处出现脓疱、结痂，有的尾尖坏死，食欲减退，体温 38.2℃。诊为湿疹。治疗：除去痂皮，用 0.1％高锰酸钾液洗净体表，患部涂布氧化锌软膏；取方药 7②，用法同上，200g/头，2 次/d，连服 3d。服药 4d，2 头患猪食欲、体温恢复正常，痊愈。（杜劲松，T149，P44）

11. 1988 年 6 月 26 日，郫县杨某 12 头架子猪发病邀诊。主诉，12 头猪发病已半月，不时在圈壁摩擦。检查：患猪精神不振，皮肤潮红，耳根、颈、胸、腹部两侧和股内侧等处皮肤呈现米粒至豌豆大小的丘疹和水泡，有的已擦破形成黄色痂皮，有时在圈舍墙壁上蹭痒。诊为急性湿疹。治疗：取方药 8①，清洗患部皮肤 3 次，内服荆防败毒散，2 剂，痊愈。

12. 1988 年 7 月 20 日，郫县徐某一头架子猪，已病约 1 个月来诊。主诉：该猪近 10d 吃料日渐减少，有时在圈舍墙壁和食槽上擦蹭。检查：患猪体瘦，毛逆，神倦体怠，颈部两侧皮肤上有数个胡豆大黑色脂肪样苔，触摸时油腻黏手。圈舍光线不足，通风不良，潮湿。诊为慢性湿疹。治疗：取方药 8②，擦洗患部皮肤 6 次，痊愈。（徐昭清等，T64，P36）

痹 证

痹证是指猪体受风寒湿邪侵袭，气血凝滞，导致肌肉、关节疼痛和屈伸不利，甚至出现麻木、关节变形、瘫痪等症状的一类疾病。属于现代兽医学风湿证范畴。

【病因】 由于猪舍潮湿，外感风、寒、湿邪，导致经络凝滞，气血迟滞不畅。风痹是感受风邪所致；寒痹是感受寒邪所致；湿痹是因

久卧湿地或雨水浸淋、感受湿邪所致；热痹由外感暑热或病邪入里、郁久化热而引起；血痹为邪入阴血或血虚所致；骨痹多为饲养失调、肾虚骨软所致。

【主证】 根据致病因素和临床表现，分为风寒湿痹、风湿热痹和肝肾亏虚型痹证。

（1）风寒湿痹 患猪肢体关节疼痛，屈伸不利，运动不便。风邪偏胜者疼痛无定处，游走于四肢，跛行，症状随运动而减轻，兼有恶寒发热，口色淡红，脉浮缓。寒邪偏胜者痛处固定，疼痛剧烈，发于腰脊则腰脊僵硬，转弯不灵；发于前肢则患肢提举不便，步幅短小；发于后肢则后肢强拘无力，起卧困难；发生颈项则颈项强直，头难俯仰；发于全身则全身拘挛，形寒震颤，鼻寒耳冷，口色淡白，脉弦紧。湿邪偏胜者痛亦固定，患部关节肿胀麻木，多见于四肢及腰胯部，而以后肢发生较多；患猪腰胯拘挛，四肢笨重，懒于行走，严重时关节、肌肉变形，卧地难起；口白而滑，脉沉缓。

（2）风湿热痹 一般发病比较急。患猪四肢关节肿胀、触之灼热疼痛，发热，口渴，烦躁不安，口色赤红，脉数。

（3）肝肾亏虚型痹证 患猪形体消瘦，毛焦肤吊，腰胯痠软，筋脉拘急，四肢浮肿，关节肿大，卧地不起，食欲减退，粪有时溏泄，口色苍白，脉沉弱。

【治则】 风寒湿痹宜祛风散寒，利湿通络；风湿热痹宜清热通络，祛风胜湿；肝肾亏虚型宜扶正祛邪，活络止痛。

【方药】 1. 徐长卿散加味。徐长卿、元胡、红花、熟附子。气血虚者加秦艽、桑寄生、川断、黄芪、党参、当归等。水煎取汁，候温灌服。

2. 加减除湿汤。防己 15～40g，羌活 10～25g，独活、苍术各 10～30g，金毛狗脊 20～40g，藁本 10～20g（根据证型差异、猪大小适当增减药味及药量）。风痹者加甘松、

防风、秦艽等；寒痹者加黑附片、肉桂、细辛、麻黄、川芎、元胡等；热痹者加丹皮、栀子、连翘、滑石；湿痹者加茯苓、泽泻、车前草等；血痹者加熟地黄、当归、川芎、黄芪、茯苓；骨痹者加杜仲、破故纸、续断、淮牛膝等。水煎3次，取汁，候温灌服3次，1剂/d；或连煎3次，混合药液，3次/d服完，连服2～3剂。共治疗81例，效果满意。

3. 独活寄生汤加减。独活、秦艽、防风、当归、茯苓、牛膝各30g，桑寄生45g，白芍、川芎、桂枝各25g，细辛15g，甘草20g。风邪偏胜者加羌活、威灵仙各30g；寒邪偏胜者加川乌、制附子各15g；前肢痛甚者加姜黄25g，海风藤40g；后肢和腰部痛重者加杜仲、茴香各30，肉桂25g；关节肿胀者加穿山甲25g，乳香、没药各24g；湿邪偏胜者加生薏米40g，苍术25g，防己30g。共研末，开水冲调，加米酒500g（或烧酒250g），候温灌服。火针：前肢以抢风穴为主，配膊尖、膊栏、膊中等穴；后肢、腰部分别以大胯、百会穴为主，配大转、小胯、掠草、肾俞、腰中等穴。针前在穴位处用碘酊消毒，针后用磺胺类软膏封盖针孔。针过的穴位1周内不重复施针。白针取曲池、追风、寸子等穴，对腰板硬、肢体疼痛较甚者，配合醋酒灸法。四肢跛行、关节屈伸不利者，用小麦麸250g调白桐油敷寸子穴，前左后右或前右后左视病情而定，用布包扎，3～5d取下；对关节肿胀者，用童便、陈醋各1碗，煮沸，加入血余炭17g（为1次药量），蘸在布上温熨患部或用手淋洗，1～2次/d，病重者多洗。腰背板硬，将小麦麸1.5kg炒热，加米酒淬湿（也可用酒糟炒热），装入袋中，热敷腰背部或百会穴，连续5～7d。本方药适用于风寒湿痹。

4. 白虎加桂枝汤加减。生石膏45g，知母、桂枝、桑枝、忍冬藤、薏苡仁、黄柏各30g，防己、苍术、赤芍各25g，甘草18g。水煎取汁，候温灌服。针灸：前肢和胸脯彻胸膛

和膝脉血；后肢和腰部彻肾堂和曲池血。取五倍子500g（研末），陈醋1000mL，共煎成糊剂，敷于关节肿胀处，外用纱布绷带固定。本方药适用于风湿热痹。

5. 三痹汤。熟地黄、白芍、当归、党参、黄芪、茯苓、杜仲、牛膝、生姜各30g，川白芍、防风、独活、秦艽各25g，细辛5g，续断、桂枝各24g，甘草12g，大枣20枚。虚寒较甚者加破故纸、枸杞子、小茴香、巴戟天各30g；关节肿大疼痛甚者加桃仁、乳香各30g，红花25g，没药24g。水煎取汁，候温灌服。火针穴位同风寒湿痹（见方药3）。关节肿大者用桃仁、芥子各40～50g，研末，加鸡蛋清适量调成糊状，敷于患部，再轻轻包上绷带；关节肿大变形者，将小麦麸炒热，加米酒淬湿，轮换热敷。本方药适用于肝肾亏虚型痹证。

【典型医案】 1. 1988年12月6日，桐柏县平氏镇和庄村梁某一头约80kg母猪，因突然后肢瘫痪就诊。检查：患猪被强行驱赶则爬俯前进。经西药治疗后肢康复，但前肢又跛行。诊为风痹。治疗：徐长卿散。徐长卿、红花、附子、防风、羌活、独活各10g，川乌9g，元胡8g，草乌6g。水煎取汁，候温灌服，1剂，痊愈。

2. 1989年1月16日，桐柏县程源乡八里冲村黄某一头40kg肉猪，大雪过后就诊。检查：患猪左前肢突然不能着地，呈三肢跳跃，触之疼痛，针七星、寸子穴无血，有白色黏液流出。诊为寒痹。治疗：徐长卿散加味。徐长卿、元胡、麻黄各6g，红花、肉桂各8g，附子、干姜、细辛各4g。水煎取汁，候温灌服，2剂，痊愈。

3. 1989年12月4日，桐柏县平氏镇兆东村张某一头50kg肉猪就诊。检查：患猪右后肢肿胀，不能负重，加之近日阴雨连绵，猪舍潮湿。诊为湿痹。治疗：加味徐长卿散。徐长卿、川断各10g，炒玄胡、红花、苍术、薏苡

仁、党参、黄芪各 8g，熟附子、牛膝、防己、桑寄生各 6g。水煎取汁，候温灌服，1剂，康复。（黄永有，T49，P37）

4. 1976 年 11 月 2 日，赤水县复兴公社罗某一头 6 月龄、约 40kg 花猪就诊。主诉：1 个月来，该猪吃食时两后脚交替负重，有时擦墙蹭痒，近日不能站立，跪在槽边吃食。检查：患猪卧地不起，皮温无异常，四肢关节有疼痛，口色淡红，扶起行走摇摆，几步即卧地。诊为风痹。治疗：除湿汤加减。防风、秦艽、藁本各 25g，羌活、升麻各 20g，金毛狗脊 30g，苍术 10g。水煎 3 次，加烘焦研细的甘松末，3～4g/次。分早、中、晚各服 1 次，1d 服完，4 日，患猪跛行减轻。上方药去羌活，再服 2 剂，痊愈。

5. 1976 年 11 月 15 日，赤水县大同区复兴街邱某一头约 15kg、上等膘情黑猪就诊。主诉：患猪跛行已数日，注射安乃近无效。检查：患猪怕冷，口温低，两后肢厥冷，关节微肿，疼痛明显。诊为寒痹。治疗：麻黄、羌活、苍术各 12g，藁本、川芎各 10g，金毛狗脊 20g，防己 15g。水煎取汁，候温灌服。16 日，患猪病情略有好转，但仍畏寒蜷缩。上方药加入黑附片 10g（先煎）、细辛 6g，再服 1 剂。18 日，患猪畏冷颤抖消失，跛行减轻。上方药去麻黄、附片，再服 3 剂，痊愈。

6. 1977 年 7 月 14 日，赤水县大同区复兴街周某一头约 40kg、中等膘情育肥白猪就诊。主诉：近来该猪喜吃清食，今晨难以站起。检查：患猪卧地不起，鼻干无汗，口温高，粪干燥，尿黄量少；四肢灼热以关节更甚，疼痛反应明显。诊为热痹。治疗：除湿汤加减。羌活、独活、苍术各 18g，藁本 15g，防己、金毛狗脊各 40g，柴胡、连翘各 30g，牡丹皮、栀子各 20g，水煎取汁，候温灌服。19 日，患猪鼻润汗匀，口温正常，粪、尿通畅，触诊疼痛减轻，跛行消失。上方药去栀子，再服 3 剂，痊愈。

7. 1979 年 12 月 8 日，赤水县庙沱公社切角九队李某一头约 30kg、上等膘情杂交猪就诊。主诉：近 1 个月，该猪吃食时两后肢常交替负重，不时退槽，稍歇再食；前天卧地不起，用氨基比林和中草药治疗未见效。检查：患猪关节肿胀，后肢较重，疼痛不显，不能站立行走，舌苔白腻，食欲减少。诊为湿痹。治疗：羌活、独活、苍术各 20g，藁本、车前草各 15g，防己 40g，金毛狗脊 45g，泽泻 20g，川芎 12g。水煎取汁，候温灌服。嘱畜主换干燥猪舍饲养。10～12 日，患猪病情略有减轻。上方药连服 5 剂。19 日，患猪吃食时后肢不再交替负重，关节肿胀消失，能行走，但步态不稳。除湿汤另加强筋壮骨药物：羌活、独活、苍术各 20g，藁本 15g，防己 40g，金毛狗脊 45g，川白芍 12g，破故纸、杜仲（盐制）各 15g，川牛膝、续断各 12g。用法同方药 2，连服 2 剂，痊愈。

8. 1980 年 3 月 12 日，赤水县大同区永合黄金二队杨某一头约 55kg、膘情下等黑母猪就诊。主诉：2 月 27 日该猪产仔猪，几天后难以站起，喜吃清食。检查：患猪卧地，沉郁，倦怠，消瘦，鼻干无汗，结膜苍白，粪硬，口色淡白，脉细数无力。诊为血痹。治疗：除湿汤加减。熟地 80g，羌活、独活、苍术各 30g，藁本 25g，金毛狗脊 50g。水煎取汁，候温灌服。15 日，患猪精神好转，能起立行走。再服上方药 3 剂，痊愈。此后产仔猪两窝，未复发。

9. 1979 年 11 月 4 日，赤水县庙沱公社切角五队李某一头膘情下等、白色种用公猪就诊。主诉：该猪羸瘦已久，近日跛行。检查：患猪精神委顿，倦怠无力，卧地不起，四肢关节不肿，痛感不明显，腰僵硬，前肢能勉强跪立，后肢不能站立。诊为骨痹。治疗：羌活、独活、盐制黑故纸、杜仲各 30g，防己 45g，藁本、淮牛膝各 20g，苍术 35g，细辛 15g。水煎取汁，候温灌服。6 日，患猪精神好转。

又服药2剂。11日，患猪能站立行走，步态稳健。因该猪种用，故再服药3剂。16d后，患猪完全复常。（袁泽雄，T3，P36）

10. 1981年2月5日，新洲县徐古公社茅岗大队刘某一头5岁母猪就诊。检查：患猪毛焦体瘦，形寒肢冷，食欲减退，腰背、后肢僵硬，疼痛不安，后肢微肿，卧地不起，口色淡白，脉弦紧。诊为风寒湿痹（寒邪偏胜）。治疗：独活寄生汤加减。独活、桂枝各10g，桑寄生15g，秦艽、防风、当归、白芍、故纸各12g，细辛5g，川白芍7g，川乌4g，杜仲18g，制附、茴香各9g。水煎取汁，候温灌服。火针轮取百会、大胯、小胯穴；白针取后三里、涌泉等穴。用小麦麸1kg，炒热加米酒淬湿，装入袋内热敷百会穴。共治疗6d，痊愈。（黄立金，T15，P45）

皮　炎

一、坏死性皮炎

坏死性皮炎是指猪受损的皮肤或黏膜感染坏死性杆菌，引起皮肤坏死的一种病症，传染性很强，多发生于湿热季节。

【病因】　皮肤或黏膜损伤感染坏死性杆菌，通过猪相互接触传染。

【主证】　病变部位一般在体侧、臀部及颈部，个别发生在尾根或四肢蹄踵。患猪体表皮肤或皮下发生坏死或溃疡，病初局部瘙痒、覆有干痂结节、触之有硬感、无热无痛，病情加重则痂皮下组织坏死，皮肤破溃，流出灰黄色或灰褐色、带有恶臭稀薄的脓汁，脱毛。

【治则】　抗菌消炎，祛风止痒。

【方药】　紫金龙、洋金花（曼陀罗）、桃树叶（鲜品）各300g，捣烂取汁，再加入柴地榆150g，温水适量，制成药膏备用。先用生理盐水冲洗伤口，再用1％高锰酸钾冲洗，去除局部坏死组织，将药膏擦于伤口上，2～3次/d；蹄踵发生坏死，用绷带包扎，换药1次/2d。西药取蓝圆特灵（黄芪多糖注射液）10mL，诺克头孢2瓶（大理金明动物药业有限公司生产，氨苄西林钠2g/瓶），肌内注射，2次/d，连用2～3d。

【典型医案】　2009年10月21日，兰坪县某养殖户49头猪，其中11头发病，用抗生素治疗无效来诊。检查：患猪食欲下降，皮肤瘙痒，有的部位已出现溃疡、流淡黄色稀薄脓汁。诊为坏死性皮炎。治疗：先对圈舍及猪群进行彻底消毒（达康灭毒灵按1∶2000稀释）；隔离健康猪群；病猪群取上方药治疗，用法同上。3d后，患部逐渐好转，1周后停药，随访全部治愈。（张仕洋等，T163，P70）

二、渗出性皮炎

渗出性皮炎是由葡萄球菌感染猪真皮层组织引起的一种高度接触性传染病。由于病猪全身皮肤有脂性黄褐色渗出物黏着，被毛如汗浸湿样、呈黑褐色，似煤烟覆盖，俗称脂溢性皮炎或煤烟病。

【流行病学】　本病病原为猪表皮葡萄球菌。病猪和带菌猪是传染源，通过损伤的皮肤进行传播。多因产房消毒不严，饲养管理差，阴雨潮湿，皮肤损伤等感染葡萄球菌而发病。主要发生于吮乳仔猪，尤其是刚出生3～5d仔猪。

【主证】　患猪精神沉郁，食欲减退，生长停滞，体温38.5～39.5℃。病初面部、颈部、背部等处出现轮癣、呈红褐色，继而出现米粒大的微黄色水泡、破裂、表皮脱落，从真皮渗出大量黄褐色油状黏液，与脱落的表皮形成油状样痂皮、被毛潮湿、呈束状、烟灰色（白皮猪呈橙黄色），干燥后形成棕黑色鳞片状、带有恶臭味痂皮，进而皮肤发生坏死。后期全身皮肤增厚，皮肤痂皮干燥、龟裂，体温偏低、怕冷、嗜睡，最后脱水衰竭死亡。一窝中若有

1头猪发病，其他均会被陆续感染，且死亡率较高。

【治则】　清热解毒，祛风止痒。

【方药】　1. 复方大叶桉注射液。取大叶桉和鱼腥草各 2000g，洗净切碎，置蒸馏器中加水超过药面进行蒸馏，收集蒸馏液 2000mL，然后重新蒸馏，收集蒸馏液 1000mL，加氯化钠 8g 调至等渗，过滤分装 10mL 安瓿，100℃流通蒸汽灭菌 30min，即得复方大叶桉注射液。仔猪 2mL/头，肌内注射，2 次/d，连用 3d。外擦玉糊膏：取风化为末的干石灰粉 500g，加水 1000mL，溶解后放置 1h，取上清液 100mL，加植物油 100mL，混匀即成淡黄色玉糊膏。涂擦仔猪表皮，2～3 次/d。共治疗仔猪 50 窝 618 例，治愈 591 例。

2. ①氨苄青霉素 80 万单位、双氢链霉素 50 万单位，混合，肌内注射。②病猪皮肤用 1‰百毒杀溶液喷洒。③母猪皮肤有红斑时，用碘酊涂擦，并注射氨苄青霉素 320 万单位、双氢链霉素 400 万单位，1 次/d，连续 3d。④产房用 1‰复合酚消毒液连续消毒 3 次。母猪进产房前，用 2% 的敌百虫溶液喷洒全身。（刘金章，T66，P41）

【典型医案】　1999 年 4 月 5 日，天门市黄潭镇丝网湾 3 组李某一头母猪，产仔 16 头，于 15 日龄发病邀诊。主诉：4 月 20 日，有 2 头仔猪面部、背部出现褐色轮癣，25 日全窝仔猪皮肤呈癞皮狗状、气味恶臭，不食，死亡 2 头。检查：患猪体温正常，有的猪表皮脱落渗出大量黄褐色油状黏液，有的形成痂皮、恶臭，有的皮肤增厚、坏死，皮肤上痂皮干燥、呈束状（似老虎皮花纹），食欲减退，饮欲增加，精神沉郁，嗜睡，不愿活动。诊为渗出性皮炎。治疗：复方大叶桉注射液（见方药 1）30mL，复合维生素 B 注射液 14mL，地塞米松注射液 15mg，混合，肌内注射，3mL/头，2 次/d；同时外擦玉糊膏，2 次/d，3d 全部治愈。（杨国亮等，T170，P67）

新生仔猪舌乳头增生性炎症

新生仔猪舌乳头增生性炎症是指仔猪出生后舌面或舌体两侧出现丝状乳头和菌状乳头增生性炎症的一种病症。

【流行病学】　病因尚不明确。似有先天性和传染性，多数仔猪在出生后即已患病，一旦出现，整窝仔猪全部发病；同时，同一窝仔猪头数多的发病较多，反之，同一窝仔猪头数少的一般不发病。同一母猪第一胎仔猪发病后，则以后产的各胎仔猪均可发病。

【主证】　患猪舌面或舌体两侧常发生丝状乳头和菌状乳头增生性炎症，严重者炎症往往波及轮廓乳头及舌根两侧的叶状乳头。初期呈白色，有小米粒大小的炎性增生物，数量多少不等，轻者稀疏散在，重者连成片、似鱼籽状。体温、脉搏、呼吸无异常变化。初次吮乳前，舌面较柔软，尚有吸吮乳汁之功能，但吮乳后，因炎症部位充血，白色的炎性增生物逐渐转为淡黄色至黄色，甚至变为粉红色乃至红色，舌体渐渐僵硬，以致舌面不能卷缩，舌不能贴于乳头表面，失去吮乳功能，使新生仔猪的摄乳量逐渐减少，直至停吮，引起消瘦，最后衰竭而死亡。病程一般 3d 左右。

【治则】　清热解毒，活血破瘀。

【方药】　以机械性方法去除炎性增生物。症状轻微者，用手指（在打开患猪口腔并确保安全的基础上）蘸红糖擦去炎性增生物，即可正常吮乳。重症者，用消毒过的手术剪剪去或刮去炎性增生物（以不伤及舌面真皮、不出血或出血少许为宜）。开奶后的重症仔猪，剪除时则出血较多，未用止血药亦能自行止血。出生 3d 后发病的仔猪，剪除效果差，预后多不良。共治疗 173 窝 2145 例，治愈 2005 例，治愈率为 92.5%。

【典型医案】　1. 1987 年 4 月 20 日，如皋县下原乡下原村 6 组丁某一头黑杂母猪产仔猪

14 头，产后第 1 天即全部发病。用维生素 B$_{12}$ 1 支、庆大霉素 4 万单位治疗，无效，死亡 2 头。第 2 天上午，多数患猪症状较严重，舌面炎性增生物呈粉红色，已连成片，但体温、脉搏、呼吸等正常，已停止吮乳。随即对 10 头重症者用消毒剪刀刮去舌面增生物，至傍晚，患猪开始吮乳，第 3 天（即手术后的第 2 天），12 头患猪均痊愈。

2. 如皋县下原乡下原村 3 组司某一头二花脸母猪，1982 年冬天产仔猪 16 头，产后即发病，他医给每头仔猪肌内注射青霉素 20 万单位，2 次/d，连用 2d，未见显效，死亡 4 头。第 3 天凌晨 2 时来诊，随即用消毒剪刀刮除舌面炎性增生物，当天午后即陆续开始吮乳，12 头全部痊愈。（吴仕华等，T41，P23）

新生仔猪皮肤病

新生仔猪皮肤病多发生于出生 2～3d 的仔猪，发病急，多无明显季节性。

【病因】 常因皮肤不洁，被毛积蓄污垢，圈舍卫生条件差，蚊蝇肆虐，阴雨、潮湿、强阳光照射等刺激皮肤而发病；哺乳母猪摄入发霉变质饲料，毒素经乳汁传于仔猪；使用化学物质不当可直接刺激仔猪皮肤诱发。

【主证】 病初，患猪两耳根、脊背出现豆粒大黑点（白猪明显），继而蔓延，若不及时治疗，可大面积感染。患猪不安，吮乳量减少，有的患猪在耳及背部形成结痂，继而痂皮破裂、脱落，痂皮下组织出血，患部气味腥臭。

【治则】 清热燥湿，祛风杀虫。

【方药】 皮油散。蛇床子、地肤子、蝉蜕、轻粉各 3g，植物油 250mL。将前 4 味药研为细粉末，再将植物油加热后与之拌匀，候凉，外敷患部。共治疗 782 例，全部治愈。

【护理】 对皮肤坏死面积较大的患病仔猪，应分片分次治疗；冬春寒冷季节，应将仔猪饲养在较温暖的圈舍，防止冻伤；对妊娠母猪要多喂青绿饲料；对生产母猪的圈舍要定期严格消毒。

【典型医案】 1. 1996 年 2 月 15 日，普兰店市墨盘乡墨盘村姜某一头母猪，产 14 头长白杂交仔猪，2 月 17 日上午发现 3 头仔猪在耳根部出现大豆粒样黑点，食乳无明显变化。即用生理盐水洗净患部，外敷皮油散，第 3 天痂皮脱落。

2. 1995 年 7 月 22 日，普兰店市墨盘乡中山村张某一头母猪，产 16 头杂交长白仔猪，于 7 月 24 日发现其中 2 头背部有黑点，当时未引起重视，随后仔猪不安，吮乳减少，27 日邀诊。检查：患猪体温正常，背部有硬币大小的结痂，气味腥臭。治疗：用生理盐水将患部洗净，涂布皮油散。同时肌内注射青霉素 20 万单位，安痛定 5mL，地塞米松 1mL，2 次/d，第 2 天继用上方药 1 次，第 3 天，患猪精神复常，吮乳增多，坏死痂皮脱落。（尚恩锰，T95，P44）

仔猪皮肤皲裂症

仔猪皮肤皲裂症是由热应激等致病因素引起仔猪皮下瘀血性肿胀、皮肤开裂、起皱、渗出的一种病症，多见于闷热潮湿季节，15～20 日龄的仔猪发病居多。

【病因】 天气闷热，阴雨连绵，圈内粪尿、污水蓄积，蚊蝇肆虐，以致湿热淫邪侵袭哺乳母猪，邪毒经乳汁传于仔猪，引起仔猪营卫失调、卫表不固，对外界刺激敏感性增高而处于应激状态，体表血管扩张，大量血液流入皮下，心脏收缩加强，频率增加，进一步发展则导致全身循环障碍，引起皮下瘀血性肿胀，应激还能使仔猪体内钠、水的重吸收加强，并在体内滞留，形成皮下组织水肿，皮肤变性、弹性降低，加之仔猪皮肤稚嫩，又好动，故易破裂。母乳中免疫球蛋白减少，仔猪抵抗力下降导致患部感染，引发全身性败血症，若治疗不及时，则可引起死亡。

【主证】 病初，患猪皮肤肿胀，继而裂开、起皱、露出红色皮下组织，渗出红黄色黏性液体，尤以肩胛前部和腹股部皮肤病变为甚。继而患部溃烂、化脓、结痂，眼结膜充血，眼角有脓性眼眵，尿短赤，腹泻，体温42℃以上。后期食欲废绝，伏卧于地，战栗。

【病理变化】 病变部皮下炎性肿胀、瘀血，其他部位皮下亦有不同程度的肿胀；腹股沟淋巴结肿大，切开则有红黄色浆液流出；肾脏肿大，有大小不等的瘀血斑。

【治则】 清热除湿，祛风解毒。

【方药】 洗净病猪身上泥污，用5%食盐溶液将患部脓痂污物清洗洁净。然后用苍术荆防散：苍术、防风、荆芥、苦参各20g，桂枝15g，川芎10g。加水5000mL，武火煎沸，再文火煎10min，取汁，冷却至50℃。将患猪置盆内，洗浴20min，2次/d；用奶嘴喂服3%口服补液盐50～100mL，2次/d；青霉素钠10万单位（1.5万单位/kg），肌内注射，2次/d，连用3d。

【护理】 限制母猪采食，多喂青菜拌麸皮饲料。增补食盐8g，并饮足水；圈舍要通风，遮阴；及时清除粪便，排放污水。

【典型医案】 临沂市汤头镇公安岭村赵某及前湖崖村赵某喂养的23头仔猪全部发生皮肤皱裂症邀诊。治疗：用上方药进行治疗，除3头于治疗前死亡外，其余全部治愈。（张殿申等，T76，P29）

新生仔猪湿疹

新生仔猪湿疹是仔猪皮肤出现炎症变态反应，以皮肤红斑、丘疹、瘙痒为主要特征的一种皮肤病。常因一头发病，累及全窝。

【病因】 用稻草垫栏，仔猪皮嫩易受刺激发痒或被感染；放栏过早，外受寒湿雾露，湿毒浸伤皮肤腠理而发病；过喂生冷，脾为湿困；或过喂辛厚（酱渣、酒糟、浴脚污料），湿热由内充于皮肤。

【辨证施治】 临床上分为热重于湿（急性型）、湿重于热（亚急性型）、湿热化毒入里（慢性型）三种。

共同症状：患猪腹下、四肢内侧、头面及两耳皮肤出现少量红斑和小丘疹，局部因瘙痒常破损，渗出黄水或血水，甚至糜烂。此时患猪皮肤粗糙增厚，有的可见化脓灶和结痂、皲裂。严重者出现食欲减退、蜷卧、体温升高、呼吸粗浅等症状。

（1）热重于湿（急性型） 发病急。患病仔猪发热（体温可升高达40～41℃），皮肤发红、瘙痒，有少量渗出液，粪干，尿短赤。

（2）湿重于热（亚急性型） 患猪皮肤潮红、增厚，色暗粗糙，渗出液增多，瘙痒甚，粪溏，尿短少。

（3）湿热化毒入里（慢性型） 患猪皮肤增厚、色暗紫，有皱褶，瘙痒甚，有糜烂、化脓灶，痂皮、皲裂等，食欲减退，消化不良。

【治则】 热重于湿宜清热化湿；湿重于热宜健脾利湿；湿热化毒入里宜祛风燥湿，存阴养液。

【方药】 （1适用于热重于湿；2适用于湿重于热；3适用于湿热化毒入里）

1. 茯苓皮、生白术、生薏苡仁、龙胆草、白鲜皮、忍冬藤、大黄、蝉蜕、生甘草。水煎取汁，候温灌服。黄柏、蛇床子。水煎取汁，后入薄荷，煎沸数次，取汁，洗皮肤。

2. 生白术、土茯苓、猪苓、苍术、白鲜皮、陈皮、滑石、生薏苡仁。水煎取汁，候温灌服。儿茶、五倍子、白芨，烧存性，为末，外涂。湿者加炉甘石，干者加生油。

3. ①白鲜皮、生薏苡仁、茯苓皮、生白术、苦参、蝉蜕、皂角刺、地黄、丹参、丹皮、赤芍。水煎取汁，候温灌服。②桉叶、千里光、一见喜。水煎浓汁，涂洗皮肤。不论干、湿，用之有极效。

用上方药治疗数以百计仔猪湿疹，屡治屡效。（周方中，T11，P52）

临床典型医案集锦

【后肢筋痿】 1985 年 11 月 9 日，京山县成人中专李某一头约 100kg 黑色肥猪因下痢来诊。主诉：该猪经他医诊治痢止，现食欲不振，卧地难起。检查：患猪体温 39.3℃，余症如前。治疗：维生素 C 0.75g，维生素 B₁ 0.3g，肌内注射。翌晨，患猪呈犬坐姿势吃食，食后伏卧，强行站立，后肢不能负重，前置腹下，旋即卧地，触诊后肢温无痛感；舌淡无苔，仰池乏津，脉沉细。此乃津随利伤，筋脉失养之象。治宜滋阴养筋。药用芍药甘草汤：白芍、炙甘草各 20g。共研末，分 4 包，拌食喂服，2 次/d，2d 服完。第 5 天，患猪强使站立，后肢有时尚得力，继服药 1 剂，服法同前，痊愈。（杨卫国，T28，P44）

【细颈囊尾蚴脐疝】 西峡县军马河乡独阜岭村杨某一头约 60kg 肉猪来诊。主诉：该猪腹底长出一疙瘩，逐渐增大，食欲减退，消瘦，生长缓慢，猪龄已达 13 个月。检查：患猪脐部有一排球大疙瘩、触之凉、不软不硬、无痛感，按压触摸不到疝气环，内容物亦不能还纳于腹腔。听诊疝气囊无肠蠕动音，疝囊皮肤和疝内容物广泛粘连。治疗：将患猪倒挂保定于靠墙的梯子上，腹部面向术者。患部剪毛，常规消毒，用 2% 盐酸普鲁卡因作菱形浸润麻醉。在疝气囊基部，靠近脐孔处与躯干平行切开皮肤 5cm，并稍加分离。再于增厚的皮肌上作一小切口，术者以食指、中指伸入疝气囊内探查，仍触摸不到肠管和疝气环，只感到其内容物外有一层包膜与皮肤广泛粘连。退出手指，用止血钳夹住包膜并向上提起，再用钝头外科剪将包膜剪一小口，随即从小口内流出水包 1 个，经检查是细颈囊尾蚴。扩大皮肌和

包膜切口，从内摘除大小不等的细颈囊尾蚴 44 个。此时方触及食指粗细的脐孔疝气环。所有囊尾蚴都寄生在从此疝气环外溢出来的肠系膜上。将肠系膜与皮肌和疝孔完全分离并纳入腹腔，用 18 号丝线闭锁疝孔（仅作一道水平纽扣状缝合），结节缝合皮肤。按常规护理。3 个月后，患猪术后食欲、精神恢复，长势良好。（袁铁铮，T40，P18）

【四肢痉挛】 1985 年 10 月 6 日，余庆县敖溪区松烟镇中心村刘某一头 15kg 仔猪来诊。检查：患猪突然倒地，四肢痉挛，反复发作。治疗：硫酸镁 10mL，于百会穴注射（猪百会穴位在最后腰椎棘突与第一荐椎间隙，即腰荐十字部。因猪的荐结节靠前，故百会穴与两侧荐结节成正三角形。用拇指按压此处有明显的凹陷，即为注射部位）。选用 16 号注射用针头，长度视猪体的大小及膘情而定。穴位处剪毛消毒后，针体与猪体垂直进针 3～5cm，然后将药物缓缓注入，起针后，再迅速用酒精棉球将针孔按压 1min 左右即可。一般 1 次/2d，重症 1 次/d。选穴要准，进针要控制好深度，严格消毒；对怀孕母猪，特别是怀孕后期母猪，不宜用本法治疗；用两种或两种以上药物混合注射时，应特别注意有无配伍禁忌；进针次数不宜过多，每个疗程以 2～3 次为宜），用药 1h 后，患猪病情得到控制，未见复发。（王永书，T53，P25）

【脐疝肠瘘】 1984 年 5 月 27 日，沈丘县二院庄任某一头 22.5kg 母猪就诊。主诉：该猪购于半月前，当时脐部隆起如核桃大，后来发现从中流出粪水。检查：患猪脐部隆起 6cm×6cm×4cm，疝囊内积满消化不全的饲料、触之如面团，隆起物前方有指头大破孔，手挤突起物，即从破孔排出麸样内容物，靠疝囊的已腐败变黑。决定次日晨手术，但 30min 后该猪在圈外自由走动时，从脐疝孔脱出套叠的空肠约 13cm。诊为脐疝肠瘘。治疗：将患猪行右侧半仰卧保定，局部剪毛消毒，用 2% 普鲁

卡因 20mL 作浸润麻醉。在脐中线左侧 2cm 处自破孔向后纵切皮肤 5cm，打开疝囊，用温生理盐水充分清洗疝囊和脱出的肠管。小心分离肠管和疝环粘连部分。整复套叠肠管，剪除破裂处不整部分，作肠管端端吻合，肠系膜作连续缝合，还纳腹腔。疝孔用 8 号丝线作水平纽孔状缝合。切去多余疝囊壁，内撒青霉素粉，结节缝合皮肤，装保护绷带。术后按时注射青霉素、链霉素 3d。第 1、第 2 天，患猪喜卧地，只喂给少量流质饲料。第 3 天，患猪精神好转，出圈寻食。第 8 天，患猪精神、食欲复常。创口一期愈合。第 10 天拆线。3 个月后追访，患猪生长发育正常，体重已达 60kg 余。（马绍文，T14，P30）

第三章

产科病

第一节 卵巢与子宫疾病

不 发 情

不发情是指母猪生殖系统发育正常，已达到性成熟年龄（8个月）或产后6个月以上不发情的一种病症。

【病因】 多因肾气亏损，冲任气血失调所致。饲养管理不当，饲料单一，营养欠佳，体质素弱，肾气不足，精血亏损，胞脉失养，以致冲任空虚，不能发情；或分娩时当风受寒，寒气客于胞中，或邪入胞宫，以致气血瘀滞，胞脉受阻，任脉不通而不发情；或缺乏运动，体质肥胖，痰湿内生，气机不畅而不发情。

【主证】 患猪性欲低下或显著减退，发情征兆不明显或消失，阴唇无红肿，按压腰部无呆立凹腰反应，舌色淡白或淡红。

【治则】 活血调经，补肾催情。

【方药】 1. 催情汤。淫羊藿100g，阳起石、益母草各50g，当归、菟丝子、肉苁蓉各40g（为150kg猪用量）。形体瘦弱、气衰血虚者加黄芪50g，熟地40g；形体肥胖、痰湿内阻或脾失健运，湿浊下注者加苍术、陈皮各40g；胞宫虚寒、尿清长者加茴香40g，附子30g。水煎取汁，分3次混于适口性好的饲料中喂服或灌服，1次/d。

2. ①鲜松针粉：按每50kg干饲料或适量谷糠加15～20kg鲜松针，混合，粉碎，再加适量谷糠，用水拌匀，发酵24h，在日粮中添加5%～10%鲜松针粉饲喂（鲜松针粉营养价值虽高，但易霉烂，须在2d内喂完）。②干松针粉：将鲜松针晾干、粉碎，加适量谷糠，用水拌匀，发酵24h，在日粮中添加5%～10%干松针粉饲喂。③松针煎剂：取鲜松针

2.5kg，加水浸过药面，煮沸1h，取汁，加大米0.5～1.0kg煮成粥，候凉，加骨粉50g，1次/d，连喂5～15d。④松针蒸馏液：取鲜松针5kg，加水10kg，蒸馏，收集蒸馏液约5kg，重新蒸馏1次，得蒸馏液2.5kg，过滤、分装，消毒备用。肌内注射，0.3～0.5mL/kg，3次/d，连用4～5d，一般10～30d即可发情。

3. 自拟发情散。阳起石、淫羊藿各40g，当归、黄芪、肉桂、山药、熟地各30g。共研末，混匀，拌入精料（麸、糠）内1次喂服。共治疗220例，服药1次即发情209例，服药2次发情11例，治愈率100%。

【典型医案】 1. 汪清县罗子沟镇河南村王某一头已产4胎黑色母猪，1992年9月份产最后一胎后至1996年年初未发情。检查：患猪体质瘦弱，被毛无光泽，食欲不振，阴唇无红肿表现，舌色淡白；触按腰部无呆立凹腰表现，用公猪试情亦无性欲。诊为不发情。治疗：催情汤加黄芪、熟地黄，用法同方药1。服药1剂，10d后患猪发情，配种即孕。

2. 1993年10月16日，汪清县罗子沟镇绥芬村安某一头8月龄、65kg白色母猪来诊。主诉：该猪一直未发情。检查：患猪形体肥胖，被毛光亮，阴唇无红肿，口津滑利，舌色淡红，触按腰部无呆立凹腰现象，用公猪试情无性反应。诊为不发情。治疗：催情汤加苍术、陈皮，用法同方药1。服药1剂，14d后患猪发情，配种即孕。（马福全，T76，P27）

3. 尤溪县如管前村猪场8头本地母猪，第1胎产后1～2个月不发情。检查：患猪营养中等，食欲等均无异常。诊为不发情。治疗：用松针煎剂，用法同方药2③，连服5d，

1个月内全部发情、受胎。(陈基聚，T36，P52)

4. 1997年4月27日，沈丘县刘庄店李楼村李某一头白色母猪，仔猪断奶后3个月未发情就诊。检查：患猪营养较差，泄泻，尿清长，粪粗糙，体温、脉搏、呼吸正常。诊为不发情。治疗：取方药3，用法同上。服药1次，第2天下午即发情。(单玉兰，T93，P81)

卵巢囊肿

卵巢囊肿分为卵泡囊肿和黄体囊肿，是猪常见的一种卵巢疾病。临床多见的主要是黄体囊肿，一侧或两侧卵巢均可发生。

【病因】　多与内分泌机能失调、促黄体素分泌不足有关；饲料中缺乏维生素A，或不合理使用激素，特别是过量使用雌激素，精料过多且运动不足，或机体虚弱等易诱发卵泡囊肿；长期发情不配种，卵泡不排卵，可转变为囊肿；子宫内膜炎、胎衣不下、输卵管炎可导致排卵功能障碍而发病。

【主证】　本病分为卵泡囊肿和黄体囊肿。

(1) 卵泡囊肿　患猪主要表现无规律的频繁发情或持续发情。

(2) 黄体囊肿　患猪主要表现不发情，剖检时可发现囊肿黄体由数层黄体细胞构成。直肠检查发现在子宫颈稍前方有葡萄状的黄体化囊状物，大小如同卵泡囊肿，但壁较厚而软，不紧张。

【治则】　行气活血，破血祛瘀。

【方药】　大七气汤。三棱、莪术、香附子、藿香、青皮、陈皮、桂枝、益智仁各15g，肉桂10g，甘草5g。共研细末，混入饲料中喂服至发情。西药可用促黄体制剂。促黄体素释放激素 (LHRH) 100～300μg，或人绒毛膜促性腺素 (HCG)，肌内注射，酌情使用2～4次。垂体前叶促性腺激素 (APC) 或

黄体酮也能获得良好的受胎效果。共治疗10例，全部治愈。

【典型医案】　2010年3月15日，大通县逊让乡麻什藏村刘某2头繁育母猪生产后一直不发情邀诊。主诉：2头母猪相继生产后3个月一直不发情。检查：在患猪子宫颈稍前方发现葡萄状的黄体化囊状物。诊为卵巢囊肿。治疗：用上方中药、西药治疗，痊愈。(毛成荣等，T165，P69)

子宫内膜炎

子宫内膜炎是指母猪子宫感染病原微生物等，引起子宫内膜发生黏液性或化脓性炎症的一种病症，是母猪极为常见的生殖器官疾病。

【病因】　急性子宫内膜炎发生于产后，在难产、子宫脱出、胎衣不下时感染病原菌所致；慢性子宫内膜炎多数由急性转变而来或配种感染引发。

【主证】　患猪精神沉郁，食欲减退或废绝，常后肢开张，弓背举尾，作排尿姿势，不断努责，阴道排出大量白色黏液或带有臭味污秽不洁的红色或脓性分泌物，黏于尾根部和阴部，体温升高，乳汁减少。

【治则】　清热解毒，活血祛瘀。

【方药】　1.①生化汤加减：当归20g，黄柏、丹皮、赤芍、红花各12g，知母15g，川芎10g，益母草、马鞭草、败酱草各30g。带下色白或赤白相夹者加泽泻、车前子；带下红色有血者加艾叶、侧柏叶、蒲黄；带下呈黄绿色、气味腥臭者加金银花、蒲公英。水煎取汁，候温灌服，1剂/d。②生理盐水30～50mL，青霉素、链霉素各100万单位，稀释后注入子宫内；皮下注射或肌内注射垂体后叶素20～40单位，或己烯雌酚5～10mg，缩宫素20～40单位。共治疗238例，除2例淘汰外，全部治愈。

2. 舒筋活血片 (新乡市长垣制药厂生产，

由红花、香附等中药组成，0.3g/片，主治跌打损伤、肢体酸痛等病）15～29 片/次，灌服，2 次/d，连服 2～3d。体温升高者配合抗生素治疗效果更佳。共治疗产后子宫内膜炎、恶露不尽 115 例，每用每验，且有助于发情、受孕和产仔。

3. 龙胆草 30g，黄芩、泽泻、车前子各18g，栀子 25g，木通、柴胡、生地各 12g，生甘草 6g，白鸡冠花 45g。水煎取汁，候温灌服，1 剂/d，分早晚 2 次喂服（喂时加适量的糖精以增加适口性），连服 5 剂，痊愈。

4. ①子宫冲洗。用 0.1%～0.3% 高锰酸钾溶液冲洗子宫，1～2 次/d，冲洗液用量以排出的液体透明为止。为促进子宫收缩，减少和阻止渗出物的吸收，用约 38℃ 的 1%～5% 氯化钠注射液 1000mL，隔日冲洗子宫 1 次，并随渗出物的减少，氯化钠溶液浓度、用量也随之减少。②子宫灌注抗生素。冲洗子宫后，每头患猪用青霉素 300 万单位，链霉素 200 万单位，溶于 40mL 鱼腥草注射液，子宫灌注，以药液不外溢为宜，同时肌内注射青霉素 400 万单位、链霉素 300 万单位，配合鱼腥草注射液 20mL，肌内注射，重症者辅以地塞米松 5mg，1 次/d。③为增强子宫收缩力，促进渗出液排出，子宫注入己烯雌酚 6mg/(d·次)。④益母草 30g，香附、桃仁、川芎、连翘、丹皮各 15g，当归 20g，姜皮、红花、金银花、甘草各 10g。水煎取汁，候温灌服，1 剂/d。

【典型医案】 1. 2005 年 7 月 12 日，威海市农科中心猪场一头约 145kg 大约克母猪，于产后 4d 阴道流出物较多来诊。检查：患猪尾巴、阴门周围的分泌物形成结痂，随着猪活动，从阴道内流出污秽不洁的白色黏液。诊为产后子宫炎。治疗：①生理盐水 50mL，青霉素、链霉素各 100 万单位，稀释后注入子宫内，缩宫素 40 单位，隔日 1 次。②生化汤加减：益母草、马鞭草、败酱草各 30g，当归、车前各 20g，知母、泽泻各 15g，丹皮、赤芍各 12g，川芎 10g，水煎取汁，候温灌服，1 剂/d，连服 5 剂，痊愈，随后配种一次受孕。（李光金，T140，P43）

2. 1990 年 10 月 5 日，淮阳县冯塘乡陈老家村陈某一头经产母猪，于产仔后 3d 就诊。检查：患猪精神不振，食欲减退，不时努责，阴门流暗红色稀薄液体、气味腥臭，阴道黏膜充血、肿胀，体温 38℃。诊为子宫内膜炎。治疗：舒筋活血片，15 片/次，混食喂服，2 次/d，连服 3d。患猪诸症悉除，纳食剧增，当年配种受孕，翌年 4 月产仔猪 11 头。（张子龙，T85，P47）

3. 1994 年 9 月 15 日，平阳县风卧镇洋头村黄某一头母猪就诊。主诉：该猪产第 3 胎后15d，阴道仍然有淡黄色液体流出。检查：患猪食欲减退，精神较差，体温 39.7℃，尿短赤，眼结膜发黄，脉弦数，频频拱腰努责呈排尿姿势，阴道中流出淡黄色浑浊的分泌物，气味腥臭。诊为湿热型子宫内膜炎。治疗：取方药 3，用法同上，连服 5 剂，痊愈。（叶德燎，T97，P44）

4. 江永县某养猪场自 2000 年 8 月中旬以来，14 头猪相继出现脓性子宫内膜炎，其中 5头 25d 内未见发情，3 头发情延迟，6 头配种后不孕或继发隐性流产。检查：患猪精神沉郁、消瘦，食欲减退或废绝，体温升高（40～41℃），多喜卧，阴唇肿胀，弓背努责，从阴门流出黄褐色或灰白色黏液性脓性分泌物，有异臭味。直肠检查，触感一侧或双侧子宫角变大、子宫壁变厚、有痛感。阴道检查，子宫颈口微张、充血、有脓汁浸润，回流液像米汤样并夹杂有絮状物，在尾根、阴门、股部和飞节以上常附有脓性分泌物或形成的干痂。病猪多不发情或配种后不孕，有隐性流产现象。实验室检查：取子宫渗出物涂片染色镜检，可见大量黏膜组织碎片，有双球状、链状、葡萄状的多形态革兰阳性球菌和圆柱形、卵圆形革兰阴性杆菌。诊为细菌混合感染型脓

性子宫内膜炎。治疗：取方药4，用法同上。14头发病母猪4d内全部治愈，18d后陆续发情。（陈正等，T107，P26）

子宫脱出

子宫脱出是指母猪一侧或两侧子宫角、子宫体全部脱出于阴门之外的一种病症。产前、产后均可发生，尤其在产后发生较多，常发生于产后数小时之内。

【病因】 多因饲养管理不当，母猪瘦弱；经产母猪年老体弱引起子宫迟缓；猪舍狭窄，运动不足，过度肥胖；怀孕末期经常卧地，使腹内压增高，生产时强烈努责、难产引产；内分泌失调，雌激素过多等均可引发子宫脱出。

【主证】 患猪子宫角、子宫体及子宫颈部外翻于阴门之外，有时并见阴道脱出，拱背、举尾、频频努责，呈排尿、排粪姿势，躺卧时可见阴道内突出的红色球状物及菊花状的子宫颈口；子宫外翻时，患猪子宫全部露在阴门外，脱出的子宫黏膜初为粉红色，后变为紫红色。子宫黏膜水肿、呈冻肉状、表面有裂口，流出渗出液，当子宫黏膜坏死或子宫动脉断裂时，还会发生严重的全身变化。

【治则】 手术复位，补气升阳，抗菌消炎。

【方药】 1. 将患猪头朝下俯卧保定，用3%医用双氧水清洗脱出的子宫，针刺水肿部位，再用1%温明矾水冲洗脱出子宫，用手轻轻挤出水肿液，将子宫体用纱布包好，涂布菜油，一手将一侧子宫角半握住，另一手五指并拢将子宫角端往子宫体内缓缓复纳，当子宫角被推送到阴门时，患猪会强烈努责，等努责停止后，继续将子宫角复纳，术者的手慢慢退出，另一人捏住子宫颈口；用同样的方法将另一侧子宫角纳入腹腔内，最后将脱出的子宫体全部送入盆腔，用粗线在阴唇处作荷包缝合。后海、阴俞穴注入70%乙醇2mL/穴。一般

3d后拆线。同时灌服补中益气汤：党参、炙黄芪、白术、升麻各30g，柴胡10g，当归、陈皮各20g，甘草15g，生姜12g，熟地黄9g，大枣3枚为引。水煎取汁，候温灌服，1剂/d，连服3剂。肌内注射维生素K₁、抗生素止血消炎。共治疗39例，治愈36例，治愈率达92.31%。

2. 将母猪侧卧保定，子宫脱出部分用1%盐水或2%明矾水冲洗干净，除去坏死组织，对裂口进行缝合之后，子宫壁涂以植物油或消炎粉，在下面垫一块洁净布，以防脱出部分再污染；在靠近阴门6cm处作一环形切口，尽量避开较大血管（如遇血管要进行结扎止血），切口长度一般在8cm左右（注意不要误伤子宫角），手从切口伸入，握住其中一个子宫角，慢慢推送入骨盆腔内。这时，分叉末端的子宫体会随着推送而自动回缩，当子宫体回缩到分叉处时，握住另一侧子宫角向骨盆腔内推送，当两个子宫角都回缩后，便可以对切口的浆膜和黏膜层分别作结节缝合，针距以密闭为原则。缝合后再将剩余的脱出部分送回骨盆腔内，对阴唇进行缝合固定，防止子宫再脱出。手术后必须加强营养，给予易消化的饲料。同时静脉注射0.9%葡萄糖氯化钠注射液以补充体液，配合维生素C、止血敏等，运用大剂量抗生素以预防感染，连续用药2～3d即可。本方药共治疗母猪子宫完全脱出9例，均治愈。（吴德，T92，P45）

3. 用0.01%高锰酸钾或新洁而灭溶液清洗脱出子宫表面的杂物、阴门及周围，再用清凉井水冲洗子宫（清凉井水能使子宫收缩，利于子宫复位），再用75%酒精（500mL）消毒，然后在子宫表面撒青霉素粉或消炎粉，将手伸入一个子宫角中，把此角尖端推回阴门内，将此角全部还纳。用同样的方法整复另一子宫角，缝合阴门2针，3d后拆线。同时肌内注射青霉素640万单位，安痛定50mL，1～2次/d，连用3d。中药取加味补中益气汤：

黄芪、党参、白术各 20g，当归、柴胡、熟地黄、生姜各 15g，甘草、陈皮、升麻各 12g，大枣 10 枚为引。水煎 2 次，取汁，候温灌服，1 剂/d，连服 3 剂。

【典型医案】　1. 龙泉市养殖户毛某一头中年母猪，分娩时引起子宫脱出来诊。检查：患猪已产 12 头仔猪，胎衣已排出，阴门外露出呈"Y"状的子宫，子宫黏膜瘀血、水肿。诊为子宫脱出。治疗：取方药 1 手术复位方法，先将脱出子宫手术复位整复，3d 后拆线。后海、阴俞穴注入 70% 乙醇 2mL/穴。肌内注射巨风头孢抗菌消炎。取补中益气汤，用法同方药 1，连用 3 剂。维生素 K_1 5mL，肌内注射。1 周后随访，痊愈。

2. 龙泉市养殖户黄某一头中年母猪分娩时发生子宫外翻来诊。检查：患猪已产下 15 头仔猪，胎衣已排出，阴门外露出呈"Y"状的子宫，子宫黏膜瘀血、水肿，并且已摩擦出血。诊为子宫脱出。治疗：缩宫素 10 单位，维生素 K_1 5mL，肌内注射。手术整复，3d 后拆线。后海、阴俞穴注入 70% 乙醇 2mL/穴。巨风头孢，肌内注射。中药用补中益气汤，用法同方药 1，连用 3 剂。半月后随访，痊愈。（项海水等，T156，P60）

3. 2001 年 5 月 9 日，围场县围场镇陆某 105 头育肥猪，其中 1 头母猪产后子宫脱出来诊。治疗：采用方药 3 子宫整复方法将子宫还纳，同时用中药补中益气汤加味：黄芪、党参、当归、熟地黄、白术、柴胡各 15g，升麻、陈皮、甘草各 12g，鲜姜 15g，大枣 10 枚。共为细末，加入红糖 150g 为引。水煎取汁，拌入饲料喂服，1 剂/d，连服 3 剂，痊愈。（卢运然，T144，P53）

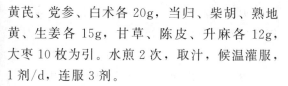

胎衣不下

胎衣不下是指母猪分娩后，胎衣（胎膜）在 1h 内不能自行排出的一种病症，又称胎衣滞留。

【病因】　主要与猪产后子宫收缩无力、胎盘炎症等有密切关系。饲料中缺乏钙盐等矿物质或维生素，胎儿过多或过大引起子宫过度扩张；流产、早产、难产或子宫内膜感染、胎盘感染、管理不当、运动不足、母体瘦弱也是本病发生的主要原因。

【主证】　胎衣不下有全部不下和部分不下两种。

（1）全部胎衣不下　胎衣悬垂于患猪阴门之外，呈红色、灰红色和灰褐色的绳索状。

（2）部分胎衣不下　患猪表现食欲减退，精神不振，泌乳减少，不安，努责，阴门内流出暗红色带恶臭的液体，内含恶臭胎衣碎片，严重者体温升高，喜饮水，卧地不起，或出现败血症。

【治则】　活血化瘀，补益气血。

【方药】　生化汤。当归 50g，川芎、桃仁各 15g，炮姜 3g，三棱、莪术各 3～15g，炙甘草 3g，黄酒、童便各 250mL 为引。共为细末，开水冲调或煎汤取汁，候温加黄酒、童便，同调灌服。共治疗 121 例（包括恶露不行、产后慢草及猪羊胎死腹中等病症），均收到了比较满意的效果。（吴志中，T64，P36）

不孕症

不孕症是指母猪生殖机能异常导致屡配不孕的一种病症。

【病因】　先天性不孕多因生殖器官发育不良、畸形、先天性繁殖障碍等；后天性不孕多因母猪过肥或过瘦，生殖激素分泌失调，长期不发情；慢性子宫内膜炎、卵巢机能减退、卵泡囊肿、持久黄体、阴道炎、子宫蓄脓等；饲料品质不良，碳水化合物、蛋白质不足，维生素 A、维生素 D、维生素 E 或矿物质不足，饲料霉变等引起分泌机能紊乱；饲养密度过大，相互干扰等均可引发本病。

【主证】 患猪性欲减退或缺乏，长期不发情，阴道流出黏性或脓性分泌物，屡配不孕。

【治则】 活血化瘀，温经止痛。

【方药】 1. 生化汤加减。全当归 24g，川芎 9g，桃仁（去皮、尖）6g，干姜（炮黑）、甘草（炙）各 3g，红花、枳实、厚朴、益母草、青木香各 15～20g。水煎取汁，候温灌服。

2. 猪胎衣数个，焙干研末，每次取 25～30g，加水适量，白酒 65mL，灌服，1 次/d，连用 5～7d。本方药适用于瘦弱型母猪。共治疗 13 例，治愈 12 例，治愈率 92%。

【典型医案】 1. 乐平市接渡镇六合村钟某一头母猪，因患子宫内膜炎来诊。主诉：该猪常从产道中频频流出脓性分泌物，发情时尤为严重，虽配种 3 次，但未受孕。诊为不孕症。治疗：生化汤加减，用法同方药 1，连服 5 剂，受孕，并产仔猪 11 头。（汪成发，T97，P36）

2. 丹东市振安区同兴镇某养猪户 2 头初产母猪，在仔猪断奶后 3 个情期配种不孕来诊。诊为不孕症。治疗：取方药 2，用法同上，1 次/d，连服 7d。患猪有发情表现，配种怀孕后 2 头母猪分别产仔猪 11 头和 9 头。（胡成波等，T169，P61）

第二节　妊娠疾病与乳房疾病

妊娠低温症

妊娠低温症是指母猪妊娠前期出现以体温降低为特征的一种病症，是怀孕母猪的一种常见病。一年四季均可发病，以严冬、春初季节多发。

【病因】 多因饲养管理不当，猪舍潮湿阴冷，气候突变，寒邪内侵；长期饮喂冰冷水料，寒邪积聚脏腑；久病体虚，阳气不足，不能温煦机体等引发本病。

【主证】 患猪突然发病，体温降至 37℃以下，呼吸 18～24 次/min，心跳 67～81 次/min，畏寒打战，皮温不均，口色发青，耳、鼻、四肢末梢发凉，喜卧懒动，嗜睡，呼吸缓慢，结膜、口舌苍白，食欲减退或废绝，粪一般正常，尿量减少；病情严重者往往卧地难起并不时呻吟，反应极为迟钝，最后昏迷衰竭而死亡。

【治则】 温中散寒，回阳救逆。

【方药】 1. ①附子五味汤。制附子、干姜、肉桂各 30g，党参 25g，炙甘草 15g。水煎取汁，候温冲红糖 50g，灌服，1 剂/d。②三磷酸腺苷二钠注射液 60mg，肌苷注射液 300mg，辅酶 A 注射液 300 单位，维生素 B_{12} 注射液 1500mg，复合维生素 B 注射液 6mL。混合，肌内注射；地塞米松磷酸钠注射液 5mg，10% 安钠咖注射液 10mL，分别皮下注射；体温 35℃ 以下者肌内注射硫酸阿托品注射液 2mg，1h 体温可回升；体质虚弱，病情较严重者用 10% 葡萄糖、氯化钠注射液 250～500mL、三磷酸腺苷、辅酶 A、细胞色素 C、肌苷、维生素 B_6、维生素 B_1、氯化钾等，混合，静脉注射。共治疗 100 例，治愈 98 例，治愈率 98%。

2. ①党参、当归各 20g，黄芪、附子、白术、干姜各 15g，川芎、砂仁、肉桂各 12g，甘草 10g，大枣 10 枚。水煎取汁，候温灌服，1 剂/d，连服 3 剂。②10% 葡萄糖注射液 300～500mL，10% 安钠咖注射液 10～20mL，三磷酸腺苷二钠 100～200mg，辅酶 A 200～400 单位，肌苷 300～600mg，维生素 B_6

注射液 500～800mg，2.5％维生素 C 注射液 10～20mL，静脉注射，1 次/d。共治疗 296 例，治愈率达 98.2％。

3. ①四君子汤加减。党参、白术各 40g，茯苓、黄芪、当归、川芎、陈皮、大枣各 30g，焦三仙各 50g，鸡内金 30g，甘草 10g。水煎取汁，候温灌服或拌料饲喂。共治疗 11 例，全部治愈。②5％葡萄糖注射液 500mL，5％糖盐水 500mL，ATP 120mg，辅酶 A 600 万单位，维生素 B_6 0.8g，维生素 C 5g，1 次静脉注射。5％右旋糖酐铁注射液 20mL，肌内注射，2 次/d，连用 2d。

【典型医案】 1. 1998 年 1 月 10 日，天门市黄潭镇杨泗潭村杨某一头约 95kg 母猪就诊。主诉：该猪距预产期 3d，现卧地不起，浑身冰冷。检查：患猪体温 36℃，肌肉颤抖，食欲减退，粪球干小、表面被覆黏液，四肢末梢冰凉。诊为妊娠低温症。治疗：附子五味汤，用法见方药 1，2 剂痊愈。（杨国亮，T97，P33）

2. 2004 年 10 月 2 日，威海市环翠区大西庄猪场一头约 200kg 长约杂交一代妊娠母猪就诊。主诉：该猪已怀孕 92d，采食一直正常，今天突然发病，食欲废绝。检查：患猪精神沉郁，躺卧懒动，肌肉震颤，结膜苍白，四肢末梢稍凉，体温 36.7℃，诊为母猪妊娠低温症。治疗：10％葡萄糖注射液 500mL，10％安钠咖注射液 20mL，三磷酸腺苷二钠 200mg，辅酶 A 400 单位，肌苷 600mg，2.5％维生素 C 注射液 20mL，维生素 B_6 注射液 800mg，静脉注射。党参 20g，白术、干姜、当归各 15g，附子、肉桂、黄芪、砂仁各 12g，川芎 9g，甘草 10g，大枣 10 枚，水煎取汁，候温 1 次灌服。翌日复诊，患猪体温 37.8℃，肌肉震颤消失，稍有食欲。按上方药继续治疗。第 3 天痊愈。病愈后产下 11 头仔猪，均良好。（李光金等，T134，P48）

3. 1997 年 4 月 27 日，阆中市西山乡文庙梁村邓某一头本地黑母猪就诊。主诉：该猪于 4 月 20 日发病，距预产期还有 14d，前几天就有减食现象，20 日上午开始不食。体温 36.7℃。初诊为感冒。用安乃近、柴胡、庆大霉素、维生素 C、地塞米松等药物治疗未见好转，于 27 日再诊。检查：患猪精神倦怠，喜卧，肤冰凉，结膜苍白，呼吸 19 次/min，心跳 72 次/min，体温 36.2℃，强行站立后啃食墙土。诊为妊娠低温症。治疗：5％葡萄糖注射液 500mL，5％糖盐水 500mL，ATP 120mg，辅酶 A 600 万单位，维生素 C 5g，维生素 B_6 0.8g，1 次静脉注射，5％右旋糖酐铁 20mL，肌内注射，2 次/d，连用 2d。中药取四君子汤加减，用法同方药 3，1 剂/2d，连服 2 剂。30 日痊愈。5 月 5 日产仔猪 11 头，全部存活。（况达，T97，P45）

妊娠热应激

妊娠热应激症是指环境温度超过猪适温区的上限时，怀孕母猪体内产热与散热失衡而导致的一系列生理与行为机能上的负面反应症状。

【病因】 在高热高温环境中，猪体内热量散发不利，造成机体自身温度调节失衡引发热应激。特别是妊娠中后期母猪和群体密度大的中大猪群，自身代谢率高，更容易出现热应激。

【主证】 患猪精神不振，食欲减退，体温升高，口角流涎，呼吸加快，张口呼吸，眼球突出，严重者易引起虚脱甚至死亡。妊娠母猪热应激严重时可出现流产、早产、产死胎、产后缺乳、乳房炎、子宫内膜炎等综合征，个别应激严重母猪因救治不及时而导致死亡。

【方药】 使用镇静剂与氯丙嗪等药物镇静安神；禁止使用强心药物；采取输液方式补充体液；在饮水中加入人工盐或复合多维素；在

饲料中添加保胎无忧散。每天13：30～14：30时用冷水在猪舍外顶棚降温，猪舍内用15～20℃凉水冲刷猪舍和母猪体表，达到局部降温。（王四喜等，T178，P50）

【护理】 立即把患猪转至通风良好、避免阳光直射的地方；改变营养配比，给予充足饮水。加强猪舍通风，降温，减少应激。

妊娠便秘

妊娠便秘是指怀孕母猪大肠粪积聚、不能排出的一种病症。多见于怀孕中、后期母猪。

【病因】 怀孕期，母猪子宫内容积不断增大，自身运动量减少，引起胃肠道蠕动减弱，粪在肠道停留时间延长，引起粪干燥而便秘；因年老体弱、长期饲喂不易消化的粗硬饲料、营养不良而造成气血双亏而便秘；或饮水不足，缺乏运动，突然更换饲料，饲料蛋白质过高，青绿饲料不足，或长期限喂，使母猪胃肠道内容物不足，长期处在饥饿状态下引起消化功能下降而便秘；某些传染病、寄生虫、高热病发生津液耗伤导致便秘。

【主证】 患猪精神委顿，食欲减退，多卧少立，行走乏力，甚则摇晃不稳，粪干结，时欲排粪，努责无力，口干鼻燥，口色淡白。

【治则】 补气润燥，润肠通便。

【方药】 1. 扶正攻下汤。党参50g，芒硝45g，当归、大黄各30g，白术、白芍、枳实各15g，玄参、麦门冬、生地各20g，木香、甘草各10g。除大黄、芒硝外，余药先水煎，后下大黄，冲入芒硝，候温取汁，入麻油、蜂蜜各50mL，同调灌服（为100kg猪药量）。共治疗5例，疗效较好，且无1例引起流产和死胎。

注：尽量避免单纯使用剧烈泻下药；视母猪体征配以补养药及保胎药。

2. 增液承气汤加味。大黄（后下）20g，芒硝60g，玄参30g，麦冬、生地各25g。高热者加金银花、山楂各30g，神曲45g，柴胡、青皮各20g，桔梗15g；阴津亏虚者加白芍30g，当归50g，肉苁蓉25g。水煎取汁，候温加蜂蜜100mL，煮沸后冷却的清油100mL，混合，胃管灌服。共治疗25例，其中产前母猪14例，产后母猪11例，用药1～2剂，全部治愈。

注：芒硝、大黄用量要根据患猪体质强弱酌情而定，防止发生意外。

【护理】 合理搭配饲料，做到定时定量，保证饮水和运动充足，给予适量食盐，多喂青绿多汁饲料，增加饲料中粗纤维的含量。

【典型医案】 1. 2001年1月18日，沭阳县马厂镇朱庄村2组葛某一头约90kg、黑色、妊娠100d母猪（第8胎），因停食邀诊。主诉：该猪拱腰努责，欲排粪而无粪排出，曾用人工盐、开胃消食注射液、葡萄糖等药物治疗无效。检查：患猪未见排粪，努责无力，体温35.7℃，口干舌燥，鼻干无汗，常卧地不起，强行驱赶起立则行走无力，摇摆不稳，口色淡白、少光，脉沉涩无力。诊为气血津液亏损引起便秘。治疗：扶正攻下汤（见方药1），1剂，水煎2次，取汁候温，用胃管投入。用药同时，用温肥皂水深部灌肠1次。次日清晨，患猪排出约鸭蛋大粪球2粒，体温36.5℃，精神有所好转。继用上方药去芒硝，加山楂、神曲各20g，1剂，用法同上。患猪排粪量逐渐增多并逐渐趋于正常，食欲恢复。停药后第9天，母猪产仔猪8头。40d后追访，仔猪全部成活，母仔健康。（施仁波，T120，P37）

2. 2001年11月8日，武威市凉州区柏树乡杨寨村3组王某一头4岁母猪，于产前16d不食邀诊。主诉：该猪在1个月前就开始排算盘球状粪，采食量逐渐减少，曾用适量人工盐等连续饲喂，粪变软，但停喂后粪又变硬，采食量也逐渐减少，几天前开始不食，后用抗生素、氨胆等药物连续治疗 3d 无效。检查：患猪精神一般，常在圈里踱来踱去，不时摇尾，异嗜，常啃食石子、泥土等，喜饮水，体温 39.6℃，听诊肠音较弱，鼻盘湿润，尿短黄，粪球干小。诊为阴虚便秘。治疗：增液承气汤（见方药 2）加白芍 30g，当归 50g，肉苁蓉 25g。水煎取汁，候温加蜂蜜 100mL，煮沸后冷却的清油 100mL，混合，胃管灌服。服药半天，患猪排出大量稀粪水；第 2 天，灌服益胃汤（沙参、麦冬、生地、玉竹、冰糖），1 剂，痊愈。（杨胜元，T125，P37）

死胎滞留

死胎滞留是指母猪怀孕中断，胎儿死于腹中，迟迟不能排出的一种病症。

【病因】 多因母猪营养不良，体质虚弱，气血亏损不能养胎；或因跌打、互咬、奔跑、捕捉损伤胎儿；或因误食有毒物质，或患急性热性病症等均可引起胎儿死亡；因产期未到，交骨未开，子宫收缩无力，胞宫口关闭，致使死胎滞留胞宫。

【主证】 患猪精神沉郁，阴户红肿，乳房略微增大，能排出少量初乳，长时间感觉不到胎儿活动。如果死胎滞留时间较长，子宫颈开张，疫毒侵入，则死胎腐败分解，从阴门流出污红色恶臭液体。

【治则】 活血散瘀，催生堕胎。

【方药】 1. 自拟五味益母汤。益母草 60g，归尾、红花、三棱、莪术各 15g。气虚者加党参、黄芪各 15g。水煎取汁，冲入尿半碗、白酒 120g，灌服。本方药祛瘀生新之力强于生化汤，用于催生，1 剂奏效；下死胎，用于胎位正者，对胎位不正者尚未试用。共治疗 33 例，全部治愈，且无副作用，也无不良反应。

2. 当归 150g，川芎、桃仁各 45g，炮姜、炙甘草各 10g，三棱、莪术各 10～45g。共为

细末，开水冲调或煎汤取汁，候温加黄酒、童便各 80mL 为引，同调灌服。并在灌服中药后 1.5～2h 肌内注射麦角注射液。（吴志中，T64，P36）

3. 平胃散加硝实。苍术、厚朴各 25g，陈皮 15g，芒硝 80g，枳实 20g，甘草 6g。水煎取汁，候温冲芒硝灌服。每天给母猪内服土霉素 1.25g，酵母 20 片，鱼肝油约 10mL，连用 4d。

【典型医案】 1. 化州县低诵村猪场一头母猪，于 1979 年 6 月 10 日开始分娩，连续 2d，产死胎 1 头/d。检查：患猪形体瘦弱，努责无力。诊为死胎滞留。治疗：取五味益母汤，用法同方药 1。服药后 11h，患猪死胎、胎盘全部排出。（范上迪等，T91，P36）

2. 1985 年 4 月 15 日，茂名市菠萝步村苏某一头 2 岁、约 90kg 母猪发病来诊。主诉：该猪第一胎顺产仔猪 11 头，第二胎配种已 156d，下腹稍膨大，既不产仔，也不发情。检查：患猪肥壮，精神尚好，体温正常，食欲减退，粪无异常，阴户稍肿胀，排少量黏液；腹部触诊无胎动和疼痛感，只有一些结节状硬实物的感觉。怀疑胎死成木乃伊。治疗：取方药 3。用法同上，药后 4h，患猪排出死胎 9 头，翌晨又排出 2 头。胎尸无特殊臭味，眼睛凹陷，体重约比第一胎初生重少三分之二。此后。每天给母猪内服土霉素 1.25g，酵母 20 片，鱼肝油约 10mL，连用 4d。5 月 8 日，患猪发情配种。（邹潮深等，T17，P39）

流 产

流产是指母猪正常妊娠中断，表现出产死胎、活胎未足月（早产）或排出干尸化胎儿等为特征的一种病症，又称小产。如母猪连续发生流产，称为习惯性流产。

【病因】 多因喂养失调，营养缺乏，致使母猪气血虚弱，胎原不固；或因滑跌、挤压，

猛打急赶，受凉，或误吃有毒食物等均可引发本病。

【主证】 病初，患猪精神不安，食欲减退或废绝，继而出现肚腹疼痛，起卧不安，有时可见母猪顶碰腹壁现象；阴户红肿、流出黄色或红色黏液，随后产出妊娠未满的胎儿。

【治则】 补气养血，安固胎元。

【方药】 1. 疫苗防治。口蹄疫疫苗（除妊娠后期母猪外全群免疫）2mL/头，肌内注射；丹肺二联疫苗（全群免疫）1头份/头，肌内注射；乙脑疫苗（公猪和母猪）1头份/头，肌内注射；伪狂犬疫苗（除母猪外）1头份/头，肌内注射；细小病毒疫苗（除妊娠期母猪外）2mL/头，肌内注射；猪瘟疫苗（除妊娠期母猪外）2头份/头，肌内注射。

2. 西药取黄体酮30mg，肌内注射，并对症应用抗菌消炎药物，防止继发感染和细菌性流产。

3. 白术、当归、川芎、荆芥、厚朴各30g，羌活、艾叶、菟丝子各32g，黄芪35g，枳壳28g，贝母31g，甘草20g。共为末，拌料喂服，饲喂2～3d。

【典型医案】 1. 2008年2月，互助县某猪场有征兆性流产母猪59头，经用方药1、方药2综合治疗，共治愈53头，治愈率90%，疫苗防治流产母猪193头，流产2头，防治率高达98%。

2. 2009年2～3月份，乐都县某猪场有征兆性流产母猪158头，经用方药2、方药3综合治疗，治愈149头，治愈率94%，疫苗防治流产母猪230头，流产2头，防治率达99%。

3. 2009年2～3月份，湟中县某猪场有征兆性流产母猪45头，经用方药2、方药3综合治疗，治愈41头，治愈率91%，疫苗防治早期流产母猪54头，流产0头，防治率100%。（陈世堂等，ZJ2009，P127）

难　产

难产是指怀孕母猪分娩困难，仔猪不能顺利产出的一种病症。一般初产母猪发生较多。

【病因】 多因饲养管理不当，母猪营养差，体质瘦弱；或母猪过于肥胖，运动不足，缺乏青绿饲料；或猪龄过大、胎猪过多等引起母猪子宫收缩无力，娩出力弱，有时开始分娩顺利，后来剩下3～4个仔猪无力排出；胎儿过大，胎位不正，畸型以及2个胎儿同时楔入产道等，不能顺利分娩；母猪发育不良，配种过早，母猪骨盆狭窄、产道狭窄等影响胎猪产出。

【主证】 患猪腹痛不安，时起时卧，频作排尿状；阴门肿胀、流白色黏液和血水，仔猪难下，或产出1～2头仔猪后，间隔很长时间也不能顺利产出。若分娩时间过长，母猪则表现衰弱，常导致死亡。

【治则】 补养气血，安胎催生。

【方药】 酒当归、炒川芎、生黄芪各30g，酒白芍、川贝母、川厚朴、艾叶各20g，荆芥穗、菟丝子、羌活、枳壳各15g，甘草、生姜各10g。水煎取汁，候温灌服，1剂/d。

【典型医案】 1956年4月12日，万县市龙宝乡大螃村二队一头50kg母猪来诊。主诉：该猪产期已到，9日阴道即流稀薄黏液，11日中午开始分娩，但胎儿一直不下。检查：患猪体温38.8℃，呼吸27次/min，脉搏82次/min，精神沉郁，营养不良，食欲废绝，气促喘粗，急躁不安，腹痛起卧，有时拱腰努责；阴户肿胀、流出白色黏液和血水，阵缩无力；口色淡白，脉象细弱。诊为难产。治疗：酒当归18g，炒川芎、生黄芪、党参、木通、白术各20g，白芍、荆芥穗、川贝母、川厚朴各15g，益母草30g，枳壳、生姜、甘草各10g。用法同上，连服2剂。于14日上午生产仔猪9头，一切恢复正常。（邓华学，

T25，P37）

产前截瘫

产前截瘫是指母猪怀孕末期表现以运动障碍为特征的一种疾病。尤以严冬、早春季节多见。

【病因】　多因饲料中缺乏矿物质，钙磷比例失调，维生素 D 缺乏以及运动、光照不足，或老弱母猪怀孕后机体虚弱，胎水过多等均可引发本病。

【主证】　多发生于临产前 20～30d 怀孕母猪。病初，患猪后肢站立不能持久，交替负重，后期后肢摇摆，步态不稳，运步时缓慢而小心，喜走软路，路面硬则不愿行走，久则患肢肌肉萎缩、卧地不起，发生褥疮；体温；呼吸、脉搏、痛觉一般无异常变化。

【治则】　兴奋肌肉神经。

【方药】　硝酸士的宁 6mg，大胯穴注射（进针 3cm）；维生素 B 注射液 16mL，肌内注射，1 次/d，5d 为 1 个疗程。同时配合热敷。共治疗 24 例，治愈 22 例。

【典型医案】　1991 年 12 月，寿县谢埠乡胡坟村王某一头 9 岁花白母猪发病来诊。主诉：该母猪距预产期 20d，5d 前出现后肢跛行，经他医用氯化钙、维生素 D、磷酸二氢钠等药物治疗无效，且日趋加重，现已卧地不起，食欲减退，其他无异常。诊为产前截瘫。治疗：取上方药，治疗 4d 痊愈。随后追访，该猪顺产 22 头仔猪，全部成活。（高国昌，T68，P44）

乳 房 炎

乳房炎是由病原微生物感染乳房，引起母猪一个或多个乳房发生炎症的一种病症，又称乳痈，是哺乳母猪常见的一种疾病，常见于产后 5～30d 的母猪。

【病因】　多因营养过剩，膘肥体壮；气血运行不畅，乳汁蓄积，久而化热；仔猪吮乳时咬伤乳头，或异物刺伤、压伤等导致乳房外伤所致。

【主证】　患猪精神沉郁，皮毛粗乱，部分或全部乳区肿硬，皮肤色红，甚者紫红，患部灼热，乳汁清稀，色黄或有絮状凝块，甚至有血丝，体温 38～40℃，拒哺乳，口、舌干燥，粪干结，尿淋漓、色红，食欲减退，立卧不宁，泌乳逐渐减少或停止，日久乳房化脓溃破。

【治则】　清热解毒，通经散瘀，止痛消肿。

【方药】　1. ①10％安钠咖注射液 20mL，维生素 C 注射液 5mg，分别肌内注射。②用 75％酒精反复涂擦肿胀乳区，再用小三棱针分 3～5 点直刺（深度 1.5～2.0cm）病区，尽量排出瘀血、脓汁和水肿液，链霉素 200 万～400 万单位、青霉素 300 万～500 万单位、注射用水 30mL、10％普鲁卡因 10mL，混合，肿区周围封闭。③白矾 60g，明雄黄、大黄各 40g，栀子 30g，樟脑、黄柏各 10g，共为末，加醋适量浸泡，反复擦洗。针刺排瘀血、脓汁、积液时，一定要严格消毒，进针深度要达到 1.5～2.0cm，针刺点以 3～5 个为宜，并且一次排尽瘀血及脓液（一般不宜二次施术）。共治疗 34 例，治愈 33 例。

2. 穴位注射苦木注射液（广东省汕头制药厂产品，2mL/支，内含苦木提取物 10mg）。选取乳基穴（中间乳基穴和前、后乳基穴，共 6 穴），用 16 号针头向内上方刺入 2～3cm，将药液分别注入 6 穴。（刘云立等，T31，P44）

3. ①10％樟脑酒精 100mL，4％碘酊 20mL，混合，涂擦乳房患部，按摩乳房患区至发热，3 次/d。也可采用盐酸普鲁卡因青霉素 800 万单位，在乳房基底或乳房患区周围封闭或注入患区乳池，1～3 次/d，连用 3d。

②金银花、野菊花、紫花地丁各20g，防风、赤芍、天花粉、瓜蒌、黄芩、黄柏各15g，连翘、蒲公英、穿心莲18g，归尾、白芷、乳香、没药、陈皮、甘草各12g。1剂/d，水煎取汁，候温灌服，连服1～3剂。本方药适宜乳房炎初期。

4. 鲜蒲公英500～1000g，以米泔水适量，煮"奶浆菜"让母猪自食，1剂/d，连喂3～5d。本方药适宜乳痈初期。

乳痈未成脓期且无食欲者，用鲜蒲公英500g、丝瓜络、金铃子、柴胡、升麻各15g，金银花全草200g，漏芦、夏枯草、川芎、益母草各20g，鲜麦芽150g，水煎取汁1000～2000mL，候温，胃管投服，1次/d，连服2～3剂；每天早晚轻柔乳房各1次。（徐德昌，T84，P43）

5. 自拟通乳止痢散。川芎、木通、王不留行、当归、苦参、连翘、白头翁、板蓝根、生石膏各1份，穿山甲、天花粉各0.5份，蒲公英2份，混合制成散剂。母猪1.0～1.5g/kg，水煎后连同药渣投服，2次/d，连用2～3d。预防量酌减，于母猪临产前1天，产后第2天、第4天服用。重症和体型较大的患猪，用量酌增。

6. 九应丹。胆南星、半夏各30g，辰砂、木香、肉豆蔻、川羌活各25g，明雄黄10g，巴豆7g，密蒙砂40g。共研细末，开水冲调，候温灌服，或混食喂服。5～15g/次，连用5d。

7. ①金银花、蒲公英、连翘、虎杖各25g，紫花地丁、通草、木香、甘草各10g。食欲不振者加山楂、麦芽各20g；溃破日久，脓汁清稀，疮口难收者加黄芪、白术各25g；湿热粪稀者加车前、川黄连各20g。加水1300mL，文火煎30min，过滤取汁，候温，投胃管灌服，1剂/d，连服3～5剂。②鱼腥草注射液15～20mL/头，肌内注射，1次/d，连用3～5d；红花注射液8～10mL/头，在乳房硬肿周围局部注射，轻症1次，重症隔日1

次，2～5d即愈。共治疗424例，有效408例，有效率为96.23%。（朱芬花，ZJ2006，P213）

8. 鱼腥草100g，金银花、夏枯草、紫花地丁、半边莲、蒲公英各50g。干品水煎取汁，任猪自饮或拌饲料喂服；鲜品直接喂食，也可切碎或煎水拌料喂服。轻者2～3剂，重者5～6剂。共治疗22例，治愈21例。

【典型医案】 1. 1994年5月24日，淅川县城关镇刘某一头黑色母猪患病邀诊。根据临床检查诊为乳腺炎。治疗：取方药1，用法同上。翌日，患猪诸症基本消退。遂将中药减半量，继续外洗，1次痊愈。（刘家欣，T87，P22）

2. 1999年7月15日，围场县奶牛场康某一头4岁、约150kg杂交长白母猪来诊。主诉：该猪产仔后两对乳房皮肤发红，并逐渐扩大，继之3对乳区发红、肿大，不让仔猪吮乳，用青霉素和安痛定肌内注射不见好转。检查：患猪躺卧不动，体温40.5℃，行走不稳，精神不振，后4对乳区红肿、呈暗红色，触诊乳房坚硬有痛感，乳汁淡白呈絮状，有的乳头挤不出乳汁。治疗：取方药3，用法同上。第3天，该猪乳房患区红肿已基本消退，体温38.5℃，精神好转，恢复食欲和哺乳。效不更方，继续用药1次，痊愈。（卢运然，T144，P53）

3. 1994年8月21日，如皋市郭元乡朱阜村杨某一头白色杂交母猪产仔1头，因仔猪咬伤其乳头而患乳房炎，至22日新生仔猪因吮吸病乳而腹泻。当地兽医用青霉素治疗母猪无效，死亡仔猪2头，另有2头仔猪已至衰竭期。于24日来诊。治疗：取方药5，用法同上。母猪服药3d而愈，仔猪吮乳亦多，除2头衰竭仔猪死亡外，其余12头仔猪均健壮。（宗志才等，T81，P22）

4. 乐平市接渡镇南腰村吴某一头产仔3d母猪，因仔猪全部死亡而患乳痈，导致体温升

高、不食来诊。诊为乳房炎。治疗：取九应丹，15g/次，以甘草煎汤调服，连服5d，痊愈。（汪成发，T88，P34）

5. 1986年5月20日，邵阳市畜牧研究所胡某一头良杂经产母猪，产仔12头，产后第3天，因仔猪吮乳时咬伤乳头发生乳房炎就诊。检查：患猪精神沉郁，体温升高至40.5℃。诊为乳腺炎。治疗：用生理盐水冲洗乳房损伤部位，再涂以碘酊；取方药8，切碎后拌入精料中喂服，2次/d。治疗2d后，患猪乳区红肿消退，继续用药1d，痊愈。

6. 1989年8月17日，邵阳市畜牧研究所承包户欧某一头长约杂交母猪，临产前3d发生乳房炎来诊。检查：患猪乳房红肿热痛，特别是后部左右两边4个乳房坚硬成块，运步时后肢开张，食欲减退。诊为乳腺炎。治疗：用0.1%过锰酸钾溶液冲洗乳房，2次/d，同时取方药8，煎水让猪自饮，并将切碎的草药拌精料喂服，2次/d。用药3d患猪痊愈，产仔猪15头，全部成活。（曾保同，T56，P40）

缺 乳

缺乳是指母猪产后因气血不足，导致泌乳期乳量减少或完全无乳的一种病症。

【病因】 多因饲养管理不良，猪体瘦弱，气血双虚，不能生化乳汁；或因过肥气虚，经脉壅滞，气血流通不畅，血不化乳。母猪发育不全，过早配种，初胎母体较小，而又产仔过多，或患其他疾病等均可引发本病。

【辨证施治】 临床上分为气血虚弱型、气血瘀滞型和肝郁气滞型缺乳。

（1）气血虚弱型 患猪被毛粗乱，形体消瘦，精神不振，四肢不温，口色淡白，脉象沉细，乳房缩小、柔软、无弹性，不热不痛，挤压无乳。

（2）气血瘀滞型 患猪精神、食欲无变化，乳房肥大、触之坚实，无热无痛，能挤出少量乳汁，但仔猪吮乳时无乳汁排出，亦不见仔猪吞咽，吮乳时间延长，母猪骚动不安。

（3）肝郁气滞型 患猪精神倦怠，烦躁不安，食欲减退，腹胀满，口色淡黄，脉弦有力，乳房肿胀、触之坚实，甚至坚硬，似有肿块，拒绝哺乳。

【治则】 气血虚弱型宜补气血，通经脉，下乳汁；气血瘀滞型宜疏肝理气，消肿通经下乳；肝郁气滞型宜理气活血，通经下乳。

【方药】 （1、2、4、7、9、10、11、12、13、14适用于气血虚弱型；1、3、4、7、9、12、13、14适用于气血瘀滞型；1、3、9、13、14适用于肝郁气滞型）

1. 下乳涌泉汤（《清太医院配方》）加减。当归、川芎、山甲珠、王不留行、白芍、桔梗、通草、漏芦、青皮、柴胡、天花粉、白芷、生地、甘草。气血虚弱者去桔梗、青皮、天花粉、柴胡，加黄芪、潞党参、白术、淮牛膝，熟地易生地；气血瘀滞者去柴胡、白芷，加郁金、枳壳；肝郁气滞者用原方。剂量视母猪年龄、体质、体重和主症酌定。水煎取汁，候温，分2次喂服，1剂/d。

2. 当归补血汤加平胃散化裁或通乳四物汤。王不留行、炮甲珠、当归、熟地各30g，白芍、川芎、通草各20g。水煎取汁，候温灌服。

3. 下乳通泉散（《清太医院配方》）。当归20g，白芍、生地、柴胡、天花粉、青皮各15g，川芎、漏芦、通草、木通、白芷、甘草各10g，王不留行30g。共为末，开水冲调，候温灌服，1剂/d，1个疗程/4d。共治疗53例，治愈48例。（罗怀平，T113，P32）

4. 取刺猬皮或单用其针状刺，置瓦上焙黄，或在锅内将砂炒热，再放入刺猬皮，进行烫炒，直至色黄为度，取出研末，用通草煎汁或用小米粥冲服，30～50g/次，分2～3次灌服。同时，加强饲养管理，饲喂多汁青绿饲料和含蛋白质丰富的饲料。（王志远，T47，

P40)

5. 催乳片（又名妈妈多）20～30 片/次，3 次/d，研细，加水，胃管投服，也可放入饲料中喂服或水中饮服。在用药的同时，根据症情及体况辨证施治，如脾胃虚弱需健脾胃，猪体瘦弱需滋补等。同时，温敷和按摩乳房，收效更大。共治疗 26 例（其中猪 15 例），治愈 24 例。本方药不适用于乳头管狭窄及闭锁性乳少症。（陈升文等，T24，P64）

6. 鲜猪脂（取当天屠宰的猪板脂）250g，海带 300g。将海带洗净，放入锅内，加猪脂煎煮，以海带和猪脂煮熟为度，候温喂服。1 次/d，连用 4d（猪不论大小，用量相同）。共治疗 40 余例，除 1 例老龄母猪和 3 例产后瘫痪的无效外，皆治愈。

7. 自拟中草药催乳针剂。黄芪 60g，党参、红花、通草、王不留行各 30g，当归 45g，白芍、桃仁、川芎、皂角刺、路路通、催乳藤各 15g。将药物洗净后干燥、粉碎，过 40 目筛，置于蒸馏器中，加入 3 倍体积蒸馏水充分浸泡，微沸加热蒸馏，直至回收蒸馏液 300mL。再二次蒸馏，得蒸馏液 150mL，备用。将蒸馏器中药渣用纱布过滤，保留滤液。将药渣加蒸馏水 1000mL，继续煎煮 1h，用纱布挤压过滤，弃去药渣，保留滤液。将 2 次滤液合并，加热浓缩至 300mL，冷却，用无菌脱脂棉过滤，加入 95% 乙醇 1000mL、滑石粉 10g，充分混合，冷藏静置 48h，用脱脂棉和滤纸过滤，将滤液加热回收乙醇，同时浓缩药液至 300mL，冷藏静置 48h，用中速滤纸过滤，80℃ 水浴加热至无醇味。将过滤药液和二次回馏液混合，加入吐温-80 3mL，滴加 10% 碳酸钠溶液调 pH 值至 7.5～8.0，加入 5% 葡萄糖注射液补足至 500mL，用活性炭泵过滤，灌装，100℃ 灭菌 40min，即为中草药催乳针剂。深部肌内注射，0.2mL/kg。共治疗 789 例，治愈 740 例，治愈率达 93.8%。（刘山辉，T146，P66）

8. 感染性无乳。①瓜蒌牛蒡汤：牛蒡子、天花粉、连翘、金银花各 10g，黄芩、陈皮、生栀子、皂角刺、柴胡、青皮各 8g，漏芦、王不留行、木通、路路通各 10g。乳房有肿块者加当归、赤芍各 10g；恶露不尽者可加益母草 20g，川芎、当归各 10g。水煎取汁，候温自饮或拌料喂服。1 剂/d，直至痊愈。②青霉素 320 万～480 万单位，链霉素 200 万～300 万单位，地塞米松 10～20mg，混合，肌内注射；或青霉素 320 万～480 万单位，链霉素 200 万～300 万单位，安乃近 10～20mL，混合，肌内注射，2 次/d，连用 1～3d。重症者，取复方氯化钠注射液、10% 葡萄糖注射液各 500mL，氨苄青霉素 3～4g，地塞米松 10～20mg，安钠咖注射液 5～10mL，维生素 C 注射液 10～20mL，混合，静脉注射，1 次/d，连用 1～3d。局部用干净的毛巾或纱布蘸 10%～20% 硫酸镁溶液热敷，15～20min/次，3 次/d，或用普鲁卡因青霉素在患病乳房基部封闭。患子宫炎者，用 0.1% 高锰酸钾溶液冲洗子宫；用青霉素 160 万单位、链霉素 100 万单位，溶于 30mL 生理盐水中注入子宫，1 次/d，连用 3d。

非感染性无乳。①应激因素或妊娠母猪过肥引起者，药用下乳涌泉散：当归 20g，白芍、生地、柴胡、花粉、青皮各 15g，川芎、漏芦、通草、木通、白芷、甘草各 10g，王不留行 30g。水煎取汁，候温自饮或拌料喂服，1 剂/d，连服 3d。催产素 5～10 单位，肌内注射，1 次/（3～4）h，连用 4～5 次；己烯雌酚 4mL，肌内注射，2 次/d。②因精神紧张引起者，药用酸枣仁汤：酸枣仁、蒲公英各 30g，川芎、柴胡、甘草各 6g，知母、瓜蒌皮、茯苓各 20g，香附 15g，青皮 9g。水煎取汁，候温自饮或拌料喂服，1 剂/d，连服 3d。盐酸氯丙嗪 1～3mg/kg，1 次/d；催产素 5～10 单位，肌内注射，1 次/（3～4）h，连用 4～5 次。

9. 加味当归补血汤。①瘦弱型。当归、

王不留行、炮山甲、党参、白术、熟地各15g，黄芪20g，通草10g，红糖60g，鲜虾250g。除虾外，各药煎煮2次，取汁，虾另煎汤冲入，再加入红糖，调匀灌服。②肥胖型。当归、王不留行、炮山甲各15g，黄芪20g，通草、柴胡、青皮、漏芦各10g，红糖60g，鲜虾250g。除虾外，各药煎2次，取汁，虾另煎汤冲入，再加入红糖，调匀灌服。③乳房红肿型。黄芪20g，当归、王不留行、蒲公英、连翘、天花粉、赤芍、炮山甲各15g，通草10g，红糖60g，鲜虾250g。除虾外，各药煎2次，取汁，虾另煎汤冲入，再加入红糖，调匀、灌服。

10. ①取其他母猪或缺乳母猪自身的乳汁2mL，于颈部皮下注射；第2天，挤取缺乳母猪的乳汁3mL，颈部皮下注射。②取分娩后猪的全部新鲜胎衣，土罐炖熟，于每天食前喂服，分2～3d喂完。

11. 加减八珍汤。黄芪、党参、白术各30g，当归、川芎、白芍各25g，瓜蒌、木通、通草、路路通、甘草各20g。共为细末，开水冲调，候温，胃管投服，1剂/d，连服1～3剂。维生素E 100mg，肌内注射，2次/d，连用1～2d。共治疗24例，疗效显著。

12. ①气血虚弱型。八珍汤加减。黄芪、白术、川芎、党参各30g，茯苓25g，熟地35g，益母草、王不留行各20g，白芍15g，丝瓜络50g（为160kg左右母猪药量）。水煎取汁，候温灌服。②气血瘀滞型。涌泉散加减。生地、白芍各25g，天花粉、当归、桔梗、通草、穿山甲（炮）、王不留行、川芎各20g，柴胡、青皮各15g，漏芦、白芷12g，甘草5g（为160kg左右母猪药量）。共研末，拌料饲喂或用猪蹄、海带煎汁灌服，亦可水煎取汁，候温灌服。共治疗48例，其中气血虚弱型25例，气血瘀滞型23例，疗效满意。

13. 当归、川芎、党参、通草各30g，木通、黄芩各25g，生地、白芍、蒲公英、白术各20g，萱草根50g，王不留行40g，甘草10g。黄酒500mL为引。水煎取汁，候温灌服。脑垂体后叶素40万单位，50％葡萄糖注射液60mL，混合，静脉注射；青霉素160万单位，肌内注射。

14. 当归补血汤加减。当归、黄芪20g，王不留行30g，通草、麦冬、党参、木通各15g，枳壳12g。水煎取汁，加红糖100g，1次灌服，1剂/d。肌内注射或皮下注射垂体后叶素20～40单位，或己烯雌酚5～10mg，缩宫素20～40单位。共治疗276例，全部治愈。

15. 胎盘1枚，淮山药180g。共研细末，10～15g次，喂服，3次/d。共治疗30例，均获得良好疗效。（胡成波等，T169，P61）

【典型医案】 1. 1996年3月26日，高县农贸公司峰顶寺猪场一头荣昌母猪产后缺乳就诊。主诉：该猪妊娠后一直食欲欠佳，曾多次内服健胃药无明显效果，产仔后体重仅约40kg。检查：患猪体质瘦弱，被毛粗乱，口色淡白，脉沉细，触诊乳房小而皱缩、质地柔软。诊为气血虚弱型缺乳。治疗：当归、熟地黄、白芍、黄芪、潞党参、白术、淮牛膝各30g，山甲珠、王不留行、无花果、通草各20g，白芷、川芎各15g，甘草10g。水煎取汁，候温喂服，2剂痊愈。

2. 1993年10月2日，高县罗场镇新集村温某一头3岁、约200kg本地母猪，产仔猪9头，产后5d无乳来诊。检查：患猪膘肥肉满，起卧笨拙，被毛光亮，形似肥猪，触摸乳房肥大，弹性尚可，挤压可见颗粒状乳汁，观察仔猪吮乳，只见仔猪用力吸吮，但无吞咽动作。诊为气血瘀滞型缺乳。治疗：当归、山甲珠、郁金、白芍、生地、王不留行各45g，漏芦、天花粉、川芎、通草各30g，桔梗、青皮、枳壳各15g，甘草10g。用法同方药1，1剂即愈。

3. 1985年12月31日，高县罗场镇新集村朱某一头本地母猪就诊。主诉：该猪产仔猪

8头，产后10多天泌乳正常，近日因邻居办喜事大放鞭炮，翌日母猪无乳。检查：患猪体重约70kg，营养中等，乳房较大、触之坚实，拒绝挤奶。诊为惊吓引起肝郁气滞性无乳。治疗：当归、山甲珠、王不留行、白芍、生地各45g，青皮、柴胡、桔梗、漏芦、天花粉各30g，川芎、通草、白芷各15g，甘草10g。用法同方药1，连服2剂，痊愈。（杨家华，T88，P25）

4. 宣汉县毛坝乡刘某一头母猪产后无乳邀诊。检查：患猪精神不振，被毛粗乱，鼻镜湿润，舌淡苔白，乳房干瘪，乳汁短少，体温36.5℃，呼吸正常，脉象迟、细数。诊为气血虚弱型缺乳。治疗：取方药2，用法同上，2剂痊愈。

5. 宣汉县罗文镇焦某一头母猪产后无乳邀诊。检查：患猪食欲减退，营养良好，拒绝哺乳，呼吸、脉搏、体温正常，乳房胀硬，触诊乳房时躲闪，可触摸到乳房内肿块，挤出少量乳汁，舌苔薄黄，脉弦数。治疗：王不留行60g，当归、柴胡、川芎、桔梗、炮山甲各30g，白芍、生地各25g，漏芦、通草、青皮、木通、白芷各20g，甘草15g。共为末，开水冲调，候温灌服，1剂/d，连服4d；取10%葡萄糖注射液1000mL，青霉素800万单位，静脉注射，1次/d，连用2d，痊愈。（罗怀平，T113，P32）

6. 1989年10月10日，寿县杨集乡杨坪村梅某一头2胎母猪，产仔猪10头，产后3d无乳邀诊。检查：仔猪明显消瘦，不安。治疗：取方药6，用法同上，4次痊愈。1个月后走访，仔猪发育良好。（胡长付，T60，P42）

7. 2004年6月20日，高台县某猪场一头经产母猪，于产后第2天发病就诊。检查：患猪精神沉郁，食欲不振，体温升高至42℃，心率、呼吸加快，流出大量恶露，乳房潮红、肿胀、发热、质硬、有痛感，乳汁浓稠、呈淡黄色。诊为感染性母猪无乳综合征。治疗：青霉素480万单位，链霉素200万单位，地塞米松20mg，混合，肌内注射，2次/d，连用3d；用干净的毛巾蘸15%硫酸镁溶液热敷，15min/次，3次/d，连用3d；0.1%高锰酸钾溶液冲洗子宫，用青霉素160万单位，链霉素100万单位，溶于30mL生理盐水中注入子宫，1次/d，连用3d。同时取瓜蒌牛蒡汤加当归、赤芍各10g，益母草20g，川芎、当归各10g。水煎取汁，候温，胃管灌服，1剂/d，连服3d。用药第2天起，患猪症状逐渐减轻，第5天痊愈。

8. 2004年10月8日，高台县某猪场一头初产母猪产后发病就诊。检查：患猪体温38.5℃，精神、食欲、心率、呼吸和乳房外观等正常，体质肥胖，虽有乳汁但不排乳，烦躁不安，来回走动，拒绝哺乳。诊为非感染性母猪无乳综合征。治疗：催产素10单位，肌内注射，1次/4h，连用5次；盐酸氯丙嗪2mg/kg，1次/d，连用3d；下乳涌泉散（见方药3），水煎取汁，候温，胃管灌服，1剂/d，连服4d。用药第2天起，患猪症状逐渐减轻，第6天痊愈。（孙延林等，T135，P48）

9. 1999年3月7日，沭阳县汤涧乡严荡村东庄组史某一头产仔11头母猪就诊。主诉：该母猪在妊娠期间所喂饲料多为野菜与糠麸，造成怀孕期所需营养严重不足，猪体瘦弱，产后乳汁不多并逐渐减少，至第3天乳汁全无，先后用"妈妈多"、"催奶灵"等催乳片催乳效果不佳。检查：患猪瘦弱，乳房松软缩小，外皮多有皱褶，触之不热不痛，仔猪吸吮有声，不见下咽，口色淡白，无舌苔，脉细弱。诊为营养不良致脾胃虚弱、气血双亏、乳汁生化无源性缺乳。治疗：取方药9①，用法同上，并给予哺乳母猪全价饲料，加强营养，同时加喂豆汁等多汁饲料。服药第2天，患猪即下乳，又服药 1 剂，乳汁逐渐增多。

10. 2000 年 6 月 3 日，沭阳县吴集乡七豆村周某一头产仔 8 头母猪就诊。主诉：该猪产后即食欲不振，乳房胀满但乳汁不多，用手触之发硬，先后用"妈妈多"、"催奶灵"等催乳片催乳无效。检查：患猪膘肥，乳房胀满，用手触摸发硬，不热不痛，手挤有少量乳汁流出，喜卧，舌苔薄黄，脉弦而数。问诊得知该母猪妊娠期间缺少运动，且妊娠期间所喂饲料多为玉米、豆饼等品种单纯的高能、高蛋白饲料，造成猪过于肥胖，致使机体气机不畅、气血瘀滞、乳络运行受阻而缺乳。治疗：先用热毛巾按摩乳房，同时取方药9②，用法同上，2 剂痊愈。

11. 2001 年 7 月 15 日，沭阳县汤涧乡三黄村武某一头产仔 12 头母猪就诊。主诉：该猪产后无乳，乳房红肿发热，经当地兽医用青霉素、链霉素等药物治疗效果不佳。检查：患猪精神沉郁，食欲不振，不愿卧地，亦不愿行走，两后肢张开站立，体温 40.5℃，便秘，尿少色黄，乳房红肿发热，触摸乳房发硬且有痛感，乳头可挤出水样含絮片的分泌物，拒绝哺乳，口色赤红，舌有黄苔，脉象洪大。根据猪产后体质虚弱和天气炎热等多种应激因素，本病是由隐性乳房炎转为急性乳腺炎。治疗：每天用热毛巾按摩乳房，1 次/(1~2)h，4~6 次/d，同时取方药9③，用法同上，连用 2 剂。患猪乳房红肿逐渐消退，体温正常。效不更方，继服药 3 剂，痊愈，乳汁充足。（施仁波等，T117，P29）

12. 清江县稳平区新坑村黄某一头 1 岁、约 60kg、中等膘情苏白母猪就诊。主诉：1988 年 1 月 29 日，该猪产仔猪 8 头，缺乳 2d，喂豆浆催乳无效。检查：患猪乳房及乳头呈乳汁充盈状，触摸有硬块，挤之仅有点滴炎性乳汁。治疗：取方药 10，用法同上（当天给食前喂服一半，第 2 天给食前喂服完）。3

月 2 日，该猪有乳汁分泌。再取乳汁 3mL，用法同上。此后仔猪食乳有余。

13. 清江县吴某一头 5 岁、约 150kg、膘情稍差的经产黑色母猪就诊。主诉：1989 年 2 月 7 日 16 时许，该猪产仔 13 头，当时用豆浆、黄酒催乳，并将全部胎衣炖熟，分 3d 食前喂服，但该猪乳汁仍不畅，乳房胀满，触之有感硬，仅有少量乳汁。治疗：取方药 10①，用法同上，次日清晨，患猪乳汁增多；再次皮下注射乳汁 3mL，乳汁逐渐量多质浓。（吴高奇，T41，P42）

14. 1999 年 4 月 8 日，庄浪县畜牧中心猪场 137 号长白母猪产仔猪 12 头（平均初生重 1.1kg/头），产后第 2 天早上慢食，拒绝仔猪吮乳，触摸乳房柔软，乳汁较少。治疗：加减八珍汤，用法同方药 11；维生素 E100mg，肌内注射。下午，患猪食欲好转。第 2 天继用上方药，患猪食欲正常，乳汁增多。除 2 头弱小仔猪于产后第 3 天饿死外，其余 10 头至断奶生长正常，35 日龄断奶均重 8.2kg。（万喜太，T111，P31）

15. 遵义县土坝村涂传禄一头约 150kg 黑母猪，第 7 胎产仔两周后出现缺乳来诊。检查：患猪体温、呼吸、脉搏均正常，身体瘦弱，精神不振，被毛粗乱，触摸乳房柔软、不痛不热，口色淡白，舌体绵软。诊为气血双虚缺乳。治疗：黄芪、党参、茯苓、白术、益母草、白芍、川芎各 25g，熟地黄、丝瓜络各 30g，王不留行 10g。水煎取汁，候温灌服。嘱畜主用温热毛巾热敷乳房，在饲料中加喂黄豆浆等高蛋白质多汁饲料，仅 1 剂奏效。

16. 遵义县马桥村权某一头 7 月龄本地母猪，生产第 1 胎后缺乳来诊。检查：患猪体温 40.3℃，乳房胀硬、发热，拒触，拒哺乳，烦躁不安，膘肥，食欲旺盛。诊为气血瘀滞型缺乳。治疗：涌泉散加减 3 剂，用法同方药

12②，嘱畜主常按摩乳房，4d 后痊愈。（张仕颖，T123，P46）

17. 1998 年 10 月，吉水县文峰镇月星村黄家院黄某一头产后 3d 母猪就诊。主诉：该猪不愿哺乳，仔猪鸣叫不停。检查：患猪精神、体温、食欲、粪尿均正常；挤乳头见乳汁量少、质稀薄、乳房松弛、有皱襞。诊为缺乳症。治疗：取方药 13，3 剂，用法同上；用西药 1 次。当日，患猪泌乳量增加，服完中药后乳量分泌充足。（曾建光，T112，P41）

18. 2005 年 11 月 17 日，威海市环翠区大西庄猪场一头约 180kg 约长杂母猪，于产后第 2 天无乳来诊。检查：患猪体温 38.7℃，饮食欲正常，触摸乳房松弛、缩小干瘪、无热无痛，捏挤乳头无乳汁流出，不愿哺乳。诊为产后缺乳。治疗：当归补血汤加减，用法同方药 14。已烯雌酚 10mg，肌内注射。治疗 3d，患猪恢复正常，乳量增加。继续用药 2d，乳房膨大，乳汁充足。（李光金，T140，P44）

血　乳

血乳是指母猪乳头溢血的一种疾病。

【病因】 多因肝郁化火，肝失藏血，火灼乳络，迫血妄行；或脾胃气虚，不能统血，血溢乳窍所致。

【主证】 患猪乳房胀大，挤压乳头射出鲜红血液，舌红绛无苔，脉弦数。

【治则】 疏肝解郁，清热凉血。

【方药】 丹栀逍遥散加减。丹皮、黑栀子、柴胡、青皮、赤芍、地榆各 30g，蒲公英 100g，生地 150g，瓜蒌皮、仙鹤草各 50g，当归 20g，陈皮 15g。水煎取汁，候温灌服，1 剂/d。

【典型医案】 1992 年 10 月 8 日，翁源县龙仙镇良洞村胡某一头 2 岁本地母猪就诊。主诉：该猪于 10 月 4 日下午产第 2 胎（仔猪 12 头），7 日中午出现不食，8 日晨发现后 4 个乳头仔猪吮乳后有血液渗出，用手挤压即溢出鲜血、量较多，粪稍干。检查：患猪恶露未尽、呈紫蓝色，乳房胀、发热，乳络怒张，挤压乳头射出鲜红血液，舌红绛无苔，脉弦数。诊为血乳。治疗：取上方药，用法同上，连服 2 剂。服药 1 剂，患猪血乳减少，2 剂痊愈。1993 年初又产 1 胎，再未发生血乳。（王声赋，T70，P18）

乳　泣

乳泣是指母猪怀孕期间乳汁自行流出的一种病症，以非哺乳期乳汁自溢为主要表现。属于西医学溢乳症范畴。

【病因】 多因气虚不摄，或热迫乳汁外溢；或营养不全，运动缺乏引起脾胃虚弱而致。

【主证】 患猪乳房无热无痛，乳汁自溢，四肢不温，体温偏低，喜卧懒动，可视黏膜淡白。

【治则】 健脾胃，补气血。

【方药】 补中益气九合六味地黄丸，混于饲料中自食，早、晚各 1 次/d，40 粒/次，连喂 3d。

【典型医案】 鹿邑县王皮留镇程庄村程某一头白色母猪发病来诊。主诉：该猪首次怀孕已 3 个月，乳汁自行流出，饲喂自配混合料，喜卧懒动。检查：患猪躺卧在地，驱赶不动，可视黏膜淡白，四肢下部不温，体温 37.8℃，乳房无胀、热、痛感；人工取乳，乳汁清稀、量少。诊为初孕母猪乳泣。治疗：取上方药，用法同上，用药 3d，痊愈。该猪足月顺产 9 头健康仔猪。（阎超山，T160，P75）

第三节 产后疾病

产后发热

产后发热是指母猪分娩后持续发热或突然高热、并伴有其他症状的一种病症。

【病因】 多因猪分娩时耗伤气血，正气亏损；或生产时助产消毒不严；或母猪元气虚弱，卫外不固，感受风寒、风热之邪；或产后恶露不下，瘀血停滞，瘀久化热；或产后血虚，营阴不足，虚热内生等引起。

【辨证施治】 本病分为阴虚发热和感染发热。

（1）阴虚发热 患猪体温升高，食欲废绝，喜饮凉水，步态不稳，粪干，尿黄，口色红绛、少苔，乏津，脉细数。

（2）感染发热 患猪产后发热，恶露不尽、色紫暗有块，腹痛，舌紫暗有瘀点。

【治则】 阴虚发热宜清热育阴；感染发热宜活血化瘀，清热解毒。

【方药】 （1、3、4 适宜产后阴虚发热；2、5 适宜产后感染发热）

1. ①加味清骨散。银柴胡、玄参、知母、青蒿各 20g，胡连 15g，秦艽 12g，鳖甲（醋炙）、鲜地骨皮各 30g，生地 25g，甘草 10g，麻油 200mL。水煎取汁，候温，加麻油，灌服。②10% 葡萄糖注射液 500mL，等渗糖盐水 1000mL，维生素 C 注射液 40mL，混合，1 次静脉注射。

2. 生化汤。全当归 24g，川芎 9g，桃仁（去皮、尖）6g，干姜（炮黑）、甘草（炙）各 3g。水煎取汁，候温灌服。共治疗 100 余例，均获满意疗效。

3. 四物汤加味。当归、白芍、熟地黄、白薇、川芎、栀子、丹皮、厚朴、枳实、大黄、黄柏、泽泻、青蒿、益母草。虚寒瘀血者加元胡、桂枝、炮姜，去栀子；气血虚弱者加党参、黄芪、山药，去小承气汤；血瘀型者加金银花、柴胡。

4. 黄芪炮姜四物增液汤加减。黄芪 60g，炮姜 15g，当归 50g，熟地黄、白芍、生地、元参、麦冬各 40g，川芎 20g，地骨皮 25g（为 100kg 猪药量）。便秘甚者加火麻仁；乳房炎及缺乳者加王不留行、山甲珠；食欲不振者加山药、神曲。水煎取汁，候温灌服。共治疗产后阴虚发热证 28 例，全部治愈。

5. ①柴胡、丹皮、牛膝各 12g，黄芩、桃仁、元胡各 10g，益母草 20g，麦冬、当归各 15g，大枣 3 枚。水煎取汁，候温灌服，1 剂/d。②0.1% 高锰酸钾溶液 3000～4000mL，冲洗子宫，1 次/2d。

【典型医案】 1. 汝南县金铺乡邻村王某一头母猪，因产后发热 5d，不食，他医曾用抗生素、输液等法治疗 6d，病情如故邀诊。检查：患猪消瘦，步态不稳，口色红绛、少苔，乏津；粪干，尿黄，脉细数，食欲废绝，喜饮凉水，体温 40.3℃。诊为产后阴虚发热。治疗：取方药 1，用法同上。服药 1 剂，患猪精神好转，粪正常，体温降至 39.2℃。方药 1①去麻油，加党参 30g、黄芪 25g、山楂 20g、建曲 50g、鸡内金 10g，用法同上。痊愈。（崔海龙，T67，P38）

2. 乐平市接渡镇潘村汪某一头母猪，产仔猪 8 头，于第 2 天体温升高至 40.8℃就诊。检查：患猪恶露量多，污物黏满肛门。诊为产后感染发热。治疗：取方药 2，加柴胡、黄

芩、黄柏各 12g，用法同上，连服 2 剂，痊愈。（汪成发，T97，P36）

3. 2004 年 11 月，襄阳市黄某一头 100kg 母猪，因产后不食 7d，经他医治疗无效来诊。检查：患猪体温 39℃，畏寒，四肢发凉，阴道流出暗红色分泌物。诊为产后发热。治疗：当归、熟地黄、白芍各 50g，白薇 30g，黄柏 20g，桃仁 8g，元胡、炮姜各 10g，桂枝 15g，益母草 40g。1 剂/d，水煎取汁，候温灌服。服药 3 剂，患猪精神恢复，采食正常。

4. 2008 年 4 月，襄阳市陈某一头母猪，产后因发热、不食来诊。检查：患猪体温 40℃，体瘦神差，耳耷头低，喜卧，脉细无力。诊为产后发热。治疗：当归、白芍、熟地各 50g，党参、黄柏、青蒿各 20g，黄芪 30g，山药 15g，益母草 40g。1 剂/d，水煎取汁，候温灌服。3 剂痊愈。

5. 2007 年 6 月，襄阳市李某一头 150kg 二元母猪发热、不食来诊。检查：患猪体温 41.5℃，粪干，恶露不尽。诊为产后发热。治疗：当归、熟地黄、白芍、益母草各 50g，川芎、白薇各 30g，黄柏、栀子、青蒿、柴胡各 20g，丹皮、厚朴、金银花各 15g，大黄 25g，枳实 10g。1 剂/d，水煎取汁，候温灌服。3 剂痊愈。（胡静等，T171，P65）

6. 1990 年冬，安阳县郭村张某一头母猪，因产后发热，经用解热药与抗生素治疗多次效果不理想邀诊。检查：患猪体温 40.5℃，食欲差，泌乳少，卧地呻吟，时有战栗，强行驱赶行走不稳，粪干燥，舌体嫩、色淡白，脉虚大而涩。诊为产后发热。治疗：黄芪 50g，炮姜 12g，当归 40g，熟地黄、生地、白芍、元参、天冬、山药各 30g，地骨皮、王不留行、神曲各 20g，用法同方药 4，1 剂/d，2 剂痊愈。

7. 1992 年秋，安阳县马投涧村杜某 3 头母猪发病来诊。主诉：3 头猪产后体温皆高达 40.5～41.5℃，经他医用安乃近、青霉素、链霉素及补液等治疗 4d 效果不佳，出现不同程度的食欲减退，泌乳减少，粪干燥、便秘。检查：3 头患猪所现脉症，皆与阴虚发热相符。治疗：黄芪 60g，炮姜 15g，当归 50g，川芎 20g，熟地黄、白芍、元参、生地、麦冬、山药各 40g，地骨皮 25g，火麻仁、王不留行、神曲各 30g，山甲珠 10g，用法同方药 4，1 剂/d。3d 后追访，患猪全部痊愈。（师大林，T64，P30）

8. 1992 年 12 月 7 日，天祝藏族自治县华藏寺镇马圈弯台宋某一头白色母猪就诊。主诉：患猪于 12 月 1 日产仔猪 8 只，3d 后食欲减退，喜饮水，精神委顿，泌乳减少。村医用青霉素、链霉素、磺胺嘧啶等西药治疗 3d 无效，且病情日益加重。检查：患猪体温 41.7℃，鼻端干燥，嘴部青紫，腹部皮肤紫红色，阴户黏有带臭味的灰白色液体。诊为产褥热。治疗：取方药 5，用法同上。服药 4d 后，患猪诸症消除，食欲正常，泌乳量增多。（祁占华，T84，P39）

产后低温症

产后低温症是指母猪产后出现以体温降低为特征的一种病症，是哺乳期母猪的一种常见病。一年四季均可发病，但以严冬、春初季节多发。

【病因】 多因饲养管理不当，猪舍潮湿阴冷，气候突变，寒邪内侵；长期饮喂冰冷水料，寒邪积聚脏腑；久病体虚，阳气不足，不能温煦机体等引发本病。

【主证】 患猪突然发病，体温降至 37℃ 以下，呼吸 18～24 次/min，心跳 67～81 次/min，畏寒打战，皮温不均，口色发青，耳、鼻、四肢末梢发凉，喜卧懒动，嗜睡，呼吸缓慢，结膜、口舌苍白，食欲减退或废绝，粪一般正常，尿量减少；母猪不愿让仔猪吮乳。病情严重者往往卧地难起并不时呻吟，反应极为迟钝，最后昏迷衰竭而死亡。

【治则】　温中散寒，回阳救逆。

【方药】　1.①附子五味汤。制附子、干姜、肉桂各 30g，党参 25g，炙甘草 15g。水煎取汁，候温冲红糖 50g 灌服，1 剂/d。②三磷酸腺苷二钠注射液 60mg，肌苷注射液 300mg，辅酶 A 注射液 300 单位，维生素 B_{12} 注射液 1500mg，复合维生素 B 注射液 6mL。混合，肌内注射；地塞米松磷酸钠注射液 5mg，10％安钠咖注射液 10mL，分别皮下注射；体温 35℃ 以下者肌内注射硫酸阿托品注射液 2mg，1h 体温可回升；体质虚弱、病情较严重者用 10％葡萄糖、氯化钠注射液 250～500mL、三磷酸腺苷、辅酶 A、细胞色素 C、肌苷、维生素 B_6、维生素 B_1、氯化钾等，混合，静脉注射。共治疗 100 例，治愈 98 例，治愈率 98％。

2.①党参、当归各 20g，黄芪、附子、白术、干姜各 15g，川芎、砂仁、肉桂各 12g，甘草 10g，大枣 10 枚。水煎取汁，候温灌服，1 剂/d，连服 3 剂。②10％葡萄糖注射液 300～500mL，10％安钠咖注射液 10～20mL，三磷酸腺苷二钠 100～200mg，辅酶 A 200～400 单位，肌苷 300～600mg，维生素 B_6 注射液 500～800mg，2.5％维生素 C 注射液 10～20mL，静脉注射，1 次/d。共治疗 296 例，治愈率达 98.2％。

3.10％葡萄糖注射液、等渗糖盐水各 500mL，樟脑磺酸钠注射液 20mL，维生素 C 注射液 40mL，混合，1 次静脉注射。症状未减轻者，在肌内注射强心剂的同时，取加减回阳救急汤：附子、白术、陈皮、肉桂各 25g，五味子、黄芪、半夏各 20g，党参 40g，炙甘草、当归、川芎各 15g，炮姜 50g。水煎取汁，加白酒 150mL，灌服。

4.附子理中汤加减。党参、黄芪、当归各 20g，附子、干姜各 15g，川芎、肉桂各 12g，甘草 10g，大枣 10 枚。水煎取汁，候温灌服，1 剂/d。10％葡萄糖注射液 500mL，10％安钠咖 20mL，三磷酸腺苷二钠 200mg，辅酶 A 400 单位，肌苷 600mg，维生素 B_6 800mg，2.5％维生素 C 注射液 30mL，静脉注射，1 剂/d。

【典型医案】　1.1997 年 1 月 7 日，天门市黄潭镇七岭村 5 组杨某一头约 88kg 母猪就诊。主诉：该猪产仔猪 14 头，现已满月，因哺乳太过，以致骨瘦如柴，近一周食欲不佳，今卧地难起，呕吐。检查：患猪精神沉郁，被毛逆立、粗乱，四肢、口鼻、耳冰冷，嗜卧，不愿站立，恶寒颤抖，心搏弱，呼吸浅表，体温 35.7℃。诊为低温症。治疗：附子五味汤（见方药 1），1 剂 3 煎，分 3 次冲红糖灌服，1 剂/d；三磷酸腺苷二钠注射液 60mg、辅酶 A300 单位、肌苷注射液 300mg、维生素 B_{12} 注射液 1000mg、复合维生素 B 注射液 6mL，混合，肌内注射；安钠咖注射液 10mL，地塞米松注射液 6mg，混合，皮下注射。第 2 天，患猪体温升至 39.5℃，吃睡如常，精神活泼，反应灵敏。（杨国亮，T97，P33）

2.2004 年 2 月 6 日，威海市环翠区戚家夼猪场一头约 135kg 哺乳母猪发病就诊。检查：患猪膘情偏下，被毛粗乱，不喜站立，蜷卧寒颤，呼吸缓慢，反应迟钝，体温 35.9℃，耳、鼻、四肢俱凉，结膜苍白，食欲废绝，粪正常，乳汁减少，不愿让仔猪吮乳。诊为产后低温症。治疗：10％葡萄糖注射液 500mL，10％安钠咖注射液 15mL，三磷酸腺苷二钠 200mg，辅酶 A 400 单位，肌苷 600mg，2.5％维生素 C 注射液 20mL，维生素 B_6 注射液 800mg，静脉注射。再取方药 2①，用法同上，1 次灌服。嘱畜主猪栏垫草加厚，注意保温。次日，患猪体温 37.3℃，并能在猪栏内自由行走，有少量食欲，恢复给仔猪哺乳。按上法治疗 2d，第 4 天，患猪体温、食欲等均恢复正常。（李光金等，T134，P48）

3. 1992年11月21日，汝南县金铺乡徐庄村王某一头母猪，产后刚满月突然发病邀诊。检查：患猪伏卧不愿站立，强行驱赶，稍立即卧，食欲废绝；耳尖、鼻端、四肢俱凉，体温35℃，脉细弱。诊为低温症。治疗：10%葡萄糖水、等渗糖盐水各500mL，樟脑磺酸钠20mL，维生素C 40mL，混合，静脉注射。翌晨，患猪症状未减轻。在肌内注射强心剂的同时，取加减回阳救急汤，用法见方药3。服药后，患猪可自行站立，体温37.5℃，继服药2剂（剂量酌减），痊愈。（崔海龙，T67，P38）

4. 2005年2月8日，威海市合庆猪场一头约170kg长约杂哺乳母猪突然发病来诊。检查：患猪膘情差，被毛粗乱，不愿站立，卧地寒颤，呼吸缓慢，反应迟钝，体温35.9℃，耳、鼻、四肢俱凉，结膜苍白，食欲废绝，粪正常，乳汁减少，不让仔猪吮乳。治疗：取方药4中药、西药，用法同上，1剂/d。嘱畜主猪栏垫草加厚，注意保温。次日，患猪体温37.7℃，并能在栏内自由行走，有少量食欲，恢复哺乳。效不更方，继用药2d。第4天，患猪体温、食欲等均恢复正常。（李光金，T140，P43）

产后感冒

产后感冒是指母猪产后受风寒、风热之邪，引起发热、恶寒、咳嗽、流涕的一种病症。

【病因】 由于母猪分娩时产伤出血，元气受损，猪圈阴暗潮湿，致使猪体虚弱，卫阳不固。若遇天气突然变化，风寒风热之邪乘虚而入，邪束肌表，腠理不通，内热不得外泄而发病。

【主证】 患猪精神萎靡不振，食欲减退或废绝，体温升高，结膜潮红，鼻镜干燥，喜卧懒动，寒颤，咳嗽，乳汁减少。

【治则】 发汗解表，疏风散寒。

【方药】 荆防败毒散加减。荆芥、桔梗、党参各15g，防风、当归各20g，独活、柴胡、枳壳、前胡、茯苓各12g，羌活、甘草各10g。水煎取汁，候温灌服，1剂/d；10%复方氨基比林10~20mL，青霉素160万~240万单位，肌内注射，2次/d。共治疗92例，全部治愈。

【典型医案】 2005年1月9日，威海市环翠区柳沟村王某一头约145kg母猪，于7日晚产仔后至今不食，乳汁减少。检查：患猪体温41.2℃，食欲废绝，结膜潮红，鼻镜干燥，喜卧钻草堆，寒颤。诊为产后感冒。治疗：10%氨基比林20mL，青霉素240万单位，肌内注射；荆防败毒散加减。防风、当归各20g，荆芥、柴胡、桔梗、党参各15g，独活、前胡、枳壳、茯苓各12g，羌活、甘草各10g，水煎取汁，候温灌服。次日，患猪开始采食。继服中药1剂，痊愈。（李光金，T140，P43）

产后不食

产后不食是指母猪分娩后出现以消化机能紊乱、食欲减退为特征的一种病症。

【病因】 多因产前饲喂管理不当，时饱时饥，营养不良，以致脾不健运，产时又大伤元气；或因宫内胎儿多且生长快，宫体增大，造成脾胃受迫，脾运化不力，胃纳功能差，脾胃机能障碍，产后易患本病；有些母猪对暑热敏感，酷暑少食，产后气血亏损，导致产后不食等。

【主证】 患猪精神委顿，体瘦毛燥，行动迟缓，卧多立少，粪干燥，不食。

【治则】 补气补血，健脾开胃，化食理气。

【方药】 1.黄芪、党参、当归、熟地黄、陈皮、三仙、厚朴各30g，川芎、白芍、甘草、香附、柴胡各20g，白术、益母草、青皮各25g。水煎取汁，候温灌服。

2. 当归、白芍各 20g，白术 25g，茯苓、川芎、三棱、莪术各 15g，槟榔、山楂、莱菔子、益母草各 30g（为 100kg 猪药量）。酷夏暑热型加石斛 15g，藿香 30g，佩兰 20g，1 剂/d；粪干者加大黄、芒硝。水煎取汁，早、晚灌服。甲基硫酸新斯的明 4mg，0.5% 维生素 B_1 注射液 20mL，1 次肌内注射，2 次/d，连用 2～3d。共治疗 148 例，治愈率为 100%。（陈素霞，T109，P30）

3. 十全大补汤加减。党参、黄芪、当归各 20g，白术、熟地黄、陈皮、枳壳、焦三仙各 15g，茯苓、川芎、白芍各 12g，甘草 10g。水煎取汁，候温灌服，1 剂/d。10% 葡萄糖注射液 300～500mL，三磷酸腺苷二钠注射液 20～40mg，辅酶 A 50～100 单位，10% 安钠咖注射液 10～20mL，5% 维生素 C 注射液 10～20mL，静脉注射，1 次/d，同时肌内注射 2.5% 维生素 B_1 注射液 10～20mL。对严重肠道弛缓、粪干燥者，用人工盐 100～150g，龙胆酊 30～50mL，复合维生素 B30～50mL，碳酸氢钠 5～10g，加适量水，灌服；硫酸新斯的明 2～5mg，肌内注射。

4. 解热胃肠灵。樟脑、生姜、大黄各 25g，桂皮、小茴香各 10g，薄荷油 25mL，穿心莲 125g，乙醇 750mL。体重 10kg 以下猪 0.5～1.0mL，10～20kg 猪 2mL，20～30kg 猪 3～4mL，30～40kg 猪 4～5mL，40～50kg 猪 5mL，50kg 以上猪 6mL，肌内注射，最多用量不超过 10mL。共治疗 15 例，全部治愈。（杨国亮，T51，P22）

5. 党参、黄芪、当归、丹参、赤芍、白术各 20g，茯苓、乌药、小茴香、香附、青皮、陈皮、木香、延胡索各 15g，益母草 40g，红糖 200g（后加）。水煎 2 次，合并煎液，待温灌服，1 次/d，一般 2～3 剂。10% 葡萄糖溶液 500mL，50% 葡萄糖注射液 100mL，5% 氯化钙注射液 100mL（混合，1 组）；0.9% 生理盐水 500mL，维生素 C 20mL，40% 乌洛托品 20mL，安乃近注射液 20mL，为了预防产后感染可酌加青霉素和地塞米松注射液（混合，2 组），分别耳静脉滴注。加强饲养管理，给予富于营养容易消化的饲料，注意补充矿物质和微量元素；0.1%～0.2% 亚硒酸钠注射液 4～5mL，肌内注射。

【典型医案】 1. 天津市武清区某养猪场一头营养中下等经产母猪就诊。主诉：该猪产后 4d，食欲不振，乳汁少。检查：患猪行动无力，精神委顿，体温正常。诊为产后不食。治疗：取方药 1，用法同上。治疗 3d 后，患猪食欲、乳量均恢复。（陈淑芬，T135，P51）

2. 1997 年 7 月 26 日，涟水县城郊区梨园组蒋某一头约 100kg 母猪，顺产 14 头仔猪后不食，于 28 日邀诊。主诉：该猪妊娠后期活动减少，产前 1 个月只吃半饱，产时又遇酷暑，粪、尿正常，精神状态尚好。检查后诊为产后不食症并感受暑邪。治疗：取方药 2，用法同上，连用 2d，同时嘱畜主饲喂时少给勤喂，补充精料，加强饲养管理，痊愈。（陈素霞，T109，P30）

3. 2005 年 1 月 26 日，威海市环翠区猪场一头约 140kg 母猪，因产后一直不食来诊。检查：患猪精神倦怠，拒食，体温 38.4℃，听诊肠音微弱，可视黏膜淡白，形寒肢冷，喜卧钻草。诊为产后衰竭不食。治疗：取方药 3，用法同上，1 次/d。治疗 3d，患猪开始进食，中药续服 2 剂，6d 后食欲恢复正常。（李光金，T140，P43）

4. 1989 年 7 月 15 日，天门市黄潭镇罗口村 6 组杨某一头 80kg 母猪，因产后 5d 发生呕吐、不食、烦躁不安就诊。诊为产后不食。治疗：解热胃肠灵 10mL，肌内注射。翌日，患猪病情好转。继用药 1 次，康复。（杨国亮，T51，P22）

5. 2000 年 4 月 24 日，围场县镇郊区赵某一头 4 岁、约 100kg、膘情中上等大杂种母猪发病来诊。主诉：该猪产仔 10 只，产后 2d 仅饮水，不食，用青霉素、安痛定治疗无效。检查：患猪粪少，尿黄，体温 38.4℃，喜卧。诊为产后厌食。治疗：取方药 5，用法同上（中药连服 2 剂）。用药后，患猪恢复食欲。（卢运然，T144，P53）

产后便秘

产后便秘是指母猪产后粪干、排出困难的一种病症。

【病因】　长期饲喂粗硬、不易消化饲料，饮水不足，缺乏运动，热积胃肠，气血亏虚等导致便秘；某些高热性疾病耗伤津液等导致便秘。

【主证】　病初，患猪精神不振，少食，喜饮冷水，频频努责，排少量干小粪球，随后食欲废绝，腹部膨胀，腹痛，呻吟，回头观腹，起卧不安，不排粪，触摸腹部可触摸到肠中有干硬粪块，听诊肠蠕动音减弱或废绝。热性便秘可见尿少、色黄、鼻盘发干；气虚便秘者多四肢无力等。

【治则】　滋阴润燥，润肠通便。

【方药】　1. 增液承气汤加味。大黄（后下）20g，芒硝 60g，玄参 30g，麦冬、生地各 25g。高热者加金银花、山楂各 30g，神曲 45g，柴胡、青皮各 20g，桔梗 15g；阴津亏虚者加白芍 30g，当归 50g，肉苁蓉 25g。水煎取汁，候温后加蜂蜜 100mL，煮沸后冷却的清油 100mL，混合，胃管灌服。共治疗 25 例，其中产前母猪 14 例，产后母猪 11 例，用药 1～2 剂，全部治愈。

注：芒硝、大黄的用量要根据患猪体质强弱酌情而定，防止发生意外。

2. 党参 30g，白术、沙参、麦冬、当归各 20g，山药 40g。共研末，开水冲调，用汤匙慢慢灌服。

【典型医案】　1. 2002 年 8 月 3 日，武威市凉州区柏树乡张寨村五组马某一头 3 岁母猪，于产后 6d 邀诊。主诉：该猪在产后当天傍晚饲喂时吃下一桶食，第 2 天发现不食，按感冒连续治疗 5d 无效。检查：患猪膘情较好，反应灵敏，尿呈深黄色，间或排出一小堆如羊粪样的干粪，喜饮冷水，体温 40.5℃；腹部听诊肠音几乎难以听到，鼻盘发干。诊为热性便秘。治疗：增液承气汤（见方药 1）加金银花、山楂各 30g，神曲 45g，柴胡、青皮各 20g，桔梗 15g。水煎取汁，加煮沸后冷却的清油 100mL，胃管灌服，并灌服温开水 2L。当天下午，患猪泻粪如水；翌日腹泻停止，开始采食，粪亦恢复正常，乳汁增加。（杨胜元，T125，P37）

2. 西吉县马莲乡连堡村连某一头母猪，于产后第 2 天不食邀诊。检查：患猪耳后热，精神沉郁，卧地不起，鼻盘发干，2d 未见排粪。询问畜主得知，该猪产前一直饲喂粗胡麻衣，产后亦未给水。诊为产后便秘。治疗：取青霉素 480 万单位，肌内注射；取方药 2，用法同上。服药 1 剂，患猪排出大量软粪，有食欲；再服药 1 剂，痊愈。（冯汉洲，T110，P15）

产后尿闭

产后尿闭是指母猪产后排尿困难，尿频、淋漓，甚至尿路闭塞不通为特征的一种病症，又称尿潴留。

【病因】　多因饲养管理不良，营养缺乏，饲料品种单一，猪体衰弱，精料过多或运动不足，棚圈阴暗潮湿等容易发生本病。

【辨证施治】　本病分为湿热型、气虚型、肾虚型、气郁型、损伤型和夹杂型。

（1）湿热型　患猪食欲减退或废绝，体温偏高，眼结膜潮红，卧立不安，腹围增大，时作排尿姿势，频频努责，尿液排出很少，尿色黄赤或略带脓血，触诊膀胱充满尿液，按压无尿排出，舌红苔黄，脉数。

（2）气虚型　患猪精神倦怠，体温偏低，眼结膜苍白，被毛无华，形瘦无力，伏卧懒动，排尿时后肢踏地，剧烈努责，尿色淡而清，按压膀胱，尿液畅流，粪溏泻，口色淡白，脉沉细。

（3）肾虚型　以老龄母猪多见。临症又分肾阳虚与肾阴虚两种。肾阳虚者，神疲气短，喜温恶寒，耳鼻和四肢末梢发凉，尿点滴而下，排出无力，尿色清，无脓血和炎性分泌物，舌色淡，脉沉细。肾阴虚者，身瘦毛焦，尿短赤或不通，口干，舌红，脉细数。

（4）气郁型　临床少见，主要见于经产、多胎、老龄母猪，多有丧子、不安、恐惧等既往史。患猪精神委顿，食欲减退，体瘦毛焦，肚腹胀满，尿少、色淡，淋滴难下。

（5）损伤型　多由于运输、称重、追赶等跌扑闪伤而引起。患猪神疲力乏，食欲减退或废绝，两后肢瘫痪在地，强行运动，两前肢伏地挣扎前进；腹围增大，触诊膀胱充满尿液，尿少难下，甚则闭塞不通。

（6）夹杂型　湿热重夹气虚者，形瘦无力，精神倦怠，食欲减退，体温偏高，结膜潮红，蹲腰努责，尿液难下，脉细数而弱。气虚重兼湿热者，精神委顿，喜卧懒动，食欲减退，体温偏高，皮毛无华，连连努责，尿液点滴而下，其色发黄，粪干燥，脉细数无力。肾虚重兼气郁者，神疲气短，体瘦毛焦，食欲减退，耳鼻和四肢末梢发凉。肚腹胀满，尿清色淡排出无力，舌色淡，舌质软，脉沉细。损伤重兼湿热者，精神倦怠，食欲废绝，体温偏高，结膜充血，舌红苔黄。两后肢截瘫，腹围增大，触诊膀胱充实胀满，尿淋滴难下，粪干，脉洪。

【治则】　湿热型宜泻膀胱湿热，通调水道；气虚型宜健脾补肾，升阳益气；肾虚型宜温补肾阳，滋阴清热，化气利水；气郁型宜疏肝解郁，利水通淋；损伤型宜清热利尿，活血祛瘀；夹杂型宜清热利尿，祛瘀补虚。

【方药】　（1适用于湿热型；2、3适用于气虚型；4适用于肾虚型肾阳虚者；5适用于肾虚型肾阴虚者；6适用于气郁型；7适用于损伤型；8适用于夹杂型湿热重夹气虚者；9适用于夹杂型气虚重兼湿热者；10适用于夹杂型肾虚重兼气郁者；11适用于夹杂型损伤重兼湿热者；13、14适用于夹杂型）

1. 滑石散加减。滑石、木通、猪苓、泽泻、酒知母、酒黄芩、车前子各10～30g，茵陈18g，瞿麦15g，灯心草9g。尿淋甚者加栀子、黄柏、夏枯草、金银花、马鞭草；尿淋滴难下者加玉米须、海金沙、萹蓄；尿中脓血多者加蒲黄、大小蓟、白茅根；久病气血虚者加当归、黄芪、升麻等；便秘者加火麻仁、郁李仁。水煎取汁，待凉，分早、晚灌服，连服2～3剂。乌洛托品注射液5～20mL，静脉注射；尿感灵注射液10～30mL，肌内注射，1次/d，连用2～3次。

2. 补中益气汤加味。炙黄芪30g，党参24g，当归、白术各18g，升麻、柴胡、陈皮各6g，猪苓、泽泻、茯苓15g，木通10g，苦参12g，炙甘草9g。水煎取汁，待凉，分早、晚灌服，连服2～5剂；50％葡萄糖注射液20～60mL，10％乌洛托品注射液10～30mL，10％安钠咖注射液5～10mL，静脉注射，1～2次/d，连用3～4次。

3. 参芪五苓散。党参24g，黄芪30g，白术18g，猪苓、泽泻、茯苓、车前子、桂枝各15g，薏苡仁20g，通草、甘草梢各9g。肾阳虚衰严重者加制附子、熟地黄，加重桂枝用量；气机不畅、尿不利者加香附、乌药、枳壳。水煎取汁，待凉，分早、晚灌服，连服2～5剂；50％葡萄糖注射液20～60mL，10％乌洛托品注射液10～30mL，10％安钠咖注射液5～10mL，1次静脉注射，1～2次/d，连用3～4次。

4. 肉桂 18g，制附子、白芍、乌药、桃仁各 6g，熟地黄、巴戟天 12g，山药 9g，黄芪 24g，橘核 8g。尿淋漓、难下者加马鞭草、玉米须、夏枯草、萹蓄、木通等。水煎取汁，分早、晚温服，连服 3～5 剂。50% 葡萄糖注射液 20～10mL，10% 安钠咖注射液 5～10mL，酢浆草注射液 20～40mL，静脉注射，起初 2 次/d，以后改为 1 次/d，连用 2～3 次。

5. 肾气汤加味。熟地 12g，山药、牡丹皮各 10g，山茱萸 9g，泽泻 21g，茯苓、肉桂各 24g，制附子 6g，石韦、萹蓄 18g。水煎取汁，分早、晚灌服，连服 2～5 剂。50% 葡萄糖注射液 20～100mL，10% 安钠咖注射液 5～10mL，酢浆草注射液 20～40mL，静脉注射，起初 2 次/d，以后改为 1 次/d，连用 2～3 次。

6. 逍遥散加味。柴胡、白芍、当归、乌药、甘草、香附各 6g，白术 9g，茯苓、猪苓各 18g，薄荷 3g，煨生姜 5g，地骷髅、夏枯草各 24g，泽泻 12g。水煎取汁，分早、晚灌服，连服 2～3 剂。木香注射液、安神灵注射液各 12～20mL，静脉注射，1 次/d，连用 2～3 次。

7. 四物汤合五苓散加地骷髅、红花、丹参、童便。水煎取汁，分早、晚灌服，连服 3～5 剂。青霉素 40 万～200 万单位，肌内注射，起初 2～3 次/d，3d 后改为 1～2 次/d，连用 5～7d；尿感灵注射液 10～20mL，肌内注射，1 次/d，连用 3～7d；10% 葡萄糖酸钙注射液 10～20mL，静脉注射，1 次/2d，连用 2～3 次。

8. 知柏五苓散。知母、黄柏、车前子、瞿麦、海金沙、猪苓、茯苓、泽泻各 18g，桂枝、甘草梢 6g，白术 15g，滑石 30g。水煎取汁，分早、晚灌服，连服 3～5 剂。乌洛托品注射液 5～20mL，静脉注射；尿感灵注射液 10～30mL，肌内注射，1 次/d，连用 2～3 次。

9. 参芪五苓散（见方药 3）加黄柏、黄芩、知母、夏枯草、萹蓄。水煎取汁，分早、晚灌服，连服 2～3 剂。复方磺胺-5-甲氧嘧啶 15～20mL，肌内注射，1 次/d，连用 2～3 次。

10. 温肾解郁利尿散。肉桂 20g，附子、山萸肉、枳壳、香附、青皮各 6g，熟地黄 12g，地骷髅 24g，白术 10g，茯苓 5g，泽泻 15g，生姜 8g。水煎取汁，分早、晚灌服，连服 3～5 剂。50% 葡萄糖注射液 20～40mL，10% 安钠咖 5～10mL，木香注射液 10～20mL，静脉注射，1 次/d，连用 2～3 次。

11. 利尿散。猪苓、茯苓、石韦各 15g，泽泻、瞿麦、海金沙、灯心草各 12g，木通 6g，萹蓄、车前子 9g。瘀血甚者加当归、川芎、丹参、赤芍等。水煎取汁，分早、晚灌服，连服 3～5 剂。青霉素 40 万～200 万单位，肌内注射，起初 2～3 次/d，3d 后改为 1～2 次/d，连用 5～7d；尿感灵注射液 10～20mL，肌内注射，1 次/d，连用 3～7 次；10% 葡萄糖酸钙注射液 10～20mL，静脉注射，1 次/d，连用 2～3 次。

用方药 1～11，共治疗 200 例，治愈 198 例，治愈率达 99%，死亡 2 例（1 例并发肠粘连、1 例膀胱破裂）占 1%。在治疗的 200 例病猪中，湿热型 102 例，气虚型 10 例，肾虚型 6 例，损伤型 58 例，夹杂型 24 例。（张荣堂等，T19，P43）

12. 将猪保定好，消毒交巢穴位皮肤，术者用注射器吸取苯甲酸钠咖啡因 5～15mL，针头与荐椎呈平行方向刺入交巢穴 2～15cm，慢慢注入药液，起针后用酒精棉球按压注射部位 20s。1～2 次即愈。冬季应将药液加温，以接近猪体温为宜。（陈忠富，T54，P43）

13. 滑石、知母各 30g，酒黄柏、木通、泽泻、茵陈、大黄、车前子、萹蓄、各 20g，猪苓、黄芩各 25g，连翘 30g，蒲公英 30g，灯心草、甘草各 10g。尿中带血者加瞿麦以清热凉血；有结石涩痛者加金钱草、石韦等以通淋化石。共研末，温开水冲调，灌服。10% 安钠咖注射液 10mL，于后海穴（刺入 2cm）注射；链霉素 100 万～200 万单位，青霉素 240 万～480 万单位，肌内注射；氨茶碱 0.5g，双氢克尿噻 0.2g，乌洛托品 5.0g，灌服。

14. 滑石 20g，茵陈、灯心草、知母各 15g，黄柏、猪苓各 10g，泽泻 8g。水煎取汁，候温灌服。硫酸庆大霉素 30mg，地塞米松磷酸钠 20mg，混合，肌内注射。共治疗 27 例，除 1 例因膀胱破裂死亡外，其余 26 例均获痊愈。

15. 滑石 50g，知母、黄柏、木通、泽泻、茵陈各 30g，猪苓、黄芩各 25g，大黄 20g，灯心草 10g。共研细末，开水冲调，候温灌服，1 次/d，连服 2 剂。氨茶碱片 0.5g，双氢克尿噻 2g，乌洛托品粉 5g，灌服，2 次/d，连服 2d。

16. 穴位注射刺激法。①选阴俞穴，进针深度 5～7cm，10％樟脑醇（樟脑 10g 装在瓶内，加 95％酒精至 100mL，溶解后过滤备用）5～6mL/次，1 次/d，连续注射 2～3 次；②松节油（为市售药品）2～3mL/次，1 次/（2～3）d，连续注射 1～2 次（均为 80kg 猪药量）。取穴与进针方法按常规方法进行。共治疗 5 例，全部治愈。

注：筛选最佳穴位和给予穴位一定的刺激量（刺激强度和维持刺激时间）是本法两个要素。穴位注射刺激剂，大大优于提插、捻转、艾灸、火针、烧烙等传统的增加刺激的方法，可代替留针。樟脑醇一次使用总量不得超过 20mL；松节油每穴使用量不得超过 4mL，且不宜在一穴中重复注射，必须重复注射时，需隔 2～3d 进行，有时局部发生肿胀，2～3d 可自行消失。

17. 八正散加减。木通、瞿麦、萹蓄、车前子、蒲公英各 20g，滑石、金钱草各 30g，灯心草、栀子各 12g，连翘、甘草梢各 15g。水煎取汁，候温灌服，1 剂/d。5％葡萄糖生理盐水 300～500mL，青霉素 200 万～400 万单位，10％安钠咖注射液 10～20mL，2.5％维生素 C 注射液 10～20mL，40％乌洛托品注射液 10～20mL，静脉注射，1 次/d。对膀胱积尿者先行导尿。共治疗 169 例，治愈 167 例（2 例因膀胱破裂死亡），有效率 98.8％。

18. 加味补中益气汤。人参、柴胡、炙甘草各 10～15g，白术、当归、黄芪、茯苓各 20～30g，陈皮、升麻各 15～20g，车前子或冬葵子 40～80g。先将人参用水间接炖 2h，其他药物用水约 800mL 浸泡 15min，煎煮取汁，冲入人参 1 次灌服（用党参无效）。共治疗 11 例，其中尿潴留最短者 48h，最长者 132h。服药 1 剂，最多 3 剂，排尿即恢复正常。（徐淑亭，T56，P25）

注：对肚腹胀满、尿液闭塞不通的危重患猪，可配合导尿法，但保定操作一定要轻缓，导尿时，必须小心谨慎，严防膀胱破裂。治疗猪尿闭并发症，采用中药结合抗生素、磺胺药、利尿剂等效果良好；对病情危重者，先用西药缓解病情，同时运用中药调治，疗效更佳。

【典型医案】 1. 2005 年 9 月 20 日，湟中县拦隆口村张某一头 3 岁杂种母猪发病来诊。主诉：昨天晚上母猪产仔，早上发现母猪卧地不起，不食，排粪少，未见排尿。检查：患猪膘情中等，腹围大，耳热，站立时不断努责，频频排尿，不见尿液排出。诊为产后尿闭。治疗：10％安钠咖 10mL，后海穴注射；青霉素钠 320 万单位，链霉素 100 万单位，肌内注射；氨茶碱 0.5g，双氢克尿噻 0.2g，乌洛托品 5.0g，灌服。取木通、车前子、萹蓄、大黄、瞿麦、栀子、连翘、蒲公英、金钱草各 20g，滑石 30g，甘草 15g，灯心草 10g。用法同方药 13，1 剂/d，连服 3d，治愈。（曹发龙，T141，P55）

2. 1997 年 6 月 25 日，邓州市张村镇李洼村全某一头母猪，于产仔后 3d 发病来诊。检查：患猪频作排尿姿势，尿量少，疼痛不安，体温 39℃，膀胱部位拒触有压痛。诊为产后尿闭。治疗：硫酸庆大霉素 30mg，地塞米松磷酸钠 20mg，混合，肌内注射；取方药 14 中

药，用法同上，1剂而愈。（邹山青，T103，P42）

3. 2006年6月20日，湟源县城关镇宋某一头2岁杂种母猪发病来诊。主诉：昨晚该猪产仔，今早发现卧地不起，不食，排粪少，未见排尿。检查：患猪膘情中等，腹围大，耳热，站立后不断努责，频频排尿、不见尿液排出。治疗：取方药15，用法同上。服药后，患猪食欲增加，尿液增多，排尿流畅，痊愈。

4. 2007年8月4日，湟源县城关镇某村罗某一头3岁杂种母猪发病来诊。主诉：前天该猪产仔后出现吃食少，粪干，排尿困难、尿少。检查：患猪营养较差，粪干，常作排尿姿势、尿液呈点滴状。治疗：取方药15，用法同上。治疗后，患猪食欲增加，尿液增多，排尿通畅，痊愈。（芦祥明，T164，P58）

5. 1986年4月10日，盐城市郊永丰乡民建村郑某一头约65kg初产黑母猪就诊。主诉：该猪于产后第3天发病，排尿困难已2d，病初吃食减少，现已不食。检查：患猪腹部胀满，坐地努责，频作排尿状，但每次只能排下几滴。诊为产后尿闭。取方药16，用法同上。注射后约30min即排出尿液。当日傍晚排尿稍有不畅，再注射1次，痊愈，未复发。（吴杰，T35，P43）

6. 2005年7月28日，威海市前双岛村陈某一头约165kg大约克母猪就诊。主诉：该母猪产后一直排尿不畅、量少。检查：患猪体温40.8℃，起卧不安，两后肢开张，时作排尿姿势，尿液呈点状流出。治疗：呋喃妥因1.5g，乌洛托品6g，双氢氯噻嗪150mg，苏打片20g，加水适量，1次灌服。中药用八正散加减：滑石、金钱草各30g，木通、车前子、瞿麦、萹蓄、蒲公英各20g，连翘、甘草梢各15g，灯心草、栀子各12g，水煎取汁，候温灌服，1剂/d，连用2d。患猪排尿通畅。中药继服1剂，4d后痊愈。（李光金，T140，P44）

产后恶露不尽

恶露不尽是指母猪产后从阴门排出大量灰红色或黄白色有臭味的黏液性或脓性分泌物，严重者呈污红色或棕色的一种病症。

【病因】　多因母猪助产或人工授精时消毒不严，或母猪生活环境卫生差、饲料霉变等；母猪产后气虚亏损，饲养管理不善，产道感染，自身免疫能力下降等均可引发本病。

【主证】　患猪拱腰努责，精神不振，采食减少，不时努责，阴门流暗红色或黑红色腐臭恶露、夹杂有未腐烂的胎衣碎片，阴道黏膜充血、肿胀等。

【治则】　活血化瘀，补中益气。

【方药】　1. 党参、黄芪各15g，当归、川白芍各25g，木通、王不留行、炮姜各20g，益母草30g，丝瓜络80g，大枣10枚，糯米250g。糯米、大枣煮粥，余药水煎取汁与粥混匀，分2次喂服，1剂/d。共治疗数十例（含牛），均获良效。

2. 当归50g，川芎、桃仁各15g，炮姜、炙甘草各3g，黄酒、童便各250mL为引。恶露中带有鲜红色血液者加焦蒲黄3～15g；恶露中带有黑色血块者加生蒲黄3～15g。共为细末，开水冲调或煎汤取汁，候温加黄酒、童便，同调灌服。共治疗121例（含产后胎衣不下、产后慢草及羊的胎死腹中等病症），均收到了比较满意的效果。（吴志中，T64，P36）

3. 舒筋活血片（新乡市长垣制药厂生产，由红花、香附等中药组成，0.3g/片）15～29片/次，加水灌服，2次/d，连服2～3d。对体温升高者配合抗生素治疗效果更佳。共治疗115例（含产后子宫内膜炎），并有助于发情、受孕和产仔。

4. 益母草60g，归尾、红花、三棱、莪术各15g。气虚者加党参、黄芪各15g。水煎取

汁，冲人尿 250mL，白酒 120mL，灌服。共治疗 57 例（含胎衣不下），全部治愈。（范上迪等，T31，P36）

【典型医案】 1. 1986 年 4 月 8 日，黎平县德凤镇左某一头初产母猪，产后 3d 因乳汁不下、食欲减退就诊。检查：患猪消瘦（中下等膘情），阴道有细线状分泌物流出、色微红、无臭味，乳房胀大，挤压有少量清淡乳汁流出，后肢不能自立，时发呻吟，触压腹部有疼痛反应。诊为产后恶露不尽。治疗：取方药 1，用法同上，连服 3 剂。患猪乳汁分泌正常，恶露除尽，后肢可站起，但不能久立，继用上方药 1 剂，肌内注射适量复方水杨酸钠，痊愈。（黄寿高，T51，P24）

2. 1990 年 10 月 5 日，淮阳县冯塘乡陈老家村陈某一头经产母猪，于产仔后 3d 就诊。检查：患猪精神不振，食欲减退，不时努责，阴门流暗红色稀薄液体、气味腥臭，阴道黏膜充血、肿胀，体温 38℃。诊为恶露不尽。治疗：舒筋活血片，15 片/次，混食喂服，2 次/d，连服 3d。患猪诸症悉除，纳食剧增，当年配种受孕，翌年 4 月产仔猪 11 头。（张子龙，T85，P47）

产后瘫痪

产后瘫痪是指母猪体质虚弱，产后感受风寒，出现以卧地不起、瘫痪为特征的一种病症，又称产后风，一些地方称为趴窝病。

【病因】 多因长期饲养管理不当，饲料单一或搭配不当，营养物质（如钙、磷、蛋白质）缺乏，得不到及时补充，致使血糖、血钙降低所致；圈舍潮湿、光照不足等导致机体阳气不足，卫气不固，一旦气候突变，或久卧湿地，贼风侵袭，风、寒、湿邪乘虚伤于皮肤，流窜经络，侵害肌肉、关节、筋骨，经络闭阻，气血凝滞，而发病。

【主证】 病初，患猪食欲不振，精神倦怠，日渐消瘦，毛焦肷吊，走路摇摆，站立困难，体温正常或偏低，四肢末梢发凉，可视黏膜苍白。随着病情发展，患猪食欲废绝，卧多立少，起卧困难，步态蹒跚，体躯摇摆，腰背僵硬，四肢强拘、浮肿，关节肿胀；继而患猪除卧地不起外，强迫运动时则前肢跪地爬行，两后肢麻木，卧地不起，前肢爬行，肌肉震颤，或两后肢呈八字形分开，严重者全身瘫痪，人为抬起也难站立；触诊前后肢关节时疼痛剧烈，发出尖叫声。无合并症时，患猪体温正常，食欲、粪尿无多大变化，心跳稍快。

【治则】 温补肾阳，舒筋活络，除湿散寒。

【方药】 1. 小续命汤（《备急千金要方》）。麻黄、桂枝、杏仁、川芎、芍药、防己、生姜各 50g，附子、黄芩、甘草各 40g，党参、防风各 60g。饮食欲减退者加山楂、神曲；口渴、粪干燥者加大黄、枳壳、生地、麦冬；气虚甚者加黄芪等；经络瘀滞甚者加牛膝、当归等；风湿重者加秦艽、木瓜、威灵仙等；痹证迁延，风、寒、湿邪久留，郁而化热者加石膏等，酌减附子量，重用芍药。水煎取汁，候温灌服。同时结合针刺百会、大胯、小胯等穴，收效更佳。

2. ①10%葡萄糖酸钙注射液 150～200mL，或 25%葡萄糖注射液 100～200mL，10%氯化钙注射液 20～50mL，混合，静脉注射，1 次/d。同时分别肌内注射 2.5%维生素 B_1 注射液 10～20mL，维丁胶性钙注射液 5～10mL。共治疗 197 例，治愈 191 例，有效率 97%；②自拟补肝益肾汤：党参、牛膝、白芍、骨碎补、杜仲各 15g，当归、熟地黄、山茱萸、续断、桑寄生各 20g，伸筋草、秦艽各 12g，甘草 10g。水煎取汁，加黄酒 50mL，灌服，1 剂/d。

3. ①樟脑注射液 10mL，维生素 B_1 注射液 14mL，青霉素 320 万单位，复方氨基比林 10mL，肌内注射，2 次/d，连用 1～2d；②当归 24g，川芎、丹参各 18g，红花 12g，柴胡 35g，生姜 10g，葱白 5g，大枣 4 枚。水煎取汁，候温灌服。1 剂/d，分 2 次灌服，连服 2～3 剂。同时灌服水杨酸钠片 5g 和等量苏打片。

4. ①熟地黄、滑石各 18g，天门冬 20g，天花粉、元参各 15g，麻仁 30g，蜂蜜 50g。水煎取汁，候温灌服，1 剂/d，连用 2～3 剂。②葡萄糖酸钙 50～150mL 或 10%氯化钙 50～100mL 或 25%～50%葡萄糖 100mL，静脉注射；维丁胶性钙注射液 2 万单位，维生素 B_1 注射液 8mL，维生素 B_{12} 注射液 5mL，混合，肌内注射，2 次/d，连用 4d；粪干燥者灌服油类或盐类缓泻剂；在饲料中加适量骨粉和鱼粉用于预防。本方药适用于低血钙产后瘫痪。（张余江，T112，P23）

5. 黄芪桂枝五物汤加味。黄芪 60g，桂枝、白芍 40g，大枣、生姜、当归各 30g，赤芍 20g，川白芍、桃仁、红花各 10g。水煎取汁，候温灌服。本方药对母猪产后瘫痪有效。

6. 当归、乳香、没药、大黄各 30g，骨碎补、土鳖虫、杜仲、羌活、独活各 25g，威灵仙、桂枝、红花、甘草各 15g，黄酒 250g，白糖 500g。病重者加狗骨粉 100g，病轻者加 50g；体虚者加黄芪、党参；口干舌燥者加天花粉、知母；便秘者加重大黄用量。水煎取汁，候温灌服。

7. 10%葡萄糖注射液 500mL，50%葡萄糖注射液、5%氯化钙注射液各 100mL，混合，静脉注射；青霉素 640 万单位，0.9%生理盐水 250mL，50%葡萄糖注射液 100mL，地塞米松注射液 10mL，维生素 C 注射液 20mL，20%安钠咖注射液 5mL，混合，静脉注射。治疗后稍驱赶，患猪便能站立。为巩固疗效，再用补阳疗瘫汤加味：党参、黄芪、当归、川芎、丹参、熟地黄、川续断、牛膝、杜仲各 15g，龙骨 20g，滑石粉、益母草各 30g，桑寄生、甘草各 12g。共为细末，加入红糖 250g，分早、晚 2 次拌入饲料喂服。

8. 百会穴疗法。选用 16 号注射用针头，长度视猪体的大小及膘情而定。穴位部剪毛消毒，针体与猪体垂直，进针 3～5cm，将 10%安痛定注射液 10～20mL 或 30%安乃近注射液 10～20mL，肌内注射，一般隔日 1 次，重症 1 次/d，连用 1～3 次。

注：选穴要准，进针要控制好深度，严格消毒；对怀孕母猪，特别是怀孕后期母猪，不宜用本法治疗；用两种或两种以上药物混合注射时，应特别注意有无配伍禁忌；进针次数不宜过多，药物应缓缓注入，起针后，再迅速用酒精棉球将针孔按压 1min 左右即可。每个疗程以 2～3 次为宜。

9. ①巴戟散。巴戟天、肉苁蓉、补骨脂、胡芦巴各 45g，小茴香、肉豆蔻、陈皮、青皮各 30g，肉桂、木通、川楝子各 20g，槟榔 15g。水煎取汁，候温灌服。②维生素 B_{12} 注射液 20mL，于肾门穴（在第 3、第 4 腰椎棘突间的凹陷处）注射（进针 2～3cm），1 次/2d。同时补充一些含钙、磷丰富的饲料，效果更佳。共治疗 67 例，治愈 63 例。

10. 永龙正红花油〔永龙（南洋）集团生产〕。每穴（部）位用油 5～10 滴，一边滴油，一边用右手的食指在穴（部）位用力涂擦，1～2 次/d，一般连用 5～7d。共治疗 16 例，全部治愈。

11. 九节风（又名九节茶、接骨茶）200g，威灵仙 100g，三角风、怀牛膝各 20g。各药切碎，备用。将一只 1.5kg 左右红公鸡宰杀，脱毛，去内脏，然后将备好的药装入鸡腹腔，缝好，清炖熟，待温后将鸡和药汤一起喂服，1 个疗程/3d，连服 2 个疗程。共治疗 23 例，治愈 18 例。

12. 将患猪保定，取葡萄糖酸钙注射液 150mL、维丁胶性钙注射液 20mL，耳静脉注射；安痛定注射液 10mL，地塞米松注射液 5～10mL，青霉素 G 钾 800 万单位，百会穴注射（进针深度 1.5～3.0cm）。用食醋将百会穴部位的被毛浸湿后，覆醋浸的草纸 4～5 张，再在草纸上覆以用醋浸过的艾叶 20～50g，于艾叶上浇洒白酒，点燃。待醋干加醋，酒尽加酒，醋酒交替使用直到出汗为止。再用麻袋或布片覆盖保持 10min。一般 1 次治愈，病重者最多不超过 3 次。共治疗数十例，治愈率 100%。

13. 强骨壮筋补钙灵。骨粉 50g，食盐 20g，杜仲、苍术各 25g，糖钙片 30 片，维生素 B₁ 30 片，强的松 20 片。共为细末，分为 2 包，2 次/d，1 包/次，混入食料喂服。病轻者一般给药 5～7d 可愈；病情较重者服药 7～10d 可愈；病情严重者需治疗 15d 左右，同时取维丁胶性钙，50kg 以上者 10mL/(d·头)，肌内注射，连用 7d。共治疗 143 例，全部治愈。

【护理】　加强饲养管理，喂给易消化吸收饲草、饲料，对生产母猪要加强补钙。勤换垫草，防止褥疮。

【典型医案】　1. 1996 年 2 月 25 日，绥阳县洋川镇包某一头约 75kg 母猪发病就诊。主诉：该猪产仔已月余（第 5 胎，产仔猪 12 头），2 月 21 日出现食欲减退，后肢跛行。24 日卧地不起，强迫起立后能站立约 3min，行走摇摆。检查：患猪精神不振，体瘦毛焦，患肢发抖，触之有凉感、躲闪惊叫、体温、呼吸、心跳、粪、尿均无异常。诊为产后风湿瘫痪。治疗：取方药 1 加山楂、神曲各 60g，用法同上。1 周后追访，痊愈。

2. 1996 年 3 月 5 日，绥阳县洋川镇民主村周某一头约 60kg 母猪发病就诊。主诉：该猪于 1 月 8 日产第 4 胎（产仔猪 9 头），2 月 20 日发病，打针吃药不见好转，现卧地不起，食欲、体温等正常。检查：患猪体瘦毛焦，后躯瘫痪，患肢肌肉萎缩，触之敏感，人为抬扶方能勉强站立；圈舍较潮湿。根据病史及症状诊为母猪产后风湿瘫痪。治疗：取方药 1 加秦艽、木瓜、牛膝各 40g，当归 50g，水煎取汁，

候温灌服。10 日复诊，患猪诸症好转，能自行站立、行走数步，但后肢仍软弱无力，继用小续命汤加威灵仙 40g，黄芪 60g，用法同上。嘱畜主加强饲养管理，1 个月后追访，痊愈。

3. 1996 年 4 月 4 日，绥阳县洋川镇马槽沟村袁某一头约 150kg 母猪患病就诊。主诉：该母猪以前产过 5 胎，均正常，2 月 25 日又产第 6 胎（产仔猪 10 头），3 月 28 日发病，现卧地不起。检查：患猪体温、呼吸、心跳均正常，后躯瘫痪，强迫站立，行走摇摆，步态不稳，触诊患肢敏感、惊叫，粪干燥，乳量较少。诊为产后风湿瘫痪。治疗：取方药 1 加大黄 100g，枳壳 40g，生地 60g，麦冬 50g。用法同上。半月后追访，痊愈。（文儒林等，T94，P22）

4. 2004 年 11 月 12 日，威海市环翠区东夼村毕某一头约 145kg 杂交母猪，于产后近两天食欲不振、卧地难起、不能站立就诊。检查：患猪体温正常，体瘦、虚弱，食欲废绝，卧地昏睡，四肢发凉、麻木，强行驱赶，勉强起立，后随即卧地，肌肉松弛，针刺反应迟钝。诊为产后瘫痪。治疗：10% 葡萄糖酸钙注射液 200mL，静脉注射；2.5% 维生素 B₁ 注射液 20mL，维丁胶性钙 10mL，分别肌内注射，1 次/d；中药取方药 2②，用法同上。用药 3d，患猪能短时站立，有食欲。继续治疗 3d，患猪行走正常，食欲恢复。（李光金，T140，P43）

5. 1983 年 4 月 12 日，彭山县杨柳四队罗某一头约 60kg 母猪发病就诊。主诉：该猪 3 月 28 日产仔，4 月 1 日后肢出现麻木，不断提举，按之不知痛痒他医曾治疗 3 次无效。检查：患猪体温正常，吃半饱，拉稀粪，人扶方能站起。诊为产后瘫痪。治疗：取方药 5，用法同上，1 剂而愈。（宁翔，T14，P35）

6. 1985 年春末，前郭县八郎村胡某一头约 175kg 黑母猪发病就诊。主诉：该猪产仔后 6～7d 出现精神沉郁，反应迟钝，食欲骤

减，多卧少立，行走困难，后躯摇摆，继而拒食，粪干，后肢瘫软，站立困难。不久前肢也出现瘫卧，全身震颤，臀肌和后腰拒按，手压时疼痛尖叫。检查：患猪眼结膜发红，体温初正常，后升高，有时昏睡，乳汁先减少后停止分泌，拒绝哺乳。治疗：取方药6，每剂加狗骨粉100g，黄酒250g，白糖500g，开水冲调，候温，胃管投服，1剂/d，连服5～6剂，3d后隔日1剂，治愈。（王长青，T49，P41）

7. 1988年5月，围场县某猪场一头5岁、120kg杂种母猪，因产后出血较多来诊。检查：患猪食欲不振，懒动，体温38℃，四肢末梢发凉，采食时频频换腿，行走时四肢僵硬，左右摇摆，卧地难起。诊为产后瘫痪。治疗：取方药7，用法同上，1剂而愈。（卢运然，T144，P53）

8. 1987年8月21日，余庆县敖溪区松烟镇大松村田某一头约100kg母猪产仔10头，于23日晨发现后肢不能站立、食欲减退邀诊。检查：患猪卧地不起，即使人力将其扶起，站立也不到1min。运步时后肢拖拉，体温38.7℃，粪干燥。诊为产后瘫痪。治疗：取方药8，百会穴注射。次日，患猪已能自行起立，但站立不持久，继用上法治疗，第4天痊愈。（王永书，T53，P25）

9. 1997年3月21日，印江县峨岭镇严家寨村严某一头母猪就诊。主诉：该猪已病2d，食欲减退，卧地不起，他医用水杨酸钠和夏天无等药物治疗均无效。检查：患猪瘦弱无力，站立困难（后肢尤其明显），关节肿胀，体温正常。根据临床症状，结合圈舍保暖不好，气候寒冷，加之饲料单一，又哺乳仔猪。诊为瘫痪。治疗：巴戟散，用法同方药9，1剂/d，连服2剂。维生素B$_{12}$注射液20mL，肾门穴注射，1次/2d。嘱畜主多喂给蛋白质、矿物质含量较高的饲料，加强运动。5d后追访，患猪痊愈。（李承强，T105，P23）

10. 1995年2月28日，盐都县龙冈镇军营村蒋某一头200kg母猪就诊。主诉：该猪长期饲养在阴暗潮湿的圈舍，2月1日产下16头仔猪，产后20d见其四肢软弱无力，食欲减退。检查：患猪消瘦，低声呻吟，瘫卧在地，四肢末端发凉，针刺体表皮肤及四肢有痛感。诊为产后瘫痪。治疗：永龙正红花油（见方药10）涂擦锁口、风门、肘俞、百会、大小胯、后三里穴。5滴/（穴·次），1次/d。喂给煮熟黄豆粉250g/d，改善猪舍环境卫生条件。3月4日，患猪活动正常。（杨广忠等，T110，P34）

11. 1989年10月8日，晴隆县莲城镇高坡村黄某一头产仔母猪，因猪舍潮湿等引起瘫痪，第3天就诊。检查：患猪腰背紧硬，四肢浮肿，有食欲但需人工喂食。治疗：取方药11，用法同上，2剂治愈。

12. 1991年10月12日，晴隆县莲城镇菜子村易某一头产仔母猪，因饲料搭配不当，猪舍潮湿，通风较差引起瘫痪，已病6d邀诊。主诉：该猪发病后，他医用水杨酸钠、安乃近、葡萄糖酸钙、强的松、可的松等药物治疗2次无效。检查：患猪形体消瘦，卧地不起，食欲不佳。治疗：取方药11，用法同上，2剂痊愈。（佘昌祥，T79，P42）

13. 1997年6月25日，务川县丰乐镇长沟村米茶园组田某一头经产母猪，第3胎产后1个月后肢瘫痪，虽医治多次，但至双月仔猪出栏都未见好转来诊。治疗：取方药12，用法同上。治疗2次（1次/3d），1周后治愈。（廖永江等，T125，P47）

14. 1980年4月25日，蒲城县龙西大队刘某一头3岁母猪发病来诊。主诉：该猪产仔后第19天出现跛行，喜卧地，行走困难，食欲正常。4月25日晨突然瘫卧，人抬亦难站立，卧地采食，排粪尿。检查：患猪体温38.5℃，心跳84次/min，眼结膜苍白，口干舌燥，粪正常，触诊前、后肢关节疼痛敏感，发出尖叫声，全身肌肉震颤。诊为产后趴窝病。治疗：维丁胶性钙 10mL，肌内注射，1 次/d，连用 5d；取强骨壮筋补钙灵，用法同方药 13。治疗 5d 后，患猪能起立采食，10d 后能活动自如，半月后一切正常，未再复发。（刘成生，T15，P27）

产后衰竭

产后衰竭是指母猪产后由于内分泌及机体代谢紊乱，致使母猪机体功能平衡失调而出现的一种产后营养代谢性疾病。

【病因】　多因母猪产后泌乳多，且又不能及时得到补给，老龄母猪因其各种生理机能下降，加之产后所需营养物质不能充分吸收利用；某些产科和内科疾病失治、误治亦可继发本病。

【主证】　患猪食欲逐渐减退，心力衰竭，胃肠蠕动减弱，粪干燥而坚实，后期皮毛枯燥、无光泽，极度消瘦，行走无力，嗜卧，有的出现异食癖，多数在断奶后不治自愈，再产仔后易复发。

【治则】　健脾补血益气，温经通络行气。

【方药】　四君子汤加味。党参 100g，茯苓、白术、大麦芽各 80g，山楂 60g，黄芪、神曲、大黄、甘草各 50g，干姜 30g。共研细末或水煎取汁，候温灌服。病初有食欲时，将上药末分 2～3 次加入饲料中喂服。后期若食欲减退或废绝时，将上方药水煎取汁，1 剂 4 煎，灌服 1 次/d，连服 4d。对发生过衰竭的母猪，产仔后，将上方药粉作为饲料添加剂喂猪，可预防衰竭症复发。共治疗母猪产后慢性营养性衰竭症 27 例，治愈 25 例，一般 1 剂治愈。（李荣富，T68，P44）

产后综合征

产后综合征是指母猪产后诸症的总称，如产后热、乳腺炎、子宫炎、无乳等。

【病因】　主要是由于胎衣碎片滞留，细菌或病毒在子宫内生长繁殖而继发感染引起的中毒症。

【主证】　患猪精神萎靡，颤抖，体温升高，不愿让仔猪吮乳，乳房坚硬充实、充血，乳头松弛，挤不出乳汁，阴户常有大量乳白色黏液流出，食欲减退或废绝，粪干燥。

【治则】　清热解毒，消肿排脓。

【方药】　1. 菌毒灵注射液。黄芪、板蓝根、金银花、黄芩各 250g，鱼腥草 1000g，蒲公英、辣蓼各 500g。将诸药品洗净切碎置蒸馏器中，加水 7000mL，加热蒸馏收集蒸馏液 2000mL，将蒸馏液浓缩至 900mL 备用。药渣加水再煎 2 次，1h/次，合并 2 次滤液浓缩至流浸膏，加 20% 石灰乳调 pH 值至 12 以上，放置 12h，用 50% 硫酸溶液调 pH 值至 5～6，充分搅拌放置 3～4h，过滤，滤液用 4% 氢氧化钠溶液调 pH 值至 2～8，放置 3～4h，过滤加热至流浸膏状，与上述蒸馏液合并，用注射用水加至 1000mL，加抗氧化剂亚硫酸钠 1g，用注射用氯化钠调至等渗，精滤，分装，100℃煮沸 30min 灭菌，即为每 1 毫升含生药 3g 菌毒灵注射液。0.5mL/kg，肌内注射，1～2 次/d。重症者 3 次/d。共治疗 40 例，治愈 39 例。（杨国亮等，T168，P63）

2. 催产素 5 万～6 万单位，肌内注射或皮下注射，1 次/d；黄芪多糖注射液 10mL，恩诺沙星注射液 10mL，复方氨基比林注射液 10～20mL，地塞米松注射液 10mg，食欲减退者加胃复安注射液 100mg，混合，肌内注射，1 次/d；速尿注射液 100mg，肌内注射，1 次/d；甲硝唑注射液 1.5g（100mL 含 0.5g），静脉滴注，1 次/d。拒绝哺乳者，用蒲公英、牛膝各 100g，水煎取汁，候温，让母猪自饮或拌食喂服。

【典型医案】　1. 2006 年 8 月 8 日，天门市黄潭镇徐北村胡某一头母猪，产仔（14 头）后发病来诊。检查：患猪食欲废绝，阴门肿胀呈紫色、流出少量恶臭液体，体温升高至41℃，呼吸18次/min，心跳48次/min，精神沉郁，喜卧懒动，步态蹒跚，眼结膜充血，脉搏、呼吸加快，听诊肺泡音粗厉，乳汁少。诊为产后综合征。治疗：催产素注射液5万单位，肌内注射，1次/d。黄芪多糖注射液、恩诺沙星注射液各10mL，复方氨基比林注射液20mL，胃复安注射液100mg，混合，肌内注射，1次/d。甲硝唑注射液300mL（1.5g），静脉滴注，1次/d。速尿注射液100mg，肌内注射。9日，患猪诸症全消，痊愈。

2. 2006年10月10日，天门市黄潭镇杨泗潭6组杨某一头约110kg母猪，产仔（16

头）后发病来诊。检查：患猪乳房潮红、肿胀、热痛，不让仔猪吮乳，乳汁少而浓、混有白色絮状物，有时带血丝，食欲不振，体温41℃，精神沉郁，卧地不起，阴门流出少量黏性液体，特别是5～6乳腺肿大（10cm×8cm×5cm）。诊为产后综合征。治疗：催产素注射液50万单位，肌内注射。黄芪多糖注射液、恩诺沙星注射液各10mL，复方氨基比林20mL，地塞米松注射液10mg，胃复安注射液100mg，混合，肌内注射，1次/d。10月11日，患猪体温正常，精神活泼，食欲正常。（杨国亮等，T164，P58）

第四节　临床典型医案集锦

【流产后不规则出血】　乐平市接渡镇何家村何某一头妊娠70余天母猪，因与一架子猪同圈饲养而被压伤，导致流产，阴道内不规则出血已3d来诊。治疗：全当归24g，川芎9g，桃仁（去皮、尖）6g，干姜（炮黑）、甘草（炙）各3g，杜仲、红花、丹参、茺蔚子各8～15g。水煎取汁，候温灌服。服药3剂，痊愈。（汪成发，T97，P36）

【胎毒症】　1. 1996年4月12日，鹿邑县张某一头长白母猪，第1胎足月顺产7头仔猪，仔猪发育良好，唯被毛较短，全是死胎，疑是细小病毒引起。第2次怀孕后，接种细小病毒疫苗，并添加土霉素添加剂，顺产8头仔猪，又全是死胎。母猪膘情很好，怀孕期间未患任何疾病。诊为胎毒症。治疗：当归、熟地黄、党参、茯苓、柴胡、知母、黄柏、栀子、枸杞子、炒杜仲、川续断、桔梗、防风、甘草各30g，黄芪、土茯苓各40g。水煎2次，取汁，候温灌服，1剂/d，连服3剂。药渣晒干粉碎，拌饲料喂猪。怀孕第1个月服用3剂，

第2个月再服3剂，共服药6剂。第3胎足月顺产11头仔猪全部成活。

2. 1997年3月21日。鹿邑县陈某一头长大母猪，第1胎足月顺产7头仔猪，出生后5头仔猪颤抖，2头四肢不停跳动，精神尚好，含不住乳头，2d后全部死亡。疑是饲料中缺乏微量元素，先天性发育不良。第2次怀孕，每100kg饲料加1kg微量元素添加剂。足月顺产9头仔猪，症状同1胎，3d内全部死亡。诊为胎毒症。治疗：方药同1，用法同上。第3胎足月顺产9头仔猪，全部健康。

共治疗胎毒症13例，其中产死胎4例，产弱胎5例，产畸胎4例。（阎超山，T109，P29）

【产后肝胆湿热证】　汝南县金铺乡曹楼村朱某一头母猪，产仔半个月后出现咳喘、发热，他医曾用抗菌消炎、清热药物连续治疗5d，肺热症状基本痊愈，但精神委顿、不食，又投服两次健胃药无效邀诊。检查：患猪伏卧微动，排尿少、色深黄，粪干；口色红黄，舌

苔黄，巩膜轻度黄染。触诊右侧（最后肋间隙上部）肝区有轻度疼痛反应。诊为肺热继发肝胆湿热证。治疗：25％葡萄糖注射液200mL，三磷酸腺苷100mL，注射用辅酶A 500单位，维生素C 2.0g，混合，静脉注射。中药取加味茵陈散。茵陈、大黄各30g，栀子、柴胡各25g，板蓝根、白芍各20g，黄芩、白术、茯苓、木通各15g，泽泻、郁金、青皮、龙胆草、枳壳各12g，甘草10g。水煎取汁，候温灌服。翌日，患猪精神好转，开始觅食。效不更方（西药停用），令畜主自煎茵陈及大枣汁拌食喂服，痊愈。（崔海龙，T67，P38）

第四章

传染病与寄生虫病

第一节 传染病

高 热

高热是由多种病原菌、病毒、寄生虫等混合感染或继发感染引起以发热、厌食、皮肤发红和呼吸困难为特征的一种综合征。

【病因】 多由猪繁殖与呼吸障碍综合征病毒、圆环病毒-2、猪瘟病毒、伪狂犬病病毒、附红细胞体、弓形体、链球菌、霉菌毒素等多种病原混合感染或继发感染而引发高热。

中兽医认为，高热属温热蕴积、热毒入卫气营血所致。暑湿邪乘虚侵入机体，郁久化为火热之毒。

【主证】 猪群突然发病，病情迅速传播。患猪精神沉郁，食欲减退或废绝，体温40℃以上、呈稽留热，呼吸困难，咳嗽，鼻镜干燥，眼睑肿胀，喜卧，皮肤发红，耳部发绀，腹下和四肢末梢等多处皮肤有紫红色斑块。

（1）保育猪 断奶后10d左右发病。患猪体温达40～41.5℃，精神沉郁，不食，结膜潮红，眼睑肿胀；有的皮肤先红后紫，耳尖及胸腹部有蓝紫色斑点；有的皮肤发白，被毛粗乱、无光泽。多数患猪呼吸加快、呈腹式呼吸；有的咳嗽，流鼻涕，后肢关节肿大，不能站立；有的腹泻；有的出现抽搐、痉挛、磨牙、转圈等神经症状。耐过者，一般生长缓慢，成为僵猪。

（2）妊娠母猪 患猪突然不食，发热、体温40～41℃，精神沉郁，眼睑发绀，呼吸困难；有的皮肤发红，背部、胸部有出血点，耳及四肢末端发绀，粪干小，尿少色黄，后肢发软，不愿站立；部分母猪在妊娠后期出现流产、死胎、弱仔和木乃伊胎，产后无乳汁，或长期不发情，屡配不孕。

（3）育肥猪 患猪突然食欲减退，体温升高至41℃左右，精神沉郁、嗜睡；有的耳部、四肢末端和胸腹部发绀；有的皮肤发红、有出血点，有轻微呼吸道症状，后躯麻痹。濒死期患猪角弓反张，四肢呈划水状。

（4）吮乳仔猪 一般整窝猪发病。患猪体温升高至40℃，不吮乳，呼吸道症状明显，眼结膜肿胀，两耳发绀，腹部及臀部呈青紫色；有的出现神经症状；有的肛门发紫、粪干结、表面附着黏液，可视黏膜苍白、黄染，尿由深黄色到红色、呈浓茶样；有的腹泻、呕吐、腹胀等。

【病理变化】 肺部出血、水肿，间质增宽，肺部塌陷、有弹性、呈橡皮状，有的出现实变和大理石样病变；气管与支气管充满泡沫状液体；肝脏肿大、颜色变淡、切面有灰白色坏死灶、质脆，有的呈土黄色；脾脏肿大，有的有出血性梗死灶；肾脏肿大、呈土黄色，有的有散在出血点；胃底部有片状出血与溃疡；肠道黏膜有出血斑；心外膜、喉头黏膜和膀胱黏膜有散在出血点；全身淋巴结肿大、出血、水肿，特别是肺门淋巴结、腹股沟淋巴结和肠系膜淋巴结明显；有的胸腔和腹腔积液，胸膜粘连，心包发炎等。

【治则】 清热解毒，滋阴凉血。

【方药】 1. 清气透卫汤。青蒿（后下）、金银花、连翘各20g，香薷（后下）、黄芩、贯众、芦根、苍耳子各15g，板蓝根、石膏（先煎）各40g，鲜竹叶30g，藿香10g（为50～60kg猪药量；20～40kg猪药量为其1/3～1/2）。粪干结者加大黄；体温在41.5℃以上者重用石膏50g；体弱者加黄芪、防风；

呼吸困难者加桔梗、杏仁；关节肿胀、疼痛、跛行者加秦艽。水煎取汁，候温，分上午、下午灌服，1剂/d。为控制继发感染，在使用本方药的同时，可配合使用强力霉素、阿莫西林、氟苯尼考等抗菌药物及地塞米松、复合维生素B进行辅助治疗。共治疗287例，治愈264例，好转8例。

2. 连翘、板蓝根、地骨皮、淡竹叶各100g，金银花50g，黄连20g，黄芩30g，栀子、黄花地丁、生地、麦冬、夏枯草各80g，芦根200g（为250kg猪药量）。水煎取汁，候温灌服，1次/d，连服3d。同时，上午用猪用转移因子（大连三仪动物药品有限公司生产）和穿心莲注射液；下午用排疫肽（大连三仪动物药品有限公司生产）和盐酸林可霉素注射液，按说明书用量对患猪分别肌内注射，连用5d。隔离治疗，用百毒杀（浓度为1∶600）带猪消毒，1次/d，连用3d。全群猪饲料中按药品说明书用量加入氟苯尼考、泰妙菌素和五毒清（主要成分为黄芪多糖、灵芝多糖、牛磺酸、甘草、维生素C、清热因子、免疫调节剂），并在饮水中添加葡萄糖、电解多维，以增强猪的体质，防止继发感染。共治疗136例，有效率达86%以上。

3. 加味补中益气汤。黄芪50g，当归、板蓝根、鲜生姜各30g，党参、金银花、连翘、青蒿、贯众各25g，白术、陈皮、升麻、柴胡、黄芩、甘草各20g，大枣（剥烂）60g。粪干者加火麻仁100g（为1头猪药量）。共研末，水煎2次，合并药液，胃管灌服，1剂/d，连服6剂。灌服中药时加入左旋咪唑，10mg/kg（1次/2d）；高热怪病混感康（主要成分为米诺环素、磺胺间甲氧嘧啶钠、氟苯尼考、贝尼尔、退热因子、抗病毒因子），0.2mL/kg，深部肌内注射。间隔2d用药1次，连用3次；百毒不侵（黄芪多糖注射液，主要成分为免疫寡糖、聚肌苷酸聚胞苷酸、牛磺酸）20mL，肌内注射，2次/d，连用3d；

10%维生素C注射液15mL，肌内注射，1次/d，连用5d。

4. 清瘟败毒饮加减。黄连、黄芩、黄柏、知母、生地各30g，石膏120g，栀子、丹皮各20g，玄参、赤芍、连翘、桔梗、竹叶各25g，甘草15g（为5头成年猪1次药量，仔猪减半）。水煎取汁，混入饮水中喂服，食欲不佳者用胃管灌服，1剂/d，连服4d。取大椎、身柱、断血、百会、抢风穴，针刺得气后，分别注射双黄连注射液2mL。取耳尖、太阳、山根、鼻中、玉堂、前蹄头、涌泉、后蹄头、滴水穴，用三棱针或12号注射针头放血。病情较重、出血量少时，用剪刀剪耳放血。饮水中加入水溶性多维电解质和葡萄糖。

5. 连翘、金银花各25g，党参40g，淡竹叶20g，桔梗、牛蒡子、柴胡、黄芩各15g，薄荷、荆芥各10g，芦根30g。水煎取汁，候温，胃管投服。

6. 石膏60～120g，绿豆120～180g，乳酶生（大多以酵母粉代替）150～200g。用温开水拌料喂服，1次/d。大多用药3～4次治愈，治愈率为98.6%。（徐达等，T32，P49）

7. 取1～2头（只）新鲜的猪、羊胆汁约80mL，加入米醋30～40mL，即呈蛋黄状（胆汁有两种，一种呈黄绿色者可少加米醋，不以结块为宜；另一种呈青绿色者可多加米醋，不结块），搅拌均匀。取导尿管1根，蘸上药液插入直肠中，将药液注入直肠内，并用手指堵塞肛门数分钟，以防药液流出，此时患猪即会自行排粪。1次/d，连续1～2次即可。在用胆汁加米醋直肠灌注的同时，取1头（只）猪、羊胆汁加蜂蜜250g，调和均匀，灌服。（李普生，T34，封三）

8. 插枝配合西药疗法。取未开棕筋（无棕筋者可用其他柔韧枝条代之）插入顺气穴，深度视猪体大小而定。取青霉素320万单位、链霉素100万单位、氨胆注射液40mL（广西合浦县兽药厂生产），混合，肌内注射；维生素 C 注射液 40mL，肌内注射。共治疗 30 余例，病轻者 1 次，病重者 2 次，均治愈。（全亚民，T69，P20）

9. 清热解毒汤。金银花、板蓝根各 60g，连翘 30g，黄芩、栀子、菊花各 20g，石膏 120g，甘草 10g。水煎取汁，候温灌服，1 剂/d，1 个疗程/5d。取菲疫肽（天津万象药业有限公司生产，主要成分为干扰素、白介素），1 瓶/100kg，肌内注射，1 次/d，连用 3d。同时，取高热混感针（四川维尔康动物药业有限公司生产，主要成分为盐酸林可霉素、盐酸大观霉素、黄芪多糖注射液），0.2mL/kg，稀释头孢噻呋钠 10mg/kg，肌内注射，1 次/d，连用 3～5d。若与附红细胞体混合感染，加复方三氮脒注射液，1 次/d，连用 3d；或用复方多西环素注射液，0.1mg/kg，1 次/d，连用 3～4d。若与弓形体混合感染，同时取 30%磺胺间甲氧嘧啶注射液，0.1mg/kg，肌内注射，1 次/d，连用 3～4d。共治疗 289 例，治愈 268 例，治愈率 92.7%。

10. 取新鲜猪胆，用绳子扎紧，放入生石灰（自然风化的生石灰）中 3～5d 取出。将猪胆汁灌入已挖空的老生姜块内，密封、晾干、备用。用时切片捣碎，开水冲服。一般 200～250g 为宜。共治疗 76 例，1 次痊愈 59 例，2 次痊愈 16 例，3 次痊愈 1 例。

11. ①有食欲者，取银花藤、苍术、薏苡仁、藿香、佩兰、韦茎、桃仁、丹皮、赤芍、桔梗、鱼腥草、冬瓜仁、钩藤、甘草、水牛角、淡竹叶。水煎取汁，候温灌服。便秘者另取大黄煎汁，灌服。②瘫痪者，取银花藤、泽泻、白术、钩藤、蚕砂、威灵仙、枳实、法半夏、丹参、桑枝、茯苓、川牛膝、竹茹、陈皮、薏苡仁、枳壳、滑石、木通、甘草。水煎取汁，拌料喂服。③不食者，取生石膏、苍术、厚朴、陈皮、神曲、谷芽、麦芽、天花粉、知母、北沙参、甘草、麦冬、淡竹叶。水煎取汁，候温灌服。1 次/d，200～350mL/次。

服用上方药时，禁用黄芪、干姜和板蓝根。共治疗 87 例，灌药呛死 2 例，误用黄芪、干姜及未用生石膏死亡 10 例，治愈率为 88.5%。

注：蓝耳病、圆环病毒病潜伏期及初期不宜进行免疫注射，更不能超剂量进行紧急免疫。免疫注射不仅不能产生有效抗体，反而会诱发并加重病情，加速死亡。

12. 猪瘟兔化弱毒疫苗 5～10 头份，黄芪多糖注射液 5～10mL，于交巢穴（在猪尾根下与肛门口上的凹陷窝中）1 次注射，1 次/2d，连用 2 次。注射时，一手握住猪尾巴向后拉直，一手持注射器对准尾根下的凹窝，针头刺入 3～5cm，然后注入药液。

注：本法是一种以毒素（疫苗）激活机体免疫功能的治疗方法，应及早应用，否则患猪体质衰退时，不但不能提高免疫力，反而会加快死亡。用超常规剂量疫苗，用量小则无效，疫苗质量要可靠。若使用失活疫苗，也会影响疗效。

13. 鲜青苦剂。青蒿、苦地丁、马鞭草各 100～150g，苦丁香、苦荞头各 80～120g。将鲜药洗净，合并，捣成泥状，加清水，用纱布过滤，取汁，1 次灌服，轻者 2 剂/d，重者 1 剂/4h。或采集鲜药，去泥、洗净、切碎（2cm），拌料喂服，进行预防（35～50kg 者 70g/味，50kg 以上者 100g/味）。气温在 35℃以上时，上午、下午各喂服 1 剂/3d。

14. 红矾（重铬酸钾）埋植法。将患猪侧卧保定，在其任意一耳内侧（避开血管）剪毛消毒后，用手术刀切开皮肤，扩成囊状。取绿豆粒大小的红矾块植入囊内，用缝合针缝合即可。埋植红矾的耳逐渐肿胀，继而溃疡，不需任何治疗，可自行结痂愈合。

15. 凉膈散合清营汤加味。生地 30g，金银花、连翘各 25g，玄参、麦冬、丹参、竹叶心、生大黄（后下）、芒硝、薄荷叶（后下）、党参各 20g，炙甘草、栀子、黄芩、红花各 18g，黄连 15g。水煎 2 次，合并药液，冲入蜂蜜 60g，灌服，4 次/d；同时配合抗生素、解热镇痛药物治疗 1d。

16. 牛黄解毒汤加减。①高热、便秘、咽炎者，药用牛黄（另包）、冰片（另包）各2g，大黄、石膏、黄芩、桔梗、甘草各6g。水煎未包的5味药，取汁，冲调牛黄、朱砂，候温灌服。②高热、兴奋、烦躁不安、便秘、间或癫狂者，药用牛黄（另包）0.2g，黄连、黄芩、栀子各3g，朱砂（另包）、郁金各2g。水煎未包的4味药，取汁，冲调牛黄、朱砂，候温灌服。本方药对某些传染病引起的发热疗效不佳。

取牛黄解毒丸或牛黄清心丸（中成药），10～20kg猪10粒/次，20～40kg猪15粒/次，40kg以上猪20粒/次。先将药丸调成糊状，灌服。灌药时配合血针，效果更佳。

注：最好用胃导管投药，不要把药液灌入气管；如从口腔灌药时，注意在猪嘶叫时不要强行灌药。

17. 解热灌肠液。生石膏、板蓝根各50g，金银花30g，青蒿、生地各20g，黄芩、麦冬、知母各15g，连翘、常山、羌活、芦根、赤芍各10g，甘草6g。先将生石膏煎30min，加连翘、芦根、常山、生地、黄芩、赤芍、知母、麦冬、羌活煎10min，加青蒿、金银花、甘草再煎15min，共煎2次，用两层消毒纱布过滤，候温，75kg猪保留灌汤，1次/d，特殊情况者2次/d。一般用药30～60min开始退热，90～180min退热明显，体温可降至38.5℃以下；对高热稽留、白细胞高者可在6h后再给予单味石膏煎剂灌肠。共治疗100例，均获得了满意疗效。

18. 生地60g，知母、玄参、甘草各30g，金银花、连翘50g，竹叶、大青叶各40g（0.5g/kg）。水煎取汁，候温灌服，2次/d，连用3～4d。西药取安乃近2g，庆大霉素0.1g，盐酸吗啉双胍0.2g，盐酸左旋咪唑0.05g，甲氧苄啶0.1g，配制成10mL注射液，0.2mL/kg，肌内注射，2次/d，连用2～3d。共治疗1928头，治愈1754头，治愈率达91%。

19. 泻热汤。黄连、黄芩、大黄、栀子、金银花、连翘、知母、玄参、天花粉、石膏、生地、木通、甘草（根据不同猪体酌情加减剂量，一般用常规量）。水煎2次，取汁，合并药液，分早、晚2次胃管灌服。

20. 取新鲜鸡蛋1枚，用消毒过的注射器吸取蛋清18mL，注入大椎穴内，深约6.67cm。伴有流感症状者加复方氨基比林；咳嗽严重者加青霉素，混合后一并注入，可增强疗效（均为25kg猪药量）。（汤文忠，T30，P64）

21. 采健康山羊颈静脉血（根据猪体重而定，一般50kg用40mL即可），立即给患猪肌内注射，1次/2d；清热解毒液、板蓝根注射液各20mL，肌内注射，1次/d，连用3～4d。

22. ①混感冰针（京日升昌华药业有限公司生产），成年种公、母猪10～20mL，肥育猪10mL，仔猪2～5mL，1次/d；抗病毒1号（四川泰信动物药业有限公司生产）成年种公、母猪10～20mL，肥育猪10mL，仔猪2～5mL，1次/d，连用2～4d。两药交替使用，即上午注射混感冰针，下午注射抗病毒1号。②清热解毒注射液（山西芮城亚宝兽药有限公司生产），成年种公、母猪10～20mL，肥育猪10mL，仔猪2～5mL，1次/d；蓝圆芪王注射液（京日升昌华药业有限公司生产），成年种公、母猪10～20mL，肥育猪10mL，仔猪2～5mL，1次/d，连用2～4d；两种药上午、下午交替使用。③生物干扰素（成都坤宏动物药业有限公司生产），100kg以上猪用安乃近或安痛定20mL，稀释生物干扰素1支，肌内注射，30～50kg猪稀释1/2支，30kg以下猪稀释1/4支，连用2～3d。

用以上3种方法治疗的同时，灌服白葡萄干300g、黄豆700g（为中医民间疗法），有解表排毒功效。另灌服板蓝根冲剂、清瘟败毒散、板青颗粒也有一定效果。

23. 砒霜（有毒）卡耳。取米粒般大的砒霜 1 粒，研成粗末，备用。将患猪侧卧保定，在猪耳前半部，避开血管用手术刀片成 10°～15°刺入 5～7mm，刀片退后少许，再旋转 90°制成盲囊，放入砒霜粉末即可。次日，置药处周围发生坏死，说明置药成功。若砒霜掉出，周围组织不发生坏死，需重新置药。

24. 菌毒灵注射液。黄芪、板蓝根、金银花、黄芩各 250g，鱼腥草 1000g，蒲公英、辣蓼各 500g。将诸药品洗净切碎置蒸馏器中，加水 7000mL，加热蒸馏收集蒸馏液 2000mL，将蒸馏液浓缩至 900mL 备用。药渣加水再煎 2 次，1h/次，合并 2 次滤液，浓缩至流浸膏，加 20%石灰乳调 pH 值至 12 以上，放置 12h，后用 50%硫酸溶液调 pH 值至 5～6，充分搅拌放置 3～4h，过滤，滤液用 4%氢氧化钠溶液调 pH 值至 2～8，放置 3～4h，过滤加热至流浸膏状，与上述蒸馏液合并，用注射用水加至 1000mL，后加抗氧化剂亚硫酸钠 1g，用注射用氯化钠调至等渗，精滤，分装，100℃煮沸 30min 灭菌，即为每 1 毫升含生药 3g 菌毒灵注射液。取 0.5mL/kg，肌内注射，1～2 次/d。重症者 3 次/d。

25. 蟾酥皮下埋植法（蟾酥以夏季捕捉为宜）。将捕捉的蟾蜍装入塑料袋里，1 只/袋，袋口用橡皮筋扎紧，双手挤压背部，挤出蟾酥，放掉蟾蜍，待附着在塑料袋内壁上的蟾酥凝结后，立即翻过塑料袋，用竹片刮下，搓成米粒大小的丸，置瓷盘内晾干备用。将患猪保定好，任取一侧耳，在其内侧中央剪毛、消毒，用手术刀切开皮肤，扩创成囊状，然后取蟾酥 1 粒，植入囊内，用橡皮胶布贴封切口。蟾酥埋入皮下后，埋药之耳逐渐肿胀，继而出现溃疡，不需用药或其他处理，可自行结痂愈合。本法可用于某些传染病引起高热不退的辅助治疗。

26. 白虎汤加味。生石膏 40g（先煎），板蓝根、肥知母、黑玄参、炒枳壳各 20g，栀子、金银花各 10g，川大黄（后下）、鲜竹叶各 30g，生甘草 10g。水煎取汁，候温灌服，1 剂/d，连服 2～3 剂。共治疗 354 例，治愈 325 例，治愈率达 91.8%。

27. 苦木注射液（广东汕头制药厂产品，2mL/支，内含苦木提取物 10mg）。穴位注射或肌内注射（药量相同）。选三台、苏气穴，用 16 号针头顺棘突向前下方刺入 3～5cm，分注等量药液。共治疗 215 例，其中穴位注射治疗 113 例，治愈 110 例，好转 2 例，无效 1 例；肌内注射治疗 102 例，治愈 88 例，好转 6 例，无效 8 例。

注：保定要稳妥；选穴要准确；消毒要严格，器械应煮沸 30min 后晾干备用，穴位处用 5%碘酊消毒后，再用 70%酒精棉球脱碘，然后再刺针；注射药液要慢，切勿过急；加强护理。（刘云立等，T31，P44）

28. 瘟毒康。当归、川芎、知母、黄柏、桔梗、枇杷叶、贝母各 15g，生地、白芍、大黄各 20g，柴胡、升麻、菊花、薄荷、芒硝各 10g，生石膏 100g。水煎 2 次，取汁 2000～3000mL，灌服 1000～1500mL/(次·头)，1 次/d。或粉成散剂，温水冲调，灌服，100g/(头·次)。血虫净，3mg/kg，深部肌内注射；氯霉素或丁胺卡那霉素，30mg/kg，地塞米松 15～20mg，肌内注射。共治疗 22 例早、中期高热患猪，均获痊愈。

29. 解毒散瘀汤。黄芩、生地、大青叶、栀子、芒硝（另包）、紫草、地肤子各 15g，赤芍、川芎、连翘、地榆、丹皮、黄柏各 12g、黄连、金银花、红花各 10g，甘草 6g。水煎取汁，加入芒硝，灌服。

【护理】　加强饲养管理，给予青菜及流质饲料；保持猪舍通风。

【典型医案】　1. 2005 年 8 月 2 日，息县城郊乡关庄村某户 21 头 48～55kg 育肥猪发病邀诊。主诉：开始有 2 头猪发病，体温 41.2℃，食欲废绝，精神沉郁，皮肤发红，呼吸急促，粪干结，他医用青霉素、链霉素、病毒灵、安乃近等药物治疗无效，第 2 天又有 5

头发病，遂改用复方磺胺间甲氧嘧啶、盐酸多丁环素、先锋霉素、解热灵等药物治疗 2d，疗效不佳，随之病情扩散到全群，有部分病猪出现呕吐、腹泻、腹痛等症状，先发病的 2 头猪于 5 日死亡。检查：患猪食欲废绝，精神沉郁，呼吸困难、咳嗽，皮肤发红，病重者耳部发绀，腹下和四肢末梢等多处皮肤有紫红色斑块，部分病猪出现呕吐、腹泻。治疗：清气透卫汤加减，用法同方药 1，分上午、下午灌服，1 剂/(d·头)。病情较重者，配合肌内注射阿莫西林、地塞米松等药物。服药 2 剂，大部分患猪病情开始好转，体温恢复正常，但食欲欠佳。继用方药 1 去石膏，连服 2 剂。除 3 头体质较弱者仍食欲不佳外，其余均已痊愈。3 头体弱患猪继用上方药去石膏、香薷、芦根，其余药剂量减 1/3，加黄芪 30g，防风 15g，碳酸氢钠 5g（药汁候温灌服时加入），再服 2 剂，痊愈。

2. 2006 年 6 月 24 日，息县城关镇某户 26 头 30～40kg 猪发病邀诊。主诉：开始有 1 头猪发病，体温 41.6℃，不食，精神沉郁，皮肤发红，粪干结，他医治疗无效，于 25 日死亡。26 日又有 3 头猪发病。检查：患猪精神沉郁，不食，皮肤发红，咳嗽，其中 1 头猪呼吸困难，眼圈和肛门周围发紫，体温 41.6℃。治疗：清气透卫汤加减。香薷（后下）、青蒿（后下）各 10g，金银花、贯众、苍耳子各 6g，连翘、黄芩各 9g，板蓝根 20g，鲜竹叶 12g，生石膏（先煎）15g，藿香 5g。水煎 2 次，取汁，分 2 次灌服，1 剂/(d·头)。同时，取氨苄青霉素 1g、地塞米松 2mg（为 1 头猪药量），肌内注射，2 次/d。第 2 天，患猪精神好转，有食欲，体温 40.2℃；但同群猪又有 5 头仔猪发病，用药同上。对同群其他没有发病的猪用上方药去石膏，水煎取汁，拌料喂服，连服 2 剂/头。加强圈舍消毒。29 日，患猪全部治愈，同群猪也没有再发病。（张玉前等，T147，P58）

3. 2008 年 5 月 30 日，滨海县滨海港镇某猪场 80 余头猪，其中 13 头已发热 5d，他医在发病初期使用抗生素和退热药物治疗，用药后体温下降、症状缓解，但停药后又发热，已治疗 5d，病情非但没有控制，还有蔓延的趋势，现已有 50 余头猪体温升高，食欲减退。检查：患猪精神沉郁，高热稽留，厌食，皮肤发紫，腹式呼吸明显，不愿站立，粪干燥、覆有白色黏膜。治疗：取方药 2 中药、西药，用法同上。治疗 3d 后，全群猪精神好转，食欲恢复正常。

4. 2008 年 9 月 16 日，滨海县滨海港镇某户 13 头、40kg 育肥猪，突然发病邀诊。检查：患猪体温升至 41～42℃，精神沉郁，卧地不起，厌食，粪干硬，背部、胸腹部皮肤发红，鼻镜干燥，气喘。他医用青霉素钾、阿奇霉素治疗 5d 无明显好转。治疗：取方药 2 中药、西药，用法同上。治疗 5d，患猪恢复正常。（陈尚文，T159，P57）

5. 2006 年 6 月 11 日，华县大明养殖户孙某 12 头架子猪（50～60kg）相继出现发热不食，用安乃近、青霉素、链霉素、林可霉素、地塞米松、磺胺类等药物治疗 3d，病情反复来诊。检查：12 头患猪体温 40.5～41.7℃，精神尚可，全身皮肤未见异常变化，眼结膜潮红、充血，鼻盘干燥，其中三四头猪粪稍干，尿黄短赤，可食少量青草，不食料，饮水减少，喜卧。治疗：取方药 3 中药、西药，用法同上。治疗 4d，患猪病情基本控制，食欲逐渐恢复，开始进食，饮水增加。治疗 7d，3 头患猪基本恢复；10d 后，9 头患猪开始恢复；15d 后，11 头患猪全部恢复正常，1 头猪好转。（刘东升等，T152，P43）

6. 2007 年 6 月 10 日，永定县凤城镇廖某的猪场，先是种母猪出现高热，随后病情蔓延整个猪场，发病率达 62.2%，他医用抗病毒和抗菌消炎等药物对症治疗，对不食患猪肌内注射热毒威银黄粉、百热安和黄芪多糖注射液，对咳嗽患猪注射双黄连注射液和氟苯尼考注射液等，效果不理想。21日，已有22头猪死亡。检查：患猪精神沉郁，采食量下降或食欲废绝，呕吐，体温升高至40～42℃，皮肤发红，耳缘皮肤发绀，腹下和四肢末梢等多处皮肤有紫红色斑块，呼吸困难，喜伏卧；有的流鼻涕、打喷嚏、咳嗽，眼眵增多。治疗：取方药4中药、西药，用法同上。连续治疗4d，患猪病情得到控制，除5头猪逐渐衰竭死亡或淘汰外，其余29头全部治愈。（陈玉库等，T151，P57）

7. 2002年9月12日，庆元县松源镇西后村陈某一头约70kg育肥猪发病，曾用多种抗菌和解热药物治疗1周未愈邀诊。检查：患猪呼吸喘促，眼结膜潮红，尿少，呈浓茶色，粪干硬、外附白色肠黏膜，体温41.2℃。诊为高热证。治疗：连翘、芦根、金银花各30g，党参45g，淡竹叶、桔梗、牛蒡子、柴胡、黄芩各20g，薄荷、荆芥各15g。水煎取汁，候温，胃管1次投服，连服2剂，痊愈。（吴传水，T123，P34）

8. 2008年8月9日，嵩明县小街镇石屏村陈某一头2岁母猪发病来诊。主诉：该猪发热已5d，他医用青霉素、安乃近、地塞米松等药物治疗，用药后体温降低，停药后体温升高至41℃，不食，尿黄，粪干燥。检查：患猪精神沉郁，结膜发绀，食欲废绝，卧地不起，体温41℃。治疗：清热解毒汤，用法见方药9，1剂/d，连用5d；菲疫肽1瓶，肌内注射，1次/d，连用3d。同时，取高热混感针，0.2mg/kg，稀释头孢噻呋钠，10mg/kg，肌内注射，1次/d，连用5d。经用上方药治疗，患猪痊愈。

9. 2010年7月14日，嵩明县小街镇杨官村某猪场160头45kg架子猪，其中25头发热已4d，他医用抗生素和退热药物治疗，用药后体温下降，停药后又发热，已治疗4d，病情未得到控制，有蔓延的趋势，现已有80多

头猪体温升高，食欲减退。检查：患猪精神沉郁，高热、稽留，厌食，可视黏膜发黄，呼吸迫促，背部、胸腹部皮肤发红，粪干硬。治疗：清热解毒汤，用法见方药9，1剂/d，连用5d；菲疫肽1瓶，肌内注射，1次/d，连用3d。同时，取高热混感针（按说明书用药），0.2mg/kg，稀释头孢噻呋钠，10mg/kg，肌内注射，1次/d，连用5d；复方三氮脒注射液，肌内注射，1次/d，连用3d。经上方药治疗，患猪痊愈。（李国平等，T170，P64）

10. 石河子市147团20连2头380～400kg美国进口大约克夏公猪患病就诊。检查：患猪体温41.5℃，眼结膜潮红，呼吸困难，食欲明显减退，有时拒食。用青霉素、链霉素和氨基比林等抗菌解热镇痛药物肌内注射。当天体温有所下降，次日又上升，如此反复，病情延续10多天。治疗：取方药10，250g/头，1次灌服。另取安乃近10mL/头，肌内注射，痊愈。（彰文祥，T25，P46）

11. 2008年6月9日，屏山县某猪场87头后备母猪，用脾淋苗免疫以强化24d前猪瘟疫苗免疫效果。2d后，猪群体温陆续升高，食欲减退。15日，部分猪表现猪瘟症状。16日，再次紧急接种猪瘟细胞苗，并肌内注射干扰素，用氟苯尼考控制呼吸系统感染，饮水添加电解多维和黄芪多糖。3d后病情加重，全群猪肌内注射氟苯尼考、头孢噻呋钠和黄芪多糖。用黄芪多糖、氟苯尼考、强力霉素拌料。饮水加电解多维、黄芪多糖。21日，全猪群发病。猪瘟和蓝耳病检测，重症4头猪蓝耳病抗体呈阳性，轻症2头猪呈阴性。诊为高热病综合征。检查：患猪食欲减退，时欲饮水，体温40.5～42.0℃，畏寒，皮肤发红，有紫色、红色斑点，以耳、腹股沟为甚，呼吸急促，结膜潮红、充血，流泪，甚者脓性分泌物粘连眼睑，多数便秘，少数腹泻，粪带血；初期多数患猪口吐白沫，个别呕吐，部分后躯瘫痪，濒死期四肢划水、抽搐、惊叫。治疗：取方药

11，用法同上。7月2日，患猪采食日渐趋于正常，一头瘫痪猪已能勉强行走，2头猪已进食。进食猪用方药11①拌料喂服，其余用方药11②、③。3日，90%患猪采食逐渐恢复，2头瘫痪猪病情好转，未康复猪仍按7月2日方药治疗。4日，患猪疫情有效控制。6日，瘫痪猪4头能行走，3头死亡。（向春涛等，T154，P69）

12. 2010年6月，张县任家元村张某200多头猪，除个别怀孕母猪外，其余猪全部发病邀诊。检查：患猪突然发病，饮食欲废绝，粪干，呼吸喘粗，体温均在41℃以上，先后用安乃近、地塞米松、青霉素、链霉素、林可霉素、头孢噻呋钠、磺胺类药物治疗无效，已死亡多头。治疗：取猪瘟疫苗，成年猪（50kg以上者）10头份，育成猪（50kg以下者）5头份，黄芪多糖注射液15～10mL，于交巢穴1次注射。次日，多数患猪体温下降至39℃左右，部分猪已开始进食；第3天，大多数猪开始进食，只是采食量未完全恢复正常；第4天，对部分未完全恢复进食的猪按上方药再注射1次。除在治疗前病情严重3头猪死亡外，其余全部康复。（李兴如等，T171，P63）

13. 2007年6月26日，余庆县构皮滩镇高坡村匡某26头、40～55kg架子猪发病邀诊。主诉：早上喂料时发现有1头猪吃食2min后离群，呼吸快，耳发热。检查：患猪精神沉郁，鼻汗少，耳、四肢均发热，心跳90次/min，呼吸20～25次/min，体温40.7℃，粪稍干，尿少。治疗：青苦剂。青蒿、苦地丁各100g，苦丁香、苦荞头各80g。共捣为泥状，加清水1500mL，纱布过滤，取汁，灌服，2剂/d。29日，患猪痊愈，其余25头猪用鲜青苦剂拌料预防，未见发病。

14. 2008年7月18日，余庆县构皮滩镇翁脚村宋某60头、50～80kg育肥猪发病就诊。主诉：14日，发现6头猪不食，体温

40.6～41.3℃，诊为感冒，自用解热药与抗生素肌内注射，2次/d。16日，又有2头猪发病，仍用上方药治疗。17日，8头猪体温没有下降，改用磺胺类药物治疗效果不佳。检查：患猪精神沉郁，鼻无汗，全身皮肤发红，食欲废绝，呼吸25～32次/min，耳部、表皮、四肢发红、呈紫红色斑，肢体无力，体温41.2～42℃以上，粪干燥、似羊粪状、附有血和黏液，尿黄少，心跳100次/min。诊为高热病。治疗：先行将患猪隔离。取青蒿、苦地丁、苦丁香、马鞭草各150g，苦荞头120g（均为鲜品，为1头猪药量）。共捣为泥状，加清净水2000mL，混合，纱布过滤，取汁，再加淘米水500mL，1次灌服，1剂/4h。19日早晨，患猪体温平均降1℃，有食欲，但未饲喂。继续用药2d，患猪体温平均降至40.3℃以下，其他症状消失，仅粪稍干，粪球增大，尿正常。继用上方药2剂，痊愈。其余52头猪用上方药预防3d，未见发病。（杨胜富等，T159，P64）

15. 突泉县水泉粮贸公司李某一头约60kg猪就诊。检查：患猪体温41.5℃，食欲废绝，喜卧，皮肤红，粪秘结，尿色黄。经用安乃近、青霉素、病毒灵等药物治疗无效，又用5%葡萄糖注射液、青霉素、维生素C、氢化可的松等药物混合静脉注射，连续治疗2d，疗效甚微，遂改用红矾埋植法（见方药14），1周痊愈。（吕凤祥，T100，P40）

16. 1985年4月，隰县某户一头50kg猪就诊。检查：患猪体温41.2℃，耳静脉放血呈紫黑色，黏度比较大，呼吸粗喘，尿红赤，行走摇摆，口渴喜饮，不见排粪。治疗：凉膈散合清营汤加味，用法见方药15。服药1剂，患猪开始吃食，连服2剂；又给竹叶石膏汤加消食健胃药1剂以善后，痊愈（乔星星，T26，P23）

17. 1982年8月12日，湖北农学院农场刘某一头40kg猪就诊。检查：患猪鼻镜干

燥，精神沉郁，粪秘结，食欲废绝，体温41.3℃。治疗：取方药 16①，用法同上，1剂/d，连服2剂。2d后，患猪体温、食欲恢复正常。

18. 1985年6月27日，江陵县金凤村朱某一头60kg猪就诊。主诉：该猪于当天早上拴于树下，中午圈进猪栏，下午全身发热、烫手，兴奋不安，不吃食。检查：患猪眼结膜潮红，脉搏增快，鼻盘干燥，口流涎，间有癫狂，体温42.5℃。治疗：当即用小宽针在耳尖和尾尖穴放血，并在血针部位边放血边浇凉水；取方药16②，用法同上，1剂。第2天，患猪恢复正常。（金升藻，T33，P46）

19. 2004年8月16日，商丘市睢阳区路河乡田营村单某一头1岁、白色、二元母猪发病来诊。主诉：该猪发热已4d，曾用青霉素、安乃近等药物治疗，体温降低，停药后又复发（42℃），不食，卧地不起，寒颤，尿黄，粪干燥。检查：患猪精神沉郁，结膜发绀，食欲废绝，卧地不起，鼻镜无汗，呼吸粗，体温42℃。诊为无名高热证。治疗：取解热灌肠液，用法同方药17，保留灌肠，1次/d，连用2次，痊愈。（刘万平等，T137，P48）

20. 2003年8月26日，枣庄市中区西王庄乡民主村邵某216头生猪，其中部分猪发病邀诊。主诉：发病猪用青霉素、安乃近、地塞米松、利巴韦林等药物治疗后好转，但4d后体温又升至40～42℃，治疗3d不见好转，现有147头猪发病。诊为无名高热证。治疗：中药取生地1350g，金银花、连翘各1100g，竹叶、大青叶各880g，知母、玄参、甘草各680g，将上药放入大锅内，加水15kg，急火煎开8min，取汁；之后再加水10kg，煎开10min，取汁。将2次药液混匀，供147头猪1d、2次饮完，连用2d。西药取安乃近2g、庆大霉素0.15g、盐酸吗啉双胍0.2g、盐酸左旋咪唑0.05g、甲氧苄啶0.1g，配制成10mL注射液，0.2mL/kg，肌内注射，2次/d，连

用2d。用上述中药、西药治疗2d，大部分患猪精神好转。继续用药3d，除早期发病的12头全身发紫的猪死亡外，其余患猪临床症状消失，精神好转，食欲恢复，痊愈。（刘凤吉，T132，P44）

21. 1982年4月26日，久治县翟某一头约45kg母猪就诊。主诉：该猪已患病3d，不吃不喝，嗜睡，粪干，体温41.5℃，用青霉素、链霉素治疗2d（每次取青霉素80万单位、链霉素100万单位，2次/d）无效；曾注射猪瘟、猪丹毒二联疫苗。检查：患猪体温41.3℃，脉搏90次/min，呼吸30次/min，精神沉郁，结膜充血，皮肤及口腔黏膜均无充血或出血现象。治疗：黄连、大黄（后下）、栀子、知母各15g，黄芩、金银花、连翘、玄参、生地、木通各10g，天花粉、甘草各20g，石膏30g，用法同方药19。上午服药后，下午患猪体温为40.7℃。第2天上午，患猪体温39.5℃，稍有食欲，又服药1剂，上午体温38.6℃，食欲接近正常。1周后随访，患猪完全康复。

22. 1982年5月8日，久治县杜某一头约65kg育肥猪就诊。检查：患猪突然不食，卧地嗜睡，体温41℃，脉搏85次/min，呼吸25次/min。治疗：上午取青霉素160万单位、氨基比林10mL，肌内注射；下午患猪体温40.8℃。又取青霉素80万单位、链霉素100万单位，肌内注射。第2天，患猪体温41.2℃。取方药19，用法同上。患猪体温降至40.5℃。第3天，又服药1剂，患猪体温降至38.7℃，食欲恢复。（张全臣，T18，P54）

23. 鹿邑县张店乡白杨寺孙某一头约45kg猪就诊。主诉：该猪患病已1周，曾用抗生素、磺胺、激素类药物治疗6d无效。检查：患猪精神极度沉郁，寒颤，喜钻草堆，食欲废绝，喜饮污水，粪干、带有黏膜，步态不稳，体温41℃，耳、尾部皮肤易破。诊为无

名高热。治疗：山羊血 40mL，肌内注射；清热解毒液、板蓝根注射液各 20mL，肌内注射。第 3 天，患猪体温 40℃，稍有食欲，精神好转。取山羊血（1 次）、清热解毒液、板蓝根注射液（各 2 次）进行治疗。1 周后追访，痊愈。（黎启忠等，T61，P42）

24. 2007 年 6 月 12 日，靖远县东湾镇大坝村肖某 13 头猪相继发病邀诊。主诉：用青霉素、安痛定等药物治疗无效，已死亡 2 头。检查：11 头患猪全身发红，可视黏膜赤红，眼睑周围出现油脂、泪痕明显，眼角有少量分泌物，精神沉郁，挤堆怕冷，鼻盘无水珠，鼻流白色胶胨样分泌物；多数猪粪干小，有 4 头猪排黑水样稀粪；白色猪腰荐部、耳部、股内侧有麦粒样紫红色斑点。治疗：上午取混感冰针，10mL/头；下午取抗病毒 1 号，10mL/头，肌内注射。治疗当晚，大多数猪开始进食，遂采用白葡萄干 3 份、黄豆 7 份（为 1 头猪药量），水煮，灌服。上方药连用 2d。7 头猪恢复正常；4 头猪病情好转，继用药 2d。同时，不限量饲喂新鲜蒲公英、马齿苋、败酱草等，痊愈。

25. 2007 年 7 月 23 日，靖远县糜滩乡前进村梁某 48 头育肥猪相继发病邀诊。检查：患猪精神沉郁，食欲不振，被毛粗乱、无光泽，耳背微肿发亮，眼睑发红、肿胀、糜烂，有少量眼眵，有泪痕；大多数患猪喜卧怕冷，肌肉颤抖，嗜睡，有的频频咳嗽，呼吸困难、呈腹式呼吸，鼻流黏稠分泌物。诊为无名高热。治疗：上午取清热解毒注射液，10mL/头，下午取蓝圆芪王注射液，10mL/头，肌内注射。第 2 天，患猪开始进食。再取安乃近 20mL，稀释生物干扰素 1 支，肌内注射，用药 2d，痊愈。

26. 2007 年 7 月 15 日，靖远县东湾镇三合村赵某 200 余头育肥猪相继发病邀诊。检查：患猪喜卧怕冷，肌肉颤抖，后肢麻痹，行走摇摆或站立不稳，粪干小、表面覆有肠黏膜，尿黄短少，耳部发红。诊为无名高热。治疗：上午取混感冰针，10mL/头，下午取抗病毒 1 号，10mL/头，肌内注射。治疗当晚，大多数患猪开始进食。再取白葡萄干 3 份、黄豆 7 份（为 1 头猪药量），水煮，灌服。同时，灌服板蓝根冲剂，用药 4d，痊愈。（张维灵等，T149，P47）

27. 1998 年 2 月 14 日，庆元县黄田镇中际村赖某一头猪就诊。主诉：1 月 21 日购入 1 头猪，2 月 5 日因病死亡，遂将其所剩食料给另 1 头架子猪，导致该猪发病，他医治疗十余日未见好转。检查：患猪体温 41℃，消瘦，精神尚好，饮少量水。诊为无名热。治疗：砒霜卡耳，用法同方药 23。用药 1 周，患猪恢复食欲，痊愈。

28. 1998 年 6 月 7 日，庆元县福利纸厂猪场的 11 头（35～40kg/头）架子猪患病邀诊。主诉：4 月 29 日，从外地猪贩手中购猪 11 头，购入时接种猪瘟疫苗，饲料以餐馆泔水、玉米粉、米糠为主。6 月 6 日，其中 1 头猪食欲减退，今日废绝。检查：患猪体温 40.8℃，粪秘结，尿黄。治疗：青霉素 320 万单位，30％安乃近注射液 10mL，混合，肌内注射。8 日，患猪体温 40.7℃；又有 2 头猪发病，体温分别为 41.0℃、40.6℃，即取恩诺沙星、地塞米松注射液，肌内注射。9 日，3 头患猪体温未降低，遂取砒霜卡耳，用法同方药 23。11 日，3 头患猪开始进食，同群又有 7 头猪出现食欲减退和废绝，即全群猪均作砒霜卡耳，同时，注射恩诺沙星 200mg/头。15 日，全群猪气喘症状消失，食欲、长势良好。

29. 1999 年 9 月 12 日，庆元县新建路铸锅厂李某 8 头（75～90kg/头）架子猪发病邀诊。患猪体温 40.5～41.5℃，已持续 7d，自购抗生素、解热药治疗无效。治疗：砒霜卡耳，用法同方药 23（未作其他治疗）。23 日，全群猪均痊愈。（吕小钧，T102，P31）

30. 1978 年 9 月 10 日，天门市黄潭镇杨洒潭村杨某一头 45kg 猪就诊。主诉：患猪体温 42℃，食欲废绝，粪秘结，呼吸困难，他医用青霉素、氯霉素、四环素等药物治疗 5d 无效。检查：患猪体温居高不下，皮肤出现红斑点，四肢皮肤发紫，粪干少、附有白色黏液。治疗：菌毒灵注射液 20mL，肌内注射，2 次/d，3d 治愈。（杨国亮等，T168，P63）

31. 1993 年 5 月 10 日，京山县杨集乡王峰岭村汤某一头约 60kg 猪就诊。检查：患猪体温 41.2℃，食欲废绝，喜卧，皮肤发红，粪秘结，尿呈深黄色。初期诊为热射病，用青霉素、复方氨基比林、柴胡注射液，肌内注射；5% 葡萄糖氯化钠、青霉素、氢化可的松、维生素 C、10% 葡萄糖酸钙等，静脉注射，连用 4d，收效甚微。停药后体温又升至 41℃，四肢摇摆，精神沉郁。诊为无名高热。治疗：蟾酥皮下埋植法，用法同方药 25。用药 4d，患猪耳中央开始肿胀，出现食欲，体温复常，5d 痊愈。

32. 1993 年 7 月 12 日，京山县杨集乡双墩村石某一头 80kg 育肥猪发病就诊。检查：患猪食欲废绝，体温 41.7℃。用抗生素、葡萄糖氯化钠等药治疗 20 余日无效。治疗：蟾酥皮下埋植法，用法同方药 25。7d 痊愈。（李智，T90，P36）

33. 1992 年 6 月 10 日，靖边县新农村乡互房村土某一头约 40kg 猪发病，自用氨基比林、安乃近、地塞米松、病毒灵、青霉素等药物治疗有效，但停药即复发，反复 3 次，之后大剂量用药未能见效，于 21 日邀诊。检查：患猪精神沉郁，食欲废绝，发热，体温 41.7℃，结膜潮红，呼吸迫促，粪干燥，尿黄量少，卧地不愿走动。诊为无名高热。治疗：加味白虎汤。石膏 150g，知母、金银花、竹叶各 30g，甘草 18g，大黄 50g（后下），芒硝 90g（冲服），元参、生地、麦冬、栀子各 21g，滑石粉 25g。水煎 2 次，合并药液，胃管灌服，1 剂/d，连服 4 剂，痊愈。（王岐山等，T132，P54）

34. 鹿邑县王皮留镇程庄村程某 17 头（10 头母猪，7 头公猪）、60～80kg 白色杂交猪发病邀诊。主诉：7 头猪突然患病，体温 41.5～42.0℃，不吃不喝，卧地懒动，无精神。曾用猪瘟、猪丹毒等疫苗常规免疫；用抗生素、黄芪多糖和解热等药物治疗不见好转。检查：患猪体温 41.0～41.5℃，耳边呈深红色，皮肤发红，背部呈脑油样，眼结膜高度充血，粪干、呈球状、表面附有黏膜，尿量少、呈深黄色、浓黏液状、有臊臭味，神疲，卧地不动。诊为细菌和病毒混合感染性发热。治疗：取血虫净，3mg/kg，肌内注射，1 次；瘟毒康散 100g，磺胺甲恶唑 15 片，用法同方药 28，1 次/d，连用 3d，痊愈。

35. 2009 年 8 月 19 日，鹿邑县程某 31 头（15 头公猪，16 头母猪）、40～80kg 白色杂交猪突然发热邀诊。检查：患猪体温 41.5～42.0℃，精神沉郁，卧地不动，食欲废绝，眼结膜充血、潮红，尿呈黄色。曾注射猪瘟等疫苗。治疗：血虫净，3mg/kg，肌内注射，连用 2 次，间隔 7d/次；丁胺卡那霉素和地塞米松，肌内注射，早、晚各 1 次/d，连用 3d；瘟毒康汤 1500mL，用法同方药 28，1 次/d，连服 3d，痊愈。（阎超山，T164，P73）

36. 1980 年 4 月 4 日，万县向前川西 8 组刘某一头 25kg 白猪就诊。主诉：该猪曾于 3 月 18 日注射猪瘟疫苗，22 日发病，用中西药治疗无效。检查：患猪体温 41.5℃，心跳 121 次/min，呼吸 56 次/min；精神较差，不食，喜喝水，结膜充血，有眼眵，耳尖、四肢内侧、下腹部皮肤有紫红色瘀斑，压不退色；粪干燥，尿少、色黄，口色红绛，苔黄燥，脉数。诊为疫毒发热。治疗：取方药 29，用法同上，连服 3 剂。患猪体温下降至 39.1℃，全身瘀斑消退，余症均减轻。8 日，取平胃散加清热凉血通肠药，连服 3 剂，恢复正常。（邓学华，T19，P46）

乙型脑炎

乙型脑炎是猪感染日本乙型脑炎病毒，引起以高热、流产、死胎和公猪睾丸炎为特征的一种急性传染病。

【流行病学】 本病病原为日本乙型脑炎病毒。病猪和带毒猪为其传染源，主要通过蚊虫叮咬进行传播。一般蚊虫活跃季节发病率较高。

【主证】 患猪常突然发病，体温升至40～41℃，呈稽留热，精神委顿，食欲减少或废绝，粪干、呈球状、表面附着灰白色黏液，共济失调；有的患猪后肢呈轻度麻痹，步态不稳，关节肿大，跛行；妊娠母猪突然发生流产、产死胎、木乃伊胎和弱胎；公猪常发生一侧性睾丸肿大，也有两侧性的，阴囊皱襞消失、发亮、有热痛感，有的睾丸变小、变硬、丧失配种繁殖能力。

【病理变化】 流产胎儿脑水肿；皮下血样浸润；肌肉似水煮样；腹水增多；木乃伊胎儿从拇指大小到正常大小；肝、脾、肾有坏死灶；全身淋巴结出血；肺瘀血、水肿；子宫黏膜充血、出血和有黏液；胎盘水肿或出血。公猪睾丸实质充血、出血和小坏死灶；睾丸硬化者，体积缩小，与阴囊粘连，实质结缔组织化。

【治则】 清热解毒，镇静安神。

【方药】 ①成年猪用大青叶30g，生石膏120g，芒硝6g（冲），黄芩12g，栀子、丹皮、紫草各10g，鲜生地60g，黄连3g。加水煎至60～100mL，候温，1次灌服，1次/d，连服3d。②仔猪用生石膏、板蓝根各120g，大青叶60g，生地、连翘、紫草各30g，黄芩18g。水煎取汁，候温，分2次灌服，连服3d。为了防止继发感染，用20%磺胺嘧啶钠注射液，仔猪5mL，成年猪10mL，静脉注射。5%葡萄糖注射液，仔猪200mL、成年猪500mL；

维生素C注射液，仔猪5mL、成年猪10mL，静脉注射。针刺疗法：主穴取天门、脑俞、血印、大椎、太阳穴，配穴取鼻梁、山根、涌泉、滴水穴。

注：本病与布鲁杆菌病、猪流感和猪伪狂犬病相区别。布鲁杆菌病流行无明显季节性，体温正常，流产多发生于妊娠的第3个月，多为死胎，胎盘布满出血点，极少有木乃伊胎。公猪睾丸多为两侧肿胀，副睾亦肿大。有的病例还发生关节炎，特别是后肢；淋巴结肿胀。流感妊娠母猪少见流产。伪狂犬病无季节性，流产胎儿无明显差异，且吮乳仔猪发病较多，呈现神经症状，公猪无睾丸肿大现象。

【典型医案】 2007年8月24日，东海县牛山镇养猪户蔡某15头母猪、2头公猪和168头仔猪中有5头妊娠母猪、1头公猪和54头仔猪突然发病邀诊。检查：患猪体温突然升高至40～41℃，呈稽留热，精神沉郁，食欲减少，饮欲增加，眼结膜潮红，心跳109～120次/min，母猪、公猪和大多数仔猪呼吸正常，但有少数仔猪呼吸增数，咳嗽；肠音减弱，粪干燥，有的表面附着灰黄色或灰白色的黏液，尿呈深黄色。有的病猪呈现明显的神经症状，主要表现为磨牙、空嚼，口流白沫，往前冲、转圈。有的病猪后肢轻度麻痹，步态跛跄，关节肿大。有的病猪视力障碍，摇头，乱冲乱撞，最后后肢麻痹，倒地不起而死亡。妊娠后期猪突然发生流产。流产前轻度发热，流产时乳房膨大，乳汁流出；流产后胎衣停滞，从阴道内流出红褐色或灰褐色的黏液。流产胎儿，有的早已死亡、呈木乃伊化；有的胎儿死亡不久，全身水肿；有的仔猪生后几天内发生痉挛症状而死亡。公猪除上述仔猪的一般症状外，高热后发生一侧睾丸肿大，肿胀的程度约为正常的1倍。患猪阴囊发热、发亮、有痛感、触压稍硬。剖检可见脑和脊髓膜充血，脑室和脊髓腔液体增多；睾丸肿大，睾丸实质有充血、出血和坏死灶；子宫内膜显著充血，黏膜上覆有黏稠的分泌物、小点出血，在高热或流产病例中，可见到黏膜下组织水肿，胎盘呈炎性浸润；流产或早产胎儿有脑水肿，腹水增多以及皮下血样浸润；胎儿呈木乃伊化，从拇指大小到正常大小不等。病理组织学检查成年母猪脑组织有轻度非化脓性脑炎变化。诊为乙型脑炎。治疗：取上方药，用法同上，分别对大小患猪进行治疗。经采取上述综合措施后，除2例病重仔猪和1例母猪死亡外，治愈182头，治愈率为98.38％。（唐式校等，T153，P67）

脑心肌炎

脑心肌炎是由脑心肌炎病毒感染仔猪引起以脑炎、心肌炎和心肌周围炎为主要特征的一种致死率极高的自然疫源性传染病，又称病毒性脑心肌炎。仔猪的易感性最强，20日龄内仔猪可发生致死性感染。

【病因】　多因圈舍卫生条件差，带病毒的啮齿类动物（如老鼠等）在圈舍内活动频繁，污染饲料及饮水，猪饮食后感染发病。

【主证】　最急性型，同窝仔猪无症状突然死亡，或经短时间兴奋虚脱死亡。急性型，患病仔猪表现为精神沉郁，减食或停食，有的表现震颤，步态蹒跚，呕吐，呼吸困难或进行性麻痹，在采食或兴奋时突然倒地死亡。

【病理变化】　腹部皮肤为蓝紫色；心肌发炎，并有散在性白色坏死斑，右心室扩张；脑实质水肿、充血；肝肿大，散在有灰白色斑块；肾脏轻度萎缩；其他器官病变不明显。

【治则】　清热解毒，镇惊安神，对症治疗。

【方药】　金银花、炙甘草各40g，党参、麦冬、酸枣仁各32g，五味子、生地、丹参各24g，大枣10枚（为8头仔猪用量）。水煎至240mL，候温加糖精8g，仔猪30mL/头拌料或饮用；病重者滴服，连用3d。同时，每头仔猪用50%葡萄糖注射液10mL，磺胺嘧啶钠注射液4mL（含0.2g/mL），ATP注射液4mL（含10mg/mL），肌苷注射液4mL（含50mg/mL），辅酶A注射液10万单位，黄芪注射液4mL（含1g/2mL），利巴韦林注射液4mL（含0.1g/mL），混合，静脉注射或分点肌内注射，1次/d，连用2d。

【护理】　勤清理粪尿，定期消毒、灭鼠，减少环境污染及传播机会。

【典型医案】　2002年12月下旬，镇平县城郊乡某养猪户一头母猪，产仔10头，发育正常，健康活泼，体重10kg左右。2003年2月6日晚，突然有2头仔猪不食，精神沉郁，步态蹒跚，瘫痪，烦躁，呼吸困难、惊叫，很快死亡。次日下午，又有3头仔猪相继发病邀诊。诊为脑心肌炎。治疗：取上方药，用法同上。用药后有3头患病仔猪好转，其他仔猪均未再发病。半月后追访，再未复发。（杨保兰，T122，P33）

流行性感冒

流行性感冒是由流行感冒病毒引起猪的一种急性、传染性呼吸道疾病。

一、流行性感冒

【流行病学】　本病病原为猪流行感冒病毒。病猪和带毒猪为其传染源，主要通过呼吸道传播（飞沫传播），各种年龄的猪均易感，晚秋和早春寒冷季节多发。圈舍内阴暗、潮湿、过于拥挤、营养不良、卫生状况差、运输、消毒不严格、内外寄生虫侵袭等都可促使本病的发生。常呈地方性暴发流行。

中兽医认为，本病多因气候骤变，冷热变化剧烈，卫外不固，感受六淫之气、疫疠之气，侵犯于肺而致病。

【主证】　患猪突然发热，精神不振，食欲减退或废绝，体温高达40.0～41.5℃，扎堆，不愿活动，呼吸困难，咳嗽，眼、鼻流出黏液，眼结膜充血，个别病猪呼吸困难，喘气，咳嗽，腹式呼吸、呈犬坐姿势，有的猪关节疼痛。

【病理变化】　鼻、咽、喉、气管和支气管的黏膜充血、肿胀，表面覆有黏稠液体；胸腔、心包腔有大量混有纤维素渗出物；肺脏尖叶、心叶、叶间叶、膈叶的背部和基底部与周围组织有明显的界线、呈红紫色、塌陷、坚实；颈部淋巴结、纵膈淋巴结、支气管淋巴结肿大多汁。

【治则】　清热解毒，宣肺止咳。

【方药】　1. 菌毒灵注射液。黄芪、板蓝根、金银花、黄芩各250g，鱼腥草1000g，蒲公英、辣蓼各500g。将诸药品洗净切碎置蒸馏器中，加水7000mL，加热蒸馏收集蒸馏液2000mL，将蒸馏液浓缩至900mL备用。药渣加水再煎2次，1h/次，合并2次滤液浓缩至流浸膏，加20%石灰乳调pH值至12以上，放置12h，再用50%硫酸溶液调pH值至5～6，充分搅拌放置3～4h，过滤，滤液用4%氢氧化钠溶液调pH值至2～8，放置3～4h，过滤加热至流浸膏状，与上述蒸馏液合并，加注射用水至1000mL，后加抗氧化剂亚硫酸钠1g，加注射用氯化钠调至等渗，精滤，分装，100℃煮沸30min灭菌，即为每1毫升含生药3g菌毒灵注射液。0.5mL/kg，肌内注射，1～2次/d。重症3次/d。共治疗80例，均治愈。

2. 金银花、连翘、板蓝根、大黄、杏仁、麻黄、黄芩、柴胡、牛蒡子、陈皮、甘草各15g（为50kg猪药量，根据病情不同酌情加减）。水煎取汁，候温灌服或饮水。同时应用抗生素或增效磺胺控制继发感染，若配合应用维生素B_1、维生素B_2、维生素C，可提高治愈率。

3. 柴胡氨基比林注射液。北柴胡500g，加水2000mL，浸泡24h，蒸馏，收集蒸馏液1000mL，将此液重馏，收集500mL，然后按3%～4%加入精制氨基比林粉，搅拌溶解，用3号垂熔漏斗过滤，分装灭菌即可使用（注射

液无色透明）。25kg以下者2～5mL/次，25kg以上者10～15mL/次，肌内注射。

4. 先取风门穴或耳根穴，配大椎穴，针治2～3次后，再根据病情选穴，气喘者取天门穴配肺门穴；粪干少者取天门穴配大肠俞穴；同时出现气喘、粪干少者，取天门穴配苏气穴、百会穴，针治2～3次。共治疗22例，单用穴位注射治愈19例，有效1例，配合其他药物治愈2例。

5. 青银汤。青蒿、银柴胡、桔梗、黄芩、连翘、金银花、板蓝根。共治疗215例，其中用药2剂痊愈者188例，3～4剂痊愈者15例。

6. 实表膏。（1）方药。羌活、防风、川芎、白芷、白术、黄芪、桂枝、柴胡、黄芩、半夏、甘草各15g，香油（花生油或芝麻油）500g，广丹粉125g。

（2）油膏帖的制法。①药油。将上方中药物除广丹粉外，皆浸入香油中，冬季9d，夏季3d，再入铁锅中加温，煎炸至诸药焦枯为度，滤去渣即成药油。②药膏。将药油于锅中用中火加温，至药油表面白烟及泡沫消尽，再继续加温即成膏，在加温的全过程都要用鲜桃树枝或桑树枝（约小拇指粗细）不断搅拌，药油熬至在30℃左右的温清水中滴油成珠时即可离火，用细筛将广丹粉徐徐筛入药油并不断搅拌均匀，勿使其夹生。下丹毕，稍加温片刻后将药油倒入备用的洁净凉水中（以井水最佳，自来水次之）以去火毒，浸一昼夜后，即成黑如漆、明如镜的膏药。③药帖。将膏药加温软化，用竹棍蘸取药膏摊敷在备好的（大小适中）牛皮纸或布料上，其直径以5～15cm为宜，重量5～15g/帖。

（3）用法。根据病情选择穴位，局部剪毛、消毒，先行针刺，起针后将预热软化的膏帖贴到出针孔穴位正中（血针不宜贴膏），随其自脱，不揭不换。治疗猪热性病时膏贴穴选大椎、苏气、尾根等穴，一般1穴即可，很少

诸穴齐施。辅以鼻梁（人中）、血印（耳背静脉）、太阳及四蹄等穴血针。

7.（1）风寒型流感，药用荆防败毒散加减。荆芥、防风、羌活、独活、柴胡、前胡、枳壳、茯苓、桔梗、川芎、甘草。1剂/d，水煎2次，取汁候温，分2次灌服，或共为末，开水冲调，候温灌服，连服3～4d。

（2）风热型流感，药用银翘散加减。金银花、连翘、黄芩、柴胡、牛蒡子、陈皮、甘草。1剂/d，水煎2次，取汁候温，分2次灌服，或共为末，开水冲调，候温灌服，连服3～4d。

共治疗63例，5d后痊愈60例，7d后痊愈2例，1例因并发肺炎死亡。

8.抗病毒散。金银花、连翘、黄芩、荆芥、柴胡、牛蒡子、陈皮、防风、知母、甘草各50g，病毒灵200片，安乃近200片（为10头猪预防药量）。混合，研为细末，拌饲料喂服，仔猪15～25g、育成猪25～35g、成年猪35～55g。疫病少发季节入冬喂服1次；疫病多发季节喂服2～3次/d。感染发病后，为防止继发感染，导致心肺病变，应及时隔离治疗。抗病毒散加入四环素1～3片，维生素C 4～8片，灌服，以增强抗菌消炎作用。患猪呼吸困难而发出痛咳喘急之症，可用硫酸卡那霉素，2mL/10kg，肌内注射，2次/d。出现全身症状时，可用庆大霉素1万～1.5万单位（为10kg猪药量），肌内注射，3次/d。地塞米松注射液（按猪体重大小）2～10mg，肌内注射，2次/d。为维护心脏代偿机能，促进毒素的排泄，在糖盐水或复方盐水中加入10%水杨酸钠注射液20～50mL，40%乌洛托品注射液5～10mL，静脉滴注，1次/d，连用3d。共治疗86例，治愈82例，治愈率达95.3%。（蔡相银等，ZJ2006，P212）

9.①15%盐酸吗啉胍注射液25mg/kg，肌内注射，2次/d，连用2d；30%安乃近注射液30mg，肌内注射，2次/d，连用2d。中药

取荆芥、柴胡、木通、板蓝根、甘草各30g，大青叶25g，葛根40g，黄芩20g，金银花、干姜各35g（为50kg猪药量）。粉碎成细末，拌入料中喂服；对无食欲者，水煎取汁，候温灌服。酵母片20～60片，人工盐10～30g，共研成末，混入饲料喂服，1次/d。②清开灵注射液、盐酸林可霉素注射液、强效阿莫西林，混合，0.2～0.5mL/kg，肌内注射，1次/d，连用3d。饲料中加入抗病毒Ⅰ号粉（400kg料/袋）＋强力霉素300mg/kg，混合均匀，连续拌料10d；同时饮水中加入电解多维。

10.鱼腥草针剂，成年猪60～80mL/次，育成猪30～50mL/次，仔猪10～20mL/次，仔猪酌情减量。1～2次/d，静脉注射、肌内注射或苏气穴注射。对稍有食欲者，应供给清凉饮水（或鲜鱼腥草煎汁）、稀薄饲料，并在饲料中拌入适量人工盐，使粪尿通畅，以清除胃肠余热；对体温过高、呼吸急促者，可适当配合物理降温（冷水淋），或移于阴凉通风之处，注射安乃近。共治疗疑似猪流感71例，均痊愈。

11.发热者，用青霉素6万单位/kg，柴胡、氨基比林各0.2mL/kg，混合，肌内注射，2次/d，连用3d；喘气、严重咳嗽者用丁胺卡那霉素8mg/kg、地塞米松0.2mL/kg或泰乐菌素20mg/kg，肌内注射，2次/d，连用3～4d；每吨饮水中添加葡萄糖500g，黄芪多糖5000g，40%林可霉素，让其自饮，同时每吨饲料中添加中草药：荆芥、防风、羌活、柴胡、前胡、桔梗、金银花各200g，茯苓、大青叶各360g，款冬花、甘草各120g，葡萄糖5000g。

12.黄连解毒汤加味。黄连、黄柏、黄芩、知母各30g，栀子40g，石膏100g，沙参、麦冬各50g（为50kg猪药量）。水煎3次，合并药液，胃管灌服，1剂/d，一般1～2剂即可痊愈（不可多服，多则易伤胃）。共治

疗 86 例，治愈 83 例。

13. 人用风油精（约 3mL/瓶）3～6mL（视猪体大小而定），吸入注射器，1 次缓慢肌内注射。注射时若推进较困难，可用 2mL 安痛定稀释后再注射，2 次/d，1 个疗程/3 次。共治疗 36 例，用药 1 次痊愈 11 例，2 次痊愈 14 例，3 次以上痊愈 5 例；治愈 30 例，无效 6 例。

注：注射后个别猪有气喘现象，注射部位有轻度肿胀，1～2d 后可自行消失。

【典型医案】 1. 1975 年 5 月 10 日，天门市黄潭镇徐北村 4 组集体猪场 20 头 40kg 猪，起初 1 头猪发病，2d 后全群突然发病邀诊。检查：患猪体温 40～41℃，厌食，精神极度沉郁，呼吸加快，严重者呼吸困难，眼、鼻有黏液性分泌物，咳嗽，卧地不愿站立、常挤在一起，肌肉和关节有疼痛感，触诊反应敏感。诊为流行性感冒。治疗：全群猪采用菌毒灵注射液，20mL/头，地塞米松注射液，5mg/头，混合，肌内注射，2 次/d，连用 3d，全部治愈。（杨国亮等，T168，P63）

2. 2005 年 4 月，商丘市一农户饲养的 40 头育肥猪，突然食欲下降，精神沉郁，大部分病猪体温升高至 40.3℃，个别病猪体温升高至 41.5℃，随即给病猪注射安乃近和青霉素，第 2 天病情不见好转，其他圈舍的猪也相继发病。检查：患猪食欲废绝，腹泻，卧地不起，强迫行走时表现跛行，呼吸急促，阵咳，打喷嚏，并有浆液性鼻液，眼结膜潮红、流泪。治疗：立刻将病猪隔离，并用柴胡注射液 5mL，青霉素 120 万单位，肌内注射，2 次/d，同时在病猪和健康猪饲料中添加适量的维生素 C 和复合维生素 B。中药取大青叶、板蓝根、牛膝、木瓜、神曲、麦芽各 15g，金银花、荆芥、防风、桂枝、麻黄、马兜铃、黄芩、黄柏、黄连、秦皮各 10g，杏仁、槟榔末各 5g。水煎取汁，候温饮服，1 剂/d。2d 后，患猪症状缓解，又继续用药 2d，患猪恢复正常。

（刘秀玲等，T138，P51）

3. 1976 年 2～3 月，绥阳县发生猪流行性感冒，2000 余头猪发病邀诊。检查后诊为流行性感冒。治疗：取方药 3，用法同上。注射后 2～3h，患猪体温即恢复正常；用药 2 次后，患猪呼吸急促、肌肉颤抖、不食等症状相继消失，痊愈。（廖长禄，T4，P14）

4. 1986 年 5 月 6 日，盐城市郊永丰乡永南村王某 2 头分别为 60kg 肉猪发病就诊。检查：患猪精神差，食欲废绝，流多量浆液性鼻液，有时咳嗽，不愿走动，强迫驱赶则拱腰鸣叫，体温 41.2℃。诊为流行性感冒。治疗：取风门穴，进针 2cm，各注射 10% 樟脑醇，3mL；配大椎穴，进针 4cm，注射 10% 樟脑醇，4mL。针治 2 次后，患猪精神好转，但体温仍为 41℃，粪干，略喘。又取天门穴，进针 2.5cm，注射樟脑醇 4mL；苏气穴进针 2cm，注射 10% 樟脑醇 4mL；百会穴进针 4cm，注射 10% 樟脑醇 4mL。共针治 2 次，痊愈。（吴杰，T58，P34）

5. 太和县东湖村李某 3 头架子猪，因突然不食就诊。检查：患猪体温 40.6℃，呼吸频数，间有喘咳，眼结膜充血且有分泌物。诊为流行性感冒。治疗：青银汤（见方药 5）中药各 25g，加生石膏、知母各 30g，紫草 15g。水煎取汁，候温灌服，1 剂/d，连服 2 剂，痊愈。（刘新华，T50，P30）

6. 商南县富水镇黑漆村四组彭某 2 头肉猪患流感邀诊。治疗：以布洛芬 2mL，于大椎穴注射，出针后随即贴实表膏（见方药 6）；血针鼻梁、印堂穴。治疗 1 次，患猪热退，食欲恢复。嘱畜主用开水冲金银花 100g，候温，拌食服以善后，连用 3d，痊愈。（刘作铭，T101，P34）

7. 2000 年 3 月，梁平县虎城镇某养猪户 4 头猪发病就诊。检查：患猪精神沉郁，食欲减少，四肢发凉，两眼流泪，形寒怕冷，头低腰弓，发抖，咳嗽，流清涕。诊为风寒型流感。治疗：荆防败毒散加减。荆芥、防风、柴胡、神曲各 30g，羌活、独活、前胡、茯苓、川芎各 20g，甘草 10g。水煎取汁，候温灌服（为 4 头猪药量），连服 3d，均痊愈。

8. 2000 年 9 月，梁平县虎城镇某养猪户 3 头猪发病就诊。检查：患猪发热重，微恶寒，无汗或少汗，咳嗽，呼吸急促，口渴、喜饮水，口色红，粪干硬，舌苔黄，脉浮。诊为风热型流感。治疗：银翘散加减。金银花、连翘、黄芩、柴胡各 30g，牛蒡子、陈皮各 20g，甘草 10g。水煎取汁，候温灌服（为 3 头猪药量），连服 3d，均痊愈。（石爱华，T120，P32）

9. 秦安县陇原养殖场 50 头野猪突然发病邀诊。主诉：猪发热，精神不振，食欲减退或废绝，常横卧在一起，不愿活动，呼吸困难，剧烈咳嗽，眼、鼻流出黏液。检查：患猪体温升高至 40.0～41.5℃，精神沉郁，食欲减退或不食，肌肉疼痛，不愿站立，眼和鼻有黏性液体流出，眼结膜充血；个别病猪呼吸困难，喘气、咳嗽，腹式呼吸，呈犬坐姿势，可听到病猪哮喘声；个别病猪关节疼痛，尤其是膘情好的猪病情较严重。剖检可见患猪喉、气管及支气管充满含有气泡的黏液，黏膜充血、肿胀、混有血液；肺间质增宽；淋巴结肿大、充血；脾肿大；胃肠黏膜有卡他性出血性炎症；胸腹腔、心包积有纤维素性液体。根据流行病学、病理变化以及临床症状，诊为流行性感冒。治疗：取方药 9，用法同上。用药后，患猪病情很快得到控制，3d 后全群恢复健康。（马进文，T170，P70）

10. 1984 年 7 月 3 日中午，黄岩县头陀乡断江村某户一头 2 岁、80kg、中等膘情空怀母猪就诊。主诉：该猪早上采食减少，中午食欲废绝，喜卧湿地，不愿起立，呼吸快。检查：患猪精神沉郁，皮温高，体温 41℃，心跳急速、165 次/min，呼吸急促，呈明显腹式呼吸，鼻流清涕，常有咳嗽，眼结膜潮红。诊

为流行性感冒。治疗：鱼腥草注射液 60mL，安乃近注射液 5mL，静脉注射，痊愈。

11. 1985 年 7 月 5 日上午，黄岩县白石乡布袋坑村某户一头 8 月龄、约 75kg、中等膘情肉猪就诊。主诉：该猪昨天高热，当地兽医肌内注射青霉素、链霉素、复方氨基比林等，热退吃食。但今晨又不吃食，精神沉郁，卧在湿地，不愿起立。检查：患猪体温 40.8℃，心跳 142 次/min，呼吸急促，鼻流清涕，眼结膜充血。诊为流行性感冒。治疗：鱼腥草注射液 50mL，静脉注射，1 次痊愈。

12. 1985 年 7 月 25 日上午，黄岩县城关镇九峰村某户一头 5 月龄、约 60kg 肉猪就诊。主诉：该猪发病 4d，用抗生素类和磺胺类药物治疗无效。检查：患猪精神沉郁，皮温高，体温 40.9℃，心跳 156 次/min，呼吸急促，鼻流黏涕，粪干燥，尿量少、色黄。治疗：鱼腥草注射液 30mL，于苏气穴注射；10% 葡萄糖氯化钙注射液 40mL；人工盐 10g，加水灌服，2 次/d，4 次痊愈。（黄正明，T21，P48）

13. 2009 年 2 月中旬，河南省某万头猪场的猪发病，开始出现于不同日龄的生长猪及怀孕分娩母猪群，继而波及保育仔猪，最后部分母猪也出现早期流产。①470 头 90 日龄生长猪首先出现咳嗽，很快波及全场约 2600 头不同日龄的肥育猪，先后出现不同程度的咳嗽，且症状逐渐加重，发病 4～5d 后部分猪出现腹式呼吸，1 周后鼻液增多，采食减少，个别猪出现发热，部分猪出现顽固性腹泻。②发病 2 周后，保育后期 200 头仔猪采食量急剧下降，从发病前 1 天的平均每头 1.2kg，降至发病后第 10 天每头不足 0.5kg，病初鼻盘干瘪、发绀，干咳严重，直肠温度为 40.5～41.8℃，排出干结粪球，有数头仔猪耳发紫，但精神状态尚好，喜食菜叶等青绿饲料；发病 7～8d 后鼻涕增多，鼻盘周围黏结较多碎料及粉尘等污物。另有 240 头保育前期仔猪也相继发病，采食量从发病前 1d 平均每头 0.8kg，降至发病

后第 4 天每头不足 0.5kg，其他症状与先发病的仔猪类似，随后又有 2 栋猪舍仔猪发病，呈现典型的高热症状。③母猪群几乎与生长猪群同时出现个别发病症状，但无咳嗽表现，产死胎（均为临产前的白胎）、弱仔增加，发病高峰期产死胎、弱仔的母猪占同期生产母猪的 50%，弱仔在出生后 1 周内全部死亡，而出生时健康仔猪在吮乳及后期生长发育良好，未见其他不良表现，产房仔猪未见不良反应。但产死胎、弱仔的母猪断奶后大多发情不正常，推迟发情或长时间（断奶 3 周以上）不发情者占 30%以上。在整个发病过程中先后有 7 头怀孕初期（胎龄约为 40d）母猪流产。剖检死猪发现呼吸道病变最为显著。鼻腔潮红；咽喉、气管和支气管黏膜充血，有大量血液；喉头及气管内有泡沫性黏液；个别猪肺部呈紫色扇形病变、严重者呈鲜牛肉状，病变区膨胀不全，其周围肺组织气肿、苍白，有的肺心叶有粟粒或绿豆大呈淡红色或灰红色半透明状病变、界限明显、呈鲜嫩肌肉样肉变；胃壁充血、潮红乃至溃疡。治疗：取方药 11，用法同上。采取综合治疗措施治疗第 3 天，生长猪群最早发病猪咳嗽症状有一定改善，但有腹式呼吸症状的病猪疗效不佳，仅有少数病猪经治疗后症状有所改善。发病 3 周后病程渐趋缓和，其他病猪症状明显减轻，2 周后疫情得到有效控制，因发病母猪群以产死胎及弱仔为主，基本无肉眼可见呼吸道症状，个别有高热症状的病猪施以对症退热药物后 1 周基本康复，期间未有因病原感染致死、致残的母猪出现。（曹广芝等，T160，P56）

14. 2005 年 8 月 16 日，洪泽县岔河镇吴祁村陈庄组杨某一头母猪来诊。主诉：该猪不食、咳嗽、流涕已有 7d，经多方治疗无效。检查：患猪精神沉郁，食欲废绝，鼻流脓涕，频频咳嗽，气喘。诊为流行性感冒。治疗：5%葡萄糖注射液 500mL，青霉素 120 万单位，维生素 C 注射液 20mg，地塞米松注射液

10mg，混合，静脉滴注。30%安乃近注射液 15mL，肌内注射。连续用药 2d 不见好转，遂用黄连解毒汤加味，用法同方药 12。第 2 天早晨，患猪开始进食，不再咳嗽，效不更方，继服药 1 剂而愈，之后追访再未复发。

15. 2005 年 8 月 20 日，洪泽县高涧镇崔朱村沈庄组李某 64 头、40～50kg 育肥猪发病邀诊。主诉：64 头猪其中 8 头先发病，当地兽医用青霉素、氨基比林等药物治疗好转 5 头，停药后又复发。其他猪也相继发生同样病症，用药进食，停药复发，复发的猪用抗生素、磺胺类等药物治疗无效。检查：患猪精神沉郁，鼻流脓涕，咳嗽气喘，尿黄，食欲废绝。诊为流行性感冒。治疗：黄连解毒汤加味，用法同方药 12，1 剂即愈。之后其他猪也有发生类似症状，用药 1 剂即愈。（赵学好等，T144，P57）

16. 1989 年 10 月 30 日，六盘水市李某两头约 50kg 猪同时停食，于 31 日就诊。检查：患猪精神极差，卧地不起，呼吸急促，腹式呼吸，眼和鼻流出黏性分泌物，眼结膜潮红，尿少而黄，体温 42℃。诊为流行性感冒。治疗：风油精 6mL，肌内注射，3mL/头。当日下午，患猪进食。再注射 1 次，翌日痊愈。（罗险峰，T53，P41）

二、流行性感冒病毒与副嗜血杆菌混合感染

【主证】 患猪体温 40～42℃，精神沉郁，被毛粗乱，食欲减少，有的病重猪食欲废绝，阵发性咳嗽，呼吸困难；有的病猪呈腹式呼吸，眼结膜潮红，流泪，眼、鼻流浆液性分泌物；有的病猪鼻分泌物带血；个别病猪四肢、耳部发绀、呈蓝紫色，臀部及腹下皮肤有紫红色斑块，挤堆；有的病猪关节肿大，跛行，步态不稳，或不愿行走，尿呈茶色。怀孕母猪早产、产弱仔、产死仔。

【病理变化】 腹腔内充满纤维素性渗出

物，被覆于肝脏、脾脏、肠道表面，脏器粘连在一起，不易分离；肝脏略肿大，表面有大量白色坏死灶；脾脏肿大、呈紫红色；肺间质增宽；肾脏肿大为原来的2倍，表面有出血斑点；心包膜与胸膜粘连，不易剥离并形成一层灰白色绒毛，心叶和膈叶呈肉样变，颈部淋巴结、肺部及纵膈淋巴结肿大；咽喉充血、水肿；气管内有大量带泡沫状的黏液，其中混有血液；胃肠黏膜有卡他出血性炎症。

【治则】　清热解毒，宣肺平喘。

【方药】　先采用自家组织灭活苗治疗，以防止病情蔓延。用病死猪病变明显的内脏组织制成甲醛灭活脏器苗，对病猪按体重大小进行肌内注射，5～10mL/头。若病情没有明显好转，于第2天再注射1次。猪基因工程干扰素（按说明书剂量用药），肌内注射，1次/d，连用3d。在全群猪饲料中加入阿莫西林、泰妙菌素和清瘟败毒散（主要成分为黄连、黄芩、连翘、桔梗、知母、大黄、槟榔、山楂、枳实、赤芍等，按说明书剂量用药），并在饮水中添加葡萄糖、电解多维混饮，以增强体质，防止继发感染。用复方林可霉素或大观霉素注射液、强力霉素注射液（按说明书剂量用药），肌内注射，2次/d，连用5d。本方药适用于流感和副嗜血杆菌混合感染。

【典型医案】　2009年6月13日，滨海县樊集乡某养猪场有7头育肥猪突然发病，先后用过氟苯尼考拌料，头孢西林、安痛定、土霉素、磺胺嘧啶，肌内注射未获疗效，到16日发病猪已波及同猪舍的2头怀孕母猪、23头仔猪及12头育肥猪。猪场对猪群进行了水肿苗、三联疫苗（猪瘟、猪丹毒、猪肺疫）、猪链球菌苗、猪蓝耳病等疫苗接种，自发病起已有3头仔猪、1头育肥猪死亡。检查：患猪体温40～42℃，精神沉郁，被毛粗乱，食欲减退，有的病重猪食欲废绝，阵发性咳嗽，呼吸困难；有的病猪呈腹式呼吸，眼结膜潮红，流泪，眼、鼻流浆液性分泌物；有的病猪鼻分泌

物带血；个别病猪四肢、耳部发绀、呈蓝紫色，臀部及腹下皮肤有紫红色斑块，同圈猪挤堆，有的病猪关节肿大，跛行，步态不稳，有的病猪不愿行走，尿呈茶色。怀孕母猪早产，产弱仔、死仔。剖检病死猪可见腹腔内充满纤维素性渗出物，覆盖在肝脏、脾脏、肠道表面，脏器粘连在一起，不易分离；肝脏略肿，表面有大量白色坏死灶；脾脏肿大、呈紫红色；肺间质增宽；肾脏肿大为原来的2倍，表面有出血斑点；心包膜与胸膜粘连，不易剥离并形成一层灰白色绒毛，心叶和膈叶呈肉样病变，颈部淋巴结、肺部及纵膈淋巴结肿大；咽喉充血、水肿，气管内有大量带泡沫状的黏液，其中混有血液；胃肠黏膜有卡他出血性炎症。根据临床症状、病理变化及实验室诊断，诊为流感病毒和副嗜血杆菌混合感染。治疗：取上方药，用法同上。同时对发病较重的猪立即淘汰，病死猪深埋处理，将疑似病猪隔离治疗，用白毒杀（浓度为1：600）彻底消毒圈舍和用具，1次/d，连用3d。经上述综合治疗3d，患猪病情明显好转。随后回访，全群恢复正常。（仇道海，T164，P62）

三、流行性感冒病毒与附红细胞体混合感染

【主证】　病初，患猪采食量迅速减少或废绝，体温40.6～41.5℃，呼吸困难，咳嗽，粪干或稀软、混有黏液或紫色血块。中期，患猪精神沉郁，耳尖、鼻部、耳朵、腹下、四肢末端甚至全身皮肤发红或出现红斑，后期发紫，眼结膜发炎，尿液呈咖啡色或深黄色。慢性病猪胸腹部、会阴部有出血点，被毛粗乱无光，迅速消瘦，行动无力，极度衰弱死亡。

【病理变化】　耳、鼻及四肢末端、胸部、腹部有针状出血点和紫斑，血液凝固不良；颌下、肺门、肝门、腹股沟淋巴结高度肿大，不同程度出血、水肿；鼻、喉、气管和支气管黏膜充血，表面有大量泡沫状黏液；肺脏呈紫红

色、如鲜牛肉状，病区膨胀不全、塌陷，周围组织气肿、呈苍白色、界限分明；心肌变性、如煮熟样；肝脏瘀血、肿大、质脆、有局灶性坏死；胆囊充盈，胆汁混浊、似米汤状，黏膜出血；肾脏肿大，包膜易剥离、呈弥散性出血点；膀胱内充血、出血；胃肠有卡他性或出血性炎症。

【治则】　清热解表，杀虫。

【方药】　柴胡60g，细辛50g，桔梗30g，青蒿、槟榔、常山各40g，甘草30g（为5头20kg育肥猪药量）。水煎取汁，候温灌服，1剂/d。病情严重者2剂/d，连用3～5d。取30%安乃近注射液2～5mL或柴胡注射液2～5mL，肌内注射，2次/d，连用3～5d。强力附红消（盐酸多西环素）0.1mL/kg，肌内注射，1次/d，连用5～7d。共治疗261例，治愈率达79.6%。

【典型医案】　2009年5月10日至6月15日，武威市吴家井乡某养猪小区5个养殖户饲养的育肥猪在约30日龄先后发病，5户共饲养育肥猪（8～30kg）360头，发病328头，死亡67头，发病率91.1%，死亡率20.4%。检查：不同养殖户的猪发病后症状表现不同，多数呈急性经过，1～3d蔓延至全栋猪舍。病初，患猪采食量迅速下降或废绝，体温40.6～41.5℃，呼吸困难并伴有咳嗽，粪干或稀软、混有黏液或紫色血块。随着病程延长，患猪精神沉郁，从耳尖、鼻部、耳朵、腹下、四肢末端到全身皮肤发红或出现红斑，后期发紫，眼结膜发炎，尿液呈咖啡色或深黄色。慢性病猪胸腹部、会阴部有出血点，被毛粗乱无光，迅速消瘦，行动无力，极度衰弱死亡。急性死亡猪全身发紫或无明显症状。剖检死猪病变主要在皮肤、呼吸器官、肝脏等部位。耳、鼻及四肢末端、胸部、腹部有针状出血点和紫斑；血液凝固不良；颌下、肺门、肝门、腹股沟淋巴结高度肿大，不同程度出血、水肿；鼻、喉、气管和支气管黏膜充血，表面有大量

泡沫状黏液，有时混有血液；肺脏呈紫红色、如鲜牛肉状，病区肺膨胀不全、塌陷，其周围肺组织气肿、呈苍白色，界限分明；心肌变性、如开水烫样；肝脏瘀血、肿大、质脆、有区域性坏死灶，胆囊充盈，胆汁似米汤状，胆囊黏膜出血；肾脏肿大、包膜易剥离、有弥散性出血点；膀胱内充血、出血；胃肠有卡他性或出血性炎症。实验室检查：取耳静脉血涂片，姬姆萨染色镜检，可见红细胞表面有许多圆形、椭圆形、杆状紫色虫体；当调动微螺旋时，虫体折光性较强，中央发亮，形状似气泡，细胞边缘不光滑，凹凸不平；瑞氏染色镜检虫体呈紫蓝色。经临床检查、病理剖检和实验室诊断，诊为流行性感冒病毒与附红细胞体混合感染。治疗：取上方药，用法同上，痊愈。（陶得和等，T161，P62）

传染性萎缩性鼻炎

传染性萎缩性鼻炎是由支气管败血波氏杆菌（主要是D型）和产毒素多杀巴氏杆菌（C型）感染引起猪的一种慢性接触性呼吸道传染病。临床上以鼻炎、鼻梁变形和鼻甲骨尤其是鼻甲骨的下卷曲发生萎缩和生长迟缓为特征。

【流行病学】　本病病原菌主要为支气管败血波氏杆菌，其次为多杀性巴氏杆菌和铜绿假单胞菌等。通过病猪或带菌猪的鼻液、飞沫直接或间接传播，各年龄段的猪均易感染，最常见于2～5月龄仔猪。随着年龄增大，发病率和死亡率逐减。集约化养猪场发病率高，而农村散养猪发病较少。一年四季均有发生，但以冬春季节发病严重。饲养管理不善，猪舍潮湿、拥挤、卫生差，饲料中蛋白质、氨基酸、矿物质、维生素缺乏可促进本病的发生。

中兽医认为，本病多因外感风寒、风热之邪，内因湿热积火上薰，日久蓄脓痈肿而发病。

【主证】　初期，患猪频繁打喷嚏，吸气困

难，鼻腔积有黏液性脓性分泌物，鼻发痒，烦躁不安，采食时常用力摇头，有时用鼻拱地，或鼻端在硬物上蹭，严重者鼻黏膜破裂出血，眼睑肿胀。后期，大部分患猪鼻甲骨逐渐萎缩，鼻缩短或扭歪，严重时，鼻腔向患侧歪曲，体温正常（无并发症），食欲减退，生长缓慢。

吮乳仔猪多发生于 20 日龄后，呈群发。病初，患猪被毛无光泽，寒颤，偶尔咳嗽，打喷嚏，吮乳减少，鼻流清涕，呼吸不畅，体温 40～41℃；2～3d 后，患猪体温降至常温时恢复吮乳，鼻端发痒；5～10d 后有的仔猪鼻腔变形，鼻盘歪斜，上颌较下颌短，脸部正面凹陷，皮肤皱褶。若伴发并发症多导致死亡。断奶后仔猪（15～25kg）往往群发，急性，突然发病。患猪鼻腔发炎，流脓性黏稠鼻涕，打喷嚏，鼻端发痒，躁动不安，拱地，体温和食欲正常，唯有鼻孔堵塞严重，常见张口呼吸，饮水或吃流体食物时突然抬头张口呼吸，水和食物从口内外流。一般病程 15d 左右。青年猪（40kg 以上）呈零星散发，其症状与断奶后仔猪不同的是在打喷嚏时，有时会从鼻孔流出血液，若无并发症多在 10d 左右康复。

【病理变化】 在第 1 前臼齿前缘作横断切开，可见鼻甲骨萎缩，下鼻甲骨和鼻中隔变形且形成空洞，鼻黏膜、额窦水肿，并附有脓性分泌物。

【治则】 宣散风热，化痰利湿，通鼻开窍。

【方药】 1. 辛夷、黄柏、知母、半夏各 40g，栀子、黄芩、当归、苍耳子、牛蒡子、桔梗各 15g，白藓皮、射干、麦冬、甘草各 10g（为 25kg 猪 1d 药量）。鼻液带血或鼻流血者加棕炭、地榆炭、白芨及仙鹤草；鼻变形或扭歪者加海藻、海带、石决明及龙骨；体温升高并伴有全身症状者加蒲公英、黄连、金银花、大青叶、瓜蒌、杏仁；机体衰弱者加黄芪、党参、黄精、何首乌、山药。粉碎，分为 2 份，开水冲调，候温，早、晚各灌服 1 份，

连服 9d。共治疗 510 例，效果满意。

2. 清燥救肺汤加减。冬桑叶 40g，生石膏 50g，麦门冬、阿胶、胡麻仁、杏仁、枇杷叶各 30g，甘草、人参各 15g。鼻干甚者加沙参、石斛、桑白皮；鼻气臭秽者加知母、黄芩、马齿苋；鼻衄者加侧柏叶、丹皮等。共为细末，拌入饲料喂服，小猪 50g/次，中猪 100g/次，大猪 150g/次。西药取磺胺-6-甲氧嘧啶钠注射液 50mg/kg，肌内注射，1 次/d，连用 2～3d；硫酸卡那霉素注射液 10～15mg/kg，肌内注射，2 次/d，连用 4～5d；冰片 12g，煅鱼脑石 6g，共研末，吹入鼻中；鼻腔用 300g/L 硫酸卡那霉素喷雾；在饲料中添加泰乐菌素，150g/t，连喂 3～5 周。共治疗 86 例，治愈 83 例，治愈率 96%。

3. 保定病猪，用开口器或木棒打开口腔，用与鼻腭管大小相似的鲜枝条或棕叶茎，在切齿乳头两侧眼角方向轻轻捻插，即可插入鼻腭管口，鲜枝条（棕叶茎）插入至有受阻感为止，剪去外露部分。有的有少量出血，枝条无需取出。同时给病猪喂服电解多维，多给一些青绿饲料。

4. 有食欲者，药用辛苍散。辛夷花、苍耳子各 20g，菊花 25g，鱼腥草 18g，连翘、桔梗各 15g（为 50kg 猪药量）。1 剂/d，连服 3d。食欲废绝者，取磺胺嘧啶钠 0.07g/kg，肌内注射，2 次/d，待患猪恢复食欲后，遂用辛苍散治疗。共治疗 27 例，除 1 例较严重病例配合西药治愈外，其余 26 例均用辛苍散治愈，治愈率达 96.3% 以上。

5. 吮乳仔猪，取 0.1% 肾上腺素 1mL，硫酸卡那霉素 0.5g，30% 安乃近注射液 5mL，混合，滴鼻，两侧鼻孔各滴 2 滴/（头·次）；取地骨皮饮：地骨皮、连翘各 30g，板蓝根 15g。水煎取汁 300mL，拌入饲料中，让猪自由采食（饮），2 次/d，连用 3d。断奶仔猪，取 0.1% 肾上腺素 2mL，地塞米松 4mL，庆大霉素 8 万单位，混合，滴鼻，两个鼻孔各滴

4 滴；硫酸卡那霉素 20mg/kg，肌内注射，2 次/d，连用 3～4d。40kg 体重以上青年猪，取地骨皮饮，灌服，1 剂/(头·d)，连服 3～4 剂。共治疗萎缩性鼻炎 300 余例，其中吮乳仔猪 246 例，断奶仔猪 72 例，体重 40kg 以上大猪 14 例，均取得满意效果。

注：本病应与猪流感、副鼻窦炎、支气管炎及肺炎等疾病进行鉴别。

【典型医案】 1. 1999 年 3 月中旬，贺州市某瘦肉型猪场 510 头 10 周龄猪发病。开始仅 10 多头，1 周后波及全群，发病率高达 100%，共死亡 15 头。检查：患猪频繁喷嚏，眼睑肿胀，鼻腔积有黏液性脓性分泌物；严重者鼻黏膜破裂出血，吸气困难，后期大部分病猪鼻甲骨逐渐萎缩，鼻缩短或扭歪，体温正常（无并发症），食欲减退，体重下降。在第 1 前臼齿前缘作横断切开，可见鼻甲骨萎缩，下鼻甲骨和鼻中隔都失去原形，形成空洞，鼻黏膜及额窦水肿，并附有脓性分泌物。通过对病原菌分离、鉴定为支气管败血波氏杆菌。诊为猪传染性萎缩性鼻炎。治疗：用方药 1，用法同上，连用 3d。患病猪群症状减轻，饮食增加；第 6 天，病情基本控制；自第 15 天起猪体重开始回升。（黄平，T111，P20）

2. 2003 年 3 月，嵩明县小街镇汪官村汪某一头 3 月龄猪来诊。检查：患猪先咳嗽，后鼻孔流出少量黏液脓性渗出物，鼻端不断拱地，流鼻血，卧地时发出鼾声。诊为传染性萎缩性鼻炎。治疗：清燥救肺汤加减（见方药 2）加侧柏叶、丹皮各 20g，共为细末，分 6 次拌料喂服，2 次/d，连服 2 剂；磺胺-6-甲氧嘧啶钠注射液 50mg/kg，肌内注射，1 次/d，连用 3d；硫酸卡那霉素注射液 10mg/kg，2 次/d，连用 4d；冰片 12g，煅鱼脑石 6g，共研末，吹鼻，2 次/d，连用 3d；鼻腔用 300g/L 的硫酸卡那霉素喷雾，2 次/d，连用 5d；在饲料中添加泰乐菌素 150 g/t，连用 14d。患猪治愈。（李国平，T125，P32）

3. 2007 年 3 月 6 日，石阡县中坝镇高塘村杨某一头 20kg 仔猪来诊。检查：患猪打喷嚏，鼻干、有少量浆液性分泌物，呼吸有时发出响声。诊为传染性萎缩性鼻炎。治疗：取方药 3，用法同上。治疗 3d，患猪症状消失。（张廷胜，T158，P72）

4. 2009 年 3 月 2 日，罗田县胜利镇毛家宕村 7 组毛某一头 40kg 黑猪发病邀诊。主诉：近几天该猪食欲下降，吃食时常打喷嚏。检查：患猪呼吸困难，喜拱地及在硬物上摩擦，一侧鼻腔有脓汁流出。诊为萎缩性鼻炎。治疗：取方药 4（菊花减为 18g），用法同上。治疗 10d 后，患猪痊愈。（毛德海，T159，P72）

5. 2004 年 1 月 5 日，新安县城关镇专业养猪户李某 9 头杜洛克母猪产仔，26 日有 6 头发病邀诊。检查：患猪体温 40.8℃，寒颤、咳嗽，鼻流清涕，鼻黏膜充血肿胀，鼻道变细，吮乳减少，粪干黑，尿少而黄，呼吸不畅，张口呼吸。治疗：取方药 5 西药，用法同上。10min 后，6 头患猪症状减轻。遂用地骨皮饮（见方药 5）1 剂，水煎取汁，候温灌服，1 剂/d，连服 4 剂，痊愈。

6. 2005 年 12 月 14 日，新安县铁门镇薛村李某 13 头 15～18kg 长白猪发病邀诊。检查：患猪咳嗽，鼻塞，鼻端发痒、流黏稠脓性鼻液，打喷嚏时鼻孔流涕带血，食欲正常。治疗：取方药 5 中的肾上腺素、地塞米松，滴鼻 1 次；硫酸卡那霉素，肌内注射，2 次/d，连用 3 剂。用药后，患猪症状减轻。遂灌服地骨皮饮，1 剂/(d·头)，连服 3 剂，痊愈。（陈万选等，T146，P51）

气喘病

气喘病是由肺炎支原体感染引起猪以咳嗽、气喘、呼吸困难、融合性支气管肺炎等为特征的一种慢性病，又称猪喘气病。不同品种、性别、年龄、用途的猪均可发生。具有明显的季节性，以冬、春季节多见。

一、气喘病

【病因】 本病病原为猪肺炎支原体。病猪和带菌猪是主要传染源。病菌通过病猪的咳嗽、喷嚏、喘气随分泌物排出体外，经呼吸道而感染。吮乳仔猪和断奶仔猪最易感。饲养管理差、猪群密度大、拥挤、猪舍卫生条件差、圈舍潮湿、通风不良等因素可诱发本病。

【主证】 患猪咳嗽，呼吸困难，气喘，体温一般正常，食欲时好时坏，呼吸时腹肋部呈起伏运动（腹式呼吸），全身震颤，尤其早晚和运动后多咳嗽连声，或呈犬坐姿势，严重者张口喘气，口鼻流沫，发出哮鸣声、似拉风箱样，继而呼吸困难，窒息死亡。

【病理变化】 病变局限于肺和胸腔内的淋巴结。病变由肺的心叶开始，逐渐扩展到尖叶、中间叶及膈叶的前下部。病变部与健康组织的界限明显，两侧肺叶病变分布对称、呈灰红色或灰黄色、灰白色，硬度增加，外观似肉样或胰样，切面组织致密，可从小支气管挤出灰白色、混浊、黏稠液体，支气管淋巴结和纵膈淋巴结肿大，切面黄白色，淋巴组织呈弥漫性增生。

【治则】 止咳平喘，豁痰下气。

【方药】 1. 蟾蜍丸。取活蟾蜍（又名癞蛤蟆），用清洁常水冲洗其全身皮肤，用干净布片揩干，手持兽用注射针头或缝衣针在蟾蜍头部两个隆起点的顶部中央各垂直刺 1 次（以刺破皮肤为宜，不可太深），用药棉覆盖隆起点，用右手拇指、中指、无名指三指捏紧药棉挤压，蘸取蟾酥。依法连做多只，待整块药棉湿润为止，将此药棉搓成比米粒直径稍粗的棉条，置于阴凉通风处（勿暴晒）晾干，用剪刀剪成比米粒稍长的药丸，装瓶备用（采集时勿将白色浆液状蟾酥溅入人眼，以免引起眼部发炎。采过的蟾蜍仍放归野外，只要食物充裕，过半月或 20d，又可重复采集，直至寒露无食

物时即可）。20kg 以下者用蟾酥丸 1 粒；20kg 以上者用 2 粒。用左手捏住患猪左耳，右手将三棱针斜刺进猪耳正面皮下（应避开耳静脉血管，以免流血过多而影响操作），深度以能塞入 1～2 粒药丸为宜。塞入药丸后患猪耳部肿胀，重者流血水，以后干枯脱落。只要诊断确实，用药 1 次，一般经 7～10d 痊愈，而且患猪进食、生长增重和繁殖不受影响。共治疗 70 例，效果确实。

2. 生石膏、菊花各 50g，麻黄、杏仁、浙贝母各 15g，忍冬藤 75g，甘草 15g（为 50kg 左右猪药量）。水煎取汁，候温灌服。洁霉素 50mg/kg，鱼腥草注射液 8mL，混合，于肺俞穴注射，1 次/d，连用 3d。

3. 将荸荠洗净放在食槽，让患猪采食。50kg 以上者 2.5kg/d，轻者 1～2d，严重者 3～4d 即可见明显疗效。共治疗 12 例（肥猪 8 例，母猪 4 例），均取得明显效果。

4. 自拟平喘散。知母、贝母、杏仁、百部、瓜蒌仁、前胡、苏子、桔梗各 15g，枳壳、麻黄、甘草各 10g（为 1 头 20kg 猪药量）。共为末，拌料喂服，1 剂/d，连服 3d。取维生素 B_6，发病仔猪 30mg/（头·d），未发病仔猪 20mg/（头·d），拌料喂服，连服 4～5d。泰舒平，发病仔猪饲料中每 100kg 添加 3g，未发病仔猪 2.5g；拌料喂服，连服 4～5d。对食欲不振者，先用硫酸卡那霉素治疗，待食欲恢复后再拌料服药。

5. ① 实喘。选肺俞穴（位于胸壁两侧倒数第 6 肋间，距背中线约 10cm 处，左右侧各 1 穴），注射卡那霉素，左穴注射 100 万单位，右穴注射 200 万单位（架子猪用量酌减），连用 3d。穴位注射时向内下方刺入 3～5cm。取苏子、黄芩、百部各 50g，金银花 40g，甘草 20g。共为细末，开水冲调，候温灌服，10～15g/次，2 次/d，连服 7d。

② 肺虚气喘。穴位注射同①。取党参 20g，黄芪 50g，麦冬、五味子、苏子、白果、

桔梗各15g，甘草10g。共为细末，开水冲调，候温灌服，连服3～5剂。

③肾虚气喘。穴位注射同①。取熟地30g，肉桂、蛤蚧、山药、丹皮、泽泻、白果各20g，甘草10g。共为细末，开水冲调，候温灌服，连服3～5剂。

共治疗521例，治愈471例，治愈率为91%。

6. 自拟克喘止咳散。桔梗、白前、紫菀、黄芩、桑白皮各30g，马兜铃、百部、苏子、杏仁、知母、丹参、当归、莪术各20g，陈皮15g，生甘草10g。未怀孕者加桃仁、红花各15g（为100～150kg猪1d药量）。加水浸泡30min，煎煮25min，取汁3000mL，候温，分早、晚胃管灌服，1剂/d，1个疗程/3d。共治疗21例（均是良种育龄母猪），两个疗程治愈18例，均是慢性型，1例效果欠佳，后结合氟苯尼考注射液治疗，0.07mL/kg，1次/d，连续注射2d后，患猪喘停咳止，病愈。2例急性型因继发胸膜肺炎，治疗无效死亡，治愈率为90%以上。

7. 平喘散。知母、贝母、桔梗各25g，黄芩、桑皮、枇杷叶、葶苈子、款冬花各40g，大黄、麦冬各30g，黄连、甘草各20g（为50kg猪药量）。水煎取汁，候温灌服。共治疗252例，治愈率达92.4%，无效死亡19例。

8. 紫苏、马兜铃、甘草各30g，大青叶、金银花、葶苈子、远志各40g，贝母、杏仁、忍冬藤、地龙、瓜蒌各50g。共研细末，加少量蜂蜜为引。10kg以下猪20g，10～25kg猪30g，25～50kg猪50g，50kg以上猪75g。混入饲料中喂服，2次/d，连服3～5d。盐酸土霉素，30～40mg/kg，用蒸馏水或0.25%普鲁卡因或0.4%硼砂溶液稀释，肌内注射，1次/d，连用3～5d。卡那霉素，3万～4万单位/kg，肌内注射，1～2次/d。病重时，也可用猪喘平分点肌内注射，卡那霉素与土霉素油剂联合交替使用效果更好。

9. 硫酸卡那霉素、硫酸链霉素（常规用量），注射用水5～10mL，稀释。取右侧肺俞穴（倒数第6肋间距背中线10.5cm处，即髓结节水平线上）。用注射器吸取药液后，针尖向胸壁垂直刺入3.0～4.5cm以刺破窗户纸样感觉为宜，缓缓注入药液。一般1次即可，严重者2次可愈。本方药对久治不愈的气喘病亦有良效。（张国军，T34，P63）

10. 复方五指风。五指风叶（即黄荆叶，生用）2500g，不出林（即紫金牛，干品）、鱼腥草（干）各1000g，苦胆木皮（干）500g。将各药洗净切碎，放在蒸馏器内，加常水浸泡1d，蒸取药水3000mL。将药渣继续煮沸2h，取汁，用两层纱布过滤煎液，滤液置火上浓缩到三分之二，再隔水浓缩到有黏性时，放冷，加95%酒精使其含酒精70%～75%，放置沉淀过夜，吸取上清液，回收酒精，加前述蒸馏液，混合均匀，用五层纱布过滤，调pH值至6.5～7.5，加灭菌水至3500mL，再用三号滤器抽滤，分装消毒，封蜡备用。穴位注射，取肺俞、百会、苏气等穴，5mL/次，1次/2d，1个疗程/5次。耳根注射，1次/d，10mL/次，1个疗程/5d。需要治疗几个疗程者，疗程间要停药2～3d，以免注射部位发炎肿胀。共治疗86例，治愈60例，好转9例，无效16例，有效率为80.23%。

11. 麻杏石甘汤合栀子金银花汤加减。麻黄、杏仁（去皮尖）、甘草各30g，黄连、大黄各25g，栀子35g，黄芩、黄柏各40g，生石膏50g。热甚者加金银花、连翘、鱼腥草、蒲公英、柴胡；咳甚者加贝母、桔梗、款冬花、苏子等。共为细末，拌入饲料中喂服，仔猪50g/次，育成猪100g/次，成年猪150g/次。土霉素或四环素片6～9g，2次/d，连用4～5d；硫酸卡那霉素注射液，2万～4万单位/kg，肌内注射，1次/d，连用4～5d。共治疗86例，治愈83例，治愈率96%。

12. 胎盘粉、猪胆粉、地龙（研细末）各

30g，樟脑粉 0.3g。混匀，加水灌服，1 剂/d。本方药适用于慢性气喘。

13. 从健康猪取新鲜胆囊数个，以 75% 酒精消毒其表面后，用注射器抽出胆汁，经多层纱布过滤，装瓶密封，蒸煮 30min，然后瓶口封蜡，置于阴暗处备用。取猪胆汁 10～20mL，加青霉素 80 万～160 万单位，1 次肌内注射，2 次/d，连续用药 3～6d。共治疗 15 例，痊愈 11 例，死亡 4 例。（孙灿华，T31，P51）

14. ①麻黄、半夏、款冬花、桑白皮、苏子、黄芩、百部、葶苈子各 15g，杏仁 12g，金银花 30g，甘草 10g。共为细末，成年猪 30～50g/次，仔猪 6～15g/次，拌料饲喂，2 次/d，连用 3d。阿莫西林钠 0.5mg，黄芪多糖注射液 10mL，肌内注射，2 次/d，连用 3d。对疑似猪用硫酸卡那霉素注射液 25mL/kg，肌内注射，连用 5～7d。②猪胆液疗法。选取健康猪胆囊若干，取胆汁，用六层纱布过滤，装入清洁的密封瓶内经蒸气 100℃ 灭菌 3h（于 10～15℃ 避光保存），1mL/kg，肌内注射，2 次/d，连用 3d。共治疗 23 例，治愈 18 例，好转 3 例，死亡 2 例。

15. 清肺化痰汤。黄芩 15g，桑白皮、地骨皮、黛蛤散、浙贝母、桔梗、射干、百部、紫菀各 10g，瓜蒌皮 9g，鱼腥草 15g（为约 50kg 猪药量）。水煎取汁，候温灌服，1 剂/d，1 个疗程/5d。西药用硫酸卡那霉素注射液，10～15mg/kg，肌内注射，2 次/d，连用 5d；恩诺沙星注射液，2.5mg/kg，肌内注射，2 次/d，连用 2～3d；饲料中添加泰乐菌素，150g/t，连喂 3～5 周。共治疗 168 例，治愈 163 例，治愈率 97%。

16. ① 对能采食者，取鲜鱼腥草 2g，鲜麦冬、鲜枇杷叶、鲜乌桕叶各 1g，竹茹 0.5g（每千克体重）。加水适量，煎煮，取汁，拌料喂服，3 次/d，连用 4～5d，个别猪需连续服药直到咳嗽停止。健康猪也同样服药。

② 对食欲废绝者，取卡那霉素，2 万～3 万单位/kg，肌内注射，或土霉素 100～200mg/kg，肌内注射，2 次/d，连用 2～3d。待进食时，再服①中药煎剂。

③ 对病情好转者，再喂给钩吻煎剂或粉剂，1g/kg（干品或鲜草），3 次/d，连用 3～5d，提高机体抵抗力，促使早日康复，防止复发或病愈后变为僵猪。

17. 麻杏石甘汤加味。麻黄、杏仁、浙贝母、甘草各 15g，生石膏、菊花各 50g，忍冬藤 75g。10kg 以下猪 20g/次，10～25kg 猪 30g/次，25～50kg 猪 30g/次，50kg 以上猪 75g/次，拌入饲料中喂服，2 次/d，连服 3d。取卡那霉素注射液，15mg/kg，肌内注射，2 次/d，连用 3d；鱼腥草注射液，0.2mL/kg，肌内注射，2 次/d，连用 3d。

18. 枇杷叶 200g（鲜者佳，放入热锅中烫去叶面下的细毛），桑白皮 200g（鲜者佳）。将两药水煎，取汁 500mL。病情不严重、能自行饮水者可先禁水若干小时，然后将药液混于少量温水中，让其自饮；病情严重、不饮水者，将头稍微提起，缓缓灌服。切忌压住猪舌和在灌药前将猪强行捕捉或按压。共治疗 300 余例，效果显著。

19. 麻黄、杏仁、石膏、甘草、青果、桔梗、葶苈子、紫菀、桑皮、苏子、白前、百部、马兜铃各 10g（为 25kg 以下猪药量；25～50kg 以上猪各药量可加至 15g；50kg 以上猪可加至 20g）。水煎取汁，候温灌服。共治疗 90 余例，均收到良好效果。

20. 白果定喘汤。苏子 20g，白果、杏仁、黄芩、金银皮、款冬花各 15g，制半夏 12g，麻黄、甘草各 10g。加水 3000mL，煎至 1000mL，候温灌服，10～15mL/头。共治疗 532 例，治愈 468 例，治愈率 88%。（钱立富，T89，P29）

【典型医案】　1. 修水县马坳区坪下村 5 组刘某一头 75kg 经产母猪，患慢性喘气病长达 2 年，由于病情逐年加重，影响食欲邀诊。

检查：患猪呼吸困难，腹式呼吸明显，腹壁一起一伏，呈犬坐姿势；剧烈运动后连续性咳嗽，影响采食，体温正常。诊为喘气病。治疗：取蟾蜍丸，用法同方药1。第2天，患猪病情反而加剧，耳部开始肿胀并逐渐增大，直至流出血水，以后血水停流，猪耳逐渐干枯，以致脱落掉1/2，痊愈。（何月远，T43，P22）

2. 2001年3月15日，梁平县虎城镇王某一头76kg母猪发病就诊。检查：患猪精神不振，食欲减退，体温39℃，咳嗽、气喘，呼吸困难，口鼻流沫，呈明显腹式呼吸。诊为气喘病。治疗：取方药2，用法同上。治疗3d后，患猪咳嗽、气喘症状消失，食欲恢复正常。

3. 2002年5月6日，梁平县袁驿镇李某一头10kg仔猪发病邀诊。检查：患猪食欲较差，体温正常，呼吸困难（90次/min）、呈明显的腹式呼吸，咳嗽、气喘，有时连续阵咳。诊为气喘病。治疗：取方药2，用法同上。治疗3d后，患猪咳嗽、气喘症状消失，食欲恢复正常。（石爱华，T119，P23）

4. 1986年3月，太宁县梅口乡王某一头2岁本地猪发病邀诊。主诉：该猪早晚饲喂时咳嗽明显，进食减少。检查：患猪体温38.5℃，呼吸55次/min，腹式呼吸明显，精神萎靡，不愿走动，形体消瘦。治疗：取荸荠，2.5kg/d，连喂4d，痊愈。

5. 1987年4月，太宁县梅口乡刘某一头肥猪因病来诊。检查：患猪咳嗽气喘时呈犬坐姿势，粪检无虫卵。诊为气喘病。治疗：取荸荠，3kg/d，连喂3d，痊愈。（李本元，T33，P36）

6. 2007年10月15日，庄浪县某育肥猪场从外地购进杜长大三元杂交保育仔猪100头，分12栏饲养。11月5日个别猪发生咳嗽、气喘症状，截至11月8日，共有24头仔猪出现明显的咳嗽症状，发病率24％。检查：患猪精神不振，头下垂，站立一隅或趴伏在地，呼吸次数增多（60～80次/min），体温正常或略高（37.5～38.5℃），咳嗽明显，咳嗽时站立不动，背拱，伸颈，呈明显的腹式呼吸，食欲减退，个别仔猪体瘦毛焦。诊为气喘病。治疗：取方药4，用法同上。同时将发病仔猪按症状轻重分别隔离，用1:2000强力消毒灵带猪对圈舍和周围环境喷雾消毒，1次/d，连用5d。消毒时将药液配成40℃，13～14时气温较高时消毒，避免低温刺激引起应激反应。同时注意通风，保证舍内空气清新。采取上述措施后，24头发病仔猪在4～5d内痊愈，其余猪群未发病，病情得到完全控制。（万喜太，T157，P69）

7. 1999年5月14日，乐平市接渡镇姜家村马某一头约30kg架子猪因气喘来诊。检查：患猪呼吸喘粗，腹式呼吸明显，食欲废绝，便秘，口色赤红，眼结膜潮红，脉象洪数。诊为热痰实喘。治疗：取方药5①，用法同上。5d后随访，患猪完全康复。

8. 1998年6月12日，乐平市接渡镇圩里村胡某一头怀孕母猪患气喘病，经他医治疗3d无效邀诊。检查：患猪呼多吸少，呼吸不匀，动则喘甚，腹肋扇动，舌淡苔白薄，脉弱无力。诊为肾虚气喘。治疗：取方药5③，用法同上。治疗3d，患猪症状消失。（汪成发，T112，P31）

9. 2007年3月12日，蒲城县东芋村五组土某2头长白经产母猪，2个月前偶尔干咳咔嗽，近期咳嗽加重，有轻微的喘气症状，他医诊为支气管肺炎，肌内注射青霉素、链霉素、氨基比林、柴胡、地塞米松、庆大霉素等药物治疗3d效果不佳，又改用磺胺嘧啶钠、卡那霉素、喘病消等药物治疗4d，咳嗽喘气明显好转，但停药后咳喘又复发。检查：患猪精神不佳，被毛粗乱，食欲不减，咳嗽时站立不动，腰背拱起，颈伸直，头下垂，连声咳嗽，咳嗽时矢气，驱赶时呼吸紧迫，喘气明显，呈腹式呼吸，眼结膜发绀，舌色紫红，舌苔黄青，舌燥无泽，尿少色黄，粪干小，四肢、耳、皮温热，心跳快（115 次/min），体温正常。诊为慢性喘气病。治疗：取自拟克喘止咳散（见方药6），水煎取汁，候温加入蜂蜜灌服，1 剂/d，连服 3 剂。治疗后，患猪咳嗽、气喘、腹式呼吸明显减轻，舌色淡红，体温 38.7℃，精神佳，粪变软，尿色清，食欲增加。效不更方，再服药 3 剂。患猪喘气止，呼吸平稳，被毛光滑，食欲佳，粪、尿正常。为巩固疗效再服上药 1 剂；同时取氟苯尼考注射液 0.07mL/kg，肌内注射，1 次/d，连用 2d。之后随访，两猪已怀孕，一切正常，再无复发。（罗凯荣等，T152，P58）

10. 1992 年 3 月 20 日，郏县白庙乡杨村杨某一头 2 岁、约 75kg 白色母猪就诊。主诉：该猪喘气月余，粪干、呈珠状，尿短少、色黄。检查：患猪体瘦，体温 39.2℃，结膜红黄，口腔干，鼻无汗，脉细数，鼻翼开张，喘气。诊为喘气病。治疗：取方药 7，重用大黄、桑皮、款冬花、枇杷叶、葶苈子各 50g，加郁李仁 40g，火麻仁 150g。水煎取汁，候温灌服，连服 2 剂。患猪便通咳止，5d 完全康复，观察 3 年，无复发。（张勋，T82，P30）

11. 2010 年 3 月 25 日，大通县逊让乡麻什藏村刘某 20 头 3～5 月龄育肥猪相继发病，以咳嗽气喘为主就诊。根据临床症状，诊为喘气病。治疗：取方药 8 中药、西药，用法同上，痊愈。（毛成荣，T163，P77）

12. 龙州县水口公社思奇大队板桂生产队猪场，1978 年 10 月有 20 头猪患喘气病，10 月 12 日作插枝治疗，至 24 日死亡 2 头，其余患猪未见效；25 日改用五指风注射液（见方药 10）治疗 18 头，1 次/d，10mL/次，左右耳根交替肌内注射，共治疗 2 个疗程，死亡 2 头，治愈 16 头，无一复发。

13. 1979 年 7 月，龙州县彬桥公社岜巫生产队猪场 5 头猪患喘气病，其中有 1 头已喘气

8 个月。7 月 30 日用复方五指风注射液（见方药 10）治疗，前 3d 进行耳根肌内注射，第 4天在苏气、百会、肺俞穴注射。经 3 个疗程治疗，5 例全部治愈，患病 8 个月者症状消失，食增膘长。（何秀德，T5，P45）

14. 1998 年 2 月 20 日，金川县沙尔乡三村任某一头架子猪就诊。检查：患猪先咳嗽，逐渐转为喘气，呼吸困难；病初食欲正常，随之减少。诊为喘气病。治疗：麻杏石甘汤合栀子金银花汤加减：麻黄、杏仁（去皮尖）、甘草各 30g，黄连、大黄各 25g，黄芩、黄柏、栀子各 35g，金银花、蒲公英各 15g，桔梗、款冬花、苏子各 20g，生石膏 50g，土霉素片 6g，共为细末，分 6 次拌饲料喂服，2 次/d，连服 2 剂，痊愈。

15. 1999 年 2 月 12 日，金川县咯尔乡三村刘某一头猪，因喘气病就诊。主诉：该猪初期咳嗽，后转为喘气。检查：患猪呼吸困难，喜卧，懒动，驱赶时呼吸加剧，可见明显喘沟，多呈犬坐姿势，体温 39.5℃。诊为喘气病。治疗：麻杏石甘汤合栀子金银花汤加减：麻黄 35g，杏仁 40g，生石膏 60g，大黄、黄连各 25g，栀子、黄芩、黄柏各 40g，金银花、柴胡、蒲公英、连翘、鱼腥草各 20g，桔梗、苏子、款冬花各 15g，川贝母 5g，四环素片 9g。共为细末，分 6 次拌料喂服，2 次/d，连服 2 剂。同时，取硫酸卡那霉素 2 万～4 万单位/kg，肌内注射，1 次/d，连用 4d，痊愈。（周文章等，T102，P24）

16. 2010 年 11 月 5 日，东港市某猪场新购进 120 头仔猪，运回第 1 天有几头仔猪出现咳嗽和采食减少，体温 37.5℃。第 2 天病情较为严重，发病 64 头，用青霉素治疗无效，第 6 天开始死亡，已死亡 9 头。检查：患猪张口喘气、呈犬坐姿势，表现明显的腹式呼吸，多数病猪咳嗽声低沉，有时可见痉挛性咳嗽，运动和进食后表现明显。诊为气喘病。治疗：取方药 12，全群拌料喂服，病重者同时用硫

酸卡那霉素，2万～4万单位/kg，土霉素1～3mL/头，肌内注射，2次/d。第2天，患猪病情开始好转，再未出现新增病例，第5天痊愈。（胡成波等，T169，P61）

17. 2009年5月21日，民和县川口镇红卫村李某2头育肥猪陆续发生咳嗽就诊。检查：患猪连续咳嗽，流清鼻液，精神萎靡，消瘦，不愿走动，体温39.5℃。诊为气喘病。治疗：取方药14，用法同上，连用3d，全部治愈。（胡永杰，T166，P61）

18. 2001年3月10日，嵩明县小街镇市屏村罗某一头50kg猪来诊。检查：患猪体温38.6℃，呼吸困难（100次/min），呈明显的腹式呼吸，两前肢张开、呈犬坐姿势，食欲无明显变化，早晚和运动后连续阵咳。诊为气喘病。治疗：黄芩15g，桑白皮、地骨皮、黛蛤散、浙贝母、桔梗、射干、百部、紫菀各10g，瓜蒌皮12g，鱼腥草15g。用法同方药15，1剂/d，连服5剂。西药用硫酸卡那霉素注射液15mg/kg，肌内注射，2次/d，连用5d；恩诺沙星注射液2.5mg/kg，肌内注射，2次/d，连用3d；在饲料中添加泰乐菌素150g/t，连用15d。患猪痊愈。

19. 2003年4月18日，嵩明县小街镇马旗屯村周某一头架子猪来诊。检查：患猪先咳嗽，后转为气喘，呼吸困难（80次/min），体温39℃，病初食欲正常，随后逐渐减退。诊为气喘病。治疗：黄芩、鱼腥草各12g，桑白皮、地骨皮、黛蛤散、浙贝母、桔梗、射干、百部、紫菀各8g，瓜蒌皮9g。用法同方药15，1剂/d，连服5剂。硫酸卡那霉素注射液15mg/kg，肌内注射，2次/d，连用5d；恩诺沙星注射液2.5mg/kg，肌内注射，2次/d，连用2d。在饲料中添加泰乐菌素150g/t，连用16d。经用上法治疗，患猪痊愈。（李国平，T136，P39）

20. 1978年，龙溪县西洋乡猪场的猪发生气喘病。猪场有90余头菜猪、27头母猪、70余头仔猪、1头公猪，急性发病者占90%以上。检查：患猪精神不振，减食或停食，饮水减少，站在墙角，卧地或呈犬坐姿势喘气，腹式呼吸、60次/min以上，剧烈时达120次/min以上，咳嗽常是连续多声，有些猪有鼻汁。数天后，患猪被毛粗乱，膘情下降，体温在38～40℃之间，有的在体温急速下降时稍受惊动即死亡。一般在7d内死亡；超过7d不死的逐渐恢复或转为慢性，吃食正常，但早晨或休息时会发生阵发性咳嗽，以后部分猪成为僵猪。仔猪感染后发病很急，症状比较明显，死亡率也高。剖检死猪肺的心叶、尖叶、中间叶和膈叶的前缘呈淡灰色，无弹性，质地与胰脏相似，切一小块放在水中则下沉。病变部和健康部界限明显。纵膈淋巴结肿大，切面多汁，支气管内充满大量粉红色或淡白色泡沫。其他脏器无明显变化。治疗：取方药16，用法同上。经3～6周治疗，患猪痊愈。治疗急性病猪，先用西药1周，再用中药，收效良好。（陈基聚，T31，P52）

21. 2010年3月2日，通渭县襄南乡某养猪户125头猪，其中有35头猪患病，主要表现咳嗽、气喘、食欲下降、体温升高等。疑似感冒，3月1日已按感冒治疗（用青霉素、链霉素肌内注射）但症状未见好转，已死亡3头，所有患猪已进行全面隔离。检查：患病猪群整体表现为精神沉郁，食欲下降，头下垂，不愿走动，偶尔站立不稳或趴伏，部分猪体温升高至39～45℃，部分猪体温升高不明显，呼吸困难且呼吸次数增加至60～80次/min，有时张口喘气、呈明显的腹式呼吸，发出哮喘鸣音，偶尔低沉咳嗽或痉挛性咳嗽，驱赶运动后短声轻咳明显，口鼻流沫。取病猪肺尖病灶与健康肺组织的交界处切面，用镊子夹住病料在载玻片上均匀涂布，干燥后用甲醇固定2～5min，用pH值7.2磷酸盐缓冲液稀释20倍的姬姆萨染色3h，冲洗、干燥后立即用丙酮清洗一次后镜检，可见深紫色球状、杆状、轮状、两极状、伞状等多形态微生物，鉴定为猪肺炎支原体。取 3 头病死猪进行剖检，发现肺部有不同程度的水肿和气肿；在肺的心叶、尖叶、中间叶和膈叶前缘出现米粒至绿豆大斑点，逐渐扩展而融合成支气管肺炎，从小支气管可以挤出灰白色、混浊、黏稠的液体；肺部病变部与非病变部界限明显，病变部硬度增加、呈明显的虾肉样变；肺门和淋巴结显著肿大、边缘充血，支气管淋巴结和纵膈淋巴结肿大、切面呈黄白色。其他器官无特殊的病理变化。根据临床症状，结合实验室和病理变化，诊为气喘病。治疗：取方药 17，用法同上。治疗 3d 后，患病猪群整体明显好转，气喘情况减轻，呼吸次数减少，除因体质虚弱死亡 3 头外，其余猪已基本恢复正常，对未完全康复病猪继续巩固治疗，10 余天后，其余 29 头猪完全康复。（魏旺明，T165，P63）

22. 1969 年 10 月，太湖县徐桥区唐小生产队唐某 2 头约 70kg 土种猪发病就诊。检查：患猪咳嗽，气喘严重，呼吸困难、呈明显腹式呼吸，体温 39.8℃，用土霉素、卡那霉素等药物治疗未好转，1 头死亡，1 头 5d 未进食。治疗：取方药 18，用法同上。服药当天下午，患猪即能站立行走，咳嗽、气喘缓解。连续服药 3 剂后，患猪气喘明显减轻，咳嗽逐渐消失。同时嘱畜主注意防寒保暖，清理圈舍，在食欲恢复后，多喂青绿多汁饲料，痊愈。（王东升，T31，P51）

23. 1999 年 3 月 16 日，天水市麦积区宁某一头 20kg 猪来诊。检查：患猪咳嗽，气喘，喉部有痰鸣音，呼吸次数增多，腹式呼吸，呼吸不畅，体温升高，精神不振，食欲减退。诊为气喘病。治疗：取方药 19，用法同上。服药 2 剂，痊愈，未再复发。（杨建有，T137，P27）

二、气喘病与痢疾混合感染

【主证】 患猪呼吸困难，咳嗽，严重者张口喘气，食量减少，食后咳嗽明显，咳嗽时站立不动、连续咳嗽，腹式呼吸明显，拱背，耳尖发紫，少数病猪剧烈下痢，粪呈黑色、粪中混有黏液和血液。

【病理变化】 肺脏尖叶、心叶、中叶和膈叶的前下部分有左右对称、较大面积的融合性病变区，肺脏呈"熟肉样"或"水煮样"；大肠黏膜肿胀、充血和出血，肠腔内充满气泡、黏液和血液；其他器官未见明显病理变化。

【治则】 清热止咳，宣肺平喘。

【方药】 黄连、黄芩各 100g，黄柏 200g，板蓝根、生地各 300g（为 250kg 猪药量）。水煎取汁，候温灌服，早、晚各 1 次，连服 3d。上午用恩诺沙星注射液，下午用盐酸林可霉素注射液（按说明书剂量用药）对全部猪进行肌内注射，1 次/d，连用 3d。在全群猪饲料中加入氟苯尼考、泰妙菌素（按说明书剂量用药），并在饮水中添加葡萄糖、电解多维混饮，增强猪的体质，防止继发感染。立即隔离发病猪和疑似病猪，粪便发酵处理，用百毒杀（浓度为 1∶600）对猪舍场地、环境、用具进行带猪消毒，1 次/d，连用 3d。

【典型医案】 2009 年 1 月 24 日，滨海县天场乡某猪场饲养的 2 月龄育肥猪相继出现咳嗽、气喘、食量减少、粪干硬等症状，用青霉素、链霉素治疗无明显效果，3d 后病情进一步加重，第 4 天病猪开始腹泻，发病猪由 5 头增加到 18 头，死亡 3 头。检查：患猪呼吸困难，严重者张口喘气，食量减少，食后咳嗽明显，咳嗽时站立不动，连续咳嗽，腹式呼吸明显，拱背，耳尖发紫，少数病猪剧烈下痢，粪呈黑色、粪中混有黏液和血液。剖检死猪肺脏尖叶、心叶、中叶和膈叶的前下部分有左右对称、较大面积的融合性病变区，肺脏呈"熟肉样"或"水煮样"；大肠黏膜肿胀、充血和出血，肠腔内充满气泡、黏液和血液；其他器官未见明显病理变化。将有明显病变的大肠黏膜直接抹片，姬姆萨染色，高倍镜下可看到视野里有 3 个以上的蛇形螺旋体。用病猪血清做间接血凝实验，猪肺炎支原体呈阳性。根据临床症状、剖检病变和实验室检查，诊为猪气喘病与痢疾混合感染。治疗：取上方药，用法同上。治疗后，患猪精神、食欲、粪尿均已明显好转。效不更方，继用上方药治疗。31 日，患猪病症基本消失，精神、食欲、体质恢复如常，停止注射药物治疗，中药和辅助治疗按原方继续 3～5d。患猪均已康复如前，体壮膘圆，长势良好。（李迎松，T159，P58）

三、肺炎支原体与圆环病毒混合感染

【主证】 患猪精神沉郁，消瘦，食欲不振，厌食，呼吸困难、呈腹式呼吸，喘气，阵发性咳嗽，干咳，咳声不畅，被毛蓬乱，皮肤苍白，后躯和腹部皮肤上多处有圆形或不规则形的病灶，隆起、周边呈淡红色或暗紫色、中央有一个淡黄色米粒大小的小水泡或黑色结痂点，严重者病灶连接成片，大部分病猪腹股沟浅淋巴结肿大，个别病猪有发热现象，体温升高至 39.0～41.0℃。

【病理变化】 尸体皮肤苍白，个别黄染；胸腔有少量积液；肝脏色泽紫暗、质地较硬，肝小叶间结缔组织增生，肝小叶缩小；脾脏肿胀、质地肉样；肾脏肿大或缩小、呈苍白色或淡黄色、被膜下有灰白色病灶；肺脏呈不同程度肿胀、心叶、尖叶、中间叶和膈叶前缘呈肉样实变；胃部有溃疡；心脏、胰脏、肠道有炎症、出血或坏死等病变；淋巴结肿大，外表充血或出血，切开后剖面呈红灰色相间的大理石样，肺门淋巴结和纵膈淋巴结更为突出。

【鉴别诊断】 依据临床症状、流行病学、病理变化特点进行鉴别诊断。①猪流感。各种年龄、性别和品种的猪均易感，传播迅速，2～3d 全群发病，体温升高至 40～41.5℃，行走困难，强迫行走则显关节及肌肉疼痛，呼吸加快，稍有喘息，但不及气喘病频繁；咳嗽、流鼻液明显，病程短，死亡率低。本病用氨基

比林、抗生素及病毒灵疗效良好。②猪肺疫。最急性型发病突然，体温升高，咽喉下部出现高热红肿，或未见症状即迅速死亡；急性型体温升高到 41℃左右，初期干咳，后期湿咳，呼吸困难，呈犬坐姿势；初期便秘，后期腹泻。用青霉素、链霉素或磺胺类药治疗效果好。③猪肺丝虫病及蛔虫病。猪肺丝虫病主要危害仔猪，轻者症状不明显，重者可引起支气管炎和肺炎，在早、晚和运动时或遇到冷空气时出现阵发性咳嗽，呼吸困难，有时鼻孔流出脓性黏稠液体，可检查粪中虫卵确诊。内服敌百虫片驱虫效果好。猪蛔虫病的发病与猪的年龄、营养状况有关，营养良好、体格健壮的不显症状。一般 3～6 月龄的仔猪多发，出现体温升高、咳嗽、呕吐、食欲不振，在粪中也可检出虫卵，内服敌百虫效果良好。

【治则】 清肺止咳，宣肺平喘。

【方药】 ①清瘟败毒饮加减。生石膏 90g，连翘、板蓝根、玄参各 30g，黄芩、栀子、赤芍、桔梗、丹皮各 18g，甘草 12g，黄连 9g（为 10 只 10kg 猪药量，视猪体重和数量相应增减）。皮肤斑疹紫色深红者加紫草 30g，丹皮 18g；疹色紫暗融合成片者加生地 18g，红花 9g；咳甚者加桑白皮 12g，鱼腥草 18g。加开水 2500mL，浸泡 30min，文火煎取药液 1000mL，候温灌服或拌料饲喂，2 次/d。②沙参麦冬汤合麻青石甘汤加减。玉竹、沙参、金银花、生石膏各 30g，天花粉、桔梗、连翘、麦冬、板蓝根各 18g，麻黄、甘草各 12g。疹前或出疹初期者加荆芥、蝉蜕、紫草各 18g，薄荷 12g；出疹期热毒甚者加黄芩 12g，桑白皮 18g，鱼腥草 30g；疹后期多阴伤者加生地、麦冬各 18g，玄参 30g。用法同方药 1。③干扰素 10 万～15 万单位/kg，肌内注射，1 次/d，连用 3～5d；或转移因子 2～4mL/头，前股部内侧皮下注射，1 次/d，连用 4～5d；强的松 30～40mL/头，混料饲喂；黄芪多糖注射液 0.2～0.3mL/kg，肌内

注射，第 1 天 2 次，以后 1 次/d，连用 3～5d；连磺金尼考（自制复合注射液，其主要成分：黄连素、硫黄、金霉素、氟苯尼考）0.10～0.15mL/kg，肌内注射，1 次/d，连用 3～5d。也可选用其他抗生素和磺胺类药物，如克林霉素、丁胺卡那霉素、磺胺对甲氧嘧啶、新诺明等。咳嗽剧烈者取可待因 20～30 mL/kg，肌内注射，2 次/d；喘气严重者取息喘平 0.1mL/kg，肌内注射，1 次/d；局部皮肤感染者可涂 1% 甲基溶液或抗生素软膏，面积大者可按 1:10000 配制高锰酸钾溶液，加温至 20～30℃ 喷浴。④对未患病的猪，用长效土霉素 15mL/kg，维生素 B_6 20mg，混合，拌料饲喂，1 次/d，连用 7d；或用苦参 18g，板蓝根 30g，粉碎后拌料饲喂，1 次/d，连用 7d。共治疗猪肺炎支原体与圆环病毒混合感染 165例，有效率达 96% 以上。

【典型医案】 2009 年 5 月 20 日，南阳市郊区某生猪养殖场仔猪发病邀诊。主诉：该场共有存栏生猪 400 头，除 5 头种公猪和 25 头母猪外，其余 370 只均为 10～20kg 仔猪，其中 120 只仔猪是 5 月 6 日从湖北省枣阳市某种猪场引进的良种猪，与自繁育仔猪混养，10日起陆续发病，先是引进仔猪，逐渐扩散到其他仔猪。该猪场兽医以一般性皮炎、猪丹毒用药，疗效甚微。乡兽医诊为猪附红细胞体病，用抗附红细胞体的药物附红优等治疗，虽取得一些疗效，但未从根本上控制疫情发展。20日早晨，有 12 只仔猪死亡。检查：患猪厌食，渐进性消瘦，皮肤上有圆形或不规则形皮炎或溃疡，咳嗽，体温正常。死亡猪消瘦，体毛粗长杂乱，皮肤苍白、多处有圆形或不规则的粉红色隆起病灶，病灶中央有一小黑色结痂点。通过用 MP-Ab 法和 IHA 法诊断，结果均为阳性，诊为猪肺炎支原体与圆环病毒混合感染。治疗：生石膏 500g，连翘 120g，黄连40g，板蓝根、玄参各 150g，黄芩、栀子、赤芍、桔梗、丹皮、鱼腥草各 90g，甘草 60g。

水煎取药液 8000mL，分为 2 份，拌料饲喂，早、晚各 1 次，连服 3d。西药取干扰素 10 万～15 万单位/kg，黄芪多糖注射液 0.2～0.3mL/kg，肌内注射，1 次/d，连用 3d。在用药治疗的同时，加强饲养管理，清洁和消毒猪舍，用 0.5% 百毒杀带猪消毒，1 次/d，连用 3d。23 日，除 3 只症状特别严重的猪死亡外，其他患猪精神、食欲、呼吸道症状均已消失，皮肤溃疡处已收口，斑色明显改变。停用干扰素，其他按原方药继续使用 3d，患猪病症完全消失。皮毛光亮（皮肤上未留斑痕），体健膘圆，长势良好。（孙凌志，T162，P59）

传染性胸膜肺炎

传染性胸膜肺炎是由胸膜肺炎放线杆菌感染引起猪以肺炎和胸膜炎为特征的一种呼吸道传染病，又称副溶血嗜血杆菌病或嗜血杆菌胸膜肺炎。

【流行病学】 本病病原为副溶血嗜血杆菌或嗜血杆菌。病猪和带菌猪是本病的传染源，通过飞沫传播，经过呼吸道感染，各种不同年龄的猪均有易感性，以 3～5 月龄猪最易感。饲养密度过大、拥挤、圈舍通风不良、长途运输、气候突变等可促进本病的发生。

【主证】 本病分为急性型、亚急性型和慢性型。

（1）急性型 患猪体温升高至 42℃ 以上，呼吸高度困难、急促，常站立或呈犬坐姿势，张口伸舌，如不及时治疗，常于 24～48h 内死亡。

（2）亚急性型和慢性型 患猪症状轻微，低热或不发热，有程度不等的间歇性咳嗽，食欲不良，生长缓慢；常因其他微生物（如肺炎支原体、巴氏杆菌等）的继发感染而使呼吸障碍表现明显。

【病理变化】 急性死亡者，肺呈紫红色，切面似肝，间质充满血色胶样液体；病程 24h

以上者，肺炎区常出现纤维素性物附于表面、有黄色渗出液；病程较长者可见硬实的肺炎区，表面有结缔组织化的粘连性附着物，肺炎病灶成硬结或为坏死病灶，与胸壁粘连。

【治则】　清热泻火，养肺滋阴，止咳平喘。

【方药】　1. 黄连解毒汤合定喘汤加减。黄连、黄芩、黄柏、款冬花、半夏、白果各30g，苏子、桑白皮、栀子各40g，石膏100g，麻黄、杏仁各20g，甘草15g（为50kg猪药量）。水煎3次，取汁，候凉灌服。

2. 生石膏90g，麻黄、杏仁、葶苈子、知母、黄芩、全瓜蒌各30g，枇杷叶、桔梗各20g，甘草30g（为25～40kg 4头猪1d药量）。水煎2次，加水1000mL/次，文火煎沸20min，将2次药汁混合后加蜂蜜150g，拌料或饮水，1剂/d，连用3～5d。西药取瑞兴喘克0.15mL/kg，耳后注射。体温正常者1次见效；症状较重且体温升高者，取瑞兴喘克0.15mL/kg，30%安乃近0.1mL/kg，分别肌内注射，2次/d，连用4～5d。如果伴发鼻衄，可用止血药物（如止血敏等）。

【典型医案】　1. 2008年8月5日，洪泽县黄集墩口村杨某56头40～50kg育肥猪，发现有两头猪呼吸高度困难、急促、站立、张口伸舌，经当地兽医治疗无效死亡。剖检可见肺脏呈紫红色、切面似肝间质、充满血色胶冻样液体。根据临床症状结合病死猪剖检变化，诊为传染性胸膜肺炎。治疗：取方药1，用法同上，1剂即愈。灌药前肌内注射地塞米松20mL，缓解症状。其他猪按上药比例，取水煎液任猪自由饮用2剂，未再发病。（赵学好等，T167，P61）

2. 2004年11月9日，费县上冶镇万庄周某256头猪，其中73头仔猪（1.5～3月龄）有58头发病就诊。主诉：开始10多头仔猪发病，用恩诺沙星、头孢菌素、卡那霉素等药物治疗3d，病情有好转，但第4天体温升高至

41～42℃，继续用药3d不见好转，而且58头仔猪相继发病。经检查诊为传染性胸膜肺炎。治疗：生石膏1200g，麻黄、杏仁、葶苈子、黄芩、知母、全瓜蒌、甘草各420g，桔梗、枇杷叶各300g（为25～40kg 58头猪1d药量）。水煎2次，加水10L/次，文火煎沸20min，将2次药汁混合，加蜂蜜1500g，拌料或饮水，1剂/d，连用3d。西药及其用法同方药2，连用3d。大部分患猪精神好转，继续用药2d，除早发病的11头猪未及时治疗死亡外，其余47头猪临床症状消失，食欲恢复，痊愈。（张忠花，T135，P45）

猪肺疫与附红细胞体病混合感染

猪肺疫与附红细胞体病混合感染是指多杀性巴氏杆菌与附红细胞体同时或先后感染猪而引起的一种病症。

【病因】　猪肺疫与附红细胞体混合感染多发生在早春、晚秋季节，多因气候骤变或更换暖棚，或外界不良应激导致猪抵抗力降低，病原体趁机入侵大量繁殖而引发本病。

【主证】　病初，患猪采食迅速减少或食欲废绝，体温达39.5～41.7℃，呼吸困难，咳嗽症状明显，鼻镜干燥，叫声嘶哑，鼻流浆液性或黏稠分泌物，个别患猪鼻孔流出带血泡沫，粪干或稀软、混有黏液或紫色血块。随着病程延长，患猪精神沉郁，卧地不起，反应迟钝，从耳尖、鼻部、耳朵、腹下、四肢末端到全身皮肤发红或出现红斑，后期发紫，眼结膜发炎，尿液呈咖啡色或深黄色，严重者呈犬坐姿势，张口呼吸，终因窒息而死亡；慢性者，胸部、腹部、会阴部有出血点，被毛粗乱无光，迅速消瘦，行动无力，极度衰弱死亡。急性死亡者全身发紫或无明显症状。

【病理变化】　耳、鼻及四肢末端、胸部、腹部有针状出血点和紫斑，血液稀薄如水，凝固不良；颌下、肺门、肝门、腹股沟淋巴结高

度肿大、不同程度出血、水肿；鼻、喉、气管和支气管黏膜充血，有大量泡沫状黏液，有时混有血液；肺脏呈紫红色、如鲜牛肉状，膨胀不全、塌陷，周围肺组织气肿、呈苍白色，界限分明；心包积液，心冠脂肪、心内外膜有出血点；肝脏瘀血、肿大、质脆，有区域性坏死灶；胆囊充盈，胆汁似米汤状，胆囊黏膜出血；肾脏肿大、苍白，有弥散性出血点；膀胱内充血、出血；胃肠有卡他性或出血性炎症，肠系膜淋巴结充血、肿胀。

【鉴别诊断】 1. 取耳静脉血滴于载玻片上，加等量生理盐水混匀，加盖玻片，在 500 倍暗视野显微镜下观察，发现红细胞表面和血浆中有多种形态如球形、椭圆形、环形及杆状的闪光虫体，能前后、上下伸展、旋转、翻滚，红细胞表面呈锯齿状、菠萝状等不规则形态，1 个红细胞上有时附着多个虫体。

2. 取病死猪心、肝、脾脏组织涂片，革兰染色，镜检可见明显的革兰阴性红色小杆菌；姬姆萨染色，菌体多呈两端钝圆、两极着色浓染的短杆菌。

3. 无菌取病死猪肝、脾脏组织，接种鲜血琼脂平板培养基，37℃培养 24h，见血平板上长出淡灰色、湿润、圆形、露珠样小菌落，不溶血。取典型菌落涂片，革兰染色，可见革兰阴性两极浓染的短小杆菌。

4. 分离的细菌能发酵甘露醇、葡萄糖、蔗糖、果糖，产酸不产气，不发酵乳糖、棉子糖、木糖，硫化氢和靛基质试验呈阳性，V-P 和 M. R. 试验呈阴性。

【治则】 清热解毒，抗菌杀虫。

【方药】 白芍、黄芩、大青叶、炒牵牛子、炒葶苈子、炙枇杷叶各 20g，知母、连翘、桔梗各 15g（为 4 头 15kg 育肥猪药量）。水煎取汁，加鸡蛋清为引，灌服，1 剂/d，严重者 2 剂/d，连服 3～5d。同时取复方肺炎平注射液 3～5mL 或鱼腥草注射液 3～5mL 或 20%磺胺嘧啶钠注射液 20～30mL，肌内注射，2 次/d，连用 3～5d；氟苯尼考注射液，0.1mL/g，肌内注射，1 次/d，隔日 1 次；强力附红消（盐酸多西环素），0.1mL/kg，肌内注射，1 次/d，连用 5～7d。

【护理】 加强育肥猪的饲养管理，保持猪舍清洁、卫生、干燥、温暖，多补充富含维生素饲料，定期驱虫，提高育肥猪抗病能力。定期对育肥猪舍消毒，用 2%～3%氢氧化钠或 2%～5%漂白粉溶液对圈舍、食槽和用具进行消毒，防止感染发病。对所有育肥猪用附红快克拌料，连喂 5d，可预防附红细胞体病的发生。对新入栏的猪要严格检疫，隔离观察 14d 无异常后方可正式入栏，防止疫病从外地传入。

【典型医案】 2009 年 10 月 20 日～11 月 10 日，武威市清源镇光明养猪小区两养殖户饲养的育肥仔猪 280 头（10～25kg），在 20 多天内先后发病 235 头，死亡 58 头，发病率 83.9%，死亡率 20.7%。治疗：取上方药，用法同上。共治愈 177 头，治愈率达 75.3%。（陶德和等，T165，P55）

传染性胃肠炎

传染性胃肠炎是由猪传染性胃肠炎病毒引起以腹泻、呕吐和脱水为特征的一种急性高度接触性肠道传染病。

【流行病学】 本病病原为传染性胃肠炎病毒。病猪和带毒猪是主要传染源，通过粪、呕吐物、乳汁、鼻分泌物以及呼出气体排泄病毒，污染饲料、饮水、空气等，通过消化道和呼吸道而传染。气候寒冷、潮湿、饲养密度过大等均可诱发本病。以深秋、冬季、早春季节多发。各种年龄的猪均可发病。50%左右康复猪带毒排毒达 2～8 周。10 日龄以内的仔猪死亡率较高，断奶、肥育猪和成年猪发病后多为良性经过。

中兽医学认为，本病多由外感秽浊时邪，

疫毒之气，入里生湿发热而致，故有"湿胜者泻"之说。邪气入里，湿热内胜，脾不运湿则泄泻。

【主证】　患猪食欲减退，精神委顿，行走无力，呕吐，继而发生频繁的水样腹泻，粪呈黄色、绿色或灰白色，夹有未消化的凝乳块、气味恶臭，极度口渴，明显脱水，消瘦，眼球下陷，体重迅速减轻；有的食欲废绝，精神高度沉郁，鼻寒耳冷，口色青白或淡白夹青，脉沉迟或沉细者。患猪日龄越小，病程越短，死亡率越高。病愈猪生长发育不良，常成为僵猪。架子猪、育肥猪和母猪的症状较轻，仅表现为食欲减退、腹泻、体重迅速减轻，有时出现呕吐，一般经7d左右康复。若母猪与发病仔猪密切接触，即反复感染，症状较重，体温升高，泌乳停止，呕吐，腹泻。急性者多在发病后1～2d死亡。慢性者3～5d死亡。

【病理变化】　尸体脱水明显；胃内充满凝乳块，胃底黏膜轻度充血；肠内充满黄绿色或灰白色液体，肠壁菲薄而缺乏弹性，肠管扩张、呈半透明状；肠系膜充血，淋巴结肿胀，淋巴管内见不到乳糜；心、肌肉和胃出现变性。

【治则】　清热解毒，除湿止泻，抗菌消炎。

【方药】　1. 芍药汤加味。芍药、马齿苋各5g，黄连、黄芩、大黄、槟榔、当归、木香、肉桂、秦皮各3g，甘草1g。水煎2次，取汁混合，分2次灌服，1剂/d，连服2～4剂；穿心莲注射液2mL，交巢穴深部注射，1次/d，连用2～3次。对脱水严重者同时补充盐液。

2. 3%～5%生石灰水溶液，取其上清液，仔猪1次性灌服，20mL/头；鲜辣蓼草2.5kg，水煎取汁，仔猪灌服50mL/头，1～2次/d，连服5d；黄连、黄柏、秦皮、地榆（炒炭）、白术、厚朴各100g，白头翁、山楂各200g，青皮、莱菔子、藿香、仙鹤草、诃子各150g，甘草50g。水煎2次，取汁，合并药液，灌服，50mL/头，1次/d，病重者灌服2次/d，连服5d。口服补液盐按比例对水，让猪自由饮服，连用5d；维生素K_3注射液2mL/头，肌内注射，1次/d，连服5d。

3. 苍术、白术、川厚朴、桂枝、陈皮、泽泻、猪苓、茯苓各20g，甘草15g。粪干者加大黄或人工盐；腹胀者加木香、莱菔子；体弱者加党参、当归、肉苁蓉；体温偏低者加附子、肉桂、小茴香；胃寒者加干姜或生姜；有表证者加重桂枝；水泻不止者加补骨脂、肉豆蔻、吴茱萸、五味子。水煎取汁，候温灌服。

4. 龙胆草、当归、栀子各100g，大黄、羌活各60g，防风、川白芍各80g，竹叶200g，甘草60g（为10头25kg猪药量）。水煎取汁，候温灌服，1次/d（特殊情况者也可2次/d），连服3～5d。上午用猪白细胞干扰素（四川世红生物技术有限公司生产）2万单位，用干扰素专用稀释液6mL稀释，吮乳仔猪1.5mL/头，断奶仔猪3mL/头，育肥猪6mL/头，肌内注射，1次/d，连用3d。病重者用量略增加，并配合注射穿心莲注射液。下午分别用博落回注射液和乳酸环丙沙星注射液。控制继发感染可在饲料中添加硫酸新霉素、氟苯尼考和五毒清（主要成分为黄芪多糖、灵芝多糖、牛磺酸、甘草、维生素C、清热因子、免疫调节剂），并在饮水中添加葡萄糖、电解多维混饮（以上药物均按说明书使用），连用3～5d，以增强猪的抵抗力，防止继发感染。用猪传染性胃肠炎、猪流行性腹泻二联灭活疫苗（齐鲁动物保健品有限公司生产）进行免疫。在免疫接种前应充分摇匀，后海穴（即尾根与肛门中间凹陷的小窝部位）注射，按猪大小进针0.5～4.0cm，3日龄仔猪为0.5cm，随猪龄增大则进针深度增加，成年猪4.0cm，进针时保持与直肠平行或略偏上。妊娠母猪于产前20～30d注射疫苗4mL，仔猪于断奶后7d内注射疫苗1mL。体重25kg以下猪1mL/头，

25～50kg 育成猪 2mL/头，50kg 以上成年猪 4mL/头。共治疗 165 例，治愈 148 例，治愈率为 89.7％。

5. 自拟复方辣蓼散。辣蓼全草 24g，朱砂莲 18g，干姜 9g，茶叶 10g，泡参 15g，白术 12g，陈皮、青皮各 6g。将各药焙干、粉碎，成年猪 1 剂/d（仔猪酌减），分早、晚 2 次拌入饲料中喂服或开水冲调，灌服。共治疗 442 例，预防 24 例，均收到满意效果。

6. 白头翁、黄柏各 30g，黄连 10g，大黄炭、金银花炭、秦皮、白芍各 25g，泽泻、木香、茯苓各 15g，苍术、陈皮、厚朴各 20g，甘草 5g（为 20～40kg 猪药量）。水煎取汁，候温灌服，2～3 次/d，连服 2d。西药对症治疗，病初可用龙胆苏打粉（片）、大黄苏打片、碳酸氢钠及中成药健胃散等；腹泻出现后可酌情灌服土霉素、痢特灵、磺胺咪、诺氟沙星、氯霉素等，或肌内注射霍痢净、诺氟沙星、特效猪病灵、特效强力抗菌剂、特效抗菌灵、长效抗菌剂等；对虚脱者行补液或对症治疗。共治疗 3421 例，治愈 3314 例，治愈率为 96.87％。

7. 0.5％痢菌净注射液，治疗量 1mL/kg，预防量 0.5mL/kg，肌内注射，早、晚各 1 次。

8. 六味散。独脚莲、枣儿红、天青地白、木香（不可水洗，阴干）、猪苓、茯苓各 100g（干品）。碾为细末，开水冲调，候温灌服。50kg 以下猪 1.5g/kg，50kg 以上猪 80～100g/次。共治疗 175 例（其中架子猪 75 例、肥猪 62 例、仔猪 31 例、母猪 7 例），用药 1～2 次痊愈。（杨圣贤，T19，P61）

9. 少食或厌食的哺乳母猪，用 5％葡萄糖盐水注射液 1000mL，氨苄西林 5g，维生素 C 5g，三磷酸腺苷钠注射液（ATP）15mg，静脉注射。

腹泻母猪，取乳酸环丙沙星注射液 8mg/kg，肌内注射，2 次/d，连用 3d；同时取白头翁 100g，黄连、黄柏、秦皮、茯苓、白术、甘草各 50g。水煎取汁，候温灌服，连服 3d。对

发病吮乳仔猪灌服上方中药，2～3mL/头；腹泻严重者用 5％葡萄糖盐水注射液 50mL，硫酸阿米卡星注射液 8mg/kg，维生素 C 注射液 2mg/kg，静脉注射。

初生仔猪吮初乳前，用硫酸新霉素、东莨菪盐碱合剂 0.5mL，灌服，2 次/d。

保育仔猪，在每吨饮水中添加黄芪多糖 500g，70％阿莫西林 300g；腹泻仔猪取痢菌净 2mg/kg，肌内注射，或 5％葡萄糖注射液 100～200mL，硫酸阿米卡星注射液 8mg/kg，维生素 C 0.5g，静脉注射。

育成猪，在每吨饮水中添加口服补液盐（氯化钠 3500g、氯化钾 1500g、小苏打 2500g、葡萄糖 25000g），70％阿莫西林 300g，自由饮用。

怀孕第 30～70d 中期母猪，紧急补注猪传染性胃肠炎与猪流行性腹泻二联灭活苗，4mL/头，交巢穴注射。取发病较轻的仔猪内脏，搅碎，用其浸泡液拌料喂饲产前 10～20d 怀孕后期的母猪，使其产生自身免疫。

对未发病的猪群，每吨饲料添加土霉素 800g，10％硫酸新霉素 1000g，防止继发细菌感染；每吨饮水添加黄芪多糖 500g、电解质 2000g，以提高机体抵抗力及抑制病毒的复制。

10. 蟾蜍丸。取活蟾蜍（又名癞蛤蟆），用清洁常水冲洗其全身皮肤，用干净布片揩干，手持兽用注射针头或缝衣针在蟾蜍头部两个隆起点的顶部中央各垂直针刺 1 次（以刺破皮肤为宜，不可太深），用药棉覆盖隆起点，用右手拇指、中指、无名指三指捏紧药棉挤压，蘸取蟾酥。依法连作多只，待整块药棉湿润为止，将此药棉搓成比米粒直径稍粗的棉条，置于阴凉通风处（勿暴晒）晾干，用剪刀剪成比米粒稍长的药丸，装瓶备用（采集时勿将白色浆液状蟾酥溅入人眼，以免引起眼部发炎。采过的蟾蜍仍放归野外，只要食物充裕，过 15d 或 20d，又可重复采集，直至寒露无食物时方休）。20kg 以下者用蟾酥丸 1 粒；20kg

以上者用 2 粒。用左手捏住患猪左耳，右手将三棱针斜刺进猪耳正面皮下（应避开耳静脉血管，以免流血过多而影响操作），深度以能塞入 1~2 粒药丸为宜。塞入药丸后患猪耳部肿胀，重者流血水，以后干枯脱落。有的猪腹痛、废食，但不需服药打针，可以耐过。只要诊断确实，用药 1 次，一般经 7~10d 痊愈，且进食、生长增重和繁殖均不受影响。共治疗 70 例，效果确实。

11. 菌毒灵注射液。黄芪、板蓝根、金银花、黄芩各 250g，鱼腥草 1000g，蒲公英、辣蓼各 500g。将诸药品洗净切碎置蒸馏器中，加水 7000mL，加热蒸馏收集蒸馏液 2000mL，将蒸馏液浓缩至 900mL 备用。药渣加水再煎 2 次，1h/次，合并 2 次滤液浓缩至流浸膏，加 20%石灰乳调 pH 值至 12 以上，放置 12h，再用 50%硫酸溶液调 pH 值至 5~6，充分搅拌放置 3~4h，过滤，滤液用 4%氢氧化钠溶液调 pH 值至 2~8，放置 3~4h，过滤加热至流浸膏状，与上述蒸馏液合并，用注射用水加至 1000mL，再加抗氧化剂亚硫酸钠 1g，用注射用氯化钠调至等渗，精滤，分装，100℃煮沸 30min 灭菌，即为每 1 毫升含生药 3g 菌毒灵注射液。取 0.5mL/kg，肌内注射，1~2次/d。重症 3 次/d。共治疗 125 例，治愈 120 例。

12. 鲜大蒜 4kg，食盐 0.1kg，混合均匀，在日光下暴晒 2~5d，盐渗入到大蒜内且大蒜水分散失 10%~20%，再用 0.25kg 白糖和适量白酒浸泡 1 个月后备用。50kg 猪取糖蒜 100g，自由采食，50kg 以下猪酌减。也可用浸泡糖蒜的汁，50kg 猪饮用 20mL，2 次/d，效果也很好。

注：发生腹泻用药物治疗时注意禁食，待病情好转后逐渐进食。

13. 黄芩 100g，半夏、黄连各 50g，板蓝根 150g，栀子、枳壳各 70g，罂粟壳 20g，甘草 30g（为 10 头仔猪 1d 药量）。水煎 2 次，合并滤液（约 600mL）。30 日龄以内者灌服 10~20mL/头，30 日龄以上者灌服 20~30mL/头，1~2 次/d，连服 2~3d。1‰高锰酸钾溶液适量，自由饮服；仔猪用氨苄青霉素 0.25g/头，30%安乃近 5mL/头，混合，肌内注射；氯霉素 250~500mg/头（或硫酸卡那霉素 50 万~100 万单位/头），山莨菪碱（654-2）10~20mg/头，分别肌内注射，1 次/d，严重者 2 次/d，连用 2~3d。共治疗 243 例，治愈 228 例，治愈率达 93.8%。

14. 白头翁、黄柏、黄芩、金银花、泽泻、木通、山楂各 10g，大黄、滑石粉、苍术、白术、陈皮、甘草、麦芽各 5g（为 20kg 猪药量）。水煎取汁，分 3 次灌服，1 剂/d，连服 3d。服药前禁食 1~2h。预防并发感染和对症治疗可选用氯霉素、青霉素、地塞米松，肌内注射；诺氟沙星，内服；酸中毒者可酌用小苏打；脱水严重者可补液。共治疗 783 头，治愈 714 头，治愈率达 91.1%。

15. 葛根、乌梅、柴胡、藿香各 3g，半夏、黄连、防风、陈皮各 2g，山药 5g。1 剂/d，水煎 2 次，取汁，分 2 次灌服，连服 2~4 剂。西药用穿心莲注射液 2mL，交巢穴深部注射，1 次/d，连用 2~3 次。共治疗仔猪传染性胃肠炎近 100 例，其中用药 2 剂治愈者 28 例，3 剂治愈者 32 例，4 剂治愈者 20 例，总有效率 80%。

16. 白头翁 100g，黄连、黄柏、秦皮、茯苓、白术、甘草各 50g。水煎取汁，候温灌服，2~3mL/头，连服 3d。腹泻严重者用 5%葡萄糖氯化钠注射液 50mL，硫酸阿米卡星 8mg/kg，维生素 C 2mg/kg，静脉注射。初生仔猪吮初乳前，用硫酸新霉素、东莨菪盐碱合剂 0.5mL，灌服，2 次/d。（曹广芝等，T159，P58）

17. 硫酸链霉素 2g，硫酸黄连素 16mL（为 40kg 猪用量，根据猪体大小酌情增减），混合，于脾俞穴注射 10mL，交巢穴注射 6mL。注射前，穴位常规消毒，脾俞穴进针深度为 2~3cm，交巢穴 3~4cm 为宜（进针深度应根据猪肥瘦、大小确定）。共治疗96例，治愈93例。

【典型医案】 1. 2006年2月12日，洪泽县朱坝镇某养猪场10头5日龄仔猪发生腹泻邀诊。检查：患猪精神萎靡，腹泻、呈喷射状，粪呈黄绿色（个别猪呈灰白色），时有呕吐，喜卧，贪饮，体温39.5℃以上，苔白厚黄腻。诊为传染性胃肠炎。治疗：取方药1，用法同上，连用3d，治愈8头。（赵学好，T142，P61）

2. 2005年12月17日，梅州市梅州区陈某146头猪均出现水样腹泻，粪呈黄绿色；少数仔猪呕吐，7d后腹泻停止，未见死亡；母猪和50kg以上肉猪恢复正常；但40kg以下猪减食或不食，喜饮水，粪时干时稀，逐渐消瘦并死亡1头，随即请兽医用多种抗生素药物治疗未见好转，先后共死亡26头（体重25～35kg）。检查：45头患病仔猪精神不振，消瘦，不食或少食，被毛粗乱，鼻干无汗，体温40.0～40.8℃，有的寒颤、扎堆，有的粪干或稍干，粪呈黑色，其中11头病重仔猪精神萎靡，喜卧不起，腹泻，粪呈棕红色，尿少而黄。对当天死亡的2头仔猪进行剖检，尸体脱水明显，消瘦，皮肤缺乏弹性，结膜发绀；胃内有少量未消化饲料，胃黏膜充血、脱落，胃底出血严重；小肠黏膜充血较严重，部分脱落，肠壁变薄，缺乏弹性；淋巴结充血、肿胀、呈紫红色，切面外翻、多汁；心肌松软，无出血点；肺尖叶和心叶有少量炎症变化；其中1头肝脏质地较硬、色黄。治疗：用方药2，用法同上。治疗3d后，患猪食欲、精神、粪好转。原11头重病猪中有2头恢复较差，其余43头病猪于5d后痊愈。（赵应其等，T136，P60）

3. 沂水县黄山铺乡龙山官庄村王某一头75kg黑公猪因病就诊。检查：患猪体温39.8℃，粪稀薄、气味恶臭、色黄，不食，喜饮。诊为传染性胃肠炎。治疗：取方药3加大

黄30g，水煎取汁，加人工盐50g，1次灌服；维生素B₁注射液200mg，肌内注射，痊愈。（王廷珍等，T48，P35）

4. 2008年10月中旬，滨海县滨海港镇某养猪户16头36日龄仔猪，其中3头突然发病，精神差，剧烈腹泻就诊。主诉：该猪已发病2d，发病当天曾请当地兽医用止泻药物注射治疗未见明显好转，已有2头死亡，病猪濒死期口吐白沫，已有蔓延整窝猪的趋势。检查：患病仔猪精神沉郁，被毛粗乱、无光泽，消瘦，体温40.0～41.5℃，步态不稳，运动失调，全身肌肉痉挛，肛门红肿，尾巴周围有污物，呈水样喷射状腹泻，病重仔猪出现转圈、发抖、四肢呈划水状等神经症状。剖检尸体严重脱水；外周淋巴结肿胀出血；胃黏膜充血，小肠出血，肠腔内有大量泡沫状液体，肠壁变薄，肠系膜淋巴结肿胀充血。诊为传染性胃肠炎。治疗：对出现症状的病猪及同群猪均用方药4，用法同上。隔日，患猪症状消失或减退，均恢复食欲，继续巩固治疗，5d后回访，痊愈。（陈尚文，T160，P53）

5. 1989年1月6日，务川县濯水镇水镇裕民村韩某一头约200kg育肥猪发病邀诊。主诉：该猪已患病3d，呕吐，饮食欲废绝，先后用土霉素、四环素、磺胺类药物治疗3d，虽腹泻好转，但仍不食。检查：患猪体温39.5℃，腹泻，粪呈灰白色水样、气味腥臭，腹围似食饱溜症样，时发呻吟。诊为传染性胃肠炎。治疗：复方辣蓼散，用法同方药5，灌服2次。翌日晨，患猪开始采食，下午食欲增加，第5天，患猪痊愈。（申修义，T61，P42）

6. 陆良县中枢镇虞某157头猪，于1994年12月20日至1995年1月10日先后患胃肠炎，由于初期误诊，用大量的青霉素、安乃近、复方氨基比林等药物治疗无效。继而用硫酸钠通便，导致全场生猪腹泻不止，后经会诊，诊为传染性胃肠炎。治疗：取方药6中

药，用法同上，辅以西药对症治疗。共治愈80余例。（张模杰等，T78，P29）

7. 阳谷县王屯村王某的2头肥猪、2头母猪和7头吮乳仔猪相继发病，其中仅有一头母猪稍能进食，其余猪均不食，腹泻，粪水样、气味腥臭。诊为传染性胃肠炎。治疗：当晚和翌日晨各注射痢菌净1次，用法同药7。晚间，患猪都开始采食，第3天粪转正常，食量恢复一半，第4天完全正常。（穆春雷，T23，P56）

8. 2008年1月初，河南某猪场个别母猪突然发生呕吐，体温38～39℃，约20%怀孕母猪少食或食欲废绝，30%母猪腹泻，粪气味恶臭；随后分娩母猪零星发生腹泻，吮乳仔猪出现精神委顿、厌食、呕吐和明显的水样腹泻，粪呈黄色、淡绿色或灰白色并有气泡。在母猪与吮乳仔猪基本治愈后，保育仔猪及育成猪、成年猪先后又有零星发生腹泻。该场从疫情发生到控制共2周时间，吮乳仔猪死亡83头，占存栏猪8.5%（83/980）；保育猪死亡6头，占发病猪3.3%（6/178）。检查：怀孕母猪突然出现呕吐、少食或厌食，精神不振，喜卧，体温正常或稍高，出现喷射状腹泻，粪呈灰色或黄色、气味恶臭，部分母猪1～2d后痊愈。哺乳母猪与仔猪同时发病，母猪食欲不振、呕吐、腹泻，部分母猪体温升高，高度衰弱，哺乳母猪患病后乳房收缩，泌乳减少或完全无乳；仔猪因饥饿及脱水死亡严重，尸体消瘦。吮乳仔猪在母猪发病同时，相继出现呕吐，腹泻，粪呈水样沿肛门沟流下或呈喷射状，多为黄色或灰色，带有黏液和有未消化的乳糜。保育猪、育成猪在母猪与吮乳仔猪基本治愈后，均受到轻微感染，发病率约6%，发病前采食量下降，体温稍升高，粪水样沿肛门沟流下或呈喷射状、多为茶褐色或灰色，含有少量未消化的食物及气泡，肛门红肿。剖检尸体脱水明显，病变主要在胃和小肠。吮乳仔猪胃胀满，胃内充满未消化的凝乳块，卡他性胃肠炎，胃底黏膜轻度充血、出血，3日龄仔猪

约50%在胃横膈膜面的憩室部黏膜下有出血斑；肠内充满白色至黄绿色液体，小肠壁变薄、呈半透明状，肠管扩大、充满泡沫状液体和未消化的凝乳块，肠黏膜剥落；空肠、回肠绒毛萎缩，内膜粗糙、肠道充气、内容物液体状、灰色或灰黑色；肠系膜充血；淋巴结肿胀；肾浑浊肿胀、脂肪变性、含有白色尿酸盐类；有些除尸体脱水、肠内充满液体外，无其他病变。诊为传染性胃肠炎。治疗：对不同生长阶段的猪取方药9，用法同上。治疗7d后，患猪疫情基本得到控制，14d后恢复正常。（曹广芝，T159，P58）

9. 1983年3月10日，修水县马坳区塘港村6组刘某一头60kg余架子猪，废食2d邀诊。经检查，诊为传染性胃肠炎。治疗：取蟾酥丸（见方药10）2粒，塞入耳部皮下，第2天，患猪病情反而加剧，耳部开始肿胀并逐渐增大，直至流出血水，以后血水停流，猪耳渐趋干枯，以致脱落一小半，痊愈。（何月远，T43，P21）

10. 1972年12月2日，天门市黄潭镇七岭村集体猪场20头50kg肉猪发病邀诊。检查：2头猪出现腹泻及呕吐，全群猪体温38～39℃，腹泻如水、呈喷射状，有的肛门失禁，粪呈灰色、污染尾部；有的食欲减退甚至废绝，精神沉郁，大部分患猪两耳、口、肢端皮肤呈紫色，严重的2头不能站立，横卧于地。根据病情和病史，诊为传染性胃肠炎。治疗：每头猪用菌毒灵注射液20mL，胃复安注射液40mg，维生素B_{12}注射液1mg，混合，肌内注射，2次/d。连用2d，全部治愈。（杨国亮等，T168，P63）

11. 2003年12月28日，石阡县汤山镇高楼村罗某12头20kg左右仔猪，其中有2头不食、腹泻来诊。检查：患猪体温38.9～39.2℃，腹泻，粪呈黄色、有腥臭味。诊为传染性胃肠炎。治疗：取糖蒜汁50mL，25mL/头，灌服，连用2d。治疗期间禁食，随后逐渐开始

进食，痊愈。

12. 2006 年 11 月 28 日，石阡县中坝镇高魁村蔡某一头 150kg 育肥猪，因食欲不振、腹泻来诊。检查：患猪腹泻，粪呈灰绿色。诊为传染性胃肠炎。治疗：取糖蒜 1000g，喂服，250g/次，2 次/d，连喂 2d。治疗期间禁食，痊愈。（张廷胜等，T144，P65）

13. 1998 年 2 月 28 日，淮阳县冯塘乡大孙庄刘某一窝 24 日龄（体重 3.8～5.5kg）8 头哈乳仔猪先后发病就诊。检查：该窝仔猪均排黄褐色水样粪、气味臭，精神呆滞，食欲废绝，体温 40.5～41.8℃。试用 1‰高锰酸钾溶液饮用，全部口渴贪饮。诊为传染性胃肠炎。治疗：取方药 13 中药，1 剂，用法同上；氨苄青霉素 0.25g/头，30%安乃近 5mL/头，混合，肌内注射；卡那霉素 50 万单位/头，山莨菪碱（654～210）mg/头，分别肌内注射。翌日，患猪精神好转，粪转为糊状，全部出现食欲，唯有 2 头仔猪体温偏高（40.5℃）。效不更方，继用中药 1 剂、西药 2 次，全部治愈。（张子龙等，T96，P23）

14. 1998 年 5 月 2 日，乌鲁木齐县东大梁养殖户杨某 40 头仔猪发病邀诊。主诉：仔猪于 4 月 22 日从四川购入，当时正值雨天，圈舍潮湿，1 周后发生腹泻，用安乃近、复方氨基比林、青霉素、氯霉素、病毒灵等药物治疗无效。体质虚弱者已站立不稳，四肢冰凉。诊为传染性胃肠炎。治疗：取方药 14，用法同上。治疗 3d，患猪腹泻全部停止，诸症消失，精神、食欲恢复正常。

15. 1998 年 3 月 26 日，新疆军区某通信站 7 头、约 20kg 仔猪因剧烈吐泻、颤抖、废食就诊。检查：患猪舌稍红，苔薄黄，颤抖。诊为传染性胃肠炎。治疗：取方药 14 加柴胡，用法同上，痊愈。（牛建强等，T98，P27）

16. 2002 年 2 月 12 日，尉氏县邢庄乡养猪场一窝 9 头 5 日龄仔猪发生腹泻邀诊。检查：患猪粪呈黄绿色、个别呈灰白色，呈喷射状腹泻，

时有呕吐，精神萎靡，喜卧，贪饮，体温 39.5℃以上，苔白厚黄腻。诊为急性病毒性肠炎。治疗：取方药 15，用法同上，连用 3d。共治愈 6 例，无效 1 例。（何志生等，T124，P23）

17. 1988 年 10 月，寿县梅某一头母猪排酱油状的恶臭粪，食欲废绝，饮欲增加，体温升高至 41.2℃，且有里急后重表现。治疗：取方药 17（剂量加大），用法同上。治疗 12h 后，患猪食欲出现。继用药 1 次。26h 后，患猪粪转稠，逐渐康复。（胡长付，T65，P20）

痢　疾

一、痢疾

痢疾是由痢疾密螺旋体引起猪以严重黏液性或黏液出血性下痢为特征的一种肠道传染病，又称猪血痢。

【流行病学】　本病病原为猪痢疾密螺旋体。病猪和带菌猪为其传染源。排出体外粪污染饲料、饮水、用具、环境等，通过消化道感染。饲养密度过大、长途运输、环境卫生差等诱发本病。各种年龄的猪均可感染发病，以 7～12 周龄猪多发。

中兽医认为，本病主要是由于饲养管理不当，饲料发霉变质，伤及肠胃，湿热之邪入侵，郁蒸肠胃，气运失调，导致本病发生。

【主证】　患猪精神不振，鼻镜干燥，口舌赤红，体温 40～41℃，不同程度排泻灰色软粪、含有大量的黏液和血丝。随着腹泻的发展，粪成水样、混有血液，最后粪成油脂样或胶胨状、呈棕色。患猪拱背吊腹，饮欲增加，迅速消瘦，食欲废绝，步态不稳。

【病理变化】　大肠壁及肠系膜充血和水肿，部分表现为出血性纤维素性炎症，肠内容物稀薄、混有黏液和坏死组织碎片、呈酱油色或巧克力色；肠系膜淋巴结肿胀，切面多汁。

【治则】　清热解毒，凉血止痢。

【方药】　1. 清菌净痢汤。黄芩、黄连各30g，连翘、金银花各40g，甘草30g（为40～50kg猪药量）。水煎2次，25min/次，共取药液约1000mL，候凉，分早、晚2次灌服，500mL/次，1剂/d；庆大霉素10万单位，肌内注射，3次/d，1次/8h，1个疗程/3d。共治疗63例，全部治愈。

2. 痢菌净2.5mg/kg，肌内注射，1次/d，1个疗程/3d（第1天给药2次）。共治疗780例，治愈746例，治愈率为95.6%。（王洪连等，T15，P62）

3. 仙鹤草、地榆、大蓟各80g，秦艽、板蓝根、蒲公英各100g，金银花30g，黄芩60g。水煎取汁，候温分成15份，灌服，1份/（头·d），连服3d。西药取酚磺乙胺注射液4支（含量0.5g/支），肌内注射，1次/d，连用3次；百乐痢剑（10mL/支，含氧氟沙星400mg），成年猪20mL/头，仔猪10mL/头，2次/d，连用5d。共治疗19例，治愈15例，死亡4例。

4. 痢止蒿、仙鹤草、桉叶、铁扫帚、大蓟各200g，地榆150g，蒲公英、板蓝根各100g，叶下花、黄芩各80g，木香60g，金银花50g。水煎取汁，待微温再加入百草霜20g、红糖100g（为17头猪1次药量），灌服，1剂/d，连服3d。西药取酚磺乙胺注射液（止血敏，10mL/支，含量12.5%），成年猪15mL/头，架子猪10mL/头，仔猪5mL/头，肌内注射，1次/d，连用2d。止痢消炎用百乐痢剑注射液（氧氟沙星，10mL/支，含氧氟沙星400mg），成年猪20mL/头，架子猪15mL/头，仔猪5mL/头，肌内注射，2次/d。共治疗17例，全部治愈。

5. 加味芍药汤。白芍、黄连、黄芩、黑荆芥各20g，桂枝、槟榔、当归、甘草各15g，木香、鲜茅根各30g。加水1000mL，煎至300mL，灌服，100mL/次，2次/d。共治疗15例，痊愈14例，1例因延误治疗死亡。

【典型医案】　1. 1998年8月12日，白水县雷村乡龙中村刘某来站邀诊。主诉：家养900日龄架子猪4头，40～50kg/头，8月8日前，4头猪均出现慢食，9日有2头猪下痢、呈青灰色、黏液状，10日又有2头猪拉红白色黏液痢，即请当地兽医诊治，经用黄连素、氯霉素（肌内注射）、磺胺脒、诺氟沙星（内服）等中西药治疗3d无效。检查：4头患猪体温分别为40.8℃、41.5℃、41.2℃、41.4℃，下脓血痢2头，脓血夹黏液痢2头，日泻8～15次不等，精神极度沉郁，卧地，不愿起立，里急后重严重，泻前腹痛不安，努责拱背，泻后逐渐好转，喜饮冷水，眼结膜呈弥漫性充血；耳、皮肤、四肢俱冷，肌肉时而寒颤，食欲废绝，舌干、色红紫、苔黄，尿少、色黄。诊为传染性急性菌痢。治疗：取方药1中药、西药，用法同上，连用3d，4头猪均痊愈，半月后随访，无一复发。（刘成生等，T103，P28）

2. 2006年3月4日，兰坪县金顶镇练坪村杨某19头猪发病就诊。检查：患猪腹泻，消瘦，肠内容物呈棕红色，濒死期痉挛、抽搐。诊为痢疾。治疗：取方药3，用法同上，连用3d，痊愈。（张仕洋等，T142，P46）

3. 2006年3月4日，兰坪县金顶镇商坪村杨某19头（其中母猪1头，架子猪9头，仔猪9头）猪全部发病就诊。检查：患猪精神委顿，鼻镜干燥，体温高达40～41℃。初期排灰色软粪，口舌赤红，随后腹泻，粪中含黏液和血丝，腹泻呈水样、喷射状，有的呈油脂或胶陈样、气味腥臭。患猪拱背吊腹，饮欲增加，迅速消瘦；步态不稳，濒死期抽搐。剖检可见大肠壁及肠系膜充血、水肿，部分表现为出血性纤维素性炎症，肠内容物中混有血丝和坏死组织碎片。诊为痢疾。治疗：取方药4，用法同上，连用3d，痊愈。（张仕洋等，T154，P78）

4. 2003年7月10日，德江县稳坪镇稳坪村新街组张某 2 头阉割母猪，其中 1 头发病来诊。检查：患猪精神欠佳，不食，鼻盘无汗，体温 40.5℃，口渴，喜饮冷水，里急后重，常拱腰努责作排粪状，粪呈稀糊状、混有脓样黏膜、其间有鲜红色血液、气味腥臭。诊为湿热痢疾。治疗：取方药 5，用法同上。12 日，患猪病情好转，开始进食，脓样粪减少。继用上方药。13 日，患猪痊愈。（张月奎等，T167，P59）

二、冬痢

冬痢是猪在冬季感染流行性腹泻病毒、传染性胃肠炎病毒和轮状病毒等引起的一种急性肠道传染病。大都暴发于寒冷阴湿的严冬或早春季节，俗称冬痢。一年四季皆可发病。不同年龄、性别、体重的猪都易感，又常合并感染。

【病因】　多因冬季或早春季节气候寒冷，空气潮湿，寒湿侵袭机体；或饲喂冰冻饲料，饮用冰雪水，湿邪困阻中焦，正气下降，时疫毒邪乘虚侵入，伤及脾胃，导致升降失调，清浊难分而发生腹泻。

【主证】　本病分为寒湿型、伤食型和湿热型腹泻。

（1）寒湿型　患猪食欲减退或废绝，鼻寒，四肢不温，严重者全身颤抖，流涕清稀，拱腰缩腹，呈喷射状水样呕吐，腹泻，脱水，体温正常或偏低，口色青白，口津滑利，脉沉迟。

（2）伤食型　患猪食欲废绝，腹胀、有肠鸣声，日泻数次，完谷不化，有时屎粪齐下、有酸腐气味，口色红，脉洪有力。兼有外感症状。

（3）湿热型　患猪耳鼻、四肢及全身皮肤发热，体温升高，呼吸加快，脉洪数，口渴贪饮，肠鸣，暴泻如注，粪稀呈黄绿色、气味恶臭。严重者脱水，消瘦，被毛干燥，眼球下陷，精神沉郁。

【治则】　寒湿型宜温中散寒；湿热型宜燥湿健脾；伤食型宜消食导滞。

【方药】　1. 吴姜汤。吴茱萸 6g，干姜 15g，车前仁 30g（为 45kg 以上猪药量，45kg 以下猪药量酌减）。共研末，填塞于红薯或馒头内让猪采食，或水煎取汁，候温灌服，2 次/d。一般轻者 1 剂，重者 2 剂。共治疗 679 例，治愈 662 例，治愈率达 97.5%。

2. 王氏保赤丸（江苏省南通制药厂产品，0.3g/支，120 粒/瓶）。50kg 猪 4 支/次，有食欲者，将药撒在少量粥上，让其自食；无食欲者，打开口腔，从口角放入药丸，让其吞咽。一般 1～2 次可愈。共治疗 280 例，治愈 266 例，治愈率 95.0%。（丰玉良，T32，P43）

3. 贯众、黄连、赤芍、紫苏、小茴香、党参、黄芪（按猪体格大小增减药量），1～2g/kg，开水冲调、浸泡，取汁对米汤供患猪自饮。共治疗 278 例，服药后 24h 止泻 109 例，48h 止泻 116 例，总有效率 80.9%。（李朝荣等，T137，P58）

4. 未断奶仔猪，取阿托品 0.05mg，庆大霉素 2 万单位；20～30kg 猪，取阿托品 0.5～1.0mg，庆大霉素 4 万～8 万单位；40～50kg 猪，取阿托品 1.5～2.5mg，庆大霉素 12 万～16 万单位；60～70kg 猪，取阿托品 3～5mg，庆大霉素 20 万～24 万单位。混合，于后海穴注射，1 次/d，连用 1～3 次。同时，将面粉炒焦，开水冲调成稀粥，再加少量食盐喂服。共治疗 24 例，疗效显著。

5. 穴位注射刺激法。按常规法取穴与进针。主穴选交巢穴，进针深度 5～7cm，注射 10% 樟脑醇（樟脑 10g 装在瓶内，加 95% 酒精至 100mL，溶解后过滤备用）5～6mL/次，1 次/d，连续注射 2～3 次；松节油（注射用市售品）2～3mL/次，1 次/（2～3）d，连续注射 1～2 次。配穴选百会穴或脾俞穴，进针深度分别为 3～4cm 或 2～3cm，注射剂量分别为 3～4mL/次或 2～3mL/次，1 次/d，连续注射 2～3 次，分别注射松节油 2～3mL/次或 1～2mL/次，1 次/（2～3）d，连续注射 1～2 次（均为 50kg 猪药量）。共治疗 123 例，治愈 73 例，好转 7 例，无效 4 例。

注：筛选最佳穴位和给予穴位一定的刺激量（刺激强度和维持刺激时间）是本法两个要素。穴位注射刺激剂大大优于提插、捻转、艾灸、火针、烧烙等传统的增加刺激的方法，可代替留针。樟脑醇使用总量不得超过 20mL/次；松节油使用量不得超过 4mL/穴，且不宜在 1 穴中连续注射，必须重复注射时需隔 2～3d 进行，有时局部发生肿胀，2～3d 可自行消失。

6. 10%芒硝（含硫酸钠，辛苦咸寒，具有清热、润燥、软坚功能）灭菌溶液 100～500mL/头，腹腔注射。共治疗 73 头，显效 52 例，有效 19 例，无效 2 例。

7. 二苓平胃散。苍术、厚朴、陈皮、甘草、茯苓、猪苓等（剂量随症加减）。寒重者加干姜、紫苏、细辛、防风、羌活；伤食者加山楂、建曲、麦芽、莱菔子；呕吐者加藿香、半夏、生姜；热重者加葛根、黄芩、黄连等；久泻不止者加石榴皮、秦皮或乌梅、诃子等。水煎取汁，候温灌服。共治疗 300 余例，均治愈。

8. 五苓散。茯苓、泽泻、猪苓、炒白术、肉桂（剂量临症加减）。30kg 猪 25～50g/次；30kg 以下猪用量酌减。拌入少量饲料喂服，采食量下降者可先煎煮后饮水。一般 1 次见效，12h 后重复用药 1 次，大多 2 次治愈；对少数未完全康复者可重复给药 1 次。必要时，结合补液或配合抗菌药物控制继发或混合感染。呕吐严重者加生姜 30g、白术 60g，水煎取汁，加颠茄酊 3mL、红糖 100g，灌服；脱水严重者取葡萄糖生理盐水 250～1000mL，静脉注射；病情严重者，取 5%糖盐水 500mL、庆大霉素注射液 50mL、肌苷注射液 20mL、ATP 注射液 20mL、辅酶 A 10 支，混合，腹腔注射，10mL/头，1～2 次/d，连用

2 次。

【护理】　患猪食滞、腹胀、吐泻症状未缓解前停喂饲料；主要症状减轻后，再给以易消化饲料并控制食量，不宜喂饱；治疗中饮给足量加适量食盐的米汤；定时清扫和冲洗圈舍，用碱性消毒药液消毒；保持猪舍干燥，注意冬季防寒保暖。禁止外来人员进入猪场，严格执行进出场消毒制度。引种时要严格检疫，确定健康无病者再引进，且必须隔离观察 21d 再作处理。一旦发病及时隔离，猪舍用 2%氢氧化钠或 5%～10%漂白粉、5%～10%石灰乳消毒，平时 1 次/周，发病时 1 次/2d。在饲料中加喂瘟毒克（饲料 1kg/t），连喂 7～14d；也可在饮水中添加葡萄糖粉，以增加机体代谢吸收。加强免疫接种。对后备母猪必须先免疫 1 次猪三联灭活苗，在初产前 1 个月左右再免疫 1 次，以后每胎产前 1 个月免疫 1 次，4mL/次，于交巢穴注射。初生仔猪 0.5mL/头，5～25kg 仔猪 1mL/头，25kg 以上猪 2mL/头，或在入冬前接种猪传染性胃肠炎和流行性腹泻二联苗，妊娠母猪产前 30d 接种 3mL，10～25kg 仔猪接种 1mL，25～50kg 猪接种 3mL。接种后 15d 产生免疫力，免疫期母猪为 1 年，其余为 6 个月。

【典型医案】　1. 1980 年 10 月 5 日，宜宾县柏溪镇草坪村蒋某 4 头猪就诊。主诉：因两天前下雪，气温突然下降，近来 4 头猪食欲减退，有的废绝，四肢发冷，粪稀薄如水。检查：患猪全身皮肤、耳尖、鼻端俱冰凉，腹部膨胀如鼓状、叩打呈鼓音，听诊肠音呈强流水声，粪稀薄如水，可视黏膜色泽较淡，脉象沉迟。诊为冬痢（脾胃寒湿泄泻）。治疗：取方药 1（吴茱萸减为 2g），用法同上，2 次/d，1 剂即愈。7d 后追访，再未复发。（白永明，T60，P26）

2. 1997 年 1 月 7 日，华县大明乡唐安村岳某 6 头、约 25kg 架子猪和 1 头 120kg 母猪同时发病，曾用土霉素片内服治疗 2d 无效且

病情加重邀诊。检查：7头患猪均泻灰色稀粪，母猪泄泻更甚，肛门、尾根、臀部皆为稀粪污染，食欲减退，精神委顿，喜卧。诊为冬痢。治疗：用温水洗净肛门、尾根、臀部稀粪，6头小猪分别用阿托品1.0mg，庆大霉素8万单位，混合，后海穴注射（进针1.5cm）；母猪用阿托品6.0mg，庆大霉素28万单位，混合，后海穴注射（进针3cm）。同时喂以炒麦面的淡盐粥。第2天，患猪诸症明显减轻，继续穴位注射1次，均痊愈。（杨全孝，T92，P28）

3. 1986年3月22日，盐城市郊永丰乡百华村吴某一头80kg种母猪来诊。主诉：该猪发病已3d，下痢，不食。检查：患猪精神差，粪呈糨糊状、灰白色、污染臀部及尾巴、气味腥臭，肚腹饱满，口渴喜饮水。诊为冬痢。治疗：取交巢穴（见方药5），进针7cm，注射樟脑醇10mL；脾俞穴，进针2.5cm，各注射樟脑醇3mL；嘱畜主自备1%盐水让猪自饮。当晚，患猪粪成形，翌晨开始吃食。同法又注射1次，禁食1d，痊愈。（吴杰，T35，P43）

4. 1984年12月2日下午，梁平县仁贤区李某3头均在100kg以上猪（肥猪2头、母猪1头）发病，于3日上午10时就诊。检查：患猪腹胀，呕吐，不食，粪稀、呈灰色，排泄呈喷射状，按压腹部有水荡样响声。治疗：两头肥育猪各肌内注射氯霉素1500mg；针刺母猪交巢穴。4日，肥育猪仍肌内注射同量氯霉素；母猪腹腔注射灭菌芒硝溶液（见方药6）500mL。5日清晨3时，母猪腹泻止，能吃食；肥育猪无好转。又各肌内注射氯霉素。6日，肥育猪仍腹泻，各腹腔注入灭菌芒硝液400mL。7日，患猪腹泻止，吃半饱。（刘堂华，T20，P59）

5. 1983年11月10日，高县罗场乡新吉村文某3头约35kg架子猪就诊。检查：患猪呕吐，泄泻，10余次/d，体温37.4～38.3℃，畏寒发抖，脉浮紧。诊为冬痢。治疗：二苓平

胃散加减：苍术、陈皮、茯苓、猪苓、生姜各60g，半夏、厚朴各45g，防风40g，荆芥、紫苏各30g，甘草15g。水煎取汁，候温灌服，1剂痊愈。

6. 1981年12月29日，高县龙潭乡德坪村余某2头约90kg肥育猪就诊。检查：患猪体温分别为38.2℃、38.6℃，食欲废绝，肚腹胀满，腹泻，屎粪齐下、气味酸臭。诊为冬痢。治疗：二苓平胃散加减：苍术、厚朴、陈皮、建曲、山楂、麦芽各60g，云苓50g，猪苓、莱菔子各45g，甘草10g。水煎取汁，候温灌服，痊愈。

7. 1985年11月30日，高县彭某一头125kg、已发病4d母猪就诊。检查：患猪体温39.8℃，呼吸31次/min，脉洪数，全身发热，暴泻频泻，排粪失禁，粪气味恶臭、呈黄绿色，曾口服痢特灵和肌内注射氯霉素治疗无效。治疗：二苓平胃散加减：葛根、黄芩、茯苓、猪苓、厚朴各30g，滑石45g，苍术34g，陈皮、黄连各20g，甘草10g。水煎取汁，候温灌服。同时，取2%黄连素注射液20mL，肌内注射，2次/d，连用2d，痊愈。（杨家华，T28，P42）

8. 2009年10月20日，贺州某养殖场猪发生腹泻，用抗生素治疗无效邀诊。检查：患病仔猪突然减食、呕吐，接着出现水样腹泻，粪呈黄色、灰色、淡绿色，内有未消化的小乳块，猪体迅速脱水，体重下降，精神委顿，被毛粗乱、无光，吮乳减少或者停止，口渴，死亡率达15%。架子猪、肥猪及成年公、母猪发病后突然减食，呕吐，随后出现水样腹泻，粪呈黄绿色、淡灰色或褐色、混有气泡，口渴。诊为寒湿泄泻。治疗：五苓散加减（茯苓4、泽泻3、猪苓2、炒白术2、肉桂2）1000g，拌料50kg，全群猪喂服，连服2d；1kg加水100kg，自由饮用，连饮3d。病情严重者，取P-特针0.2mL/kg，肌内注射，1次/d，连用2d；严重脱水者，取0.9%氯化钠注射液

10～30mL，腹腔注射；对未断奶仔猪用五苓散1000g，加水5000mL，武火烧开后文火熬至2500mL，取汁，候温灌服，3～5mL/头，2次/d。经过2d治疗，98%猪恢复健康，且短期内未见复发。（张晓菊等，T165，P56）

巴氏杆菌病

巴氏杆菌病是由多杀性巴氏杆菌引起猪一种急性流行性传染病，又称猪肺疫，俗称"锁喉风"。急性病例以出血性败血病、咽喉炎和肺炎为特征，慢性病例主要表现为慢性肺炎症状，散发。

【流行病学】　本病病原为多杀性巴氏杆菌。病猪为主要传染源，其分泌物、排泄物等污染饮水、饲料、用具等，经消化道传染健康猪，其次通过咳嗽、喷嚏等飞沫经呼吸道传染，吸血昆虫叮咬皮肤、黏膜等也可传播本病。各种年龄的猪均可感染发病。本菌是一种条件性病原菌，当猪处在不良的外界环境中，如寒冷、闷热、气候剧变、潮湿、拥挤、通风不良、营养缺乏、疲劳、长途运输等导致猪抵抗力下降诱发本病。

中兽医认为，本病多因气候炎热，猪舍潮湿秽浊，空气流通不畅，加之管理不当，或因风热入侵，热积心胸，热毒上攻于喉而发病；也有因春秋两季冷热骤变，外感寒湿，风寒束表，毛窍闭塞，以致热毒内郁，上传咽喉而发病。

【主证】　临床上分为最急性型、急性型和慢性型。

（1）最急性型　患猪无临床症状死亡，病程稍长者表现呼吸困难，呈犬坐姿势，口鼻流出带血丝的泡沫。

（2）急性型　患猪体温升高至41.5℃，精神沉郁，食欲废绝，耳尖、腹下、四肢等皮肤出现紫红斑，指压不退色，咽喉部肿胀、呈黑紫色，触诊有热痛感。病程1～2d，最后窒息死亡。

（3）慢性型　多由前两型演变而来。患猪长期咳嗽，气喘，腹泻，消瘦，皮肤有出血点，有的关节肿胀，经3～6周死亡，耐过者则成僵猪。

【病理变化】　全身黏膜及皮下组织出血；喉头及周围组织出血性水肿；颈部皮下有大量淡黄色胶状物；肺瘀血水肿，全身淋巴结出血、水肿。病程较长者主要病变为纤维素性肺炎，肺切面呈大理石样花纹，肺与胸膜粘连，胸腔和心包积液。

【治则】　清热解毒，泻肺利咽。

【方药】　1.用不锈钢或圆钢丝自制成针尖圆锐、针体光滑的粗针，一般针长3～10cm。用时用棉花将针尖及针身缠裹成枣核形，入桐油中浸透，点燃烧红针体（也可在酒精灯或煤灶内直接烧红），主穴阿是，即颈部、咽喉、下颌水肿处触摸到坚硬圆滑的疙瘩，选2～8穴，以锁喉、肺俞为配穴。操作时，将患猪横卧或提举保定，穴位部用5%碘酊消毒，持针垂直刺入皮肤。进针深度，仔猪1～3cm，育成猪1～6cm，成年猪3～10cm，隔3d施针1次，1个疗程/7d。如1次痊愈，即可停针。

2.射干、龙胆草、山豆根、金银花各30g，连翘40g，知母、泽兰各15g，桔梗10g，玄参、丹皮、麦冬各25g，百部20g。水煎取汁，加白糖适量，分2次灌服，1剂/d，连服3剂。待病猪食欲恢复后，用量减半，继续用药5～7d。西药取10%葡萄糖注射液250mL，维生素C 0.5g，20%磺胺嘧啶0.05mg/kg，混合，静脉滴注，1次/d；柴胡注射液0.15mL/kg，巨风头孢30mg/kg，混合，肌内注射，1次/d；泰乐菌素0.2mL/kg，肌内注射，1次/d。

3.柴胡、桔梗各30g，连翘24g，麻黄20g，牛蒡子、大黄、炙甘草各10g，山楂、神曲、杏仁、麦冬、元明粉、陈皮各15g，山豆根20g，黄芩9g。水煎取汁，候温饮服或灌服。恩诺沙星原粉 1g/kg，拌料，连用 3~5d；对食欲废绝和重症猪用氟苯尼考，肌内注射。

4. 取鲜三杈草（枝叶）（又名三桠苦、三叉苦、三叉虎、三枝枪、小黄散、鸡骨树，为芸香科植物三叉苦根及枝叶入药。常绿灌木或小乔木，生于山坡疏林或灌丛中，主要分布于我国南方各省区），将其洗净，捣烂如泥状，用温水 500~1500mL，拌揉后过滤（过滤后的药液呈鲜绿色）。仔猪 250g/头，育成猪 500g/头，成年猪 750~1000g/头。用胃导管 1 次灌服（每次取新鲜药汁，滤后药渣不再用），1 次/d，连服 2~3 次。

5. 蟾酥 90g，砒霜（白）6g，天然麝香 15g，雄黄 8g。先将砒霜、切碎焙干的蟾酥分别研细，取其粉末少许同麝香共研，三药混合后再与面粉 180g 混合，徐徐加水揉成团，分成 1650 个黄豆大的颗粒，再将药粒捏成一头稍尖、一头钝圆为瓜子形状，以雄黄粉上衣，风干保存。每粒干品重 0.18g，含药 0.071g。皮下包埋（图 4-1）。包埋位置一般在耳窝后部、颈部中央。先将术部剪毛消毒，用左手提起术部皮肤，右手执眉刀从下向上刺入皮下，沿皮下结缔组织进 2cm，将药锭放入切口内。

但应注意术部开口大小只能以放入药锭为度，不宜过大，以免药锭脱出。成年猪 1 粒，仔猪 0.5 粒。

6. 清肺利喉通便散。金银花、连翘、厚朴、枳实、黄芩（酒炒）、黄连（酒炒）、桔梗、大青叶各 30g，生地、麦冬、玄参、蒲公英、牛蒡子各 40g，蝉蜕、白术、柴胡各 20g，生石膏 100g，大黄 60g。加水 1500mL 煎煮，2 煎/剂，取汁混合，候温分 2d 灌服，3 次/d。同时结合磺胺类、链霉素、卡那霉素等药物治疗，疗效更佳。共治疗 419 例，治愈 396 例，有效 20 例，治愈率 91% 以上。

7. 银花汤。金银花、荆芥、连翘、萱草、野菊花各 25g，山豆根、桔梗、知母、栀子、芦根各 15g。水煎 20~30min，取汁，趁温加蜂蜜 100g，1 次喂服或胃管投服（为 50kg 猪药量）。共治疗 10 例，治愈 8 例，无效 2 例。

【典型医案】 1. 1984 年 9 月 17 日上午，蓬安县广兴乡徐某一头约 80kg 本地花母猪发病，下午就诊。检查：患猪体温 41.2℃，呼吸 42 次/min，心跳 108 次/min，口鼻流泡沫、颈、咽喉部发红、肿胀、坚硬，饮、食欲废绝。诊为猪肺疫。治疗：于咽喉肿胀处取 4

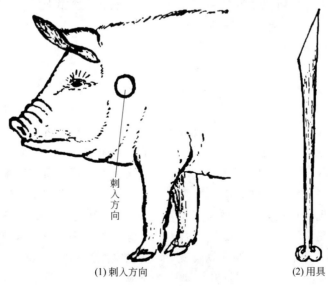

(1) 刺入方向　　　　　　(2) 用具

图 4-1　蟾酥锭包埋部位和用具

穴，火针进针 6～9cm，各穴以渗出液流出为度。同时配合锁喉穴、肺俞穴各进针 2～3cm。青霉素 160 万单位，链霉素 200 万单位，氢化可的松 50mg，维生素 C 500mg，分别 1 次肌内注射。19 日，患猪饮、食欲恢复正常，肿胀消退。

2. 1987 年 9 月 4 日。蓬安县广兴乡祝某一头约 25kg 长白杂交猪发病，6 日就诊。检查：患猪体温 41.5℃，呼吸 46 次/min，心跳 110 次/min，口鼻流泡沫，下颌及咽喉部水肿，饮食欲废绝。诊为猪肺疫。治疗：下颌及咽喉部位取 6 穴，火针进针 3～6cm，青霉素 80 万单位，链霉素 100 万单位，氢化可的松 30mg，维生素 C 500mg，分别 1 次肌内注射。7 日，患猪呼吸正常，饮食欲增加，肿胀消退。（彭员，T46，P21）

3. 2008 年 6 月，龙泉市某养猪户从外地购入 79 头约 45kg 猪，饲养 5d 后突然死亡 2 头，现有病猪 15 头。经临床诊断和实验室检验，诊为猪肺疫。治疗：取方药 2，用法同上，痊愈。（项海水等，T154，P64）

4. 2004 年 10 月，商丘市西郊张某的 70 头猪，有 5 头小猪不食，体温升高至 41.5～42.0℃，伸颈呼吸并发出喘鸣声，注射恩诺沙星和氨基比林后，体温降至 40.5℃，当天下午 5 只病猪体温又上升，最后因窒息死亡，死前呈犬坐姿势。第 2 天又有 13 头小猪和 9 头架子猪食欲不振，干咳，呼吸急促，体温升高至 40～41℃，粪干硬、呈算盘珠样；还有 11 头架子猪鼻流黏液性分泌物，频频咳嗽，呼吸困难，腹泻。用青霉素配合地塞米松肌内注射，2 次/d。2d 后，死亡 3 头小猪和 1 头架子猪，其余病猪治疗效果不明显，干咳转为湿咳，便秘转为下痢，皮肤出现瘀血斑，体温约 41℃，触诊胸部敏感。剖检死猪可见气管和支气管内有大量粉红色泡沫样分泌物，两侧肺叶紫红、水肿，肺切面充满血样液体；取病料涂片、染色、镜检，发现两极浓染的小杆菌。诊为巴氏杆菌病。治疗：立即隔离病猪，全群猪用恩诺沙星原粉 1g/kg 拌料，连用 5d。对不食者用氟苯尼考注射液（按说明书剂量用药），肌内注射，连用 5d；同时取方药 3 中药，用法同上，1 剂/d，分 2 次饮服。用药后第 2 天，患猪症状明显好转，连续用药 5d，全部康复。（刘秀玲等，T138，P51）

5. 2003 年 6 月 9 日，芸市华侨农场遮相二分场八队桂某 2 头约 45kg 猪发病来诊。主诉：该猪发病后曾用青霉素、庆大霉素、卡那霉素、金锋等多种抗生素药物治疗，近日病情日渐加重。检查：患猪颈部肿大，体温 41.4℃，呼吸困难，咳喘。根据临床特征，初步诊为猪肺疫。治疗：取鲜三杈草枝叶 500g，洗净、捣烂如泥状，用温水 1000mL 拌揉过滤，取过滤后的全部药汁（约 1000mL），灌服，1 次/d。用药 3 次后，患猪食欲恢复正常；10d 后颈部肿胀消失，不再咳喘，食欲恢复正常。3 个月后随访未见复发。（陈茂存，T127，P39）

6. 1981 年 10 月 9 日，松滋县种畜场发生猪肺疫，10 日，县农机场王某从该场购入 2 头 25kg 猪。检查：患猪鼻镜干燥，食欲废绝，咳嗽，腹式呼吸，体温 40～41℃，心跳 150 次/min，呼吸 80 次/min。用抗生素治疗 1d 不愈，且日渐严重。治疗：取蟾酥锭 1 粒，包埋，方法同方药 5。用药 24h 后，患猪体温降至正常，食欲恢复。（李业海等，T1，P40）

7. 1998 年 4 月 18 日，宣威市榕城镇后山村张某一头架子猪发病来诊。检查：患猪卧地不食，体温 41.5℃，呼吸困难，呈犬坐姿势，喘鸣，头、面、颈、咽喉、耳根、前胸红肿灼痛。诊为急性猪肺疫。治疗：取方药 6，用法同上，2 剂；10% 磺胺嘧啶钠注射液 50mL，链霉素 300 万单位，卡那霉素 30 万单位，分别肌内注射，2 次/d，连用 4d。23 日，患猪痊愈。

8. 1991 年 10 月，宣威市杨柳乡张某一头架子猪发病来诊。检查：患猪消瘦，体温39.5℃，呼吸困难，持续咳喘，鼻流脓液。诊为慢性猪肺疫。治疗：清肺利喉通便散去牛蒡子、蝉蜕、大青叶、生石膏，加知母、瓜蒌、鱼腥草各30g，杏仁20g，用法同方药6，连服3剂。取10%磺胺嘧啶钠注射液50mL，硫酸卡那霉素300万单位（或猪喘平500万单位），分别肌内注射，2次/d；配合针灸苏气、肺俞、肺门、膻中等穴，1次/d，连续7d，痊愈。（孔维福，T118，P37）

9. 1985年4月10日，绥阳县大白区陆坝村蔡某2头40kg架子猪，在2d内相继发病来诊。检查：患猪体温41.3～41.8℃，痉挛性干咳，鼻孔流出黏稠分泌物，有脓性结膜炎，颈部肿胀，呼吸迫促，食欲减退。诊为猪肺疫。治疗：金银花、荆芥、连翘、萱草、野菊花各40g，山豆根、桔梗、知母、栀子各22g，芦根15g。水煎20～30min，取汁加蜂蜜150g，用胃管分别灌服2头猪。11日，患猪症状减轻，继服药1剂，用法同上。12日，患猪症状殆尽，13日痊愈。为了巩固疗效，又取上方药1/2量拌食喂服1剂，再未复发。（薛橙，T26，P25）

李氏杆菌病

李氏杆菌病主要是由产单核细胞李氏杆菌引起猪以脑膜炎、败血症和单核细胞增多症、妊娠母猪发生流产为特征的一种传染病。

【流行病学】 本病病原为单核细胞增多性李氏杆菌。患病猪和带菌猪为其传染源。粪、尿、乳汁、精液以及眼、鼻孔和生殖道的分泌物都可分离到本菌。通过消化道、呼吸道、眼结膜和损伤的皮肤等感染发病。被病原菌污染的土壤、饲料、饮水和垫料都可成为本菌的传播媒介。冬季缺乏青绿饲料、气候骤变、寄生虫和其他病原菌感染均可诱发本病。

【主证】 本病多发生于断奶后的仔猪，有神经型和败血型两种。

（1）神经型 患猪共济失调，前肢运步高踏，后肢不完全麻痹，有时作圆圈运动，战栗，痉挛倒地，四肢作游泳状划动等，呈阵发性兴奋，后期昏迷，麻痹。

（2）败血型 患猪体温升高达41℃以上，精神委顿，食欲废绝，伴有咳嗽，下痢，耳、腹部皮肤发紫，呼吸困难，常在1～3d死亡。慢性者，体温常低于常温，贫血消瘦，采食量减少，行走摇摆，无神，有的肌肉战栗，气喘；怀孕母猪流产，病程可延长3～4周。

【病理变化】 尸僵完全；腹部有紫红色出血斑块；腹股沟淋巴结充血肿胀；肝肿胀，有纤维素炎性物沉积和灰白色小点坏死灶，心耳出血；肾肿胀、质脆；肠系膜淋巴结肿大，切面多汁；胃肠黏膜充血；脾肿大；脑膜充血并有点状出血、水肿，脑脊髓液增多、混浊，脑干变软，有小化脓灶。发生败血症时，肝脏可见多处坏死灶。发生流产的母猪可见子宫内膜充血并发生广泛坏死，胎盘子叶常见有出血和坏死。流产胎儿肝脏有大量小的坏死灶，胎儿可发生自体溶解。

【治则】 祛风疏肝，涤热定惊，安神。

【方药】 1.①牛黄、郁金、朱砂、钩藤、升麻各25g，栀子、玄参各20g，丁香、黄连、黄芩、珍珠各15g，甘草5g。水煎取汁，候温灌服，1剂/d，连服2剂。②细辛、僵蚕、黄连各15g，蜈蚣2条，钩藤、防风、琥珀、栀子各30g，远志25g，菊花、荆芥穗、茯苓各20g，甘草5g。水煎取汁，候温灌服，1剂/d，连服2剂（均为40～50kg猪药量）。

早期大剂量使用磺胺类药物对本病治疗有较好的效果。①磺胺间甲氧嘧啶注射液15～20mL，肌内注射，2次/d（首次加倍），连用2d。②恩诺沙星5～10mL，肌内注射，2次/d，连用2d（均为40～50kg猪药量）。

2. 丹皮地黄汤。丹皮、生地黄、黄芩、栀子各30g，蝉蜕、茯神、远志、赤小豆各

15g，天竺黄、钩藤各 10g，甘草 5g（为 50kg 以上猪药量，根据病猪大小、体质、精神状态等适当增减）。头嘴着地、眼红半睁半闭者加菊花、草决明各 15g；粪不畅者加大黄 30g、木通 20g、芒硝 15g；烦躁不安、易受惊恐者加琥珀 2g；怀孕母猪加杜仲 20g、艾叶 10g。水煎 2 次，取汁混匀，分 3 次灌服。共治疗 25 例，治愈 23 例。

【典型医案】 1. 2008 年 10 月 26 日，平江县三阳乡大塘冲村鱼形组何某 100 多头猪，其中有 4 头 80kg 猪发病邀诊。主诉：早上饲喂时，全场猪均采食正常，中午发现有 4 头猪异常兴奋、尖叫、磨牙，在圈中转圈运动，以为是猪采食时将食物灌入耳内，至下午饲喂时发现有 3 头倒地。检查：1 头患猪仍在转圈运动，不时发出尖叫，体温正常，呼吸稍急；3 头猪侧卧，症状发作时，四肢作划船状，呼吸急促，口吐白沫，眼球震颤，体温正常或偏低，心跳加快，脉洪滑，背部有湿溜溜的感觉，继而昏迷，呼吸加深、10～15 次/min，10min 后随着呼吸的慢慢增加，意识也逐渐清醒；1 头猪能自行站立，走路摇摆，意欲采食但食物不能进口，其他 2 头猪仍然侧卧，强行改变时则尖叫不已，四肢划动加剧。畜主近期未购进过猪，防疫接种过猪瘟、蓝耳病、口蹄疫、伪狂犬病、猪细小病毒等疫苗。诊为李氏杆菌病。治疗：对病猪进行隔离。中药、西药均用方药 1①。第 2 天，患猪病情明显好转，尖叫、磨牙、转圈症状消失，单侧卧姿也改变，神经症状缓解。中药、西药用方药 1②。第 3 天，患猪精神尚可，能走动，但进食缓慢，食欲欠佳。继用方药 1②。第 4 天，患猪食欲正常，走动自如，痊愈。

2. 2009 年 3 月 12 日，平江县三阳乡白石村陈某 30 多头猪，其中母猪 4 头，有 1 头经产、5 胎次母猪，分别约 160kg，目前空怀。检查：患猪食欲欠佳，精神沉郁，体温正常，在圈中转圈运动，间或将头抵于暗角，呆立不

动，若受惊吓则兴奋异常，横冲直撞，随后倒地，四肢乱划，尖叫，口有白沫，眼球震颤，持续数分钟后呼吸加深，一度安静，然后自行站立，仍然作转圈运动。诊为李氏杆菌病。治疗：取方药 1 中药、西药①，用法同上。第 2 天，患猪病情大有好转。继用方药 1 西药①、中药②。第 3 天，患猪除有轻微神经症状外，其他基本康复。再用方药 1 西药②、中药方②，以巩固疗效。第 4 天，患猪痊愈。（洪厚成，T168，P54）

3. 1980 年 7 月，营山县城守镇北方坝村杨某 2 头分别为 50kg、52kg 商品猪突然发病，他医初以食盐中毒治疗不见功效，继用大剂量青霉素、链霉素治疗仍无效来诊。检查：患猪共济失调，前肢运步高踏，后肢不完全麻痹，有时作圆圈运动，颤抖，痉挛倒地，四肢呈游泳状划动，体温 41.5℃，精神委顿，食欲废绝。诊为李氏杆菌病。治疗：丹皮地黄汤，用法同方药 2，连用 2 剂，痊愈。

4. 营山县城守镇北门坝村沈某一头 55kg 商品猪突然发病来诊。检查：患猪食欲废绝，四肢呈游泳状，卧地后不愿起立，体温升高至 42℃，头嘴着地，眼半睁半闭。诊为李氏杆菌病。治疗：丹皮地黄汤加菊花、草决明各 15g，用法同方药 2，连服 2 剂，痊愈。

5. 1989 年 7 月，营山县城附乡新生村苏某 2 头分别为 61kg 和 63kg 商品猪发病就诊。检查：患猪食欲废绝，四肢抽搐，烦躁不安，粪干燥，呼吸困难，体温 41.5℃。诊为李氏杆菌病。治疗：丹皮地黄汤加琥珀 2g、大黄 30g、木通 20g，用法同方药 2，连服 2 剂，痊愈。（林才德，T45，P40）

猪 瘟

猪瘟是由猪瘟病毒引起以高温、败血症、腹泻为特征的一种急性、发热、接触性的传染病，具有高度传染性和致死性，俗称"烂

肠瘟"。

【流行病学】　本病病原为猪瘟病毒。病猪是主要传染源，病猪排泄物和分泌物、尸体、脏器、血、肉、废水、废料污染的饲料、饮水都可散播病毒，主要通过接触和经消化道传播，也可以经胎盘垂直感染胎儿。病猪康复后长期带毒。在自然条件下不分品种、性别、年龄均可感染。

中兽医认为，由于时行疫疠之气感染，或死猪、病猪毒气扩散传染，致使邪毒伤及脏腑而发瘟疫。

【辨证施治】　本病分为急性型、慢性型和温和型。

（1）急性型　患猪精神差，体温升高至40～42℃、呈稽留热，食欲减退或废绝，喜欢饮水，结膜发炎、流脓性分泌物、开张不全，鼻流脓性鼻液。初期便秘，粪干硬、表面附有大量白色的肠黏液，后期腹泻、气味恶臭、带有黏液或血液。病猪鼻端、耳后根、腹部及四肢内侧的皮肤及齿龈、唇内、肛门等处黏膜有针尖状出血点、指压不退色，腹股沟淋巴结肿大。公猪包皮发炎，阴鞘积尿，用手挤压时有恶臭浑浊液体射出。小猪可出现神经症状，磨牙、后退、转圈、强直、侧卧及游泳状，甚至昏迷等。

（2）慢性型　多由急性型转变而来。患猪体温时高时低，食欲不振，便秘与腹泻交替出现，逐渐消瘦，贫血，衰弱，被毛粗乱，行走时两后肢摇晃无力，行走不稳。有的病猪耳尖、尾端和四肢下部成蓝紫色或坏死、脱落。断奶仔猪可见肋骨末端和软骨组织边界处，因骨化障碍而形成的黄色骨化线。

（3）温和型　又称非典型型，多见于断奶后的仔猪及架子猪。患猪症状轻微，不典型，病情缓和，病理变化不明显，病程较长，体温稽留在40℃左右，皮肤无出血小点，但有瘀血和坏死，食欲时好时坏，粪时干时稀，猪体十分瘦弱，致死率较高，也有耐过者，但生长

发育严重受阻。

【病理变化】　全身淋巴结呈现出血性淋巴结炎、切面呈大理石样外观；皮肤有出血斑点；肾贫血、有点状出血；脾不肿大、有出血梗死；膀胱、喉头黏膜及心外膜和胃肠浆膜有出血点；慢性型猪瘟大肠有扣状回。

【治则】　清热解毒，化瘀祛斑。

【方药】　1. 生石膏24g，水牛角12g，生地、知母、连翘、栀子各6g，黄连、牡丹皮、黄芩、赤芍、玄参、桔梗各5g，甘草3g，淡竹叶5g（为50kg猪药量）。水煎取汁，候温饮水或灌服。用抗生素或磺胺类药物防止继发感染。

2. 自拟清瘟汤。生石膏50g，芒硝30g，大青叶、板蓝根各40g，生地、玄参、黄连、黄芩各15g，川大黄、连翘各20g，甘草10g。将生石膏研成极细末与芒硝混合，其他药水煎2次，取汁，趁热加入石膏、芒硝，候凉灌服。50kg以上猪按原方药剂量服用，20～59kg猪原方药减半；20kg以下猪取原方药1/3量。患猪食欲增加，粪好转后不得停药，继续用药1个疗程以巩固疗效，但用量减为原方药量1/2～2/3；粪正常后去大黄、芒硝。共治疗温和型244例，治愈198例，好转28例，无效18例，总有效率为92.6%。

3. 聚肌胞10mg/50kg，肌内注射，1次/3d；清开灵注射液40mL/次，稀释于10%葡萄糖注射液200mL或生理盐水100mL中，1次静脉注射。

4. 初发病者，用克附（间甲氧）、功臣（高含量黄芪，洛阳汉德公司生产），各0.25mL/kg，分别肌内注射，2次/d，连用2d。第2天，根据病情对猪群进行猪瘟疫苗50～150倍紧急接种。同时料内拌入磺胺甲基异噁唑（洛阳汉德公司生产）500g，热毒金方（德州神牛公司生产）500g，适量维生素C拌料500kg全群饲喂，连喂5d，同时饲喂一些蔬菜，饮水中加黄芪粉、适量小苏打、口服补

液盐和电解多维供其自由饮用。个别贫血者深部肌内注射生血止痢宝5～10mL。第3天上午，用金品淋克）、附康（均为洛阳汉德公司生产）各0.25mL/kg，分点注射，1次/d，连用2d。下午用功臣、华德头孢拉定配伍应用，1次/d，连用2d。患猪病情开始好转，用鱼腥草注射液、维生素C、华德头孢、维生素B$_{12}$根据情况适量注射。

5.①病初，药用病毒灵注射液10mL，青霉素320万单位，1次肌内注射（为50kg猪药量），连用3d；中药用加味解毒承气汤合增液汤：黄连、金银花、厚朴、大青叶、生地各10g，大黄25g，芒硝50g，枳实、栀子、黄芩、麦冬各12g，连翘、天花粉各8g，玄参15g，甘草7g。水煎取汁，候温灌服，连服3剂。②中期，药用青霉素320万单位，维生素C 5支，肌内注射，连用3～4d；中药用侧地二炭汤：侧柏炭、地榆炭各20g，黄连、金银花、枳实、白茅根各10g，白芨、板蓝根各12g。水煎取汁，候温灌服，连服2～3剂。大便秘结者加板蓝根、番泻叶各500g。水煎取汁，候温灌服，分10d内服。同时多喂青、绿饲料。③继发感染者，口服一定量的氯霉素或诺氟沙星等抗菌药；腹泻不止者，取干石灰溶液上浮悬浊液，100mL/d，或用氢氧化铝5g，1次灌服，同时为防止继发感染，灌服一定量抗生素。共治疗13例，治愈8例。

6.①取红霉素25万～75万单位，25%葡萄糖注射液20～80mL，混合，待完全溶解后耳静脉缓注；同时取氯霉素0.5～1.25g，30%安乃近注射液10～20mL，分别肌内注射，1次/d。②取左耳或右耳的中下部无血管处的背侧，用宽针在皮下刺成一皮下囊，深约2cm，放入适量白砒（约0.06g），再将白酒0.5mL滴入针眼内，用手轻揉后，以胶布覆盖针眼即可。③生石膏100g，板蓝根、生地、连翘、知母各30g，桔梗、黄芩、栀子、玄参、丹皮、金银花、红花、桃仁、鲜竹叶、甘

草各20g，赤芍、黄连各15g，大黄40g，芒硝100g（为50kg以上猪药量，50kg以下者药量酌减）。粪稀者减大黄、芒硝；渴甚者加天花粉、麦冬各20g。水煎2次，取汁约2000mL，候温灌服。共治疗245例，治愈193例。

【典型医案】　1. 2005年6月，睢县某养猪户60头育肥猪，有12头猪食欲不佳邀诊。主诉：该猪贫血，被毛枯燥，体温时高时低，发烧时体温升高至40.5℃，便秘与腹泻交替出现。有的病猪耳端或尾尖有坏死，眼结膜轻度出血并有分泌物，附关节肿大、跛行。先用青霉素配合安乃近治疗3d效果不佳，后改用柴胡注射液和增效磺胺治疗仍不见好转，先后死亡8头。检查：病死猪全身淋巴结轻度肿大、充血，脏器黏膜上有大小不等的出血点，最明显的病变为坏死性肠炎，尤其是回肠末端、盲肠和结肠黏膜上有纽扣状溃疡。诊为慢性猪瘟。治疗：在饲料中添加电解多维，灌服增效磺胺。中药取方药1，用法同上，1剂/d，连用3d。4头患猪症状减轻，食欲好转。又连续用药2d，病猪全部康复。（刘秀玲等，T138，P51）

2. 郸城县王井乡唐坊村刘某一头架子猪，发病7d，用30%安乃近、青霉素、链霉素、磺胺类及病毒清等药物治疗不见好转来诊。检查：患猪体温40.4℃，行走摇摆，叫声嘶哑，耳部、鼻端、四肢下部呈蓝紫色，粪球干小。诊为温和型猪瘟。治疗：取清瘟汤（原方药量）1剂，用法同方药2。翌日，患猪粪转稀，出现食欲。原方药去大黄、芒硝，加陈皮、焦三仙各15g，继服2剂，痊愈。

3. 郸城县王井乡西孙村孙某一头约60kg白猪已发病4d，曾注射猪瘟、丹毒二联苗、解热药、抗生素等治疗无效来诊。检查：患猪体温41.3℃，呼吸51次/min，心跳122次/min，精神沉郁，鼻盘干，口色红绛，苔黄厚。诊为温和性猪瘟。治疗：取方药2，用法同上，连

服 2 剂。患猪体温 39.8℃，食欲增加，原方药去大黄、芒硝，加陈皮、焦三仙各 15g，继服 2 剂，半月后追访，痊愈。（刘征宋等，T68，P26）。

4. 1997 年 8 月 17 日，广昌县王某 4 头、约 50kg 架子猪发病，经他医用青霉素、林可霉素、维生素 B₁、安乃近、地塞米松等药物治疗无效邀诊。检查：患猪体温 41.5℃，全身衰弱、无力，行走摇摆，眼眵较多，皮肤出现紫色斑点，粪干硬、附有黏膜，尿液浓稠。经询问，该猪未接种猪瘟疫苗。诊为疑似猪瘟。治疗：聚肌胞 10mg/头，卡那霉素 700mg/头，混合，1 次肌内注射，1 次/3d，连用 3 次；清开灵注射液 40mL，生理盐水 200mL，安乃近 10mL（为 1 头猪药量），混合，1 次静脉注射，2 次/d，连用 6d。共治愈 3 例，死亡 1 例。

5. 1998 年 4 月 26 日，广昌县李某 10 头（每头约 40kg）猪，其中 4 头发病，经他医用各种抗生素及退热药物治疗无效死亡。剖检发现盲肠、结肠及回盲瓣处有纽扣状溃疡。接着其余 6 头猪发病，10 余天后邀诊。检查：患猪体温时高时低，吃少量食即睡，且喜饮脏水，逐渐消瘦，皮肤有紫斑。诊为疑似慢性猪瘟。治疗：聚肌胞 10mg，卡那霉素 600mg，混合，肌内注射，1 次/3d；清开灵注射液 40mL，生理盐水 200mL，混合，静脉注射；柴胡 10mL，维生素 B₁₂ 0.3mg，分别肌内注射，连用 7d（为 1 头猪药量）。禁食 3d，用补液盐 27.5g×6 包，稀释 3L 开水中，放在饲槽中任其自由饮服；碳酸氢钠、食母生各 10 片，灌服，连服 7d。共治愈 4 例。（李敬云，T103，P27）

6. 2006 年 10 月 15 日，德州市郊区某猪场相继发生以高热、厌食、站立不稳为特征的疾病。用抗生素和退烧药治疗，时好时坏，反复发作，母猪、育肥猪、仔猪均感染，母猪、育肥猪死亡率 10%～60%，仔猪死亡率达 95% 以上，淘汰率高达 80%～100%。检查：患猪食欲废绝，体温 41℃，偶尔食少许青草、水果，喜饮污水，尿赤黄，粪干燥。开始皮肤发红，背部、耳部有出血点，随着病情发展，耳部、腹部、臀部皮肤发绀发紫，四肢发软，站立不稳；有的伴有呼吸道症状，死亡前部分猪四肢抽搐，口内有大量分泌物。剖检可见血液稀薄，黏膜和浆膜黄染；口鼻有血色泡沫状分泌物流出；耳、腹、臀、四肢呈蓝紫色，眼圈、肛门周围有蓝紫色圆圈；肺部呈大理石样病变，有的表面有节结状增生、坏死水肿、切面多汁；气管和支气管内充满泡沫状、出血性黏液及黏膜渗出物；胸腔积液；心包积液，表面有出血点；肝脏肿大呈黄棕色；脾脏肿大；胆囊内充满浓稠胶陈样胆汁；肾脏表面有针尖状出血点；病死猪的颌下、肺门、肠系膜、腹股沟等部位淋巴结明显肿胀、出血；胃黏膜层出血。实验室诊断：①耳部采血涂片，甲醇固定，姬姆萨染色、镜检，可见红细胞内寄生数量不等的病原体，或被许多球状、环状等不规则虫体包围，呈淡紫色，折光性强，血浆中有少量粉红色或紫红色虫体。可确定为猪附红细胞体。②猪瘟抗体检查：无菌操作采取病猪同群猪血液 30 份，5mL/份，分离血清检测猪瘟抗体，结果 30 份血样 HC 抗体效价均低于 1：16。③细菌学检查：无菌操作采取病死猪肝脏涂片，革兰染色镜检，发现有单个、成双、短链状典型革兰阳性球菌。无菌操作采取脾脏组织，接种于鲜血培养基，37℃恒温培养 24h，可见培养基上形成灰白色圆形、透明隆起、表面光滑的露滴状小菌落，且有溶血环出现。④用间接 ELISA 法检测抗体，结果为阳性（一些地方已将此法作为检测蓝耳病的常规方法）。根据发病情况、临床症状、病理变化和实验室检验，诊为温和型猪瘟、链球菌、蓝耳病、附红细胞体混合感染。治疗：取方药 4，用法同上。共治愈成年猪 300 余例。（王佃举，T148，P58）

7. 1991 年 2 月，乐平市接渡镇毕家村某户一头 50kg 左右母猪（刚配种过），患病 7d，经他医治疗无效邀诊。检查：患猪体温 40.5℃，食欲废绝，全身呈猪瘟败血症状。诊为猪瘟。治疗：取方药 5② （用发病中期治疗药物），用法同上。治疗 3d 后，患猪败血症状消失，但仍便秘，改用发病后期治疗药物，10d 后痊愈。

8. 1993 年 3 月，乐平市接渡镇李某一头 60kg 左右架子猪患病约 10d，猪瘟症状明显，腹泻不止来诊。根据当地流行病和临床症状，诊为猪瘟。治疗：取方药 5② （用发病中期治疗药物），用法同上。约治疗 7d，患猪食欲正常。（汪成发，T113，P44）

9. 1989 年 3 月 2 日，淮阳县冯塘乡王庄村王某一头约 150kg 经产母猪发病，经他医治疗多次无效邀诊。检查：患猪体温 42℃，行走摇摆，后躯无力。腹下及四肢内侧出现紫斑。粪干、带血，粪球间附多量白色条状物。诊为猪瘟（重型）。治疗：取方药 6，用法同上。翌日早晨，患猪排稀粪 1 次，精神好转，觅食，体温 39.2℃。中药方减大黄、芒硝，西药方减安乃近，继续用药 1 次。第 3 天，患猪已痊愈，未再复发。

10. 1991 年 12 月 8 日，淮阳县尤某一头约 40kg 架子猪患病，在乡兽医站治疗多次无效来诊。检查：患猪食欲废绝，体温 41.5℃，粪干小、微带黏液，其他均表现轻型猪瘟症状。诊为猪瘟。治疗：取方药 6，用法同上。次日，患猪体温 38℃，有食欲。原方药继用药 1 次，痊愈。（张子龙等，T67，P29）

猪　痘

猪痘是由猪痘病毒引起猪的皮肤上出现以丘疹、水泡、脓疱等为特征的一种急性接触性传染病。

【流行病学】　本病病原为猪痘病毒。主要通过损伤皮肤传染，猪虱和其他吸血昆虫为传播媒介。多呈点状发生，患病猪 10～35 日龄不等，病程短则 5～10d，长则 20d 左右，多发生于气温高、湿度大、天气闷热、猪舍潮湿污秽、吸血昆虫蚊蝇较多的季节，白猪薄皮的改良品种最易发生。由于痘病毒在干痂中能生存很长时间，随着猪场育成猪不断地被新猪更替，致使猪痘可以无限期地留存在猪群内。

中兽医认为，本病是湿热毒气发于肌表的一种时疫，多因暑热炎天，湿地放牧，湿热蒸发，侵入体内，久则化毒而致病；或因圈舍潮湿污秽，湿热之气侵袭，继则透于肌表而成痘疮，其后可彼此接触传染。

【主证】　病初，患猪精神不振，行动迟缓，眼泡浮肿，口色潮红。中期，患猪体温升高到 40.5℃ 以上，恶寒颤抖，闭目，卧地抽搐，眼睑、鼻、唇等毛稀或无毛处皮肤出现小红斑，很快形成绿豆大的圆形丘疹、凸出于皮肤表面、略呈半球状，2～3d 后，部分丘疹形成脓疱，因瘙痒摩擦，痘疹破裂，渗出浆液性或带血的液体，患部粘着泥土、粪便、垫草，结成黏性棕红色痂皮，使皮肤增厚、起皱、如皮革状。因体温升高和继发感染，常见呼吸迫促，死亡率上升，日龄较小的吮乳仔猪更为严重。后期，痂皮脱落而痊愈，但生长发育受阻，增重降低，体态瘦小。个别患猪口、鼻、咽、支气管等黏膜有卡他性出血性炎症，此外，偶见败血症或继发感染病变。

【治则】　辛凉透表，清热解毒，消斑。

【方药】　1. 板蓝根注射液 6mL，氢化可的松注射液 2mL，肌内注射，1 次/d，连用 2～3d。（莫天铿，T61，P41）

2. 消斑青黛饮加减。生石膏 20g，知母、生地、大黄各 15g，甘草、栀子、元参、金银花、连翘、生姜、红枣各 10g，黄连、青黛各 6g。水煎取汁，候温拌料喂服，未补饲仔猪可给母猪服用，药渣可再煎煮、过滤，取药液清洗猪体表患部，一般 2 剂可愈。共治疗 25 例，其中母猪 2 例，仔猪 23 例，全部治愈。

3. 芫荽 1kg，加水 100kg，煎煮 2min，用凉水稀释，让猪饮用。按说明书剂量使用黄芪多糖，适量应用病毒灵。饲料中添加强力霉素、替米考星等抗菌消炎药，并加倍应用多种维生素和葡萄糖，以防继发症和并发症。对体温高、肺炎等症状严重者，取复方氨基比林注射液 0.1mg/kg，替米考星注射液 0.1mL/kg，泰乐菌素注射液 0.2mL/kg，肌内注射。每天早晚两次消毒猪舍，最大限度杀灭环境中的猪痘病毒。

4. 三氮唑核苷（病毒唑），15mg/kg，肌内注射，2 次/d；花椒 20g，水煎取汁，洗浴患部，1 次/d。共治疗 43 例，均获痊愈。

5. 荆荽汤。荆芥 15g，防风、芫荽、薄荷、甘草各 10g，绿豆 30g，白糖 20g，小米粥 100mL。将荆芥、芫荽、薄荷、甘草加水 200mL，煮沸 20～30min，取汁 50mL，再加水 100mL，煮沸 15～20min，取汁 50mL，共取药液 100mL；小米 100g，绿豆 30g，水煮取汁 100mL；最后将药汁和小米汤混合，候温，加入白糖，分 2 次灌服。连服 2 剂。

6. 清热解毒注射液或板蓝根注射液、地塞米松磷酸钠注射液、青霉素、安乃近注射液，常规量肌内注射，1～2 次/d，连用 2～3d。艾叶 30～40g，花椒 20～30g，加水 2000～3000mL 煎煮，候温至 30～40℃，清洗患部。

【典型医案】 1. 1980 年 8 月 10 日，福安市下白石镇顶头村叶某一头母猪和 12 头 20 日龄吮乳仔猪发病就诊。检查：患猪体温 41.5～41.8℃，行动迟缓，食欲减退，结膜发炎，腹部、腿部内侧皮肤、鼻盘、眼皮等少毛部位出现红疹，在红疹中央有丘疹、水泡或脓疱，脓疱表面呈脐状凹陷、有痒感，常在猪舍栏柱或墙等处摩擦。诊为猪痘。治疗：取方药 2，用法同上。翌日，患猪精神好转，食欲增加，体表痘疹明显收敛，痒感减轻。再用上方药 1 剂，痊愈。（黄旭明，T115，P29）

2. 2009 年，闻喜县某养猪场存栏繁育母猪 400 头，仔猪 1200 头，1 年间先后 2 次发生猪痘。第 1 次在 7 月中旬至 8 月上旬，发病猪 800 余头，虽经及时防治，仍死亡淘汰生产母猪和妊娠母猪 50 头，死亡仔猪 160 余头，流产仔猪近 200 头；第 2 次在 8 月中旬至 9 月上旬，原未发病的定位栏舍母猪转房后和未发病的仔猪又发生猪痘。治疗：取方药 3，用法同上。喂服后，剩余 350 头母猪与 140 头仔猪全部治愈。（王良俊等，T163，P60）

3. 1995 年 4 月 26 日，天柱县江东乡江东村罗某 2 头 2 月龄、各约 7kg 仔猪就诊。检查：患猪精神不振，食欲减退，眼、鼻有分泌物，皮肤瘙痒，体温分别为 41.0℃和 40.5℃，下腹部、四肢内侧、体侧及背部长有大量深红色、略呈半球状、表面平整而突出于皮肤的硬结节，其余部位较稀少。诊为猪痘。治疗：取方药 4，用法同上。用药 3d，均痊愈。（杨先富，T89，P34）

4. 1990 年 4 月中旬，临泽县畜牧技术服务公司瘦肉型种猪场 4 窝仔猪共 27 头，全部患痘病，先后死亡 7 头，以 6 日龄左右发生者较多。检查：病初，患猪体温升高达 40.8～41.5℃，精神委顿，食欲减退，个别仔猪恶寒战栗，口色潮红，接着皮肤上出现小红疹，以皮肤毛稀处为多，以后红疹增大，一般经 2d 后形成豌豆大小的水泡，内含黄色透明液体，其后逐渐变为白色脓汁，病程为 10～15d。死者多为消瘦体弱、抵抗力差的仔猪。治疗：取方药 5，用法同上。其余 20 头仔猪均治愈。（杨生春等，T59，P33）

5. 1997 年 8 月 14 日下午，周至县官庄马某饲养的吮乳仔猪患病邀诊。主诉：20 日龄白色吮乳仔猪 9 头，近日精神差，上午已死亡 1 头，有 6 头卧地抽搐、不吮乳，眼圈等处有红斑。检查：患猪头部、眼睑、体侧及腹下丘疹破溃，患部皮肤上有带血浆液、发黏结痂、呈红棕色，触摸似起皱的皮革。诊为猪痘中期。治疗：清热解毒注射液 2～3mL/头，肌内注射；青霉素 80 万单位，30％安乃近注射液 5mL，地塞米松磷酸钠注射液 4mL（4mg），混合后给 6 头仔猪肌内注射，并叮嘱畜主用艾叶 30g，花椒 20g，水煎取汁，候温清洗患部。当晚，患病仔猪热退、吮乳、抽搐减轻。次日，用板蓝根注射液于上午、下午各注射 1 次，痊愈。（张建峰等，T108，P38）

猪 丹 毒

猪丹毒是由猪丹毒杆菌引起的一种急性、热性传染病，以高热、急性败血症、皮肤特异性疹块（亚急性）、疣状心内膜炎及皮肤坏死与多发性非化脓性关节炎（慢性）为主要特征。

【流行病学】 本病病原为猪丹毒杆菌。病猪和带菌猪为其传染源，多发生于 3～6 月龄猪。病猪、带菌猪和其他带菌动物通过粪、尿排泄物和分泌物排出丹毒杆菌，污染饲料、饮水、土壤、圈舍和用具等，通过消化道传播，也可通过损伤皮肤、黏膜和蚊虫等吸血昆虫叮咬传播本病。

中兽医认为，本病是由于感受湿热毒气，热毒入营血，高热不退，迫血妄行，皮出疹块。饲养不良，圈舍不洁，或猪毒扩散，饲料被污染等均可引起本病。

【主证】 本病分为急性、亚急性和慢性三型。

（1）急性（败血型）此型最为常见，一般猪无任何临床症状突然死亡。患猪体温高达 42℃以上，食欲减少或废绝，病初结膜潮红、有浆性分泌物，后期可视黏膜发绀，呕吐，寒颤、喜卧、行走摇摆，粪初软或干燥，后腹泻，胸、腹、四肢内侧、耳、颈、背部皮肤出现大小不等的红斑，指压红色暂时消退，去指后恢复原状，呼吸困难。吮乳仔猪和刚断乳仔猪常突然发病，抽搐，很快死亡。

（2）亚急性（疹块型） 以皮肤上出现疹块为特征。患猪体温较少超过 42℃，病后 1～2d，在背、胸、颈、腹侧及四肢的皮肤上，出现深红色、黑紫色大小不等的疹块，其形状有方形、菱形、圆形或不规则形，或融合连成一大片，疹块部稍凸起，边缘红色，中间苍白，界限明显，很像烙印，故有"打火印"之称。白猪容易见到，黑猪不易看到。疹块出现后，患猪体温下降，病势减轻，数天后疹块逐渐消退，凸起部逐渐下陷，最后形成干痂，表面脱落而自愈。极个别病猪肩部、背部皮肤发生坏死，皮肤发黑变成较硬厚痂，和皮下组织分离，被毛零乱。有的病猪耳部或尾部发生坏死脱落。

（3）慢性 多由急性和亚急性转变而来。单独发生慢性心内膜炎者，体温正常或稍高，食欲时好时坏，被毛粗乱、无光泽，时有腹泻，体弱无力，喜卧，驱赶时呼吸困难，听诊时心跳加快，心律不齐、亢进、有杂音。患慢性关节炎者，股关节、腕关节和跗关节发炎肿大、热痛，跛行，行走步态僵硬，喜卧，甚至不能行走和站立。

【病理变化】 急性死亡者，鼻、耳、颈部、胸、腹部及四肢皮肤等处有不规则的淡紫色，或不同程度暗紫色红斑；全身淋巴结急性肿大、呈潮红色或紫红色、切面多汁、呈浆液性出血性变化；胃底部、十二指肠和空肠前段黏膜红肿、出血、覆有黏液；大肠无明显变化；脾脏显著肿大、呈樱桃红色，包膜紧张，质地柔软，切面脾髓隆起，红白髓界限不清；肾脏瘀血、肿大、被膜易剥离，呈不均匀的紫红色，切面皮质部呈红黄色，表面及切面可见有大头针帽大小的出血点；心内外膜出血，心包积液，心肌浑浊；肺充血、水肿，可见出血点；肝瘀血、肿大，呈暗红色。亚急性（疹块型）皮肤有典型疹块病变，以白猪或褪毛后更明显。慢性者心内膜出现典型的菜花样疣状赘生物，瓣膜变形，心孔狭窄与闭锁不全；关节肿大，关节囊显著增大、增厚，囊内关节液增多，有浆液性纤维素性渗出物，关节面粗糙，滑膜表面有绒毛样增生物。

【治则】　清热解毒。

【方药】　菌毒灵注射液。黄芪、板蓝根、金银花、黄芩各 250g，鱼腥草 1000g，蒲公英、辣蓼各 500g。将诸药品洗净切碎置蒸馏器中，加水 7000mL，加热蒸馏收集蒸馏液 2000mL，将蒸馏液浓缩至 900mL 备用。药渣加水再煎 2 次，1h/次，合并 2 次滤液浓缩至流浸膏，加 20% 石灰乳调 pH 值至 12 以上，放置 12h，再用 50% 硫酸溶液调 pH 值至 5~6，充分搅拌放置 3~4h，过滤，滤液用 4% 氢氧化钠溶液调 pH 值至 2~8，放置 3~4h，过滤加热至流浸膏状，与上述蒸馏液合并，用注射用水加至 1000mL，后加抗氧化剂亚硫酸钠 1g，用注射用氯化钠调至等渗，精滤，分装，100℃ 煮沸 30min 灭菌，即为每 1 毫升含生药 3g 菌毒灵注射液。取 0.5mL/kg，肌内注射，1~2 次/d。重症 3 次/d。共治疗 40 例，治愈 39 例。

【典型医案】　1983 年 7 月 7 日，天门市黄潭镇黄咀村 4 组集体猪场 7 头 45kg 猪发病邀诊。检查：患猪体温 42℃，不食，眼结膜发红，粪干燥，耳后、颈部及四肢内侧有各种形状的红斑、指压退色。诊为猪丹毒。治疗：菌毒灵注射液 20mL/头，肌内注射，3 次/d。8 日，7 头患猪体温恢复正常，但食欲欠佳。为巩固疗效，继用菌毒灵注射液 20mL/头，2 次/d。9 日，7 头猪全部康复。（杨国亮等，T168，P63）

链球菌病

链球菌病是由 C 群、D 群、F 群及 L 群链球菌引起猪的多种疾病的总称。急性型以出血性败血症和脑炎为特征；慢性型以关节炎、心内膜炎、淋巴结化脓及组织化脓等为特征。

【流行病学】　本病病原为链球菌，其种类繁多，广泛存在于猪群和自然界，属于条件性致病菌。不分年龄、品种和性别均易感，3~12 周龄仔猪多发，尤其在断奶及混群时易出现发病高峰。患病猪和治愈猪为主要传染源，主要通过消化道、呼吸道传播，也可垂直传播（有些新生仔猪可在分娩时感染）。从外地引进带菌猪，混群、免疫接种、高温高湿、气候变化、圈舍卫生条件差等导使猪的抵抗力降低可诱发本病。另外，昆虫也是该病传播的主要媒介之一。

中兽医认为，本病是外感内伤蕴积而生发湿热火毒所致。

【辨证论治】　临床上主要表现为败血症型、脑膜炎型、关节炎型和淋巴结脓肿型。

（1）败血症型　常见于流行初期的最急性病例，一般发病急，病程短，往往不见任何异常症状突然死亡。患猪突然食欲减退、废绝，精神委顿，体温升高至 41~42℃，呼吸困难，便秘，结膜发绀，卧地不起，口、鼻流出淡红色泡沫样液体。急性者精神沉郁，体温升高达 43℃，呈稽留热，食欲不振，眼结膜潮红，流泪，流浆液状鼻液，呼吸急促，间有咳嗽，颈部、耳廓、腹下及四肢下端皮肤呈紫红色、有出血点，跛行。

（2）脑膜炎型　多发生于吮乳仔猪和断奶仔猪。病初，患猪体温升高至 40.5~42.5℃，食欲废绝，便秘，流浆液性和黏性鼻液，运动失调，盲目走动，转圈，空嚼，磨牙，后躯麻痹则侧卧于地，四肢划动、似游泳状。

（3）关节炎型　主要由前两型转变而来或者发病时就表现为关节炎。患猪在一肢或多个关节肿胀、疼痛、跛行，不能站立。

（4）淋巴结脓肿型　由猪链球菌经口、鼻及皮肤损伤感染而引起。患猪颌下、咽部、颈部等处淋巴结化脓和形成脓肿。受害淋巴结最初出现小脓肿，然后逐渐增大，局部显著隆起，触诊坚硬、有热痛。采食、咀嚼、吞咽和呼吸均有障碍。脓肿成熟后表皮坏死，破溃流出脓汁；脓汁排净后，全身症状显著减轻，肉芽组织生长结疤愈合。

【病理变化】　（1）急性败血型　患猪血凝不良，皮肤有紫斑，黏膜、浆膜皮下出血；鼻黏膜紫红色、充血及出血；喉头、气管充血，常见大量泡沫；肺充血、肿胀；全身淋巴管有不同程度的肿大、充血和出血；心包积液、呈淡黄色，少数可见轻度纤维素性心包炎，心内膜有出血点。有的可见轻度的纤维素性胸膜炎。腹腔有少量淡黄色积液，部分有较轻的纤维素性腹膜炎。多数病例脾肿大，少数增大1～3倍、呈暗红色或紫蓝色、软而易脆裂；胃和小肠黏膜有不同程度的充血和出血；肾脏多轻度肿大、充血和出血；脑膜有不同程度的充血，有时出血。

（2）脑膜炎型　患猪脑膜充血、出血，严重者溢血，少数脑膜下充满积液，脑切面可见白质和灰质有明显的小点出血。其他与败血症型变化相似。

（3）慢性型　患猪心内膜炎时心瓣膜增厚、表面粗糙，在瓣上有菜花样赘生物，常见二或三尖瓣，有时还见于心房、心室和血管内；关节炎时关节囊内外有黄色胶胨样液体或纤维素性脓性物质。

【治则】　清热解毒，凉血救阴。

【方药】　1. 清瘟败毒饮。生地、栀子、知母、连翘、生石膏各6g，水牛角12g，黄连、牡丹皮、黄芩、赤芍、玄参、桔梗、淡竹叶各5g，甘草3g。加水1000mL，文火煎煮至500mL，待温，分2次灌服，1剂/d。

2. 清瘟败毒饮加减。生石膏300～500g，细生地、川黄连各30～60g，水牛角、栀子、黄芩、知母、赤芍、玄参、鲜竹叶各15～30g，连翘15～45g，桔梗、甘草各9～24g，丹皮15～45g。1剂/d，水煎取汁，候温，分2～3次胃管投服，连服3～6d。同时配合解热类药物及抗生素治疗。

3. 油剂普鲁卡因青霉素200万单位，鱼腥草注射液、清热解毒注射液各20mL，混合，于患部两侧各作扇形放射状注射，分5个点，5mL/点。

4. 黄连、黄芩、玄参、牛蒡子、薄荷、升麻、柴胡、栀子、知母、陈皮各30g，甘草15g，连翘、桔梗各40g，板蓝根60g，僵蚕20g，石膏300g，紫草50g（为50kg猪药量）。水煎2次，合并药液，胃管灌服，1剂/d。

5. 连翘、板蓝根、地骨皮、淡竹叶各100g，金银花50g，黄连20g，栀子、黄花地丁、生地、麦冬、夏枯草各80g，黄芩30g，芦根200g（为250kg猪药量）。水煎取汁，候温灌服，1次/d，连服7d。上午用猪用转移因子（大连三仪动物药品有限公司生产）、盐酸林可霉素注射液，下午用排疫肽（大连三仪动物药品有限公司生产）、泰乐菌素注射液，分别肌内注射，连用7d。在全群猪饲料中加入氟苯尼考和清瘟败毒散（含黄连、黄芩、连翘、桔梗、知母、大黄、槟榔、山楂、枳实、赤芍等），并在饮水中添加葡萄糖、维生素C粉和电解多维混饮（以上均按说明书剂量用药），以增强猪的体质，防止继发感染。

【典型医案】　1. 2005年6月，商丘市南郊某养猪户13头25月龄猪，有2头不明原因死亡，其他猪相继出现不食邀诊。检查：患猪体温升高至41.5～42.0℃，精神极度沉郁，呼吸困难，结膜潮红，流泪，有浆液性鼻液，尿少而黄，腹下、四肢及耳端皮肤呈紫红色、有出血斑点；有的病猪腹泻，有的病猪便秘。注射青霉素和安乃近后死亡3头。经过临床检查、剖检和镜检，诊为败血症型链球菌病。治疗：取方药1中药，用法同上。同时取青霉素4万单位/kg，地塞米松4mg，肌内注射，2次/d。用药2d后，死亡1头，其他7头猪症状减轻，继续用药3d后，全部恢复正常。（刘秀玲等，T136，P51）

2. 太湖县黄冈乡朱弯村朱某一头约45kg

猪发病就诊。主诉：该猪昨晚减食，今晨不食，1周前曾用链球菌疫区洗肉水喂猪。检查：患猪体温高达42℃，食欲废绝，喜饮秽水，呼吸增快、呈腹式呼吸，有浆液性鼻液，眼结膜潮红，流泪，磨牙，耳根、颈部紫斑尚不明显，腹下有出血斑点（已接种过三联疫苗）。根据流行病学、症状特点、实验室检验，诊为链球菌病。治疗：生地45g，川黄连18g，黄芩、水牛角（刨片，另包，先煎）、丹皮各30g，生石膏（打粉）300g，桔梗、生甘草、竹叶各15g，知母、玄参、赤芍、连翘各24g，栀子18g。用法同方药2。青霉素钠640万单位，复方氨基比林注射液20mL，混合，肌内注射；猪病灵10mL，肌内注射，2次/d。用药后未见明显好转。次日，改用硫酸庆大霉素80万单位，肌内注射；硫酸卡那霉素500万单位，肌内注射；磷酸地塞米松注射液20mg，肌内注射，2次/d。18日上午，患猪体温41.2℃，呼吸稍有好转，能进少量食，其他症状未见明显好转。西药仍按17日方药使用，2次/d。中药用清瘟败毒饮加减，用量、用法同方药2，1剂/2d。连服2剂后，患猪体温、呼吸正常，食欲也逐渐恢复，除粪燥结、尿色黄外，其他症状恢复正常。继用上方药加大黄18g，芒硝30g，再服药1剂。3d后随访，痊愈。

3. 太湖县黄冈乡龙团村青年组胡某一头100kg育肥猪发病邀诊。主诉：该猪曾在乡村诊所使用过先锋类高效抗生素和糖皮质激素治疗无效。检查：患猪体温42.3℃，消瘦，共济失调（轻度），跛行，呼吸困难（轻度），震颤，废食，眼结膜发绀，耳、颈、腹下出现紫斑，口中空嚼，昏睡，喜钻草堆，尿黄赤，粪燥结。根据临床症状和流行病学，诊为链球菌病。治疗：西药用盐酸林可霉素4.8g，硫酸阿米卡星1.6g，肌内注射，1次/d，连用2d。中药用清瘟败毒饮加减：生地、麦冬各60g，党参、丹皮各45g，川黄连15g，石膏300g，

黄芩、元参、赤芍、水牛角（刨片，先煎）、栀子、桔梗、知母、连翘、炙甘草、沙参、竹叶各30g。水煎取浓汁，候温，胃管灌服，1剂/(2～3)d，连服2剂。29日，患猪粪燥结，尿黄赤，口渴，体温40.5℃，有食欲，其他症状均有不同程度减轻，原方药减石膏150g，再服2剂。2月4日，患猪体温正常，食欲增加，粪燥结，尿黄赤，口渴。取黄龙汤加减：党参24g，元参、生甘草、生姜汁、玉竹、当归各15g，麦冬、生地、大黄、沙参、芒硝各30g。用法同上，1剂/d，连服2剂。5d后随访，痊愈。（李如焱，T123，P23）

4. 1997年6月27日，罗田县胜利镇纸棚河村7组方某一头约75kg黑猪突然食欲减退，鼻流泡沫状白色鼻液来诊。检查：患猪颌下淋巴结极度肿胀，压迫气管。诊为链球菌淋巴结脓肿。治疗：取方药3，用法同上。西药用林可霉素注射液20mg/kg，清热解毒注射液20mL，肌内注射。用药3d后，患猪康复。（毛德海，T165，P70）

5. 2006年8月19日，洪泽县黄集镇花河村李某一头约50kg育肥猪发病邀诊。主诉：该猪发病后经当地兽医用青霉素、复方氨基比林、林可霉素、硫酸卡那霉素等药物治疗5d未见好转。检查：患猪食欲废绝，喜饮污水，体温42℃，呼吸加快、呈腹式呼吸，有黏稠鼻液，眼结膜潮红，流泪，耳尖、颈下、腹部四肢末梢有出血斑，精神尚可（已接种三联苗）。根据流行病学、临床特点、结合实验室检验，诊为链球菌病。治疗：取方药4，用法同上。第2天，患猪开始进食，精神好转，但紫斑未退。继服药2剂。5d后追访，患猪恢复正常。

6. 2006年8月22日，洪泽县高涧镇越城朱某一头约60kg猪发病邀诊。主诉：该猪发病后当地兽医曾用抗生素、退热药、磺胺类药物治疗未见好转。检查：患猪不食，喜饮污水，体温42℃，眼结膜充血、潮红，流泪、

有脓性眼哕，钻草堆，鼻流灰白色鼻液，腹式呼吸，粪干、被覆假膜，颈下、腹部有紫红色出血斑。诊为链球菌病。治疗：取方药4加大黄、芒硝各40g，用法同上，1剂/d，痊愈。（赵学好，T143，P62）

7. 2009年9月30日，滨海县樊集乡某养猪专业户9月25日对其从外地购进饲养2d的36头15kg左右的公仔猪进行阉割，26日发现有2头猪采食量下降，体温升高，当地兽医认为是阉割后的正常反应，注射青霉素、链霉素，但治疗效果不明显，病情很快蔓延至全群，27日有6～7头发病，28日发病率达50％，29日全场猪发病并死亡25头。在发病第3天因抗生素治疗无效，有5头病重猪死亡后，当地兽医建议给猪场全群按3头份/头，紧急预防接种猪瘟脾淋苗，但在接种后6h，病猪相继死亡20头。检查：患猪体温40～42℃，精神沉郁，被毛粗乱，食欲不振，呼吸困难，多数呈腹式呼吸，咳嗽，全身皮肤发红，粪干燥，尿液呈黄褐色。病重猪食欲废绝，消瘦，怕冷扎堆，步态不稳，少数关节肿胀，跛行，强行驱赶则疼痛、尖叫，四肢颤抖，鼻孔流混浊鼻液，眼结膜潮红，眼分泌物增多，呕吐，腹泻，耳部、腹部、四肢末端呈紫红色，个别病猪腹部有黄豆大小铁锈色渗血点，运动失调，肌肉震颤，濒死期叫声嘶哑，出现四肢划水样等神经症状，死亡后口、鼻流出淡红色泡沫分泌物。剖检死猪可见腹股沟淋巴结肿大出血，切面呈大理石样病变；肝脏肿胀呈暗红色、质脆，表面有许多大小不一的云片状白色坏死灶；脾脏肿大1～2倍，外观呈黑色，边缘有出血性梗死，质地变脆；心包积液，心肌、心内膜有出血斑点；肺间质水肿，肺尖叶呈虾肉样病变；喉头和气管出血，气管内充满泡沫；胃底黏膜出血、溃疡；肠道肠壁变薄、空肠、回肠气胀、出血，肠系膜淋巴结水肿、出血；肾脏肿大、呈黄褐色、质脆，表面有轻微出血斑点；膀胱黏膜有出血点。实验室检测

肺、脾、心脏、血液等病料，结果圆环病毒呈阳性。涂片镜检病变组织或血液，可见革兰染色阳性球形或卵圆形细菌，呈单个、成对或短链状排列，其他未见可疑致病菌。细菌分离鉴定，将病料接种鲜血琼脂平板，37℃培养24h，长出无色、透明、β溶血环露珠状细小菌落，涂片镜检为革兰阳性球菌，成对或短链状排列。根据发病情况、临床症状、病理变化，结合实验室检验，诊为（阉割感染）链球菌并发圆环病毒性猪高热综合征。治疗：取方药5，用法同上。同时将病死猪深埋，作无害化处理，病情严重与病情较轻的猪隔离治疗，用百毒杀（浓度为1∶600）对圈舍、场地和用具严格消毒，1次/d，连用7d。经采用上述综合措施7d后回访，除6头病重猪死亡外，全群猪精神、食欲均基本恢复正常。（仇道海，T168，P62）

仔猪副伤寒

仔猪副伤寒是由沙门菌引起仔猪以大肠坏死性炎症为特征的一种传染病，也称猪沙门菌病。多发生于6月龄以下仔猪，特别是2～4月龄仔猪多见。

【流行病学】 本病病原为沙门菌。病猪和带菌猪是主要传染源。病原菌从粪、尿、乳汁以及流产的胎儿、胎衣和羊水排出体外，广泛存在于自然界，为条件性传染病，主要经消化道感染。营养不良、饲料中缺乏维生素和矿物质、母猪缺奶、突然变换饲料、猪舍潮湿、气候突变、长途运输等导致机体抵抗力降低可诱发本病；交配或人工授精也可感染；在子宫内也可能感染。

中兽医认为，本病多是湿热所致。湿热外袭，或由内生，湿热相搏，稽留三焦，气化受阻，水道不畅，机体脏腑之气资助激发无源，抗邪无力，致使发热不畅，精神倦怠，汗出热解，继而复热，缠绵难退，发为"伤寒"；湿

热熏蒸于内，可致脾、肝、肺等脏器瘀血肿大，浆膜出血，肠道溃疡发炎，秽浊郁腐；湿热化毒外侵，可见体表皮肤多处发斑出血，或形成痂样湿疹。

【辨证施治】 本病分为急性型和亚急性型或慢性型。

（1）急性（败血）型 多见于断奶前后（2～4月龄）仔猪。患猪畏寒，肌肉颤抖，初便秘，后腹泻，粪呈酱样，或夹带黏液、气味腥臭；呼吸困难，耳、鼻、腹下、股内、四肢末梢等处皮肤发红或有青紫斑。

（2）亚急性型或慢性型 较为多见，似肠型猪瘟。患猪食欲时好时坏，粪便秘下痢交替出现，消瘦，拱背，缩腹，皮毛枯燥，咳嗽，呼吸困难，皮肤发生湿疹或红紫色斑点。

【病理变化】 胃底部黏膜呈红色，有坏死灶；结肠、盲肠肠壁增厚，黏膜上覆盖一层弥漫性坏死腐状物，剥去腐状物可见到底部红色、边缘不规则、呈轮状的溃疡面；胸腔和肠系膜淋巴结肿胀，切面有灰黄色干酪样坏死灶；肝肿大、呈灰白色；胆汁浓缩、呈黑褐色；脾肿大、质硬、呈暗红色，肝、脾表面可见针尖大小、灰黄色坏死灶或灰白色结节；肾肿大、呈灰黄色。

【治则】 清热解毒，涩肠止泻，健脾利湿，消肿散癖。

【方药】 1. 地桃花。取黄花地桃花（全草）1500g，红花地桃花（全草）1000g，分别切成 2cm 长的段，放入锅内，加水2500mL，煮沸 30min，取汁，再加250g大蒜汁，用两层纱布过滤，装瓶待用。将猪右侧卧保定，戴上木制开口器，从口腔将涂了液体石蜡的胃管缓缓插入胃内（其深度约为猪体高的1.2倍），按 16mL/kg 灌入药液，2 次/d。共治疗96 例，痊愈90 例，有效 5 例，总有效率为 98.9%。

2. 黄连、大黄、紫草各10g，黄柏、白头翁各30g，秦皮20g，石膏60g，白茅根（鲜）100g。水煎取汁，浓缩，直肠灌注，即将猪一后肢倒提，用乳胶管轻轻从肛门插入直肠深部，然后用注射器将中药浓缩液从乳胶管缓慢注入，2 次/d。恢复期（肠道症状和皮肤红紫斑消失），仔猪开始吃粥时，以白头翁汤加益脾育阴之品如沙参、麦冬、石斛，水煎取汁，让猪自食或从直肠灌注。共治疗 155 例，治愈121 例，治愈率79%，死亡 34 例。

3. 香连汤。黄连、木香各 9g，白芍、玉片、茯苓各13g，滑石粉15g，甘草6g。水煎取汁，候温，分 2 次灌服，1 剂/d，连服 3～7剂。对发病轻及有食欲者用大蒜10g，捣碎，拌食喂服，2 次/d。圈舍及其他场地用20%石灰乳或 30%草木灰水彻底消毒。对未发病猪用仔猪副伤寒弱毒冻干菌苗预防注射。共治疗77 例，除 8 例病情严重死亡外，其余69 例全部治愈。

4. ①大蒜200g，60 度白酒 500mL，浸泡7d 后过滤，装瓶备用。取 5～10mL/（次·d），喂服，2～3次/d，连服 2～4d，治愈率达85%以上。②鲜马齿苋250g，鲜枫树叶、松树针叶各150g。先将枫树叶、松树针叶水煎，取汁，与马齿苋（切碎）混合，拌入饲料，2 次/d，连服3～4d，治愈率达80%以上。③黄连、木香各5g，白芍、槟榔、茯苓各8g，滑石9g，甘草3g（为 1 头猪药量）。共研细末，制成舔剂，3 次/d，连服 2～3d。同时配合针刺玉堂、交巢、后三里、苏气、血印、尾尖、脾俞、百会等穴，可缩短疗程，提高治愈率。治愈率达90%以上。（林家义等，T83，P24）

5. 芒硝 50～100g，白糖（红糖）适量，加水溶解，1 次灌服，1 次/d，连服 2～3d。共治疗 83 例，治愈75 例，治愈率达 90.4%。

6. 黄芪、麦冬、黄柏、木香（另包后下）、滑石、桑叶、金银花、甘草各50g，枇杷叶、桂枝、升麻各30g，生地、知母、秦皮各35g，陈皮40g，车前子45g（为 5 头15～20kg猪药量，根据猪的大小酌情增减）。水煎取汁，候温，分2次灌服，1剂/d，连服3～5d。

7. 南天竹90g，算盘子75g，金银花80g，黄柏70g，忍冬藤、栀子各55g，薏仁根、仙鹤草各65g，麦冬35g，车前草、灯心草各30g。将采集的鲜药洗净（市售干药亦可），切片、晒干、称重，加入清水3000mL，浸泡4h，武火烧沸，再用文火煎至1500mL，4层纱布过滤。药渣再加水1500mL，煎至700mL，过滤，2次煎液混合浓缩至1000mL，加入活性炭5g除杂脱色、亚硫酸钠3g用以稳定、防腐，然后用6层纱布过滤，不足1000mL时，蒸馏水加至1000mL（每1毫升含生药约0.65g），分装（可用废弃的鸡瘟疫苗瓶洗净、消毒后分装，40mL/瓶），高压消毒，冷却蜡封备用（室温20℃左右可保存30～40d）。取0.3～0.5mL/kg，深部肌内注射，2次/d。配合后海穴注射（进针4.5～6.5cm）效果更佳，可缩短疗程1～2d。共治疗300例，全部治愈。

8. 解热胃肠灵。樟脑、大黄、生姜各25g，桂皮、小茴香各10g，薄荷油25mL，穿心莲125g，95％乙醇750mL。将大黄、桂皮、生姜、小茴香、穿心莲粉成粗末，加95％乙醇500mL浸泡7d，过滤，药渣再加95％乙醇250mL浸泡7d，过滤，合并2次滤液，加入樟脑、薄荷油溶解，蒸馏水加至1000mL，按药液的1％加入活性炭，摇匀，用布氏漏斗抽滤，再用G垂熔漏斗精滤后分装（5mL/瓶）、密封、灭菌、印字。10kg以下猪0.5～1.0mL，10～20kg猪2mL，20～30kg猪3～4mL，30～40kg猪4～5mL，40～50kg猪5mL，50kg以上猪6mL，肌内注射，最多用量不超过10mL。共治疗300头，全部治愈。

注：用药后患猪嗜睡2～3h。本方药对痢疾杆菌、大肠杆菌、伤寒杆菌、铜绿假单胞菌、肺炎双球菌及皮肤真菌都有较好的抑制作用，故对细菌性痢疾、仔猪副伤寒、仔猪白痢、急性肠炎都有较好的治疗作用，对消化不良、胃肠卡他、便秘都有一定疗效，对

皮炎、疮、癣均有良好效果。

【典型医案】 1. 1983年2月17日，贞丰县坡鸢寨王某一头5月龄、20kg架子猪，于1个月前注射过猪瘟疫苗，现已发病15d，用抗生素治疗无效就诊。检查：患猪消瘦，拱背缩腹，结膜发炎并附有脓性分泌物，体温40℃，食欲不振，精神沉郁，喜卧，鼻端干燥，皮肤上有苍白色痂样湿疹，被毛乱、无光泽，恶性下痢，粪气味臭、如粥样、呈暗绿色，污染后躯。诊为副伤寒。治疗：取方药1药液320mL，灌服，2次/d，同时取氯霉素，肌内注射，2次/d。治疗3d，患猪体温复常，食欲明显增加，精神好转。又用药1d，康复。

2. 贞丰县左家屯左某一头母猪和12头45日龄仔猪，于7d前全群仔猪发生白痢治疗数次效果不显著，粪呈液状并转为黄绿色、气味腥臭、带气泡。于1983年9月10日就诊。当时剖检死猪见肺变硬，有干酪样坏死灶；肠黏膜增厚，并有覆盖一层鼓皮样物的圆形溃疡；肝、脾肿大；胆囊胀大，黏膜有粟粒状溃疡。检查：患猪食欲不振，结膜发炎，瘦弱，后躯沾有粥样粪，体温高达41.5℃。诊为副伤寒。治疗：取方药1，150mL/头，用法同上，2次/d，4d后均治愈。（王朝龙，T92，P50）

3. 1988年8月，蓬溪县文井区张某一头约26kg猪发病邀诊。检查：患猪寒颤，呼吸困难，便秘，粪中带有黏液和血液，耳、腹、股内侧皮肤出现红紫斑（未曾注射仔猪副伤寒菌苗）。诊为副伤寒。治疗：取方药2，用法同上，4次/d。用药1剂，患猪皮肤紫斑消退，粪无黏液和血液。原方药去黄连加沙参、麦冬，继用药2剂，痊愈。（雷启英，T76，P39）

4. 2004年4月4日，靖边县东坑镇四十里铺村田某从宁夏灵武购回46日龄仔猪，于4月6日发病，当地兽医用氯霉素治疗3d无效邀诊。检查：患猪精神沉郁，体温41.5℃，食欲废绝，背腰拱起，皮毛粗乱无光，排淡黄

色稀糊状粪，污染肛门及后腿，日渐消瘦，卧入垫草中不愿活动。诊为副伤寒。治疗：取方药3，水煎2次，得药液约700mL，分2次灌服，连服3剂。12日，患猪基本恢复正常，为巩固疗效，继服药1剂，痊愈。（王岐山等，T133，P41）

5. 1991年3月，定州市安汇同村安某2头分别约25kg猪发病邀诊。检查：患猪体温41.2℃，精神不振，喜钻垫草，常挤叠在一起，食欲减退甚至废绝；后期下痢，粪呈淡黄色或灰绿色、气味恶臭，耳根、胸前、腹下皮肤有紫红色斑点。诊为副伤寒。治疗：取方药5，用法同上，连用3d，治愈。（符振英等，T70，P24）

6. 2003年4月19日，内乡县师岗镇江营村6组养猪大户江某，从邻县市场购买37头20kg左右的杂交仔猪。23日有4头开始发病，至24日已有9头猪不食邀诊。主诉：曾用氯霉素、痢特灵治疗无效，至26日发病头数已增加到20头，死亡2头。检查：患猪体温41℃，寒颤扎堆，排灰绿色恶臭稀粪，有的仔猪鼻端、耳后、腹下、四肢末端皮肤呈蓝紫色。剖检可见脾肿大、呈暗蓝色、坚似橡皮；肝、肾、肠淋巴结肿大、充血、出血；肝实质有细小的灰黄色坏死灶；胃肠黏膜可见急性卡它性炎症，有明显的局灶性坏死；淋巴结、肝组织涂片镜检有沙门杆菌。诊为副伤寒。治疗：取方药6，用法同上，连用3d。圈舍、食槽等用10%百毒杀1∶200消毒，1次/d，连用7d；病猪隔离。除1例重症病猪死亡外，其余病猪症状明显好转，继用药2d，全部治愈。（杨铁茅等，T126，P37）

7. 1983年7月3日，东安县党校13头20kg左右仔猪（已行防疫注射15d）全部发病，前医用氯霉素治疗2d无效，第3天死亡2头转来诊治。检查：患猪消瘦，寒颤，眼睛多有脓性分泌物，体温40.8～41.5℃，排灰绿色恶臭稀粪，皮肤弥漫性湿疹，有的猪耳后、腹下皮肤上有出血斑、呈紫蓝色。剖检可见耳后、耳尖、腹下有蓝紫色瘀血斑；大肠黏膜有溃疡灶，边缘高、中央凹陷、附着一层糠麸样物；肝呈脂肪性变、有灰白色结节散在，淋巴结高度肿大；淋巴结、肝涂片镜检可见沙门杆菌。诊为副伤寒。治疗：复方南天竹注射液，用法同方药7，3次/d，配合后海穴注射1次，8mL/头。用药2d，患猪症状明显好转，继用药2d，全部治愈。（胡新桂等，T91，P64）

8. 1972年，天门市黄潭镇新王村猪场有80头小猪发生副伤寒，用氯霉素等抗菌药治疗收效甚微，死亡10头。治疗：解热胃肠灵，用法同方药8，连续治疗2～3d，全部治愈。（杨国亮等，T51，P22）

圆环病毒与附红细胞体混合感染

圆环病毒病是由2型猪圆环病毒感染所致的一种病毒病，临床上以仔猪先天性震颤、断奶仔猪衰竭及皮炎为主要特征。附红细胞体病是由血液附红细胞体引起的一种以贫血、黄疸和发热为主要症状的传染病。本病由两种病原混合感染。

【流行病学】　本病病原为猪圆环病毒和附红细胞体。病猪和带毒猪为圆环病毒传染源，病毒随粪便、鼻腔分泌物排出体外，经消化道传播，也可能经胎盘垂直传染，被污染的饲具等也可传播。饲养管理不善、气候突变、断奶环境、不同来源及年龄的猪混群、饲养密度过高均可诱发本病。呈地方性流行。多与猪细小病毒或猪繁殖与呼吸综合征病毒、链球菌、多杀性巴氏杆菌、副猪嗜血杆菌和附红细胞体等混合感染。一年四季均可发病，以断奶仔猪多发。

【主证】　患猪精神萎靡，食欲减退或废绝，喜饮水或嗜食异物，被毛粗糙，皮肤苍白，发育迟缓，进行性消瘦，呼吸困难，咳嗽、怕冷，体温高达 40.5～41.8℃，眼结膜和口腔黏膜病初充血、发绀或苍白、耳朵、后肢和腹部及皮肤上出现圆形或不规则的隆起病灶、呈紫红色、中央为黑色，严重者全身发红，尿黄或红，粪、稀薄或呈干球状、附有黏液及血液，后肢站立不稳，跛行，全身颤抖，叫声嘶哑，有的呈犬坐姿势。病程长者后期出现黄疸、贫血，最后衰竭死亡。

【病理变化】 消瘦，贫血，皮肤苍白，黄疸，全身淋巴结肿大，特别是腹股沟淋巴结、纵膈淋巴结、肺门淋巴结、肠系膜淋巴结及颌下淋巴结肿大，切面硬度增大，可见均匀的白色，有的淋巴结有出血和化脓性病变；肺脏肿胀、坚硬或似橡皮，严重的肺泡有出血斑或呈弥漫性病变，有的肺尖叶和心叶萎缩或实质性病变；肝脏色暗，萎缩，肝小叶间结缔组织增生；脾脏异常肿大、质地呈肉样；肾脏水肿、苍白，被膜下有时有白色坏死灶；胃食管部黏膜水肿、非出血性溃疡；回肠和结肠段肠壁变薄；盲肠和结肠黏膜充血和出血；胰、小肠和结肠肿大及坏死。

【治则】 清热解毒，宣肺活血。

【方药】 清瘟败毒饮加减。生白膏 90g，黄连 9g，连翘、板蓝根、大青叶、玄参各 30g，黄芩、栀子、赤芍、桔梗、丹皮各 18g，甘草 12g（为 10 头 15～30kg 猪药量，视猪体重和数量相应增减）。皮肤斑疹紫色深红者加紫草 30g，丹皮 18g；疹色紫暗，融合成片者加生地 18g，红花 9g。加开水 2500mL，浸泡 30min，文火煎煮，取药液 1000mL，候温灌服或拌料饲喂，2 次/d。西药取干扰素 1 万～20 万单位/kg，肌内注射，1 次/d，连用 3～5d；氟苯尼考注射液 0.2mL/kg，维生素 B$_{12}$ 注射液 0.5mg，肌内注射，1 次/d，连用 3～5d；新砷凡纳明注射液 10mg/kg，黄芪多糖注射液 0.2mL/kg，肌内注射，2 次/d，之后 1 次/d，连用 3～5d。将患病猪、疑似患病猪、健康猪按群、类分圈饲养，尤其注意将病猪隔离于不

易散布病原体而又便于诊疗和消毒圈舍。对未患病猪，用长效土霉素 15mL/kg，维生素 B$_6$ 20mg，拌料饲喂，1 次/d，连喂 7d；或用苦参 18g，板蓝根 30g，粉为碎末，拌料饲喂，1 次/d，连喂 7d。共治疗猪圆环病毒病与附红细胞体病混合感染 89 例，治愈 85 例，无明显疗效 4 例，治愈率 95.5%。

【典型医案】 2009 年 6 月 25 日，新野县某养殖场有 80 头仔猪，为扩大养殖规模从外地购进 60 头仔猪，与原有仔猪混养。7 月 17 日，发现有 18 头仔猪表现精神萎靡，食欲减退，发热，喘气，腹泻，个别猪体温达 40.0～41.5℃，他医以腹泻用药疗效甚微。21 日，患猪食欲废绝，耳朵、后肢和腹部及皮肤上出现圆形或不规则形的紫红色病灶，先后有 65 只仔猪发病，10 头衰竭死亡。检查：患猪精神萎靡不振，食欲减退或不食，喜饮水或嗜食异物，渐进性消瘦，被毛粗乱，发热，体温高达 40.5～41.8℃，呼吸困难，咳嗽，怕冷，气喘，眼结膜和口腔黏膜病初充血、发绀或苍白，耳朵、后肢和腹部及皮肤上出现圆形或不规则形的隆起病灶、呈紫红色、中央为黑色，严重者甚至全身发红，尿黄或红，粪稀薄或呈干球状、附有黏液及血液，后肢站立不稳，跛行，全身颤抖，叫声嘶哑，有的呈犬坐姿势。剖检病死猪体表瘀血；皮肤可视黏膜黄染，皮下组织水肿；全身淋巴结肿大，切面有灰白色坏死点或出血斑点，尤其是腹股沟淋巴结、肠系膜淋巴结及下颌淋巴结尤为突出；胸腔及心包积液；肝脏轻度肿胀，被膜下出现白色坏死灶；胆囊缩小，胆汁呈棕黄色；肺脏瘀血，表面有散在的大而隆起呈橡皮状硬块，硬块上散布黄褐色斑点或出血点，尖叶和心叶萎缩或固化；脾脏肿大、呈暗红色，表面有米粒大的出血点；肾脏肿大、淡白，有出血点，表面或切面皮质部有大小不等的灰白斑点；膀胱内液呈黄褐色，膀胱壁有少量出血点；肠道尤其是回肠和结肠段肠壁变薄，肠管内液体充

盈；胃、食管部黏膜水肿或非出血性溃疡。实验室①PCR法检查。无菌操作采取病死猪肺、脾、肝脏组织、病变淋巴结做聚合酶链式反应（CPCR）试验，结果为阳性，病原为PCV-2。②IHA法检查。无菌操作采取病料做间接血凝试验（IHA），结果为阳性（间接血凝实验用MP抗原致敏绵羊红细胞制成冻干试剂。③血液涂片镜检。无菌操作采病猪前腔静脉血，生理盐水稀释后制成均匀血涂片，在4×10倍油镜暗视野下可见红细胞表面刺球状突起，呈星状、锯齿状或菠萝状。瑞或姬姆萨染色，在10×100倍油镜下可见红细胞内和表面附有大小不等的虫体，清晰可见，球形较多，胞膜较厚，中心呈淡黄色，折光性强；等量盐水观察，红细胞表面有虫体，球形较多，血浆中有运动的虫体，淡蓝色、呈球形、逗点状、卵圆形、月牙形等多种形态。④组织病理显微镜观察。无菌操作采取肺脏、淋巴结、肝脏、脾脏等组织制备病理切片镜检，见淋巴结、脾脏内淋巴细胞明显减少，单核吞噬细胞浸润，并形成合胞性多核巨细胞、高度浸润而显著扩大；腹股沟淋巴结内出现多灶性凝固性坏死，坏死细胞内出现嗜酸性核内包涵体；肺脏呈现多灶、坏死、间质性肺炎，肺泡中含有中性白细胞、嗜酸性细胞；肝脏门静脉周围呈现轻度至中度的炎症及肝细胞坏死；肾脏有不同程度的多灶、间质性肾炎，主要在皮质部发生淋巴细胞、组织细胞浸润；心肌呈现不同程度的心肌炎，在小肠的固有层形成合胞体。根据临床症状、病理变化、实验室检查，诊为圆环病毒与附红细胞体混合感染。治疗：西药取干扰素10万单位/kg，肌内注射，1次/d，连用3d；新砷凡纳明注射液10mg/kg，黄芪多糖注射液0.2mL/kg，肌内注射，第1天2次，以后1次/d，连用3d。中药取生石膏90g，连翘、板蓝根、大青叶、玄参、丹皮、紫草各30g，黄芩、栀子、赤芍、桔梗各18g，甘草12g。水煎取汁，候温灌服，1剂/d，连服3d。

第2天，患猪病情明显好转，红斑明显减轻，体温、食欲、精神均已正常。停用干扰素、新砷凡纳明、黄芪多糖和中药按原方继续使用2d。29日，患猪病症完全消失，体质恢复如常，停用黄芪多糖，中药按原方继续服用2d。8月6日，55头猪均已康复如前。（陈庆勋等，T166，P51）

钩端螺旋体病

钩端螺旋体病是由致病性钩端螺旋体引起猪的一种自然疫源性传染病。临床上大多数猪呈隐性感染，少数急性病例以发热、血红蛋白尿、神经系统病变、贫血、水肿、黄疸、出血性素质、皮肤和黏膜坏死等为特征。

【流行病学】 本病病原为细螺旋体属（Leptospira）的钩端细螺旋体。带菌猪和发病猪为传染源，人和猪之间可形成交叉传播，鼠类和蛙类也是很重要的传染源，是该菌的自然贮存宿主。钩端螺旋体被带菌猪和病猪通过唾液、乳汁、尿液等排出体外后污染饲草、饮水环境等，通过间接或直接接触传播，各种年龄的猪均可感染，以仔猪发病较多，特别是吮乳仔猪和断奶仔猪发病最严重，母猪较少发病。具有明显的季节性流行，以每年7～10月份为发病高峰期。

【主证】 成年猪和架子猪患病后多呈急性经过，体温升高至40℃，厌食，精神沉郁，皮肤初期干燥，后期坏死，有时见病猪用力在栏杆或墙壁上摩擦至出血，全身皮肤和黏膜黄染，尿液呈茶样或血尿，少数病例几天或数小时内突然惊厥死亡。

仔猪多呈亚急性和慢性经过。病初，患猪体温升高，眼结膜潮红，有时有浆液性鼻液，食欲减退，精神不振，后期眼结膜有的潮红浮肿，有的黄染，有的苍白浮肿，皮肤有的发红、瘙痒，有的轻度黄染，有的上下颌、头部、颈部甚至全身水肿。尿液色黄、呈茶尿、血红蛋白尿甚至血尿。有的粪干硬，有时腹泻。患猪逐渐消瘦无力。病程十几天至一个月以上。若得不到及时治疗，病死率达50％以上。耐过猪往往生长缓慢，有的成为"僵猪"。

母猪表现为发热、无乳，个别病例有乳腺炎发生，怀孕不足4～5周的母猪在感染4～7d后发生流产、死胎，流产率达20％～70％。怀孕后期母猪感染则产出弱仔猪，不能站立，移动时呈游泳状，不吮乳，经1～2d即死亡。

【鉴别诊断】 根据流行季节和黄疸、发热、血红蛋白尿、水肿等临床特征可做出初步诊断。微生物学检查可采集病猪血液、尿液或脊髓液等，染色、镜检，钩端螺旋体革兰染色为阴性，呈纤细的圆柱形，中央有一根轴丝，螺旋丝从一端盘旋到另一端（12～18个螺旋），长6～20μm，宽0.1～0.2μm，细密而整齐。显微凝集试验、补体结合试验、酶联免疫吸附试验等血清学检查是诊断各种钩端螺旋体的可靠方法。

【治则】 杀灭病原，清热渗湿，对症治疗。

【方药】 甘露消毒饮加减。连翘、黄芩、石菖蒲各15g，茵陈20g，滑石、豆蔻各10g，川贝母、木通、藿香各12g，射干8g，薄荷4g。便秘者加大黄、枳实、厚朴；腹胀甚者加山楂、白术、山药、茯苓。水煎取汁，候温分2次灌服，1剂/d。西药取链霉素25mg/kg，肌内注射，2次/d，连用5d；地塞米松10mg，肌内注射，2次/d，连用3d；多西环素按5mg/(kg·次)，拌料，2次/d，连用7d；10％葡萄糖注射液500mL，维生素C 500mg，维生素K_3注射液30～50mg，安钠咖0.5g，静脉注射，1次/d，连用3d。共治疗68例，治愈61例，治愈率96％。

【护理】 加强饲养管理，消除和清理被污染的水源、污水、淤泥、饲料、场舍、用具等，以防止传染和散播；做好灭鼠工作；保持猪舍清洁、干燥；及时用钩端螺旋体病多价苗进行紧急预防接种。

【典型医案】 2003年8月16日，嵩明县小街镇赵某一头50kg架子猪就诊。主诉：患猪发热，尿呈茶色，皮肤呈淡黄色，不食。检查：患猪体温40℃，精神沉郁，全身皮肤和黏膜呈淡黄色，尿液呈茶色，皮肤干燥。诊为钩端螺旋体病。治疗：取上方中药、西药，用法同上，痊愈。（李国平，T134，P40）

繁殖与呼吸障碍综合征

繁殖与呼吸障碍综合征是由繁殖与呼吸障碍综合征病毒引起猪以繁殖障碍和呼吸道症状为特征的一种病毒性传染病。妊娠母猪主要表现为繁殖障碍；肥育猪，特别是仔猪主要表现为呼吸道症状，有时病猪耳发绀变蓝，又称为蓝耳病。

一、繁殖与呼吸障碍综合征

【流行病学】 本病病原为猪繁殖与呼吸障碍综合征病毒。病猪和带毒猪为其传染源，各种不同年龄的猪均可感染，尤其繁殖母猪更易感。病毒从鼻液、粪、尿排出体外，通过多种途径（如空气、接触、胎盘和交配等）传播，呈地方性流行。环境卫生条件不良、气候突变、饲养密度过高、频繁运输等均可诱发本病。老鼠可能是猪繁殖与呼吸综合征病原的携带者和传播者。

【主证】 患猪体温升高至40.0～42.5℃，精神沉郁，食欲不振或废绝，呼吸困难、咳嗽、气喘，有呕吐现象，流鼻涕，眼结膜发炎、有血性分泌物，便秘，部分猪腹泻，妊娠母猪发生流产、早产、死胎、木乃伊胎、弱仔等。少数患猪表现出双耳背面、边缘、腹部及尾部皮肤出现深紫色。晚期，患猪全身苍白，被毛粗乱，四肢无力，耳尖、背部、四肢、腹下等发紫。

【病理变化】 弥漫性间质性肺炎，伴有细胞浸润和卡他性炎症；腹膜、肾脏周围脂肪以及肠系膜淋巴结、皮下脂肪、肌肉和肺脏发生水肿；组织学变化为鼻黏膜上皮细胞变性，纤毛上皮消失；支气管上皮细胞变性；肺泡壁增厚，膈有巨噬细胞和淋巴细胞浸润。母猪可见脑内灶型血管炎，脑髓质单核淋巴血管套；动脉周围淋巴鞘淋巴细胞减少，细胞核破裂和空泡化；有的可见单个肝细胞变性和坏死。

【治则】 清热解毒，保肝养血，增强免疫力。

【方药】 1.①精神较差，四肢无力，耳尖、背部、四肢、腹下等发紫，腹泻、粪恶臭，腹胀，抵抗力下降者，药用黄连、枳实、柴胡、茯苓、薏苡仁、枣仁、山楂、麦芽、建曲各10g，黄柏、厚朴、栀子、连翘、龙胆草各12g，黄芩、板蓝根各15g，大黄、香薷各20g，半夏8g（为50kg猪药量）。水煎沸后改文火煎煮30min，取汁，候凉后分2次灌服，1剂/d。②神志不清，瞳孔缩小，四肢划动，转圈，用药不当造成肝昏迷者，药用黄连、枳实、板蓝根、龙胆草、石决明、菊花、猪苓、远志各10g，黄柏、厚朴各12g，黄芩15g，大黄、茵陈各20g（为50kg猪用量）。水煎沸后改文火煎煮30min，煎煮2次，取汁候凉，分2次灌服，1剂/d。③蓝耳病长时间用西药造成肝昏迷引起脑水肿者，药用黄连、枳实、柴胡、茯苓、薏苡仁、枣仁、龙胆草、山楂、麦芽、建曲各10g，黄柏、厚朴、栀子、连翘各12g，黄芩、板蓝根各15g，大黄、香薷各20g，半夏8g。水煎取汁，早、晚各煎1次/d，分别灌服。

2.①板蓝根、陈皮、党参、生地、玄参各6g，大青叶、黄芪各10g，金银花12g，白术、当归各9g，甘草3g。共为末，拌料喂服，0.5～0.6g/（kg·d）。不食者可开水冲调，候温灌服，1剂/d。②金银花15g，石膏30g，生地、知母各10g，丹参、黄连、陈皮各6g，黄芩、黄芪、麦冬各9g，焦三仙各10g，甘草3g。共为末，0.5～0.6g/（kg·d），拌料喂服。③金银花15g，大青叶、生地、栝楼、杏仁、柴胡各10g，枇杷叶、紫苏、黄芩各9g，桔梗、马兜铃各6g，甘草3g。共为末，0.5～0.6g/（kg·d），拌料喂服。黄芪多糖注射液、当归注射液各0.2mL/kg，混合，肌内注射，1次/d，连用3～5d。④免疫球蛋白，仔猪1支/次，母猪5支/次，肌内注射，2次/d，连用2～3d。新诺明600g，TMP 120g，强力霉素200g，碳酸氢钠1000g，混合拌料1000kg，连用7d。母猪产前用水杨酸钠或阿司匹林8g/d，用至产前1周停药，可减少流产。用泰乐菌素、磺胺类药物拌料饲喂5～7d；初生乳猪补充电解质、葡萄糖等。

3.①扶正祛邪、解毒泄热、养阴生津，药用增液汤加减：玄参500g，麦冬400g，生地350g。加水3000mL，文火煎至1500mL，候温灌服，仔猪10mL/（头·次），架子猪、母猪、种公猪20mL/（头·次），3次/d，连续用药5d。②对发热、眼结膜潮红黄染、舌苔厚而黄燥者（56例），药用增液白虎汤：方药①加石膏300g，竹叶250g；肾阴不足，舌红绛、口津干者加沙参、玉竹各200g，石斛150g；气滞不行，燥食内结者加枳实、大黄、厚朴各150g。用法同上。③对粪干、量少、呈球状的阳明腑实证者，药用增液承气汤，方药①加大黄300g，芒硝250g，用法同方药①。

4.金银花、板蓝根各30g，黄连、川贝母、半夏各20g，连翘40g，栀子、桔梗各25g，甘草10g（为100kg猪药量）。水煎取汁，候温喂服，1剂/d，连服5d。安乃近注射液0.1～0.2mL/kg，头孢噻呋钠注射液5～10mL，地塞米松注射液2～5mL，混合，肌内注射，1次/d，连用3d；复合维生素B 0.5～1.0g，维生素C 2～5g，肌内注射，1次/d，连用3d。黄芪多糖、葡萄糖按说明书比例配制成水溶液，不间断饮用。每吨饲料中添加电解多维1000g，氟苯尼考200g，连续饲喂7d。

5.①毒侵肺卫型。病初，患猪精神不振，

体温升高，行动迟缓，食欲减退，尿稍黄，咳嗽，呼吸频率增加，皮肤潮红。治宜宣肺解毒。药用桑叶、菊花、桔梗、连翘各10g，麻黄9g，金银花、板蓝根各20g，杏仁、僵蚕、陈皮、甘草、黄芩、荆芥各6g（为100kg猪1d药量）。将药冷水浸泡30min，中火煮沸25min，滤液待冷，让猪自由饮用；药渣加水再煎，取汁，用法同前。②暑湿蕴毒犯肺三焦阻滞型（发生在夏季炎热多雨季节）。患猪精神沉郁，体温升高，全身发红，眼球突出，咳嗽连声，痰声重浊，呼吸困难，呼吸型磨牙明显，粪干如球状、上覆黏液，尿黄混浊，行动迟缓，四肢共济失调。治宜清暑解毒，调畅三焦。药用荷叶、知母各6g，金银花、党参、滑石、板蓝根各20g，连翘、大黄各10g，石膏30g，杏仁、苍术、瓜蒌各9g，白豆蔻、甘草各3g（为100kg猪1d药量）。用冷水浸泡30min，先煮石膏20min，再加入他药煮沸20min，再加入白豆蔻再煎5min，取汁候凉，让猪自由饮用。个别病重猪可胃管灌服。③毒侵肺肾型（主要发生在母猪）。患猪发情不明显，发情延迟，久配不孕，怀孕猪流产，产死胎、木乃伊胎、弱仔；伴有干咳，个别猪呼吸加快，耳尖发绀，低热，食欲减退。药用胎盘、蛤蚧、红花、通草各3g，沙参、当归、黄芩各9g，半枝莲、贯众各20g，杏仁15g，牡蛎30g，枇杷叶10g，甘草6g（为50kg猪1d药量）。用冷水浸泡30min，先煮牡蛎30min，再加入他药同煮沸30min，候温，加入胎盘粉、蛤蚧粉，混匀，拌入食中让猪自由采食。④寒毒闭肺、肾阳不振型（主要发生在冬季）。患猪身体蜷缩，发抖，耳鼻发凉、发紫，全身发紧，咳嗽，有的喘促，有的轻微发热，有的高烧，食欲不振，饮欲废绝，粪干小，尿清长。治宜发汗解表，温肾益肺。药用荆芥、防风、桂枝、桃仁、生姜、香附各9g，杏仁、厚朴、前胡各15g，菟丝子、仙茅各20g（为150g母猪1d药量）。研为细末，拌料

喂服。

【典型医案】 1. 2007年6月5日，襄樊市宜城陈某一头母猪发病已7d邀诊。检查：患猪全身发紫，不能站立，体温41.5℃，呼吸50次/min，心跳68次/min，粪干结，尿黄。诊为蓝耳病晚期。治疗：剪耳、尾放血。中药用方药1①，水煎2次，取药液1000mL，候凉后分2次灌服，1剂/d，连服5剂。患猪体温正常，粪变软，有少量食欲，痊愈。

2. 2007年7月6日，襄樊市襄阳区峪山镇陈某40头50kg生猪全部发病，死亡21头。主诉：大部分猪不能站立，背部、四肢发紫，粪干，有的腹泻，体温37~40℃，饮食欲废绝。根据症状和当地正流行猪蓝耳病的特点，诊为晚期蓝耳病。治疗：用方药1②，用法同上，连服3剂。治疗后，有10例猪基本好转，7例仍不能站立，死亡2例。10例基本好转的猪停用中药，饮水中加白糖和鸡蛋清，不喂精料，多给青饲料5d。另7例不能站立的猪取上方药加党参15g、黄芪20g，连用2剂/头，痊愈。

3. 2007年7月20日，襄樊市黄龙镇范某一头35kg猪患蓝耳病，经他医治疗无效就诊。检查：患猪体温正常，精神恍惚，粪干结，瞳孔缩小。诊为蓝耳病，因长时间用西药造成肝昏迷引起脑水肿。治疗：剪尾、耳放少量血。中药用方药1③，用法同上，连服3剂。治疗后，患猪神志好转，粪变稀，能饮少量水，1个月后追访，痊愈。（胡静等，T148，P66）

4. 2006年11月20日，隆德县联才镇赵楼村赵某160头猪（其中种母猪40头，育肥猪120头）发病邀诊。主诉：3头种母猪出现咳嗽、慢食、耳青紫色等症状，经当地兽医治疗3d无效，猪群中又发病30余头，并且这批母猪已到初配年龄，2个月前在外地购进1头长白种公猪配种，所配母猪大多数出现返情现象，而且发病大多数为母猪。检查：患猪体温

升高至 40.5～41.0℃，有的耳呈青紫色，伴有咳嗽，驱赶或挣扎后咳嗽更为明显，不食或稍有食欲。该群猪没有用蓝耳病疫苗免疫。根据流行病学、临床诊断、免疫和治疗情况，诊为高致病性蓝耳病。治疗：中药用方药2③，用法同上；西药用方药2④，用法同上。隔离患猪，消毒，紧急免疫接种。对全群猪用蓝耳苗紧急接种。用药 3d 后，整个猪群无新增病例；对病程长、体况极度衰竭的 8 头猪及时淘汰，其他病猪症状减轻，7d 后猪群恢复正常。共治疗 94 例，治愈 86 例，有效率 96.6%。（黄党池等，T152，P50）

5. 2006 年，万州区白羊镇鱼泉社某养猪场 312 头猪（其中仔猪 106 头、2 月龄断奶猪 68 头、架子猪 115 头、经产母猪 22 头、种公猪 1 头），从 11 月中旬以来先后发病并大量死亡，至 12 月 7 日，死亡仔猪 87 头、架子猪 19 头，死亡率分别为 50% 和 13.7%。检查：患猪体温均在 40.8～41.2℃，有的出现神经症状、呼吸困难、气喘、鼻漏、脉细数，眼结膜潮红黄染，眼睑水肿，鼻镜及口腔干燥，粪干量少、呈球状；有的下腹部、颈部有红色斑点，耳根部有蓝紫色斑块。剖检病死猪可见间质性肺炎，肺脏肝变、实变；皮下、扁桃体、心脏、膀胱和肠道可见出血点和出血斑；全身淋巴结肿大出血；脾脏实变、呈泡沫样，边缘表面可见坏死灶；肾脏表面可见针尖状呈小米粒大的出血点。治疗：按不同病症用方药 3①、②、③，用法同上。治疗 10d 后用增液汤加减方治疗 87 例仔猪，服药期间的 15d 内，死亡 25 例，痊愈 62 例，治愈率 70%。138 例架子猪、22 例母猪和 1 例种公猪，15d 内死亡 10 例，治愈率 96.31%。1 个月后回访，再未见发病，患猪基本恢复正常。（易发林等，T152，P63）

6. 2008 年 6 月，定西市某养猪专业户存栏母猪 30 多头，出栏生猪 100 多头。按自定免疫程序接种猪瘟、猪丹毒、猪肺疫、猪链球菌、乙脑等疫苗。近日有 30 头 21 日龄仔猪、3 头哺乳母猪和 2 头妊娠母猪发病，发病的哺乳母猪所带的 10 头仔猪全窝发病。以高烧、精神沉郁、呼吸困难且发病传染快、病死率高为特征，畜主自用抗生素治疗效果不佳，有 2 头仔猪死亡，且仔猪发病头数不断增加。检查：患猪突然发病，体温升高达 41℃ 以上、呈稽留热。发病初期全身皮肤发红，精神沉郁，厌食，嗜睡，呕吐，尿少色黄，粪干发黑、呈球状，眼分泌物增多，眼结膜炎，眼睑水肿。部分猪呼吸困难，气喘急促，咳嗽，流涕。后期肛门周围、四肢内侧、腹部皮肤发紫，两耳部呈蓝紫色，部分病猪出现后躯无力、不能站立或共济失调等神经症状；不同妊娠阶段的母猪感染发病，发生流产，产出死胎、木乃伊胎等，临产母猪死亡率较高。剖检发病初期的猪一般均可见肺脏呈胰样变，散布斑点状瘀血（花斑肺）。部分病例可见胃肠道出血、溃疡、坏死，有的病猪胃底有片状弥漫性出血；脾脏肿大、质脆，边缘或表面出现梗死灶；肾脏肿大、出血、呈土黄色，表面可见针尖至小米粒大出血斑点，呈现雀斑肾；淋巴结肿大，切面外翻多汁，呈弥漫性出血；肠系膜淋巴结充血、肿大、出血严重，呈大理石样病变；肝脏边缘有白色坏死灶。病毒分离鉴定阳性或 RT-PCR 检测阳性，诊为高致病性蓝耳病。治疗：取方药 4 中药、西药，用法同上。根据当地疫病流行状况，商品仔猪20～25日龄时首免，55～60 日龄加强免疫 1 次；种母猪在配种前进行 2 次免疫，首免在配种前 2 个月，间隔 1 个月进行二免。定期对猪舍和相关器具等进行清扫和消毒，百毒杀 1:600 带猪消毒，1 次/d，连用 3d。保持猪舍干燥，降低应激因素，保证充足营养，合理搭配饲料，多喂青绿饲料。采用上述综合防治措施，猪群病情趋于稳定。7d 后，患猪体温恢复正常，开始采食，10d 后病情完全得到控制，再无新病例出现。（王玉梅等，T167，P66）

7. 2006 年春，嘉祥县某养猪户的 100 头猪发病邀诊。主诉：开始仔猪发病，随后全群发病，已发病 3d。病初，猪精神差，食欲减退，有的咳嗽、流鼻涕，有的猪呼吸稍快。用退热针剂、头孢曲松、病毒唑注射，治疗效果不佳。遂取耳尖血，行猪瘟、伪狂犬病、弓形体病、猪繁殖与呼吸综合征检查，结果为猪繁殖与呼吸综合征抗体阳性。治疗：银黄热毒清注射液 0.1mL/kg，1 次/d，连用 3d；头孢氨苄 25mg/kg，1 次/d，连用 3d。中药取桑叶、菊花、连翘、麻黄各 300g，桔梗 250g，杏仁、僵蚕、陈皮、甘草、黄芩、荆芥各 200g，金银花、板蓝根各 500g。将药用冷水浸泡 30min，中火煎煮 20min，取汁待冷，让猪自由饮用；药渣下午二煎，用法同前，连用 3d。全群猪精神良好，食欲恢复正常，咳嗽，呼吸困难症状消除，体温正常。取 5 头猪耳尖血检查，结果为猪繁殖与呼吸综合征阴性。

8. 2006 年夏，兖州市某养猪场 20～30kg 的猪发病，高烧不退，呼吸困难，他医诊为蓝耳病。用热毒风暴、黄金闪电、头孢类、喹诺酮类、氟苯尼考、病毒唑、呼吸停、咳嗽安等药物治疗，连用 3d 无效，并开始死亡，遂将病猪全部处理。第 2 天，其他猪陆续发病，先是 50 头母猪咳嗽、高烧，部分流产，产死胎，呼吸困难，行动无力，全身发红，粪干、如球状、上覆黏液，尿黄浊，食欲减退。仍用热毒风暴混合头孢类药物治疗 2d 无效。随后全群猪开始发病。猪蓝耳病抗体检测为阳性。诊为蓝耳病。治疗：银黄热毒清注射液 0.1mL/kg，1 次/d，连用 3d；头孢氨苄 25mg/kg，1 次/d，连用 3d；中药取荷叶、杏仁、瓜蒌、苍术各 3000g，金银花 8000g，连翘 7000g，党参、大黄各 5000g，石膏、滑石、板蓝根各 10kg，知母 1000g，白豆蔻、甘草各 500g。将药用冷水浸泡 30min，先煮石膏 20min，再加入他药煮沸 20min，后加入白豆蔻再煮 5min，取汁候凉，让猪自由饮用，连用 3d。全群猪精神正

常，食欲、饮水、粪、尿均恢复正常，用药后再未发生死亡。

9. 2006 年 10 日，邹城市某养殖户 100 头母猪发病邀诊。主诉：猪场 8 月出生的小猪发病均死亡。怀孕母猪全部流产，且产下的均为死胎。目前母猪不发情，有发情的配种几次均未孕。检查：患猪有的干咳，有的气喘，食欲不振，体温 39.7～39.9℃，耳尖发绀。经化验诊断为蓝耳病。治疗：胎盘、蛤蚧、红花、通草、黄芩各 300g，沙参 750g，当归 500g，半枝莲、贯众各 150g，杏仁 100g，牡蛎 200g，枇杷叶 90g，甘草 50g。将药用冷水浸泡 30min，先煮牡蛎 30min，再加入他药煮沸 30min，候温，加入胎盘粉、蛤蚧粉，混匀，拌入食中让猪自由采食，连用 3d，痊愈。

10. 2006 年 12 月，济宁市喻屯镇某养殖户 50 头母猪，从 10 月份开始陆续咳嗽，喘促，发热，流产，跛行，食欲下降，耳尖及全身发紫，粪干，有的猪不发情，有的发情配种未孕。经血液检验诊为蓝耳病。治疗：荆芥、防风各 400g，桂枝、桃仁、香附各 300g，杏仁、厚朴、生姜、前胡各 500g，菟丝子 800g，仙茅 1000g。共为细末，拌入饲料中喂服，连用 3d。用药后，患猪呼吸系统症状消除，精神、食欲好转，均发情正常，配种受孕。（李霞，T153，P56）

二、繁殖与呼吸障碍综合征和圆环病毒混合感染继发链球菌病

【主证】 患猪体温升高至 40～42℃，精神沉郁，食欲减退或废绝，皮肤发红，咳嗽、气喘，喜卧、扎堆，病重猪呼吸困难，腹式呼吸明显，鼻孔流混浊鼻液，眼分泌物增多，耳部、腹部、四肢末端呈紫红色，步态不稳，被毛粗乱，个别病猪腹部有黄豆大小铁锈色出血点，关节肿胀，跛行，共济失调，濒死期出现划水样神经症状。

【治则】 清热解毒，生津滋阴。

【方药】 连翘、板蓝根、地骨皮、淡竹叶各 100g，金银花 50g，黄连 20g，黄芩 30g，栀子、黄花地丁、生地、麦冬、夏枯草各 80g，芦根 200g（为 250kg 猪药量）。水煎取汁，候温灌服，1 次/d，连服 3d。同时将病猪隔离治疗，用白毒杀（浓度为 1∶600）带猪消毒，1 次/d，连用 3d。上午用猪用转移因子和复方磺胺嘧啶注射液，下午用排疫肽和复方三氮脒注射液，按说明书对病猪分别肌内注射，连用 5d；全群猪饲料中加入氟苯尼考、泰妙菌素，并在饮水中添加葡萄糖、电解多维混饮，以增强猪的体质，防止继发感染。本方药适应猪繁殖与呼吸综合征和圆环病毒混合感染继发链球菌病。

【典型医案】 2008 年 6 月，滨海县五汛某猪场 16 头母猪、约 100 头 30～50kg 育肥猪突然发病邀诊。主诉：病初，个别猪高热，用抗生素和退热药物治疗后体温下降，食欲恢复，但停药后病情反复，并且同一猪舍的猪也陆续发病，出现体温升高，食欲减退或废绝，皮肤发红，个别猪皮肤苍白，有咳嗽、气喘现象，死亡 10 头。检查：患猪精神沉郁，喜卧、扎堆，体温升高达 40～42℃，采食量下降，病重猪呼吸困难，腹式呼吸明显，鼻孔流混浊鼻液，眼分泌物增多，耳部、腹部、四肢末端呈紫红色，步态不稳，被毛粗乱；个别病猪腹部有黄豆大小铁锈色出血点，关节肿胀，跛行，共济失调，濒死期出现划水样神经症状。剖检病死猪腹股沟淋巴结肿大、出血；肝脏肿胀、质脆，表面有许多大小不等的白斑；心包积液；肺部出现水肿，间质增宽，肺尖叶呈肉样病变；气管内充满泡沫；胃底黏膜出血、溃疡；脾脏肿大，质地变脆；肠道肠壁变薄，局部肠段有出血点；肾脏肿大、呈黄褐色，表面有针尖大小的出血点；膀胱有出血斑。实验室无菌采集肺、脾及心脏血液等病料检测，结果猪繁殖与呼吸综合征病毒和圆环病毒抗体均呈阳性。病变组织或血液涂片，可见革兰染色阳

性球形或卵圆形细菌，呈单个、成对或短链状排列，其他未见可疑致病菌。病料接种于鲜血琼脂平板上，37℃培养 24h，菌落呈无色、透明、有溶血环、露珠状，涂片镜检为革兰阳性球菌，成对或短链状排列。根据发病情况、临床症状、病理变化，结合实验室检查，诊为猪繁殖与呼吸障碍综合征和圆环病毒混合感染继发链球菌病。治疗：取上方药，用法同上。1 周后，除 3 头病重猪死亡外，全群猪精神、食欲均恢复正常水平。（徐竹香，T154，P63）

三、繁殖与呼吸障碍综合征和猪瘟混合感染

【主证】 患猪初期有食欲，随后食欲废绝，皮肤初期充血潮红；中期耳部、臀部、腹股沟充血、瘀血，严重者完全呈青紫色，若能康复，则皮肤开始褪色、蜕皮。母猪、育肥猪初期体温 41.8℃，妊娠母猪大多流产、早产、产死胎、木乃伊胎；仔猪体温高达 42℃，吮乳仔猪结膜水肿，粪初期正常，后腹泻或便秘且较顽固，即使排少量干粪，也大多带有肠黏膜，甚至大肠阻塞，卧姿特殊，整个腹部触地而卧，触诊腹部有明显痛感。吮乳仔猪呈外翻腿姿势。发病前中期有呕吐现象。公猪发热及症状稍轻，包皮积尿较明显。濒死期肌肉震颤、共济失调、瘫痪。

【病理变化】 皮肤初期有明显的圆圈样变性、出血斑点，后期皮下瘀血；下颌淋巴结、腹股沟淋巴结外观呈黑色，纵切开后明显出血坏死；肺脏有明显的出血、变性、大面积坏死，呈"大花肺"间质性肺炎；心脏出血；肝脏瘀血、出血并有明显的变性带；胆囊充盈；脾呈黑紫色，严重瘀血、出血坏死，边缘梗死非常明显，质地明显变脆；胃黏膜大面积出血、坏死、脱落；十二指肠、空肠黏膜有大小不等的坏死溃疡灶；回肠黏膜坏死、呈黑褐色，密布纽扣状溃疡、有的呈蜂窝状；回盲口黏膜、浆肌层有撕裂现象，慢性死亡的呈黑褐

色，密布纽扣状溃疡，如豆渣样；大肠外观见黄豆样大小的黑斑，切开可发现黏膜溃疡坏死，肠系膜淋巴结充血、出血，切面多汁，大多坏死、呈黑褐色；膀胱大、多积尿，有的有出血。

【治则】 清热解毒，活血化瘀。

【方药】 自拟祛瘟散Ⅰ号。生地、玄参、贯众各8g，栀子、连翘、地骨皮、黄芪、大青叶、甘草各10g，大黄、槟榔、常山各5g，黄芩12g，鱼腥草、石膏各15g。水煎取汁，候温灌服，1剂/d，连服3剂。3d后，1次大剂量注射猪瘟疫苗。皮肤颜色变蓝紫色的猪，加倍注射PHA 2～3d，同时灌服自拟祛瘟散Ⅱ号：板蓝根、黄芪各12g，大青叶、白术、栀子、连翘各10g，紫苏9g，黄芩、黄柏、灵芝、甘草各8g，焦三仙各15g。水煎取汁，候温灌服，1剂/d，连服3剂，配合使用抗溃疡药与多种维生素。

【典型医案】 2008年9月6日，南阳市卧龙区青华镇大李庄李某养猪场（共有二元母猪20头，其中妊娠母猪14头，后备母猪4头，已生产母猪2头，育肥猪约200头）1头妊娠母猪发病邀诊。主诉：该猪体温高达42℃，食欲减退。注射红弓链、胃肠动力等药物后，体温正常，但顽固不食，或吃一些青绿饲料，粪软，5d后粪干结、如驴粪样，之后又有5头妊娠母猪突然出现类似症状。至16日中午，育肥猪群全群体温升高，皮肤变红，食欲严重减退。最早发病的妊娠母猪耳部、腹下、臀部出现严重的出血、瘀血、呈蓝紫色，并有向其他部位扩散的趋势，至18日，患猪发生流产，19日死亡。20日，猪群全部感染。检查：患猪咳嗽、喘气、呼吸困难，个别仔猪呈腹式呼吸。母猪、育肥猪初期体温41.8℃，仔猪体温高达42℃，初期尚有食欲，后期食欲废绝；皮肤初期充血潮红，中期耳部、臀部、腹股沟充血、瘀血，严重者完全呈青紫色，若能康复，则皮肤开始褪色、蜕皮。吮乳

仔猪结膜水肿，粪初期正常，后期腹泻或便秘且较顽固，即使排少量干粪，也大多带有肠黏膜，甚至大肠阻塞，卧姿特殊，整个腹部触地而卧，触诊腹部有明显痛感。吮乳仔猪呈外翻腿姿势。妊娠母猪大多流产、早产、产死胎、木乃伊胎；发病前中期有呕吐现象。公猪发热及症状稍轻，包皮积尿较明显。濒死期肌肉震颤、共济失调、瘫痪。病理变化，同上。诊断：（1）荷兰诊断猪蓝耳病标准：怀孕母猪临床症状明显，每窝有20%的死胎；8%以上的母猪流产；吮乳仔猪死亡率26%以上，其中2项符合即可判定为猪蓝耳病。（2）ELISA试剂盒检验：取10头病死猪血液，分别滴入样品孔中，结果1孔显示弱阳性，9孔显示阴性。（3）血常规检查：白细胞平均9000个/mm³、红细胞平均400万个/mm³、血小板平均8万个/mm³。（4）猪瘟病毒荧光抗体检查法：无菌采集8头病死猪脾脏制成组织切片，用抗猪瘟病毒荧光抗体染色液染色，处理后用荧光显微镜观察，可见胞浆内有散在的蓝绿色荧光。（5）动物试验：取病死猪脾脏、扁桃体加适量灭菌生理盐水后匀浆→冻融3次→离心→上清液加双抗即为被检抗原病毒液，分别注射4只健康家兔，结果兔体温升高，精神沉郁。将被检抗原用抗猪瘟病毒血清处理，然后分别注射4只健康家兔，结果兔体温升高，精神沉郁。将被检抗原用抗猪瘟病毒血清和抗猪蓝耳病病毒血清处理后分别注射4只健康家兔，结果兔正常。（6）显微镜检查：发病初期，采血制成血涂片，用姬姆萨染色法染色，部分可见到附红体。肺脏涂片，姬姆萨染色，发现有杆菌。治疗：取上方药，用法同上。同时对发病猪立即隔离、消毒。对新发病的猪立即加倍注射PHA（基因血凝素）2～3d。治疗后，妊娠母猪康复8头（其中4头流产），死亡2头，其余4头在治疗过程中被处理；后备母猪康复4头；哺乳母猪康复2头，22头吮乳仔猪全部康复，育肥猪康复71头，死亡29

头，其余的被处理。（袁录，T156，P62）

破伤风

破伤风是由破伤风梭菌引起猪的全身骨骼肌或某些肌群呈现持续强直性痉挛和对外界刺激兴奋性增高的一种病症，又名强直症、锁口风。

【流行病学】 本病病原为破伤风梭菌。该菌广泛存在于自然界，主要通过创伤感染。不分品种、年龄、性别猪均可发生。卫生不良、阉割、断尾、分娩、脐部感染等均可引起本病发生。

【主证】 患猪头部肌肉痉挛，牙关紧闭，口流液体，常有"吱吱"的尖细叫声，眼神发直，瞬膜外露，两耳直立，腹部向上蜷缩，尾不摇动、僵直，腰背弓起，触摸时坚实如木板，四肢强硬，行走僵直，行走和站立困难，轻微刺激（光、声响、触摸）可使病猪兴奋性增强，痉挛加重。病重者全身肌肉痉挛，角弓反张（图4-2）。

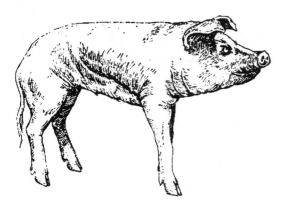

图4-2 病猪全身肌肉强直性痉挛

【治则】 解痉熄风，养血柔肝。

【方药】 1. 三花汤。一枝黄花500~600g，野菊花、金银花各200~250g（均为鲜品，若无鲜药也可用干品，用量减半）。将各药分别洗净切碎，加清水1500mL，文火煎熬15~20min，用纱布或新布过滤、取汁，待凉后分3~4次灌服

（为1d药量），1剂/d，连续使用，不得间断，直至痊愈。破伤风抗毒素1万~2万单位，肌内注射，1次/d，连用1~2次。共治疗35例，治愈率90%以上。

2. 选择安静、潮湿、避风、避光的地方，挖宽60cm、深1m，长1.5m的坑窖（根据猪体大小可适当放大）。首先用2%高锰酸钾彻底清洗净创口，再用5%碘酊消毒，每天早上注射氯丙嗪25mg（为15kg猪药量），连用4d；从第4天起，喂以用面粉做成稀糊状的食物，一般6~7d开始患猪可卧地，半月后可慢慢站立，约20d可缓慢行走，痊愈。共治疗3例，治愈2例。

3. 守宫（又名壁虎、蝎虎，为壁虎科无蹼壁虎，性味咸寒，有小毒，具有祛风定惊、散结解毒之功效），10~15kg猪7~9只/次。水煎取汁，加白酒30mL，灌服，1次/d，连服2~3次。服药后将患猪放入暖舍中，令其汗出。共治疗17例，痊愈13例，尤其对破伤风初中期效果更佳。

4. 先将创腔进行扩创，彻底清除创腔内脓汁、坏死组织或异物，用3%双氧水反复冲洗干净，再用5%碘酊消毒，后取槐树条1000g，荆芥、大蒜瓣、黄蒿各500g，防风200g。加水煎汁10~20kg，依据猪体大小，将一半药液盛入容器中，待药液温度降至40~50℃时（以不烫手为宜）将患猪放入容器中，用药水洗浴患猪全身。若药液温度降低时，可再加入适量热药水，使容器中的水温保持相对稳定。药浴时间60~90min，以患猪全身出汗为度。1~2次/d，连续药浴5~7d，一般4d患猪即能食入少量流汁食物，10~15d逐渐恢复正常。药浴完毕后，将患猪全身擦干，放在通风阴暗、干燥的地方，并保持环境安静，避免异常声响刺激。取加入电解多维或维利素的清洁饮水让患猪自由饮用，以补充水分、葡萄糖、多种维生素和微量元素。待症状缓解后再供给一些易消化的流汁食物，以提高机体免疫

力和抗应激能力，从而提高治愈率，缩短康复时间。共治疗6例，治愈4例。

5. 将去皮生蒜瓣500g，用冷蒸馏水或生理盐水1500mL，浸泡7d，过滤取汁，装瓶备用。20kg以下猪10～20mL/次；20～40kg猪20～60mL/次，40～60kg猪60～80mL/次，静脉注射，1～2次/d，连用3～7d。共治疗132例，治愈率达87.9%。

6. 蟾酥90g，砒霜（白）6g，天然麝香15g，雄黄8g。先将砒霜、切碎焙干的蟾酥分别研细，取其粉末少许同麝香共研，三药混合并与面粉180g混合，徐徐加水揉成团，分成1650个黄豆大的颗粒，再将药粒捏成一头稍尖、一头钝圆为瓜子形状，以雄黄粉上衣，风干保存。干品重0.18g/粒，含药0.071g。皮下包埋（包埋位置如图4-1）一般在耳窝后部、颈部中央。先将术部剪毛消毒，用左手提起术部皮肤，右手执眉刀从下向上刺入皮下，沿皮下结缔组织进2cm，将药锭放入切口内。但应注意术部开口大小只能以放入药锭为度，不宜过大，以免药锭脱出。成年猪1粒，仔猪0.5粒。

根据肢体强直程度适当辅以解痉药（硫酸镁注射液、镁溴注射液），1～2次/d。同时给予全流汁饮食，保持安静。治疗后，一般5～7d开始解痉，10～15d可以康复。共治疗35例，治愈28例（在治疗中，4头配合使用破伤风抗毒素，3头急性重症病例死亡），治愈率达80%。

7. 葛根解痉汤。葛根15g，桂枝、白芍各8g，防风、全蝎、天南星各10g。无汗（皮肤干燥、皱缩）者加麻黄；阳虚者加附子；有热者加黄芩；便秘或者流涎者加大黄；牙关紧闭不能灌药者用乌梅2枚，温水泡软，塞于两腮内；咽肌痉挛不能吞咽者用胃管（或软胶管）投灌；创伤处肿起黄白色痂皮者用杏仁（去皮）和雄黄捣烂敷之。水煎取汁，候温，分3次灌服，1剂/d（为约50kg猪药量）。共

治疗23例（其中猪11例），治愈22例，治愈率为95.6%。

8. 红皮蒜瓣75g，捣泥，加70%酒精500mL，拌匀，浸泡4h，用消毒纱布挤压取汁（力求清亮无杂质）。取20mL，肌内注射，2次/d。共治疗6例，除1例体质瘦弱，病至后期死亡外，治愈5例。（刘延清等，T54，P42）

9. 荆芥20～30g，蝉蜕10～15g。水煎取汁，候温灌服。

10. 大蒜（去皮）100g，雄黄200g，白酒（50度以上）500mL。先将蒜捣为泥，入酒中浸泡2～4h，除去大蒜渣即成大蒜酊，再将雄黄研末后，加入蒜酊中，灌服。30kg以下者10～15mL/次，30kg以上者30～40mL/次，2次/d。患猪体温升高者取青霉素80万～160万单位/次，肌内注射。共治疗24例（其中阉割母猪18例，公猪6例），治愈16例。

11. 干大枣1枚（去核），结网活蜘蛛1只。将蜘蛛塞入枣中，文火焙干为末，加黄酒50mL（为15kg左右猪药量），调匀，缓缓沿嘴角灌服。共治疗26例，治愈23例。

12. 根据猪的大小，取香青鲜全草（为多年生草本，在夏秋花苞初放时采集。据当地经验，此草生长的海拔越高，其芳香味越浓，药用效果越好）150～200g或干全草75～100g，水煎取汁，候温灌服，3次/d，连服2～4d。伤口用酒精、双氧水清洗后撒上青霉素40万单位，1次/d，连用3～4d。共治疗73例，治愈68例，有5例因病至后期牙关紧闭喂药困难而死亡。

注：用一端斜切磨光的竹筒灌药最好，猪嘴下方接一盆，收漏药重灌。猪嘴用木棒打开，严防咬伤人手。猪头不要抬得过高，灌药要慢，以防呛肺致死。（侯学云，T17，封三）

13. 千金龙胆汤加减。龙胆草、黄芩、天门冬、大黄、丹皮、麦门冬各15g，钩藤、赤芍、大枣、生地、党参各12g，蜈蚣5g，桔梗

10g，僵蚕 20g。外感风热者加柴胡、荆芥、薄荷；粪结腹胀者加二丑、厚朴、枳实；有寒象者加炮姜、葱白、红糖。水煎 3 次，合并药液，分 3 次喂服母猪，2 次/d。重症仔猪每次另外灌服 2 匙，2 次/d。共治疗 17 窝 136 头仔猪，治愈 131 头，死亡 5 头。

14. 取 80cm 口径的铁锅 1 口，案床 1 付（做豆腐用的即可）。带叶鲜国槐枝 2000g，鲜苍耳全草 1000g，鲜桑枝、鲜艾叶各 500g（若用干品，量减半）。将槐枝、苍耳草、桑枝置锅内，加水约 20kg，煎沸，停火，待药液凉至 50℃，将案床置于锅上。将病猪放于案床（创口用 3%过氧化氢溶液清洗洁净，再用烙铁烧烙，用棉球塞住两耳），用勺舀药液从头至尾反复浇淋。药液温度始终保持在 45～50℃。洗浴约 30min 后，病猪鼻头开始出汗，此时抬下病猪并擦干。气候寒冷用旧棉衣覆盖，放在灶前避光、避风、干燥处。1h 后取出耳内棉球，喂以微温的烫至半熟的稀食。对全身肌肉挛缩严重的患猪，取硫酸镁注射液 10～20mL，肌内注射；惊恐症状重者，取冬眠灵 1～3mg/kg，肌内注射。共治疗 20 例，治愈 18 例。

15. 捕捉农家屋檐下、陋巷间、电杆旁吐丝结网的黑色大蜘蛛（俗称七星黑蜘蛛），用沸水烫死，取出晒干，装瓶备用；白酒若干毫升；胡椒研成细末。临用时取制备的蜘蛛 7～10 只（不论大小），放在瓦片上焙干研末，加白酒 15～30mL，混匀，1 次灌服，2 次/d，连服 7d 为 1 个疗程。同时，配合胡椒卡尾疗法（即在尾尖穴划开一切口，出血后，取胡椒粉 5～10g，放进伤口内，用纱布包扎好。此法只进行 1 次）。

16. 朱没散。朱砂、没药、乳香、小枣、（用水煮熟去皮、核）、冬瓜仁各 10g。分别研细，温开水冲调，用胃管灌服，1 剂/d，连服 3d。20kg 以上者酌情加大剂量。创口用双氧水彻底洗净，再涂以 5%碘酊。共治疗 118 例，痊愈 108 例，治愈率达 91.5%。

【典型医案】　1. 1988 年 5 月 15 日，六安市西乡梅下村李某一头 40kg 母猪来诊。主诉：该猪去势已 13d，4d 前开始食欲减退，精神呆滞，近日食欲废绝。检查：患部刀口创面有结痂，除去结痂有少量污秽物和脓汁附着。患猪牙关紧闭，瞬膜外露，瞳孔散大，耳竖立，颈直伸，四肢硬直，运步艰难，尾僵硬不能摆动，畏光怕惊，叫声嘶哑，体温 40.2℃，心跳 110 次/min。诊为破伤风。治疗：三花汤，用法同方药 1，连用 2d；破伤风抗毒素 1 万单位，肌内注射，1 次/d；创伤部用 0.3%高锰酸钾溶液冲洗，并配以 5%碘酊消毒 1 次。第 3 天，患猪已能进少量流食，肌肉痉挛有所缓解。继服三花汤 2 剂，患猪食欲恢复，诸症悉退而愈。

2. 1987 年 4 月 6 日，缙云县城兆乡陈弄口村陈某一头约 30kg 母猪，因去势后发病来诊。检查：患部刀口愈合良好，体温 40.5℃，精神稍呆滞，其他症状不明显。治疗：复方氨基比林 5mL，青霉素 80 万单位，肌内注射，2 次/d，连用 2d。第 3 天，患猪牙关紧闭，肌肉强直痉挛，四肢僵硬，行动困难，呈典型破伤风症状。改用三花汤，用法同方药 1，1 剂/d，分 4 次服完，连服 6d，痊愈。　（何裕棋等，T41，P27）

3. 1999 年 6 月，门源县浩门镇北关村某居民一头小黑公猪，去势后 7d 发病来诊。检查后诊为破伤风。治疗：将患猪置地窖内，每天注射氯丙嗪 25mg，连用 4d，一般 1～2d 观察 1 次，尽量避免惊动患猪，20d 后逐渐痊愈。

4. 1998 年 4 月 26 日，门源县浩门镇某户一头仔猪，因去势感染破伤风就诊。治疗：即在自家草园内按方药 2 的方法挖一地窖，将患猪置于地窖内，每天肌内注射 30%安乃近 5mL，连用 4d。7d 后患猪能缓慢进食，20d 后将猪取出地窖，痊愈。（秦忠文等，T105，P32）

5. 1985 年 6 月 4 日，郯城县黄坪子村丁某一头 15kg 左右小公猪，阉割后患破伤风就诊。主诉：该猪已发病 3d，病情较重。治疗：取守宫 9 只，用法同方药 3，1 次灌服。服药后，将患猪放入温暖的房舍中，10min 后汗出，连用 2d，痊愈。（王自然，T65，P36）

6. 1997 年 6 月，镇平县城关镇王某一头 20kg 黑公猪，阉割 7d 后发病就诊。检查：患猪两耳直立，尾巴伸直，牙关紧闭，流涎，四肢及全身肌肉僵硬，行走如木马状。诊为破伤风。治疗：取方药 4，方法同上，1 次/d。连续药浴 5d，患猪症状缓解，能吃少量食物，15d 后恢复正常。

7. 1999 年 8 月，镇平县城关镇察院坑杨某一头 40kg 白猪，被打伤后 10 余天发病就诊。检查：患猪能食少量流汁食物，采食、咀嚼、吞咽障碍，两耳竖立，尾巴向后伸，行走四肢强直，全身运动不协调，粪干燥。诊为破伤风。治疗：取方药 4，方法同上，1 次/d，连续药浴 4d。患猪症状缓解，11d 后恢复正常。（李新春，T120，P36）

8. 新洲县三店镇徐贵村余某一头 20kg 杂交白色公猪，去势 2 周发病来诊。检查：患猪四肢、腰、耳、尾僵硬，瞬膜外露，牙关紧闭，流涎，有时全身痉挛，角弓反张，兴奋性增强，叫声尖细。诊为破伤风。治疗：大蒜注射液 40mL，静脉注射，2 次/d，连用 7d。患猪病情逐渐恢复，2 周后痊愈。（李早发等，T54，P43）

9. 1980 年 3 月 5 日，松滋县畜牧兽医站在市场检疫中剔出一头 20kg 病猪来诊。主诉：该猪于 12d 前阉割，5d 前发现吃食减少，站立不稳。检查：患猪牙关紧闭，被毛逆立，身硬尾直，闻声惊跳，倒地难起。诊为破伤风。治疗：当即处理创口，包埋蟾酥锭（见方药 6）1 粒；镁溴注射液 10mL，肌内注射，2 次/d，连用 2d。1 周后，患猪症状大有缓解。半月后吃食、行走恢复正常。（李业海，T1，

P40）

10. 1983 年 11 月 7 日，贵阳市永乐乡毛某一头 4 岁种母猪阉割，于 11 日发病就诊。检查：患猪牙关紧闭，皮肤干燥皱缩（无汗）。诊为破伤风。治疗：以泡乌梅开其口，灌服葛根解痉汤加麻黄，用法同方药 7，连服 2 剂。患猪周身湿润，去麻黄，又服药 3 剂，诸症悉除。（刘天才，T22，P60）

11. 1982 年 4 月，双峰县毛坪大队金某一头 10kg 公猪，去势后 12d 发病就诊。治疗：荆芥 20g，蝉蜕 10g。用法同方药 9。服药后第 2 天，患猪能开口咀嚼，又取荆芥 30g，蝉蜕 15g，用法同方药 9。第 3 天康复。

12. 1982 年 6 月，邵阳市邓某一头小猪，去势后 20d 发病就诊。检查后诊为破伤风。治疗：荆芥 30g，蝉蜕 15g，用法同方药 9。服药 2 剂，痊愈。（王尚荣，T19，P63）

13. 天门市接渡镇袁家村何某一头约 35kg 雌性架子猪，阉割后 2 周患破伤风就诊。检查：患猪颈项强直，站立如木马状，牙关紧闭。治疗：取方药 10，用（制）法同上，连用 3d，痊愈。

14. 1990 年 10 月，天门市接渡镇姜家村姜某一头约 20kg 母猪，阉割后患破伤风，经他医治疗 2d 无效邀诊。治疗：取方药 10，用（制）法同上；同时配合肌内注射青霉素，1 周痊愈。（汪成发，T99，P35）

15. 1995 年 8 月 12 日，唐河县桐河乡王连庄村王某一头约 16kg 小猪，阉割后患破伤风，用硫酸镁、青霉素、精破抗等药物治疗 2 次无效，病情日渐加重就诊。治疗：取方药 11，用法同上。灌药后 9h，患猪嘴能张开并吮乳，1d 即愈。（李万松等，T98，P32）

16. 1984 年 2 月至今，邓蛛县宝林、茶园、桑园等乡初生仔猪患病，主要症状为四肢强直卧地、抽搐、震颤，伴有惊叫。起初是 2 窝 17 头仔猪中发病 12 头，到 1986 年底，17 窝 146 头仔猪中发病 136 头。检查：患猪出生

后1～2d发病，病初步行不稳，颈腰强硬，头抵地，后肢强直、伏地，阵发性抽搐。抽搐时惊叫后退、倒地。严重者在抽搐中倒地，四肢乱划，一般持续10～20min或人为扶起后缓解，但经几小时后又再次发作。发病时不吮乳，缓解时又可吮乳。体温39～39.5℃，心跳110次/min，粪正常，尿少、黄。个别病轻者经2～3d能逐渐自愈，如不及时治疗，多数病例常因吃不到乳汁、饥饿、心力衰竭而死亡。曾有3窝仔猪（共21头，发病17头）在病后5d开始治疗，结果死亡5头。诊为破伤风。治疗：取方药13，用法同上。共治疗17窝136例，治愈131例，死亡5例。（杨序贤等，T25，P53）

17. 1990年10月，临沂市汤头李某一头约25kg小猪，于阉割10d后发病就诊。检查：患猪全身强直，惊恐，瞬膜外露，腹胀，口流白沫，叫声嘶哑。诊为破伤风。治疗：取方药14药浴1次即诸症减轻，翌日用原药液加热再洗1次，痊愈。（张殿申等，T72，P42）

18. 沭阳县沭城镇城后大队陆某一头断乳小公猪，在阉割后第7天颈、背、腰、四肢僵硬，行走不便，尾直，耳不灵活；提耳抬头时，瞬膜外露，牙关稍紧，尚能觅食少量玉米粒，体温39.4℃。诊为破伤风。治疗：取方药15，用法同上，连用7d；胡椒卡尾1次。7d后，患猪病情逐步好转，痊愈。

19. 沭阳县沭城镇大柳大队五队帮某一头45kg架子猪，因背部被锹铲伤，10d后发病就诊。检查：患猪牙关紧闭，无法觅食，全身僵硬如木马，耳、尾直竖，第三眼睑外露，体温正常。诊为破伤风。治疗：取方药15，用法同上，连用6d，停药2d，又灌服6d。胡椒卡尾1次。逐渐痊愈。

20. 沭阳县新河公社周圈大队周某一头母猪，于去势后12d发病，曾用多种抗生素、激素类药、解热剂治疗无效就诊。检查：患猪表现明显的破伤风症状。诊为破伤风。治疗：按

方药15灌蜘蛛末，连用7d，间隔2d，又灌服7d，胡椒卡尾同方药15。药后第10天，患猪病情显著好转，14d痊愈。（杨天英，T12，P60）

21. 1984年11月15日，文登市埠口镇侯家乡下河村董某一头40kg左右猪，因去势感染破伤风发病来诊。检查：患猪四肢僵硬，叫声尖细，呼吸浅短，瞬膜外露，牙关紧闭，两耳直竖。诊为破伤风。治疗：取方药16，各药15g，用法同上，连用3剂，患猪病情逐渐好转，13d痊愈。（张恩惠等，T79，P14）

水 肿 病

水肿病是由寄生在猪肠道内的特异病原性大肠杆菌及其毒素引起以胃壁和其他某些部位发生水肿为特征的一种急性、致死性传染病，又称大肠杆菌毒血症、浮肿病、胃水肿。多见于春、秋季节；幼龄猪尤其是刚断奶、生长快、体质肥壮的仔猪最易感染。

【病因】　本病病原为特异性大肠杆菌。病猪和带菌猪为其传染源，病菌由粪排出体外，污染饲草、饮水、环境、用具等，通过消化道传播。气候骤变、饲料单一、维生素和矿物质缺乏、突然更换饲料、阴雨潮湿、长途运输等均可促使本病发生。

中兽医认为，本病多是风热所致。风热外袭，肺气不宣，不能通调水道，致使水液泛滥，溢于肌肤发为水肿；风性上行，易攻阳位，仔猪表现头、颈部水肿严重；热性炎上，风性主动，上扰神明，使其发生神经症状，出现四肢抽搐、颈项强直、两目上吊；风助火势，血热妄行，致使体内多处出血、充血。

【主证】　患猪发病比较突然，病初体温升高或不高，眼睑及头部水肿，腹部肌肉主要是腹外斜肌痉挛；嘴筒和全身皮肤发紫；有的粪先稀后干，有时带黏液。随着病情恶化，体温下降至36～37℃，全身阵发性痉挛加剧，有

时四肢不时游动，共济失调，盲目运动或转圈运动，前肢或后肢麻痹，嘶叫；不少患猪呕吐，出现神经症状。病程数小时至2d，也有长达7d以上。

【病理变化】　胃壁、结肠肠系膜水肿，眼睑和脸部及颌下淋巴结水肿；胃底区黏膜下有厚层的透明水肿、出血，黏膜与肌层分离，水肿严重的可达2～3cm，严重者可波及贲门区和幽门区；淋巴结水肿、充血、出血；肝脏肿大；肺水肿；胸腔和腹腔有大量积液，在空气中很快凝固或呈胶陈状。

【治则】　清热凉血，利水消肿。

【方药】　1. 加味五皮饮。茯苓皮、生姜皮、地骨皮、桂皮、大腹皮、大青叶、金银花、杭白芍。腹泻者加车前子、泽泻；便秘者加大黄、厚朴；夏天加藿香叶、连翘、薄荷；冬天加羌活、独活、桑寄生、荆芥。水煎取汁，拌料喂服。共治疗230例，治愈率达91%。

2. 黄芩、黄柏、大黄各9g，枳壳、厚朴各8g，芒硝、泽泻、茯苓皮、生姜皮各10g，炙甘草5g。水煎2次，取汁候温，分2次灌服，1剂/d。10%磺胺嘧啶钠30～50mL，25%葡萄糖注射液40～50mL，40%乌洛托品注射液10～20mL，10%氯化钙注射液20～30mL，混合，肌内注射，轻症者1次/d，重症者2次/d。饲喂全价饲料，另在饲料中加入一定量的多种维生素及含硒微量元素和抗菌药物等。共治疗195例，治愈163例，治愈率83.6%。

3. 加减黄连解毒汤。火麻仁、板蓝根各6～15g，茵陈、龙胆草、柴胡、木通、黄柏、黄芩、黄连各3～10g，甘草2～8g。水煎3次，取汁混合，分上午、下午灌服，1剂/d，连服3剂。板蓝根注射液2～10mL，12%复方磺胺间甲氧嘧啶注射液10～20mL，5%氟苯尼考注射液5～25mL，分别肌内注射，2次/d，连用3～5d。选天门、百会、后海穴，注射生理盐水3～5mL/穴，1次/d，隔天注射1次，一般连续注射2次即可。共治疗254例，治愈率达96.17%。

4. 防己、商陆、猪苓、茯苓、白术、苍术、车前子、大蒜、生姜。水煎取汁，候温，胃管灌服，2次/d，连服2剂。改善心脏机能，强心利尿，用20%安钠咖；缓解痉挛用氯丙嗪；抗菌消炎用氯霉素、庆大霉素；调节机体新陈代谢用维生素C和维生素B_{12}。共治疗32例，疗效显著。

5. 凤尾草煎剂。凤尾草30%，金银花藤50%，车前草20%。水煎取汁，浓缩为40%药液，灌服，40～100mL/头，连服5～7d为1个疗程。

6. 黄芩、黄柏、大黄、茯苓、泽泻等量混合，共研细粉，取粉剂20～80g，加水灌服。重症者同时用强心利尿剂，并取土霉素0.25～0.50g，肌内注射。共治疗17例，治愈13例。（王锡祯等，T34，P29）

7. 加味葵子茯苓散。板蓝根24g，冬葵子、茯苓、浮萍草、苦参各12g，车前子8g（为20kg猪药量）。为巩固疗效，恢复增强胃肠消化功能，可继用加味葵子茯苓散加升麻6g、黄芪20g。粪秘结、色黑、干硬者加炒莱菔子30g；呼吸加快、喘息者加麻黄、杏仁各6g；皮肤发绀、有出血斑者加大蓟、白茅根各15g。诸药混合，研成细末，开水冲调，候温灌服，1剂/d，轻症者连用3剂，重症者连用4剂。共治疗56例，效果显著。

8. 防风大蒜散。防风、车前草、滑石粉、大蒜各10g，神曲7g，商陆、猪苓、生姜、白术、苍术、白茯苓、黄柏、黄芩、泽泻各5g（为1头猪药量）。加水煎至150～200mL，候温分3次灌服，1d服完。病重者用天迪泰注射液10mL，亚硒酸钠20mL，肾上腺素2mL，肌内注射；病轻者可用天迪泰注射液10mL，亚硒酸钠注射液20mL，地塞米松注射液2mL，肌内注射。共治疗96例，治愈率达95％以上。

9. 赤商姜蒜散。赤小豆100g，商陆16g，生姜10片，大蒜6瓣。水煎取汁，胃管投服，1剂/d。同时将上药研成细末，用醋调成糊状，涂水肿处。亚硒酸钠维生素E注射液，首次10mL，次日减半；磺胺嘧啶钠、磺胺-5-甲氧嘧啶钠、板蓝根注射液各5～10mL，每天上午、下午交替肌内注射1次；50％葡萄糖注射液30～60mL，葡萄糖酸钙注射液20～40mL，乌洛托品注射液10mL，混合，1次静脉注射。便秘时可用肥皂水深部灌肠。共治疗61例，治愈42例。

10. ①芒硝50g，大青叶、大黄、茵陈各25g，牵牛子、栀子各20g，龙胆草、茯苓、郁金、陈皮、川厚朴、车前子各15g，芦荟、瓜蒂各10g。共为细末，开水3000mL冲调，加红糖250g为引（为10头10kg猪药量），1次灌服或让猪自饮，1次/2d，连用2次。维生素B_{12} 0.15mg/kg，板蓝根注射液0.6mL/kg，链霉素30mg/kg，混合，肌内注射；亚硒酸钠维生素E 0.3mL/kg，肌内注射。2次/d，连用3d。②20％复方磺胺嘧啶钠10mL或磺胺-6-甲氧嘧啶10mL，肌内注射，2次/d，连用3～5d；5％～10％氯化钙注射液和4％乌洛托品注射液各5～10mL，混合，静脉注射；0.1％亚硒酸钠注射液，深部肌内注射，5～10kg猪2～3mL，20kg以上猪5mL，严重病例隔5～6d重复用药1次。③恩诺沙星4～6mL，肌内注射，2次/d，连用3d；0.1％亚硒酸钠注射液3～4mL，深部肌内注射1次，病重者隔5～6d重复注射1次。④苍术15g，白术、酒白芍、茯苓、枳壳各10g，肉桂、桂枝、麻黄、广木香各6g，陈皮9g，甘草3g。水煎取汁，候温灌服，1剂/d，连服2剂（为30kg猪药量）。硫酸卡那霉素25mg/kg，肌内注射，2次/d，连用3d；5％葡萄糖注射液200mL，静脉注射（视猪病情和体型大小加减），2次/d，连用2d。共治疗65例，治愈

48例，治愈率为73.8％。

11. 先针刺，取安肾、百会、苏气、耳尖、尾根、涌泉、寸子等穴，45°斜刺进针，深6～8mm。随后肌内注射10％樟脑磺酸钠注射液；痉挛时可注射氯丙嗪；患猪病情略稳定，体温稳定或略有回升时，再肌内注射板蓝根注射液；经2～3h，患猪病情不继续恶化，水肿和神经症状稍有减轻时再注射氯霉素。待患猪病情有所好转时，取火麻仁、板蓝根、茵陈、龙胆草、柴胡、木通、川黄柏、黄芩、黄连、大青根、甘草。水煎取汁，候温徐徐灌服，连服2剂。共治疗48例，治愈40例。

12. 自拟参葵痫菌注射液。苦参1份、冬葵子1份、浮萍1份、车前子0.5份、板蓝根1.5份，用水醇法制得1∶2药液，pH值6.5～7.5，垂熔漏斗过滤，灌封安瓿瓶，10mL/支，治疗量10mL/25kg，于交巢穴注射，2次/d，连用1～3d。预防量1次/d，连用1～2d。

13. 六茜素（中国农业科学院中兽医研究所研制），用生理盐水或注射用水稀释，200～300mg/d，肌内注射，3次/d。共治疗250例，治愈234例，总治愈率93.5％。

14. 硫酸链霉素80万单位，安钠咖注射液2.5mL，速尿注射液1mL，分别肌内注射，2次/d，连用3～5d；土霉素片3片（25万单位/片），痢特灵2片，酵母片5片，2次/d，连用3～5d。

15. 车前草（鲜）500g，白茅根（鲜）750g。水煎取汁，候温灌服，1次/d，连服5～7d。共治疗64例，治愈61例，总有效率达96％。

16. 水肿消（江苏省东台市动物药厂生产），10kg猪5mL，20kg猪10mL，30kg猪15mL，肌内注射，1次/d，连用2次，重症者3次，不需其他药物辅助治疗。共治疗2400余例，治愈率达90％以上。

17. 白头翁汤合五苓散加减。白头翁、黄

柏、黄连、苦参、猪苓、茯苓、白术、泽泻、甘草。水煎取汁，候温灌服。共治疗 24 例，治愈 22 例，治愈率达 91.7%。

【典型医案】 1. 2004 年 12 月，旌德县南关七里埠袁某 85 头仔猪发病邀诊。主诉：曾用庆福等针剂治疗无效，死亡 8 头。检查：患猪眼睑水肿，腹泻，卧地不起，尿短赤，共济失调，肌肉震颤，兴奋不安，跪地爬行，腹下和颈下水肿。剖检病死猪可见颈部和胃大弯水肿，腹腔有大量积液，在空气中很快呈胶冻状。诊为水肿病。治疗：取方药 1，用法同上，3 剂而愈。

2. 2003 年 5 月，旌德县旌阳镇叶某一头 20kg 左右仔猪发病，曾用亚硒酸钠针剂治疗无效来诊。检查：患猪突然不食，便秘，眼睑肿胀，行走不稳，向前乱窜，呼吸急促，心跳加快，卧地不起，体温 41.5℃。诊为水肿病。治疗：取方药 1，用法同上，2 剂而愈。（侯凯等，ZJ2005，P474）

3. 1997 年 11 月 20 日，卫辉市柳庄乡蒋庄村李某一头母猪，产仔 16 头，仔猪体格健壮，营养良好，至断奶期因当时猪价低落，没有喂全价饲料，先后 10 头仔猪发生水肿病，畜主自用青霉素治疗无效，死亡 3 头。诊为水肿病。治疗：取方药 2，用法同上。所余 7 头病猪，治愈 6 头，死亡 1 头。

4. 1998 年 7 月 14 日，卫辉市柳庄乡蒋庄村张某在集市上购回 4 头仔猪，因圈舍潮湿不洁，加之饲料单一，全部发生水肿病（眼睑水肿，行走不稳）。治疗：取方药 2，用法同上。治疗 2 次，全部治愈。（梁忠臣，T104，P22）

5. 2003 年 5 月 12 日，临桂县四塘乡养猪户胡某 8 头 35kg 左右肉猪发病，经治疗无效来诊。检查：患猪精神沉郁，食欲废绝，体温 39.0～39.6℃，呼吸 36～40 次/min，呼吸快而浅，粪干燥，触动敏感，呻吟，站立时背拱发抖，行走步态摇摆，卧地不愿走动，鼻镜干燥，5 头病猪眼睑、结膜、脸部明显肿大，颈部和腹部未见异常，静卧时肌肉震颤。诊为疑似水肿病。治疗：板蓝根注射液，6mL/头，2 次/d；12% 复方磺胺间甲氧嘧啶注射液，10mL/头，2 次/d；5% 氟苯尼考注射液，10mL/头，1 次/d，分别肌内注射，连用 3d。对前肢、后肢麻痹者，取天门、百会、后海穴，注射生理盐水，5mL/穴，隔 1d 再注射 1 次。中药用加减黄连解毒汤：火麻仁、板蓝根各 60g，茵陈、龙胆草、柴胡、木通、黄柏、黄芩、黄连各 30g，甘草 50g（为 8 头猪 1d 药量）。用法同方药 3，1 剂/d，连服 3 剂。8 头猪全部治愈。（刘长忠，T142，P53）

6. 1987 年 8 月 25 日，澧县梦溪镇周某 14 头 8kg 左右断奶仔猪发病就诊。主诉：猪头部水肿，已死亡 2 头。检查：患猪眼睑和头、颈部水肿，流泪，全身皮肤及嘴呈青紫色，腹部肌肉阵发性痉挛，有时卧地不起，四肢作游泳状划动，体温 36.7～37.5℃，心跳 79～89 次/min。诊为水肿病。治疗：20% 安钠咖注射液、维生素 C 注射液各 2mL，氯丙嗪注射液 15mL，维生素 B_{12} 注射液 1mL，氯霉素 250mg，庆大霉素 2 万～4 万单位。中药取大蒜 14g，生姜、防己、商陆、白茯苓、猪苓、苍术、白术、车前子各 5g。用法同方药 4。第 2 天，患猪体温回升，水肿消退，病情好转。仍按上方用药 1d。第 3 天，患猪全部治愈。（彭世金，T36，P41）

7. 1993 年 4 月，永定县城关镇殷某 4 头、约 25kg 约克杂交猪，其中 2 头发生水肿病，因未及时治疗而死亡。剖检病死猪头部皮下水肿，肠系膜呈胶冻样水肿，肠系膜淋巴结水肿、色淡白，胃壁水肿厚达 0.5～2cm，尤以胃大弯为甚，切开水肿部位，轻压即可流出胶样液体。其后另 2 头猪亦相继发病。检查：患猪精神沉郁，食欲不振，体温不高，眼睑红肿，行走摇摆不定，受外来刺激时发出嘶哑的惊叫声。诊为水肿病。治疗：凤尾草 60g，金银花藤 100g，车前草 40g（均用鲜全草）。水

煎取汁，拌稀食喂服，1剂/d，连服5剂，康复。（阮万生，T71，P24）

8. 1997年6月28日，文水县乐村养鸡场张某一头猪，因久病不愈求诊。主诉：共养12头猪，发病10头，经用卡那霉素、青霉素、链霉素、氨苄青霉素、庆大霉素等药物治疗效果均不理想。检查：患猪头部、四肢及腹侧皮肤发红发紫，不食，喜喝清水，有的粪带血，步态不稳，眼球发红，眼及耳肿胀。诊为水肿病。治疗：3头40kg猪胃管灌服加味葵子茯苓散：板蓝根24g，冬葵子、茯苓、浮萍草、苦参各18g，车前子12g，大蓟、白茅根各15g。用法同方药7，1剂。第2天，患猪症状减轻。上方药减大蓟、白茅根，连服3剂。第5天再服上方药加升麻6g，黄芪20g，1剂。除1头第1次治疗后死亡外，其余2头痊愈。7头2月龄体重20kg猪取方药7，1剂/（d·头）。因患猪尚有食欲，将药混入煮熟的面汤中，1次饲喂，连喂4d，痊愈。

9. 1997年8月13日，文水县沟口村孟某购回40日龄仔猪16头，饲养7d后，先后有10头仔猪腹泻邀诊。主诉：开始发现猪胃肠不和，经服用庆大霉素、诺氟沙星、痢特灵和注射558针，病情时轻时重，至21日死亡2头。检查：患猪头部肿胀，行走不便，食欲减退，腹泻。诊为水肿病。治疗：板蓝根12g，冬葵子、茯苓、浮萍草、苦参各6g，车前子4g（为1头猪药量）。水煎2次，取药液60mL，用注射器从猪口角处徐徐注入口腔，连服4d，痊愈。（李文忠等，T134，P42）

10. 2001年9月13日，邵阳县塘渡口镇石湾村邓某4头仔猪同时发病来诊。检查：1头仔猪倒地抽搐，眼睑、眼结膜水肿，头部亦有水肿，行动无力，呼吸高度困难、呈腹式呼吸，手触之后发出呻吟和嘶哑声，呈现强直痉挛和划水样姿势，偶而后肢能勉强站立，前肢跪地，头部触地向前冲，体温38℃，1h后死亡。其余3头患猪食欲废绝，作转圈运动，症

状与死亡猪类似，体温分别为38.6℃、38.8℃、39.1℃。剖检病死猪可见大肠呈水晶透明状，尤其是空肠段水肿特别明显；肠系膜淋巴水肿，且在水肿部位可清楚地看到肠系膜毛细血管粗亮，黏膜和肌层上有一层透明的胶体状物质，手感有黏性，呈清茶色或血清状；胃壁黏膜层、肠系膜间有黄色积液；肾脏、肝脏、脾脏、喉、气管内外也有多量的水肿液，其他组织器官均有不同程度的水肿。诊为水肿病。治疗：当即灌服防风大蒜散，用法同方药8，同时用天迪泰注射液10mL，亚硒酸钠注射液20mL，肾上腺素注射液2mL，肌内注射。次日，患猪眼睑水肿消失，运动正常，喉音转好，稍有食欲。中药同前，西药减半，用法同前。第3天，3头猪全部康复。

11. 2002年3月23日，邵阳市郊城南园艺场2头25kg左右仔猪同时发病来诊。检查：患猪头部、眼结膜水肿，叫声嘶哑，步态失调，转圈运动，体温分别为38.6℃和39.2℃。诊为水肿病。治疗：防风大蒜散，用法同方药8；天迪泰注射液10mL，亚硒酸钠20mL，混合，肌内注射。次日，患猪体温正常，眼结膜水肿消失，喉音、步态恢复正常。为巩固疗效，防止复发，继用中药1剂，西药减半，用法同方药8。第3天，2头患猪均痊愈。（王尚荣，T119，P24）

12. 1987年3月21日，倍丰县大塘镇沛东村施某一头猪患病邀诊。主诉：该猪是前一天从古阪墟购回，现不食，步态不稳，转圈运动，突然倒地，四肢乱动。检查：患猪体温正常，心跳节律不齐，呼吸困难，精神沉郁，头颈皮下及眼睑明显水肿，触之叫声嘶哑。诊为水肿病。治疗：50%葡萄糖注射液40mL，葡萄糖酸钙注射液30mL，乌洛托品注射液10mL，混合，1次静脉注射；亚硒酸钠维生素E、磺胺-5-甲氧嘧啶钠注射液各10mL，分别肌内注射；赤商姜蒜散，用法同方药9，2剂，1剂内服，1剂研细末，醋调涂水肿部。

下午肌内注射磺胺嘧啶钠注射液、板蓝根注射液各10mL。翌日上午，患猪精神、步态好转，水肿明显消退，出现食欲。取亚硒酸钠维生素E注射液5mL，磺胺嘧啶注射液10mL，分别肌内注射；50%葡萄糖注射液40mL，葡萄糖酸钙注射液30mL，乌洛托品注射液10mL，混合，静脉注射；下午肌内注射磺胺-5-甲氧嘧啶注射液5mL，板蓝根注射液10mL。第3天，患猪食欲增加，诸症悉退。为巩固疗效，再肌内注射磺胺嘧啶注射液5mL，痊愈。（施先平，T60，P28）

13. 1998年5月13日上午，呼玛县土某24头、30kg左右仔猪发病邀诊。主诉：仔猪为自养母猪所产，喂富含蛋白质饲料，昨晚1头仔猪死亡，有6头仔猪食欲减退或废绝。检查：猪群营养状况良好，步态不稳，触诊敏感，叫声嘶哑，其中有2头仔猪眼睑水肿明显，体温38.0～39.3℃。剖检病死猪可见胃壁增厚、呈胶冻状，流出清亮或茶色液体；结肠系膜呈胶冻样水肿；淋巴结水肿、充血和出血。诊为水肿病。治疗：对出现症状的6头患猪用方药10②和10④，用法同上，对未出现症状的仔猪用方药10①，西药用法同上，中药饮水。隔日，患猪症状消失或减退，恢复食欲。继续巩固治疗，痊愈。

14. 2004年4月20日，呼玛县呼玛镇3村姜某2头分别为20kg和25kg猪不食、行走摇摆邀诊。检查：患猪食欲废绝，精神沉郁，行走摇摆且具有盲目性，触诊敏感，眼睑水肿明显，体温37～38℃。诊为水肿病。治疗：取方药10②和10③，用法同上。隔日，1头患猪症状减轻且恢复食欲，1头死亡。（王忠仁等，T140，P63）

15. 1986年9月15日，湘潭市郊玉门村师某3头断奶仔猪突然发病就诊。检查：患猪眼睑水肿，随后头、颈部水肿，眼流泪；嘴筒发紫，腹部肌肉阵发性痉挛，有的卧地不起，四肢呈游泳状体温36.5～37.2℃，心跳78～80

次/min。已死亡1头。治疗：取方药11。针刺穴位后，肌内注射10%樟脑磺酸钠2mL/头。1.5h后，患猪体温大部回升至37.5～38℃；2h后，每头猪肌内注射板蓝根注射液2mL，青霉素40万单位，以防并发病。次日，每头猪又注射氯霉素2mL（0.25g）、维生素K₃2mL。中药取火麻仁、板蓝根各50g，茵陈、龙胆草、柴胡、木通、川黄柏、黄芩、黄连各25g，甘草5g。水煎取汁，连煎2剂，候温灌服。随后，患猪痉挛停止，体温上升至38℃，水肿得到基本控制。5d后患猪逐渐康复。（周舞椿等，T25，P51）

16. 1988年5月15日，翁源县畜牧局畜科所刘某一头仔猪，因头面水肿来诊。主诉：10d前购进7头10kg左右仔猪，3d前2头仔猪发病，死亡1头。用硫酸镁注射液静脉注射治疗无效。检查：患猪头及眼睑水肿，结膜潮红。治疗：傍晚6时许，于交巢穴注射参葵痢菌注射液（见方药12）3mL。当晚10时左右，患猪有觅食活动。第2天再用上方药1次，痊愈。对其余5头仔猪，每头于交巢穴注射药液3mL，只用1次，未见发病。

17. 1989年8月18日，翁源县良洞乡陈某10头1.5月龄、7kg左右杂交猪，有3头不食，气喘，步态不稳，头肿，叫声嘶哑，用链霉素、青霉素、卡那霉素、硫酸钠等西药治疗无效，在1～2d内3头病猪均死亡。至25日，又有1头仔猪不食，头肿，叫声嘶哑。诊为大肠杆菌水肿病。治疗：参葵痢菌注射液（见方药12），3mL/次，2次/d。对未出现症状的仔猪于交巢穴注射上方药1次，3mL/头，再未出现新病例。（王声赋，T43，P25）

18. 1998年1月13日，丹阳市折柳镇城士村葛某一窝16头断奶仔猪，有4头发病来诊。检查：患猪精神沉郁，皮肤苍白，眼结膜苍白，眼睑水肿，全身肌肉出现不同程度震颤，叫声嘶哑，有的卧地，四肢呈游泳状。诊为水肿病。治疗：六茜素400mg/（头·次），肌内注射，2次/d，连用3d，均获痊愈。

19. 1998年3月11日，丹阳市陵口镇陈某一窝仔猪中有5头发病邀诊。检查：患猪食欲减退或废绝，眼结膜苍白，眼睑水肿；有的头颈部有轻度水肿，体温正常或偏低，腹围增大，呼吸困难；有的后肢或四肢瘫痪，肌肉震颤，叫声嘶哑。诊为水肿病。治疗：六茜素400mg/（头·次），肌内注射，2次/d，连用3d；对病情严重者每头用安钠咖0.25g、维生素C 0.25g和50％葡萄糖注射液40mL，混合，静脉注射。共治愈4头，1头死亡。（羊雪宇等，T103，P16）

20. 1999年3月，延安市某猪场购回20头仔猪，4月份猪群突然发病，头、颈、眼睑有明显水肿症状者11头，2～3d内死亡9头，病程短的仅8～9h死亡。治疗：取方药14，用法同上。2～3d后，患猪水肿消失，开始饮水、采食；5d后基本恢复正常。（肖文华，T101，P30）

21. 1999年3月下旬，内乡县城关镇农机公司赵某的猪群发病邀诊。主诉：近日，由于气温突然下降，保暖措施不力，昨日发现2头健壮仔猪卧地不食，赶起后又卧下，遂请当地兽医治疗，用氨基比林配合青霉素肌内注射无效，于当天下午死亡。之后发现同圈及其他圈舍内有6头猪出现类似症状。检查：患猪精神沉郁，眼睑、头部水肿，体温不高，共济失调，倒地后四肢呈游泳状划动，个别呼吸困难。诊为水肿病。治疗：圈舍用10％百毒杀1：600消毒；降低饲料中蛋白含量，按八成饱供料，并在饲料中每天添加适量乳酶生，连用1周；病猪隔离治疗，每天用鲜车前草3.0kg、白茅根4.5kg，水煎取汁，候温灌服，连服1周。经上述治疗，猪群病情得以控制，6头病猪全部治愈。（杨铁茅等，T109，P27）

22. 勉县温家镇晏湾村齐某16头仔猪，其中有6头水肿来诊。主诉：患猪经他医诊治无效。检查：患猪两眼红肿，体温42℃，粪尿正常，食欲减退。治疗：取水肿消10mL/（头·次），肌内注射，1次/d，连用2次，痊愈。（张继新，T125，P45）

23. 2003年5月13日，赤水市复兴镇凯旋村李某一窝9头46日龄仔猪发病邀诊。主诉：昨天更换了饲料，今早死亡1头，另有2头精神不振、不食。检查：患猪精神沉郁，体温正常，触诊敏感，眼睑水肿。对病死猪进行解剖，可见胃大弯部的黏膜层和肌层之间有一层厚约2cm胶胨样水肿，胸腹腔有积液。根据临床症状、病理变化及流行病学，诊为水肿病。治疗：对2头发病仔猪隔离治疗，药用白头翁汤合五苓散加减。白头翁、猪苓、茯苓、白术、泽泻、甘草各15g，黄柏、黄连、苦参各10g。用法同方药17，3次/d，连服3剂。对整窝仔猪用白头翁、甘草各45g，黄柏、黄连、苦参各30g。水煎取汁，候温灌服，2次/d。治疗3d后，2头患猪痊愈，猪群恢复正常。（唐进勇，T144，P44）

仔猪白痢

白痢是仔猪感染大肠埃希杆菌引起以下痢和排灰白色粥状粪为特征的一种病症，又称仔猪大肠杆菌病。

【流行病学】 本病病原菌为大肠埃希杆菌，病猪和带菌猪为其传染源。病猪和带菌猪的粪等排泄物污染圈舍、饲料、饮水和用具等，仔猪吮乳或与母猪皮肤接触时，经口腔感染。气候变化无常、饲料的品质及搭配不合理、母猪乳汁不足或太浓、圈舍污秽及各种应激因素等都可促使本病的发生。一年四季都可发生，以严冬、早春及炎热季节发病较多，主要发生于10～30日龄仔猪，以10～20日龄仔猪发病最多。

中兽医认为，本病多属湿热邪毒内侵，伤及脾胃及肠道，使胃肠传导失调，清浊不分而致水湿下泄。

【辨证施治】 本病分为细菌性、寒湿性、消化不良性和营养不良性白痢。

（1）细菌性 患猪精神委顿，腹泻，粪稀薄、呈淡黄色或灰褐色，粪中带有气泡或黏液，有的粪带血、气味特别腥臭。

（2）寒湿性 患猪腹泻，粪呈淡黄色或绿色、稀薄、无臭味。

（3）消化不良性 患猪粪呈黄白色糊状、黏稠、气味腥臭、有未充分消化的乳汁。

（4）营养不良性 患猪皮肤及可视黏膜苍白，粪稀、呈灰白色。病程长者达1周以上，短者2～3d，虽能自行康复，但多因严重脱水、营养障碍而成僵猪。

【病理变化】 病死猪外表不洁、消瘦；胃黏膜潮红肿胀，以幽门部最明显，上附黏液，胃内充有凝乳块，少数严重病例胃黏膜有出血点；肠黏膜潮红，肠内容物呈黄白色、稀粥状、有酸臭味，有的肠管空虚或充满气体，肠壁菲薄，严重者黏膜有出血点及部分黏膜表面脱落；肠系膜淋巴结肿大；肝和胆囊稍肿大。

【治则】 清热解毒，扶正祛邪，燥湿止泻。

【方药】 （1～11适用于细菌性，12适用于寒湿性，13适用于消化不良性，14适用于营养不良性）

1. 盐酸黄连素1支（10mL含药10mg），稀释1g盐酸链霉素，缓慢滴入猪鼻孔，1次/d。共治疗110例，全部治愈。（阎超山，T2，P15）

2. 当归粥。全当归750g，切短，水煎30min，碾碎，再煎30min成药糊，混合1.5kg米粥，喂给怀孕3个月的母猪，1次/胎。共试喂母猪78头（本地猪、杂交猪、良种猪），产仔猪458窝4108头，无1头发生白痢。（易小龙，T13，P11）

3. 腐植酸钠与敌菌净合剂。腐植酸钠（鸡西市曙光激素厂产品，批号820102），仔猪用量为0.3g/kg；敌菌净（东北第六制药厂产品，批号8201802），仔猪用量为30mg/kg。

将两药混合后加温水1次灌服，2次/d，连续用药至痊愈。共治疗10窝98例，治愈96例。

4. 取新鲜扑地虎（茜草科植物黄毛耳草的全草）约1kg，用木锤捣烂，撒在母猪和患病仔猪垫草上，让猪睡在药草上，2～3d即可见效。（杨传燊，T21，P64）

5. 玉屏风散加味。黄芪25g，白术（可用苍术代替）、防风各9g，桂枝7g。加水500mL，煮沸20min。仔猪尚未采食者，将煎剂带渣混入饲料中喂给母猪；仔猪已采食者，将煎液混入少量精料中喂给仔猪，药渣喂给母猪。1剂未愈者次日再喂1剂。共治疗167例，服药后2.5d内全部治愈。（冯昌荣，T25，P48）

6. 白痢散。白头翁1份，牵牛子（有毒，注意用量）4～5份，红糖1份，大黄1份。用红糖水浸渍牵牛子12～14h，一起炒焦，加入大黄、白头翁粉拌匀（吸湿防黏），共研细粉，充分拌匀，拌入少量饲料中饲喂母猪，25g/次，早、晚各服1次。药后48h见效。疗效差者将药量增至36g。注射和口服西药数次不愈者用本方也能治愈。共治疗150窝1600头白痢仔猪，疗效达95%。（马中欣，T32，P64）

7. 五味子、诃子、地榆、苍术等量，制成粉剂。取20～80g，1次灌服（或用20%混合煎剂20～80mL，1次灌服；或用混合注射液10～40mL，1次肌内注射或皮下注射），1次/d。共治疗15例，全部治愈。

注：①20%煎剂的制备。用切碎的洁净中药200g，加水2000mL浸泡、煮沸后再煎煮1h，药渣再加水煎煮1次，滤过取汁。2次煎液混合，补足水量至1000mL。最好在用前煎制，如欲保存待用，应分装后高压灭菌（121℃，30min）保存备用。②注射剂的制备。同上法煎制成10%药液，用三层纱布滤过后分装于瓶内，高压灭菌，保存备用。（王锡祯等，T34，P29）

8. 止痢灵。海蚌含珠、马齿苋各25%，旱莲草22%，海金沙15%，大蒜6%，红辣蓼 5%，牡蛎 2%。除牡蛎、大蒜外，先将采集的鲜药洗净，切成 1cm 长，晒干，放入干大蒜瓣，加 4 倍于干药量的常水煎煮，用 4 层纱布过滤、蒸馏，使药液浓缩到干药量的 2.5 倍左右，再将牡蛎研细过筛，和防腐剂一并加入浓缩液，冷却备用（每 1mL 浓缩药液中含生药 0.4g）。仔猪 6mL/头，灌服，2 次/d。共治疗 530 例，治愈 503 例。

9. 单味白头翁汤。白头翁 300g，加水 1000mL，煮沸 20min，取汁，拌料饲喂母猪，隔 12h，将药渣再煎煮 1 次拌料喂饲，1 剂/d。1 剂不愈者，24h 后再服药 1 剂。

10. 柠檬桉树脂。刮取从桉树干创口、裂口自然流出的树脂；或在桉树树皮上用刀刻成"V"字形切口，在切口下方安一竹筒，收集从切口流出的树脂。将收集的桉树脂在阳光下晒至微干，搓压成 1g 的颗粒，晒干备用。对 10～30 日龄、有泻白色稀粪、食欲差、皮肤苍白等症状者，用手按压嚼肌部位使之张口，迅速向咽部投入桉树脂 1 粒，即可吞服。次日不愈者再投服 1 粒。桉树脂粒不宜用水溶化，因为其水溶液有特异气味，且苦涩，故难灌服，若强行灌服，容易造成异物性肺炎而导致死亡。病情严重、出现水肿者其疗效不理想。共治疗 532 例，总治愈率为 98.87%。

11. 母仔同治。仔猪用氯霉素注射液 25000 单位，交巢穴注射，2 次/d，连用 2d。母猪取金银花、甘草各 30g，连翘 20g，白头翁 100g，瞿麦 50g。水煎取汁，候温灌服。药渣可倒在单独容器里让母猪自由采食，1 剂/d，连用 2d。

12. 艾叶炒炭存性，研末，5g/头，加次苍 2g/头，或鞣酸蛋白 1g/头，红糖水调制成糊，用竹板等涂抹在仔猪舌根部，2 次/d。火针刺仔猪交巢穴，1 次/d；鲜马尾松叶 500g，切细煎煮，取汁，候温，让母猪饮服，2 次/d。

13. ①焦三仙、龙胆草、陈皮，按 3:2:1 的比例，胃蛋白酶 1 片，共研末，用鲜猪胆（1 个）汁调成糊，仔猪 10g/头，1 次/d；②磺胺甲噁唑 0.25g/头。①与②交替使用，1 次/d，灌服。

14. 取鲫鱼或乌鳢鱼 1000g，枸杞子 100g。水煮至鱼肉离刺时以汁饲喂母猪，1 次/d，连用 3～4 次；10% 葡萄糖注射液，4mL/次，交巢穴注射，1 次/d，连用 2d。

15. 解热胃肠灵。樟脑、大黄、生姜各 25g，桂皮、小茴香各 10g，薄荷油 25mL，穿心莲 125g，乙醇 750mL。将大黄、桂皮、生姜、小茴香、穿心莲粉成粗末，加 95% 乙醇 500mL 浸泡 7d，过滤，药渣再加 95% 乙醇 250mL 浸泡 7d，过滤，合并 2 次滤液，加入樟脑、薄荷油溶解，蒸馏水加至 1000mL，按药液的 1% 加入活性炭，摇匀，用布氏漏斗抽滤，再用 G 垂熔漏斗精滤后分装（5mL/瓶）、密封、灭菌。肌内注射，1 次/d，0.5～1mL/次。共治疗 523 例，治愈 503 例。

16. 白头翁、穿心莲各 5000g，瞿麦、苦参、龙胆草各 6000g，苍术、秦皮、山药各 3000g，白芍、泽泻各 4000g，甘草 2000g。粉碎，过 50 目筛，混合后备用。另备生大蒜、红糖、醋。先取 300g 制备好的药粉（为 100kg 猪药量），用温开水浸泡，与大蒜泥 100g、红糖 250g 同时拌入饲料中，任母猪采食，1 次/d。对体况差、脱水严重、食欲不振者，每头用药粉 9g、红糖 10g、食醋 3mL、温开水适量，混匀后灌服，2 次/d。

17. 自拟白痢散。苍术（或瞿麦）200g（由风热引起的白痢选用苍术，因湿热所致者用瞿麦），白头翁 250g，蜘蛛香 200g，荞麦 500g，甘草 10g，大蒜为引。先将苍术（或瞿麦）、白头翁、蜘蛛香、甘草切碎入锅内，用冷水浸泡 15min，再煮沸 30min，去渣，后将炒熟制成粉粒状的荞麦和生大蒜汁加入药液，拌料让哺乳母猪自食。每剂药可分 3 次煎用，每次另加荞麦粉 500g。早、晚各喂服 1 次，连用 2～3d。共治疗 11 窝 78 例，治愈 71 例，有效5例，总有效率为97.4%。

18. 苦米汤。苦参2g，穿心莲、罂粟壳各1g，神曲30g。共为末，水煎取汁，浓缩至30mL（为1头猪药量），候温，将其吸入不带针头的注射器经口给患猪灌服，1次/d，连用3d为1个疗程。

19. 白龙王漏散。白头翁、薏苡仁60g，龙胆草、漏芦、黄芩、连翘、益母草、当归各40g，王不留行、滑石、建曲、苏叶各50g，白芍、生姜、陈皮各30g（为150kg母猪药量）。粉碎，拌入精饲料中，分2d给母猪喂服，2次/d。一般1剂即可。若仔猪体质差、病情重时，母猪可连服2剂。本方药对不同原因所致母猪缺乳具有明显催乳作用。产前1周开始服用可有效降低仔猪白痢的发病率；产后未病时服用，既可预防或减缓仔猪白痢的发生，还可降低母猪乳房炎的发病率。共治疗265窝2069例，治愈2026例，1剂治愈1852例，2剂治愈174例。（鲁必均等，T141，P28）

20. 锅底灰100g，大蒜10g。将大蒜捣烂同锅底灰均匀混合，用水调成糊状，喂服，2次/d，10g/次。

21. 黄连100g，苦参200g，白头翁160g，白胡椒40g。将各药焙焦，研成细末，拌入少量精料中饲喂母猪，2次/d，5~10g/次。共治疗1123例，治愈1099例，治愈率达97.86%。

22. 金银花、龙胆草、白头翁、白芍各15g，焦山楂、地榆、吴茱萸各20g，秦皮、黄柏、陈皮各12g，通草10g。母猪奶多且浓者重用焦山楂；母猪产后有热者重用金银花、黄柏；夏天多用白头翁、地榆；冬天适当加炮姜；湿重者加茯苓、泽泻。水煎取汁，拌入母猪料中喂服，早、晚各1次/d。

23. ①未断乳仔猪，用百草霜（锅烟墨）40g，苏打粉30g，天花粉、白芷各100g，樟脑2.5g。研为细末，水调成糊状，灌服，1~2g/（kg·次），2次/d。同时要注意经常用花椒、桑叶、陈艾熬水清洁母猪乳头，除去污物和细菌。取熟地黄、当归、益母草、对月草各25g，白芍、厚朴、陈皮各20g，川芎、防风各15g，甘草10g，地瓜藤、茶叶各50g。水煎取汁，分2次于饲料中给母猪喂服。②断奶仔猪，用治痢散：葛根、苦参（炒）、麦芽（炒）、山楂、赤芍、陈皮各10g，茶叶、马齿苋各15g。水煎取汁，候温灌服（为10kg猪药量）。共治疗34例，治愈30例，治愈率88%。

24. 鲜马齿苋1kg，捣烂，纱布包裹挤汁，再加入白糖100g，1次灌服，15~20mL/次，2~3次/d，3d即愈。

25. 九应丹。胆南星、半夏各30g，辰砂、木香、肉豆蔻、川羌活各25g，明雄黄10g，巴豆7g，蒙砂40g。共研细末，开水冲调，候温灌服，或混食喂服，5~15g/次。

26. 王氏保赤丸（江苏省南通制药厂产品，0.3g/支，120粒），3~5日龄仔猪30粒/次；6~10日龄仔猪45粒/次；10日龄以上仔猪60粒/次。2次/d，重症增加3次/d。将药丸研细，用少量温水溶解后涂于母猪乳头上，让仔猪吮服。共治疗231例，治愈197例，治愈率85.3%。（丰玉良，T32，P43）

27. 通乳止痢散。川芎、木通、王不留行、当归、苦参、连翘、白头翁、板蓝根、生石膏各1份，穿山甲、天花粉各0.5份，蒲公英2份，混合，制成散剂。母猪1.0~1.5g/kg，水煎后连同药渣投服，2次/d，连用2~3d。重症和体型较大的患猪用量酌增。

28. 苦木注射液（广东省汕头制药厂产品，2mL/支，内含苦木提取物10mg）。将患猪尾巴提起，用16号针头向后海穴前上方刺入3~5cm，1次注入药液。共治疗411例，治愈401例，治愈率97.6%。

注：保定要稳妥，防止发生事故；选穴要准确，以发挥应有疗效；消毒要严格，器械应煮沸30min后晾干备用，穴位的皮毛用5%碘酊消毒后，再用70%酒精棉球脱碘，然后再刺针；注射药液要慢，切勿过急；治疗后加强护理。（刘云立等，T31，P44）

29. 丁芪散。丁香叶 400g，丁香叶浸膏 200g，黄芪 20g，半枝莲 10g。混合均匀，风干粉碎，预防剂量为 50g/（次·头），拌食喂母猪，从产仔前 5d 开始至产后 5d，连喂 10d，1 次/d。治疗剂量为 120g/（d·头），分成 2 次拌食喂母猪，直至患病仔猪痊愈。先后在 3 个养猪场和 11 个养猪户中应用，其中预防母猪 76 例，用药后母猪所产仔猪均未发生白痢，保护率达 100%；治疗带仔母猪 16 例（红痢病母猪 4 例、黄痢 5 例、白痢 7 例），患病仔猪 139 例，治愈 120 例（投药前死亡 12 例）。（林勇，T89，P43）

30. 5% 新洁尔灭溶液 0.1mL/kg，加 2～3 倍蒸馏水稀释，吸入注射器，喷进猪口腔，2 次/d，一般 2～4 次治愈。（谢大福，T54，P42）

31. 菌毒灵注射液。黄芪、板蓝根、金银花、黄芩各 250g，鱼腥草 1000g，蒲公英、辣蓼各 500g。将诸药品洗净切碎置蒸馏器中，加水 7000mL，加热蒸馏收集蒸馏液 2000mL，将蒸馏液浓缩至 900mL 备用。药渣加水再煎 2 次，1h/次，合并 2 次滤液浓缩至流浸膏，加 20% 石灰乳调 pH 值至 12 以上，放置 12h，后用 50% 硫酸溶液调 pH 值至 5～6，充分搅拌放置 3～4h，过滤，滤液用 4% 氢氧化钠溶液调 pH 值至 2～8，放置 3～4h，过滤加热至流浸膏状，与上述蒸馏液合并，用注射用水加至 1000mL，后加抗氧化剂亚硫酸钠 1g，用注射用氯化钠调至等渗，精滤，分装，100℃ 煮沸 30min 灭菌，即为每 1 毫升含生药 3g 菌毒灵注射液。0.5mL/kg，肌内注射，1～2 次/d。重症 3 次/d。共治疗肠炎、仔猪白痢 534 例，治愈 520 例。

32. 白头翁 20g，黄连、黄柏、苦参各 10g，龙胆草 5g。共为细末，拌料喂服，1 剂/d，连喂 3d；复方敌菌净 30mg/kg，仔猪灌服，2 次/d。

33. 多花勾儿茶鲜草 250g（或干品 100g 左右），常水 3～5kg，煎至药液为黄色后，取药液拌饲料喂母猪，早、晚各 1 次，以后每 5d 重复用药 1 次。仔猪开食后，可直接将药液拌饲料喂仔猪，或以药液代水饮服，5～7d 用药 1 次，直至断乳。共防治仔猪黄痢、白痢 460 窝（3720 例），治愈率 100%。

34. 取蟾酥 10g，研成粉末，加入少量水继续研磨后，加水 100mL，再加 95% 酒精 200mL 充分搅拌，然后静置 24h（放入冰箱冷藏），取出过滤，将滤液经水浴回收乙醇，直至滤液无醇味，加蒸馏水至 100mL，然后分装 50 安瓿瓶（2mL/瓶，相当于含生药 0.1g/mL），密封消毒。按体重大小取药液 0.5～1.5mL/头，1 次/d，视病情连用 1～3 次。于耳根后部或臀部作肌内注射，也可取交巢穴作穴位注射（穴位注射时由畜主倒提仔猪两后肢，使仔猪交巢穴向上，穴位清洗、消毒后垂直进针 1～2cm，注入药液）。共治疗仔猪黄痢、白痢 1080 例，治愈 1010 例。

注：临床用药时，体重轻、体质弱者用量少，体质好、发育生长快者用量适当加大，一般在 0.5～2.0mL 之间。蟾蜍有大毒，制备注射液时要有较好的防护措施，操作时要细心，以免毒液溅至皮肤等处引起红肿疼痛。

35. 六茜素（中国农业科学院中兽医研究所研制），用生理盐水或注射用水稀释，120～240mg/d，肌内注射，重症者同时口服给药 200mg/次，2～3 次/d。共治疗 2694 例，治愈 2375 例，总治愈率 88.2%。（张继瑜等，T71，P12）

36. 消痢散。草豆蔻、陈皮、神曲、茯苓各 35g，厚朴、苍术、山楂各 30g，木香、罂粟壳、诃子、炙甘草各 15g，胡椒 10g，大米 200g。研细为末，过筛。母猪 200～250g/头，第 1 天 2 次，以后 1 次/d，连用 3d，用开水调成糊状，待凉饲喂。仔猪 25～30g/头，2 次/d，连用 3d，用开水调成糊状，加适量牛奶、白糖调成舔剂，涂于母猪的乳头或直接喂服仔猪。

若同时给仔猪 1～2 次/d 口服补液盐，效果更好。共治疗仔猪黄痢、白痢 46 窝 360 例，治愈 303 例，治愈率达 84.17%。

37. 将六一散（滑石 500g，甘草 100g）粉碎后拌料饲喂母猪，150g/（头·次），2 次/d，连用 2d。仔猪断乳前发病者，用六一散 600g，或单用瞿麦 1000g 煎水喂服母猪，250g/（头·次），2 次/d，连用 2d。仔猪断乳后发病者，单用瞿麦 1000g（为 10 头仔猪 2d 药量），水煎取汁，候温喂服仔猪。预防量，母猪产前 2～3d，用六一散煎水喂服，150g/（头·次），2 次/d，连服 2d。共治疗 20 窝 240 例仔猪白痢，治愈 234 例，治愈率达 97.50%。

38. ①疫苗预防。怀孕母猪产前 40d 和产前 15d 肌内注射仔猪大肠埃希菌三价灭活苗，2mL/（头·次）。②药物预防。母猪产前 5d 每天饲喂土霉素 0.5～1.0g，或金霉素 2.0～3.0g，或长效土霉素 0.5～1.0g。中药用白头翁、黄连、秦皮、大黄、当归、防风、白芍、茯苓、金银花各 10g，黄柏 5g，大青叶、鱼腥草、板蓝根各 50g。水煎 3 次，取汁，拌料喂服。（陈世堂等，ZJ2009，P117）

39. 辣姜水穴位注射法。选择辣味最强的干红辣椒 50g、生姜 25g（冷水洗净切细），加热水浸泡 30min，待浸液有辣味时即煮沸 15～20min，加蒸馏水 500mL，先后用四层纱布、滤纸过滤。药渣再加蒸馏水 300mL，煮沸 15min，过滤同前，合并 2 次滤液，浓缩至 500mL，分装于干净的带橡皮塞的 100mL 玻璃瓶中，高压灭菌 30min，用白蜡封口备用。取 500mL 辣姜水，为 40～50 头肥猪和架子猪或 80～100 头仔猪用量。辣姜水保存时间不宜超过 10d，否则辣味降低，疗效不显著。初期及时治疗疗效佳，后期泻重者须配合应用抗生素。共治疗 142 例（含腹泻），治愈 137 例，治愈率达 96.50%。（谭维寿，T6，P37）

40. 穴位注射法。取硫酸链霉素 2g，硫酸

黄连素 16mL，混合，于脾俞穴注射 10mL，交巢穴注入 6mL（为 40kg 猪药量，根据猪体大小酌情增减）。注射前，穴位常规消毒。进针深度要根据猪的肥瘦、大小确定。一般脾俞穴进针深度为 2～3cm，交巢穴 3～4cm 为宜。共治疗 207 例，治愈 198 例。（胡长付，T65，P20）

41. 白头翁、黄连、秦皮、白芍、黄柏、泽泻、茯苓、苍术、陈皮、厚朴、木香、大黄炭、金银花炭、甘草（剂量、药味随症和猪体大小增减）。水煎取汁，候温灌服。共治疗 209 例，治愈 189 例，治愈率达 90%。（张模杰，T5，P49）

42. 五味止泻散。白矾、青黛、石膏各 10g，五倍子、滑石粉各 5g。各药分别研为细末，过 36 目筛后混合均匀，用塑料袋包装，20g/袋（置干燥处保存），拌料喂服；对食欲废绝者灌服，0.3～0.8g/kg，1～2 次/d（临证时可视病情适当增减，用量要适宜，药物用量过大可引起便秘）。脱水严重者需适当补液，以防虚脱。本方药多用于细菌性和消化不良等腹泻及仔猪白痢等症。

43. 穴位注射刺激法。取穴与进针方法按常规法进行。选交巢穴，进针深度 1.5～2.0cm，注射 10%樟脑醇（樟脑 10g 装在瓶内，加 95%酒精至 100mL，溶解后过滤备用）1～2mL/次，1 次/d，连续注射 1～2 次；注射松节油（为市售药品）0.2～0.5mL/次，1 次/（2～3）d，连续注射 1～2 次。配穴选大椎穴和百会穴，进针深度分别为 4～6cm 和 3～4cm，注射剂量分别为 3～5mL/次和 3～4mL/次，1 次/d，连续注射 2～3 次，分别注射松节油 2～3mL/次，1 次/（2～3）d，连续注射 1～2 次（均为 5kg 仔猪药量）。共治疗 164 例，治愈 112 例，好转 9 例，无效 3 例。

注：穴位注射刺激剂大大优于提插、捻转、艾灸、火针、烧烙等传统的增加刺激的方法，可代替留针。樟脑醇一次使用总量不得超过 20mL；松节油每

穴使用量不得超过 4mL，且不宜在一穴中重复注射，必须重复注射时，需间隔 2～3d 进行，有时局部发生肿胀，2～3d 可自行消失。

44. 天香炉（为野蔷薇科植物金锦香全草，8～10 月采收全草，切断、阴干）、地榆（为蔷薇科植物地榆的根，在秋冬季节采回，洗净切片，炒黄）、金樱（为蔷薇科植物金樱子的根，在秋冬季节采回，洗净切片，炒黄）、檵叶（花）（为金缕梅科植物檵木的叶或花，晒干）各 60g，加水 2000mL，武火煮沸，文火煎至 1000mL。20 日龄以内者 5mL/次，2 次/d；20 日龄以上者 7～10mL/次，2 次/d，灌服。或制成糊状，涂在母猪乳头上饲喂仔猪，可预防仔猪白痢。（刘巧生等，T37，P36）

45. 参苓白术散加减。党参、白术、茯苓、山药、莲肉、砂仁各 10g，炙甘草 5g，白扁豆 15g，桔梗、薏苡仁各 8g。加水 1000mL，浸泡 30min，水煎 20min，取汁候温，分 3 次灌服。同时灌服诺氟沙星 10mg/kg，1 剂/d，3 剂为 1 个疗程。对脱水严重者，取 5% 葡萄糖生理盐水、10% 氯化钾注射液、5% 碳酸氢钠注射液，按 20：1：5 的比例配合，按仔猪体重的 5% 腹腔注射，每头再注射维生素 C 注射液 3～5mL，1 次/d，连用 1～3 次。共治疗 1110 例，治愈 1068 例，治愈率 96.2%。

【典型医案】 1. 宝清县宝清镇李某一窝 11 头 35 日龄仔猪，全部排灰白色糨糊样腥臭粪，其中 2 头粪带血丝，排粪失禁，其余 9 头口渴，精神沉郁，食欲减退，有寒颤，结膜苍白，成堆叠卧。畜主用白术散、痢特灵、氯霉素、黄连素等治疗多次无效邀诊。治疗：腐植酸钠 2g，敌菌净 450mg，用法同方药 3。翌日，患猪症状缓解，粪呈条状，精神、食欲恢复正常，又服上方药 1 次。1 个月后追访，未再复发。（郭洪峰，T15，P34）

2. 1985 年 11 月 15 日，常德市鼎城区康家吉乡扭家嘴村王某一头母猪产仔 12 头，29 日发现仔猪泻白色稀粪，不吮乳，被毛杂乱。12 月 1 日诊为外感性白痢。治疗：取方药 8，用法同上。12 月 3 日，12 头仔猪均痊愈。

3. 1985 年 12 月 1 日，常德市鼎城区康家吉乡伍家嘴村黄某一头母猪产仔 12 头，16 日、17 日，该窝仔猪排白色胶胨样粪、有腥味。18 日诊为脂肪性白痢。治疗：取方药 8，用法同上。20 日，12 头患病仔猪均恢复正常。

4. 1986 年 1 月 2 日，常德市鼎城区康家吉乡二港桥村赵某 10 头 14 日龄仔猪排瓦灰色粪。诊为细菌性白痢。治疗：取方药 8，用法同上。4 日，10 头仔猪均治愈。

5. 常德市鼎城区康家吉乡邱家岗张某一头母猪产仔 10 头，13 日龄时发病就诊。治疗：取方药 8，用法同上。次日，10 头仔猪全部治愈。（杨修蕴等，T34，P12）

6. 1988 年 3 月，电白县某猪场的仔猪发生白痢，用土霉素和敌菌净治疗未愈邀诊。治疗：取方药 9，用法同上。共治疗 12 窝 85 头仔猪，疗效显著。（李华平等，T35，P30）

7. 南宁市谢某 31 头母猪，年均产仔猪 320 头。长期用土霉素防治仔猪白痢，仔猪白痢仍不断发生，平均每年死亡 22 头。治疗：取方药 10，用法同上。共治疗 96 例，全部治愈。（梁焕波，T54，P29）

8. 2002 年 4 月 7 日，微山县欢城镇某猪场产后 11d 的两窝 15 头仔猪发病邀诊。检查：患猪精神委顿，粪稀、呈灰褐色、混有气泡和黏液、间或带血、气味腥臭。诊为细菌性白痢。治疗：取方药 11，用法同上，母、仔猪同治。8 日，患病仔猪白痢明显减轻。继用上方药 2 剂，恢复正常。

9. 2003 年 4 月 15 日，微山县欢城镇高庄村朱某一窝仔猪发病邀诊。主诉：仔猪产后第 8 天，夜晚刮大风，猪圈保温差，早上即见仔猪下痢。检查：整窝仔猪粪呈淡黄色或绿色、稀薄但臭味不明显，重症的 2 头仔猪不时喷射稀粪。诊为寒湿性白痢。治疗：取方药 12，用法同上。服药当日，患猪症状即减轻，粪呈黏稠状，第 2 天继用方药 12，3 头痊愈。第 3 天不再针刺交巢穴，仅服用药物后恢复正常。

10. 2003 年 8 月 25 日，微山县欢城镇周村王某一头母猪产仔 10 头，因平时用残羹饲喂母猪。9 月 3 日，有 6 头仔猪出现腹泻来诊。检查：患病仔猪粪糊状黏稠、气味腥臭、呈黄白色，特别是稀粪中含有较多未充分消化的乳汁。根据母猪膘情和饲喂日粮情况及其仔猪症状，诊为消化不良性白痢。治疗：首先停喂饭店残羹，改喂玉米、麸皮等常规饲料，加喂青饲料；仔猪每天早上用焦三仙各 3g，龙胆草 5g，陈皮 2g，胃蛋白酶片 1 片，共研末，用健康鲜猪胆汁 1 个，调成糊状，涂抹于仔猪舌根处，晚上每头仔猪用磺胺甲噁唑 0.25g，研末，调糊灌服，1 次/d，连服 3 次，痊愈。

11. 微山县欢城镇苏庄村朱某一头母猪产仔 7 头发病来诊。主诉：仔猪 5 日龄时开始下痢。检查：患猪粪稀、呈灰白色、臭味不重，仔猪皮肤少光泽、有皱褶，可视黏膜发白。诊为营养不良性白痢。治疗：取方药 14，用法同上，母、仔猪同治。用药第 3 天，1 头仔猪死亡，第 4 天其他仔猪痊愈。（裴忠绳等，T131，P45）

12. 天门市黄潭镇杨四潭村杨某 15 头仔猪发生白痢，用土霉素治疗 2d 无效邀诊。治疗：取方药 15，用法同上。用药 1 次治愈 9 头，2 次治愈 6 头。（杨国亮等，T51，P22）

13. 1998 年 9 月 20 日，纳雍县雍熙镇石板河村张某一头约 100kg 母猪，产仔 14 头，10 月 7 日发现全窝仔猪腹泻来诊。检查：患病仔猪排灰白色和乳白色的稀粪，肛周染粪，气味腥臭，被毛粗乱，精神沉郁，食欲不振，喜饮冷水。诊为白痢。治疗：取方药 16 药粉 300g 拌入食物中，加蒜泥 100g、红糖 250g 饲喂母猪，同时，每头仔猪用药粉 9g，蒜泥 3g，红糖 10g，食醋 3mL。温开水 10mL 调和混匀，灌服。下午，2 例仔猪腹泻停止，粪转

好、颜色变深，精神、食欲明显好转，9 头仔猪有不同程度的好转，另 3 头仔猪无明显效果，给所有仔猪再用药 1 次。9 日上午，仍有 2 头仔猪腹泻，继续给母猪和未痊愈仔猪用药，10 日上午，痊愈仔猪已达 12 头，有 2 头仔猪无效，后改用其他方法治愈。

14. 2000 年 4 月 18 日，纳雍县雍熙镇沙坝村王某一头约 120kg 母猪，产仔 12 头，5 月 8 日至 12 日因泻灰白色稀粪来诊。主诉：曾用氯霉素、痢特灵治疗无效，已有 2 头死亡。检查：患病仔猪精神沉郁，全身污秽不洁，眼眶下陷，喜饮冷水，排灰白色、黄白色稀粪，肛周黏有稀粪，气味腥臭。诊为白痢。治疗：取方药 16，分别给母猪和仔猪连续用药 3d，全部治愈。（陈文发，T118，P26）

15. 1990 年 7 月 2 日，一头母猪产仔 11 头，14 日发现其中 5 头排白色稀粪，不吮乳，被毛粗乱。当即用痢菌净注射液，5mL/头，逐头肌内注射，并灌服土霉素 2～3 片，10min 后仔猪均发生呕吐。连续用药 2d，白痢停止，至 7 月 19 日全窝仔猪发生严重白痢，精神沉郁，用痢菌净注射液则无效。治疗：自拟白痢散，用法同方药 17，饲喂母猪。翌日下午，患病仔猪粪转干、略带白色，第 3 天粪复常。停药观察，未再复发。（王朝龙，T72，P26）

16. 2003 年 6 月 21 日，民和县川口镇大庄村二社张某养殖场一窝 18 日龄的 9 头仔猪，因阴雨连绵，气温骤降，圈舍保温不良，7 头仔猪先后发生腹泻就诊。检查：患猪体温不高，卧离猪群，猪体消瘦，粪稀薄、黏浊、呈白色或灰褐色，黏附于肛门周围，气味腥秽，精神委顿，食欲不振。诊为白痢。治疗：苦米汤。苦参 14g，穿心莲、罂粟壳各 7g，神曲 210g。共为细末，煎煮取汁，浓缩至 210mL，30mL/头，候温灌服，1 次/d。治疗同时，加强患猪护理，注意圈舍保温。22 日，3 头患猪腹泻停止，精神、食欲恢复正常，另外 4 例继

续用药1次。第3天，患猪腹泻全部停止，诸证悉除。（谭志军，T136，P48）

17. 1993年2月，敦煌市黄渠乡某养猪户饲养土种架子猪8头，成年母猪1头。母猪于1月23日产仔9头，存活8头，12日龄时，其中8头仔猪排淡黄色稀粪，发病至第3天粪色转为白色，频频腹泻、气味腥臭，两后肢和肛门周围沾满稀粪，全身颤抖，口色赤红，舌苔黄腻。诊为白痢。治疗：取方药20，用法同上，连服3d。6头仔猪下痢停止，至第5天，8头患猪全部治愈。（杨虎，T65，P48）

18. 松桃县普觉区普觉街陈某1头母猪，产仔12头，产后11d全窝仔猪发生白痢就诊。治疗：给母猪饲喂方药21，用法同上。用药2次后，已有5头仔猪粪色由白色变为正常，且已成形，精神和食欲亦恢复正常。其余7头仔猪也有明显好转，但还未完全康复，又服药2次，第3天，12头仔猪均痊愈。（杨正文，T18，P56）

19. 1982年4月12日，吉安县塘浦乡姚家村某户11头34日龄仔猪，患白痢已4d，用抗生素治疗无效邀诊。治疗：取方药22，母猪喂服，1剂，用法同上。患猪痊愈。（王洪斌等，T32，P52）

20. 2001年5月，金川县河西乡张某一窝断奶仔猪（7头，10～12kg）患病来诊。主诉：该窝仔猪精神倦怠，卧地不起，食欲废绝。诊为白痢。治疗：取治痢散，用法见方药23。嘱畜主加强护理，厩舍内多铺垫草，喂以米汤、温水及营养丰富易消化饲料。同时隔离病猪，平时注意喂以清洁饮水和饲料。1个月后追访，7头断奶仔猪均在给药后7d内痊愈。（蔡杰，T122，P19）

21. 1987年6月，天水市北道区马跑泉镇什字坪村8头仔猪患白痢就诊。治疗：嘱畜主自采新鲜马齿苋茎叶1kg余，洗净捣烂，用纱布包裹挤汁，加入白糖，灌服，50mL/次，2～3次/d，同时用马齿苋饲喂母猪，用药3d，

基本痊愈。（穆世杰，T56，P36）

22. 乐平市接渡镇塘边村一养猪专业户20余头仔猪患白痢就诊。治疗：取方药25，5g/头，拌食喂服，连用3d，全部康复。（汪成发，T88，P34）

23. 1995年2月25日，如皋市车马湖乡谢庄村谢某一头约125kg白色杂种母猪，第4胎产仔15头，仔猪于25日龄时发生白痢，当地兽医曾用诺氟沙星、庆大霉素等药物治疗2d无效，3月23日来诊。检查：15头患病仔猪被毛粗乱，粪呈水样、淋漓不绝，平均体重仅4～5kg。治疗：取方药27，200g，用法同上，喂服母猪，午后仔猪腹泻停止，翌日继用药200g，母乳充足，仔猪病愈。（宗志才等，T81，P22）

24. 1974年8月12日，天门市黄潭镇杨泗潭村2组闵某一头母猪产仔15头，仔猪于8月27日全部发生白痢就诊。治疗：取菌毒灵注射液，用法同方药31，5mL/头，2次/d，1d治愈。（杨国亮等，T168，P63）

25. 1996年3月2日，通渭县碧玉乡新城村陈某一头母猪产仔12头，4d内全部患白痢，发病2d死亡3头。治疗：取方药32，用法同上（母猪喂服中药，仔猪喂服复方敌菌净片），给药2d即见粪好转，吮乳基本复常，3d全部痊愈，再无死亡，又给母猪继服药1剂，以巩固疗效。（邵祥，T88，P28）

26. 1992年4月24日，黎平县南泉村杨某一头母猪产仔13头，均发生白痢就诊。治疗：27日开始用多花勾儿茶水煎液拌食喂母猪，每7天用药1次，仔猪再未发生白痢，断奶时仔猪长势良好，平均体重13kg/头。（蒋启维等，T82，P23）

27. 醴陵孙家湾乡朱某一窝仔猪9头，18日龄时发生白痢，用氯霉素、土霉素片治疗3d无效来诊。检查：患猪毛枯体瘦，消瘦无神，喜饮水，步态缓慢，排灰白色糊状粪。治疗：取蟾酥注射液（制备方法见方药34），

0.5mL/头，交巢穴注射，1 次/d。3d 后追访，全部治愈。（何华西等，T111，P37）

28. 1998 年 12 月 5 日，忠县黄金镇万宝村蒋某一窝 12 头仔猪发病邀诊。主诉：前两天气温突然下降，有的仔猪食欲减退，有的废绝，四肢发冷，粪稀薄如水。检查：患病仔猪全身皮肤、耳尖、鼻端俱冰凉，腹部膨胀如鼓、叩打呈鼓音，听诊肠音呈强流水声，粪稀薄如水，可视黏膜色泽较淡，脉象沉迟。诊为白痢。治疗：取方药 36，用法同上，2 次/d，2 剂即愈，7d 后追访，再未复发。（王顺平，T115，P25）

29. 2001 年 4 月 17 日，西平县全寨乡某养殖户一头母猪产仔 13 头，18 日龄时，有 3 头仔猪发病来诊。检查：患猪精神沉郁，皮毛粗乱，消瘦，畏寒，厌食，眼结膜苍白，体温 39.5℃，其中 1 头猪粪呈灰白色浆状、黏腻、气味腥臭。畜主曾用恩诺沙星合葡萄糖腹腔注射，并口服环丙沙星、庆大霉素治疗无效。诊为白痢。治疗：六一散（见方药 37）150g/（头·次），2 次/d，连用 2d。煎水喂服母猪后第 3 天，患猪排粪次数减少，粪稍稠且色泽变黑，精神好转，食欲增加。又给母猪煎水灌服瞿麦 1 剂，250g/（头·次），2 次/d，连用 2d，7d 后追访，除 1 头仔猪因不吮乳而死亡外，其余 10 头均痊愈。（祁小乐等，T119，P26）

30. 1987 年 3 月 5 日，贵港市磷肥厂吴某一头约 90kg 母猪和 11 头仔猪（约 10kg/头），因喂未煮熟的豆渣引起腹泻，曾用土霉素、磺胺脒、止痢膏治疗无明显效果邀诊。检查：患病仔猪皮肤苍白、被毛松乱、无光泽，精神沉郁，消瘦，肛门处黏有气味腥臭稀粪。诊为白痢。治疗：用方药 42，60g/次，拌粥喂服，2 次/d，痊愈。（何媛华，T46，P24）

31. 1986 年 3 月 28 日，盐城市郊永丰乡永南村郑某 7 头 22 日龄仔猪就诊。检查：患猪排深灰色糯糊样粪、气味腥臭，被毛粗乱，精神不振，眼窝下陷。曾口服土霉素 3 次未见

好转。治疗：单取交巢穴（见方药 43），进针 2cm，注射樟脑醇 2mL，1 次即愈。（吴杰，T35，P43）

32. 2005 年 3 月 10 日，武威市凉州区武南镇一养猪户的 23 头 21～26 日龄仔猪发生腹泻邀诊。检查：患猪拱背，行动迟缓，被毛粗乱，食欲降低，不同程度腹泻，病情严重者每小时腹泻数次，排浆状或糊状、灰白色、气味腥臭、黏腻粪，其中混有未消化的饲料、黏膜等，腹泻严重者出现脱水、心力衰竭等。剖检病死猪可见肠系膜淋巴结肿胀；脾、肾肿胀；肝质地变脆，结构模糊，有暗红色血液流出；心肌松软；肺被膜上偶见有散在针尖大出血点；胃显著膨胀，充满多量酸臭气体和少量饲料，胃壁黏膜附着多量黏液，胃底黏膜呈红色或暗红色；肠腔内充满多量气泡性内容物，肠壁变薄，肠黏膜轻度充血和出血。根据发病情况、临床症状、剖检变化，诊为白痢。治疗：对发病仔猪，药用参苓白术散加减：党参、白术、茯苓、山药、莲肉各 3g，炙甘草、桔梗、薏苡仁各 2g。用法同方药 45，同时灌服诺氟沙星 10mg，1 剂/d。对脱水严重的仔猪进行腹腔注射，5％葡萄糖生理盐水 200mL，10％氯化钾注射液 10mL，5％碳酸氢钠注射液 50mL，维生素 C 注射液 5mL，1 次/d。第 2 天，有 8 头仔猪基本痊愈，除 1 头死亡外，其他猪症状明显好转，继续灌服中药，1 剂/d，并在饮水中加诺氟沙星，50mg/kg，自由饮用，连续用药 4d，痊愈。（王权，T138，P55）

仔猪黄痢

黄痢是由致病性大肠杆菌引起初生仔猪以排泻黄色稀痢或灰黄色水样稀粪和急性败血症为特征的一种急性、致死性肠道传染病。

【流行病学】 病原菌为不同血清型的致病性大肠杆菌。带菌母猪是主要传染源，由粪排

出的病菌污染母猪乳头、皮肤及环境，仔猪出生后吸吮乳头和舔舐母猪皮肤或接触传染物时，经消化道传染发病。饲养管理不当，猪舍环境卫生条件差，天气骤变，猪舍阴冷潮湿等均可诱发本病。主要发生在1～7日龄吮乳仔猪，7日龄以上仔猪发病较少，发病急，迅速脱水，衰弱，发病率和死亡率均较高。本病流行无明显季节性，潜伏期短者12h，长者可达1～3d；常常先是1头仔猪发病，很快蔓延到全窝。

【主证】 患猪先排黄色稀粪，后泻半透明的黄色液体、气味腥臭，严重时肛门松弛、排粪失禁，粪水污染尾部、会阴、臀部和四肢等，被毛粗乱无光，皮肤松弛，常站立不动，精神沉郁，吮乳量减少以至停止，迅速消瘦，衰弱，脱水，最后因体弱昏迷而死亡。

【病理变化】 肠道内充满腥臭的黄白色内容物，以十二指肠黏膜病变最为严重，多处呈红色或暗红色；小肠黏膜红肿充血或出血，小肠内充满气体、肠壁变薄、松弛；胃黏膜发红；肠系膜淋巴结肿大；肝呈紫红色和红黄相间纹样色调；肾色淡，表面有数量不等针尖大的出血点；心脏扩张，心房、心室充满凝血块，心冠部有少量出血点；肺明显水肿；有的还有小坏死灶。

【治则】 清热解毒，凉血止痢。

【方药】 1. 王氏保赤丸（江苏省南通制药厂产品，0.3g/支，120粒），3～5日龄仔猪30粒/次；6～10日龄仔猪45粒/次；10日龄以上猪60粒/次。2次/d，重症者增加1次。将药丸研细，用少量温水溶解后涂于母猪乳头上，让仔猪吮服。共治疗54例，治愈40例，治愈率70.2%。（丰玉良，T32，P43）

2. 六茜素（中国农业科学院中兽医研究所研制），用生理盐水或注射用水稀释，80～120mg/d，肌内注射，重症者同时口服给药100mg/次，2～3次/d。共治疗1150例，治愈1045例，总治愈率90.7%。（张继瑜等，

T71，P12）

3. 通乳止痢散。川芎、木通、王不留行、当归、苦参、连翘、白头翁、板蓝根、生石膏各1份，穿山甲、天花粉各0.5份，蒲公英2份，混匀，制成散剂。母猪1.0～1.5g/kg，水煎后连同药渣投服，2次/d，连用2～3d。重症和体型较大者用量酌增。配合抗生素、补液或其他辅助疗法则效果更佳。共治疗67例，治愈率96.5%。

4. 白头翁汤加味。白头翁、秦皮各20g，黄连、黄柏、槐花、诃子各15g，乌梅12g，马齿苋适量（引）。水煎取汁，拌料喂服母猪，3次/d，500mL/次，连用3剂。重症患病仔猪可灌服，10～20mL/头，2次/d。共治疗327例，治愈287例，治愈率88%。（钱立富，T89，P29）

5. 丁芪散。丁香叶400g，丁香叶浸膏200g，黄芪20g，半枝莲10g。混合均匀，风干粉碎。治疗量120g/（d·头），分成2次拌料喂服母猪，直至患病仔猪痊愈；预防量50g/（次·头），拌料喂服母猪，从产前5d开始至产后5d，连喂10d，1次/d。先后在3个养猪场和11个养猪户中应用，其中预防母猪76例，用药后母猪所产仔猪均未发生三痢，保护率达100%；治疗三痢自然病例带仔母猪16例（红痢母猪4例、黄痢5例、白痢7例）、患病仔猪139例，治愈120例（投药前死亡12例）。（林勇等，T89，P43）

6. 金银花60g，蒲公英120g，苦参50g，穿心莲、白头翁各70g，黄连、木通各25g，黄芪、连翘各30g，川芎4g。共研细末，过60目筛。拌料喂服母猪，第1天80～120g/（头·次），2次/d，第2天改为1次/d，连服3d；发病仔猪4～6g/（头·次），用米粉、牛奶等调成舔剂，送入舌下吞服，连服3d。用3g/L强力消毒灵（中国农业科学院中兽医研究所研制），猪舍喷雾消毒，同时用该药液将母猪乳房、乳头、胸腹、外阴等部擦拭洁净；发病仔猪可肌

内注射氯霉素或消炎王、消炎558。

7. 后羿止痢神［郑州后羿制药有限公司生产，主要成分为冬虫夏草、杨树花，10mL/瓶（1g）］2.5mL/头，肌内注射，2次/d，连用3d。共治疗43例，治愈39例，治愈率为90％。（秦振华等，T144，P59）

8. 多花勾儿茶鲜草250g（或干品100g左右），常水3～5kg，煎至药液为黄色后，取药液拌饲料喂母猪，3次/d，连喂3d。体弱和吮乳困难者可直接灌服，10～20mL/次，早、晚各1次。待仔猪能正常吮乳后，改喂母猪代服，以后每隔5d用药1d进行预防。共治疗仔猪黄痢、白痢460窝（3720例），治愈率100％。

9. 白头翁15g，黄连、黄柏、苦参、龙胆草各5g。共为细末，于仔猪出生次日给母猪拌饲料喂服，1剂/d，连服3剂。

10. 取蟾酥10g，研成粉末，加入少量水继续研磨后，加水100mL，再加95％酒精200mL充分搅拌，然后静置24h（放入冰箱冷藏），取出过滤，将滤液经水浴回收乙醇，直至滤液无醇味，加蒸馏水至100mL，然后分装50安瓿瓶（2mL/瓶，相当于含生药0.1g/mL），密封消毒。按体重大小取药液0.5～1.5mL/头，1次/d，视情况连用1～3次。可于耳根后部或臀部作肌内注射，也可取交巢穴作穴位注射（穴位注射时由畜主倒提仔猪两后肢，使仔猪交巢穴向上，穴位清洗、消毒后垂直进针1～2cm，注入药液）。共治疗仔猪黄痢、白痢1080例，治愈1010例。

注：用药时体重轻、体质弱者用量少，体质好、发育生长快者用量适当加大，一般在0.5～2.0mL之间。蟾蜍有大毒，制备注射液时要有较好的防护措施，操作时要细心，以免毒液溅至皮肤等处引起红肿疼痛。

11. 消痢散。草豆蔻、陈皮、神曲、茯苓各35g，厚朴、苍术、山楂各30g，木香、罂粟壳、诃子、炙甘草各15g，胡椒10g，大米

200g。研细为末，过筛。母猪200～250g/头，第1天2次，以后1次/d，连用3d，用开水调成糊状，待凉饲喂。仔猪25～30g/头，2次/d，连用3d，用开水调成糊状，加适量牛奶、白糖调成舔剂，涂于母猪的乳头或直接喂仔猪。若同时给患病仔猪口服补液盐，1～2次/d，效果更好。共治疗仔猪黄痢、白痢46窝（360例），治愈303例，治愈率达84.17％。（王顺平，T115，P25）

12. 将六一散（滑石500g，甘草100g）粉碎后拌料饲喂母猪，150g/（头·次），2次/d，连用2d。仔猪断乳前发病者，用六一散600g，或单用瞿麦1000g煎水喂服母猪，250g/（头·次），2次/d，连用2d。仔猪断乳后发病者，单用瞿麦1000g（为10头仔猪2d药量），煎水喂服仔猪。母猪产前2～3d，用六一散煎水喂服，150g/（头·次），2次/d，连服2d，可预防仔猪发病。共治疗8窝92例，治愈86例，治愈率达93.48％。

13. 止痢保健方。石榴皮、白头翁、黄芩、砂仁、当归各100g，艾叶、黄柏、党参、藿香、陈皮各200g，马齿苋、乌梅、山药、肉桂、苍术各300g，甘草90g。研末，开水冲成糊状，50kg猪50g/头，20kg猪20g/头，15kg以下仔猪5～10g/头，3次/d。有食欲者拌入料中饲喂；食欲废绝者用竹板将药糊涂于猪舌根部投服。有些猪灌药困难，将方药煎煮浓缩成流膏剂则更易使用。

14. ①疫苗预防。怀孕母猪产前40d和产前15d肌内注射仔猪大肠埃希菌三价灭活苗，均为2mL/次。②药物预防。母猪产前5d喂服土霉素0.5～1.0g/d，或金霉素2～3g，或长效土霉素0.5～1.0g。中药用白头翁、黄连、秦皮、大黄、当归、防风、白芍、茯苓、金银花各10g，黄柏5g，大青叶、鱼腥草、板蓝根各50g。水煎3次，取汁，拌料喂服。（陈世堂等，ZJ2009，P117）

15. 天香炉（为野蔷薇科植物金锦香全

草，在 8～10 月采收，切断、阴干）、地榆（为蔷薇科植物地榆的根，在秋冬季节采回，洗净切片，炒黄）、金樱（为蔷薇科植物金樱子的根，在秋冬季节采回，洗净切片，炒黄）、檵叶（花）（为金缕梅科植物檵木的叶或花，晒干）各 60g，加水 2000mL，武火煮沸，文火煎至 1000mL。20 日龄以内猪 5mL/次，2次/d；20 日龄以上猪 7～10mL/次，2 次/d，灌服。或制成糊状，涂在母猪乳头上饲喂仔猪可预防仔猪黄痢。（刘巧生等，T37，P36）

【典型医案】 1. 1995 年 5 月 1 日，如皋市花元乡王空田村刘某一头白色杂种母猪产仔13 头，4 日发生黄痢就诊。检查：患猪泻黄色水样粪，被毛粗乱，吮乳无力。治疗：取方药3，用法同上，早、晚各 200g 喂服母猪。第1 天用药后，母猪泌乳量明显增加，仔猪黄痢亦停止，第 2 天继续用药 2 次，200g/次，仔猪全部痊愈，至 23 日龄时，体重平均达6.5kg。（宗志才等，T81，P22）

2. 1996 年 1 月 13 日，思南县孙家坝黎某1 头母猪产仔 12 头，14 日发生黄痢 2 头，之后陆续全部发病就诊。治疗：氯霉素 30mg/kg，肌内注射，2 次/d；3g/L 强力消毒灵溶液喷雾猪舍，擦洗母猪乳房、乳头、胸腹部、外阴等体表皮肤，同时用方药 6 中草药拌料饲喂母猪，第 1 天 100g/次，2 次/d，第 2 天后改为1 次/d，连服 3d；患病仔猪 5g/(头·d)，除 1头患病仔猪因极度衰竭死亡外，其余全部康复。（谢友华，T96，P24）

3. 1988 年 6 月 20 日，黎平县东关村周某一头母猪产杂交仔猪 9 头，3d 后全部发生黄痢，25 日死亡 2 头，其余 7 头排黄色稀粪，体弱，吮乳困难就诊。治疗：多花勾儿茶全草250g，水煎取汁 5kg，用煎液拌料喂服母猪，同时每头仔猪用注射器灌服 20mL，早、晚各 1次。第 1 天，患病仔猪吮乳正常，粪成棒状。治疗 3d 后全部痊愈。（蒋启维等，T82，P23）

4. 通渭县碧玉乡碧玉村郭某，多年来一直饲养母猪，但几乎每窝仔猪都发生黄痢或白痢。1994 年 2 月 21 日产仔 9 头，23 日用方药9 喂服母猪以预防仔猪黄痢、白痢，连服 2 剂后，每 10d 服 1 剂，仔猪再未发生黄痢或白痢，长势良好。（邵祥，T88，P28）

5. 醴陵绿江乡五里牌村郭某一头母猪产仔 13 头，2 日龄时发生黄痢，用土霉素、木炭末、氯霉素、庆大霉素、磺胺嘧啶等药物治疗无效，6 日龄仅存活 7 头。检查：患猪消瘦体弱，身体污秽不洁，排黄色水样粪，精神沉郁，钻草堆。治疗：5 头仔猪用自制蟾酥注射液（制备方法见方药 10），0.5mL/头，肌内注射，1 次/d；另 2 头用氯霉素注射液，200mg/头，肌内注射，2 次/d。要求畜主将栏内彻底打扫，并冲洗干净，更换垫草并加厚。圈舍上方吊红外线灯泡一只供暖，将母猪另栏饲养，让仔猪定时吮乳，每次哺乳时先用温高锰酸钾稀释液擦洗乳头。第 2 天，经蟾酥注射液治疗的仔猪已有 3 头停止腹泻，而氯霉素治疗的 2 头仔猪仍腹泻，继用上方药。第 3天，蟾酥治疗的仔猪已全部停止腹泻，氯霉素治疗的已死亡 1 头，另 1 头继续腹泻，故改用蟾酥注射液肌内注射，0.5mL/头，1 次/d，连用 3d。1 周后追访，全群治愈。（何华西等，T111，P37）

6. 2001 年 4 月上旬，西平县全寨乡小吕庄村某户一头母猪产仔 10 头，2d 后有 2 头仔猪发病来诊。检查：患猪精神不振，不吮乳，排黄色水样粪，体温 39℃。诊为仔猪黄痢。治疗：给母猪拌料饲喂六一散（见方药12）150g/(头·次)，1 剂，2 次/d，连用 2d。患病仔猪康复，同窝其他 8 头仔猪也未见发病。（祁小乐等，T119，P26）

7. 石河子市某珍禽繁殖场 7 头母猪所产42 头仔猪先后因患仔猪黄痢，经治疗无效于8d 内全部死亡，随后 1 月龄断奶仔猪发生腹泻，逐渐蔓延至所有断奶仔猪，除 80 头育肥猪外，所有架子猪均发病。100 头待产母猪中也有部分母猪发生腹泻，粪呈灰色、气味恶臭，食欲减退，全群猪采食量下降约30%，饮水量增加，体温37.8～41.3℃。治疗：取方药13，用法同上，同时做好猪舍卫生清洁。经7d治疗，患病仔猪腹泻停止，食欲增进，体质恢复。后对100头待产母猪产仔前3d至产后7d喂服方药13，连续3年均有效防止了仔猪黄痢、白痢的发生。（周自动等，ZJ2005，P478）

仔猪红痢

红痢是由C型或A型魏氏梭菌引起初生仔猪以排出浅红色或红褐色稀粪、混合坏死组织碎片和气泡等为特征的一种急性传染病，主要发生于3日龄以内的新生仔猪，又称仔猪梭菌性肠炎或仔猪传染性坏死性肠炎。

【病因】　本病病原为C型或A型魏氏梭菌。病猪为主要传染源，病菌随病猪粪排出，污染哺乳母猪的乳头或垫草等，经消化道感染仔猪。

中兽医认为，由于仔猪采食了霉变饲料，或者饮用了污水，热毒侵于大肠，或气候突变，感受寒邪，邪毒侵于大肠；或营养不良，脾胃虚弱，复感疫疠时邪，从而导致本病发生。

【主证】　患猪粪中夹血，下痢色红，体温升高且持续不退，食欲减退或废绝，精神委顿，拱背缩腹，尿短赤，口渴喜饮，口色红，苔黄厚，口津黏稠，脉洪大或洪数，消瘦无力，终以虚脱而死亡。

【病理变化】　小肠特别是空肠黏膜红肿，有出血性或坏死性炎症；肠内容物呈红褐色并混杂小气泡；肠壁黏膜下层、肌层及肠系膜有灰色成串的小气泡；肠系膜淋巴结肿大或出血；心外膜、肾皮质、脾边缘和膀胱有出血点。

【治则】　清热解毒，燥湿止痢。

【方药】　1. 丁芪散。丁香叶400g，丁香叶浸膏200g，黄芪20g，半枝莲10g。混合均匀，风干粉碎。治疗量120g/（d·头），分成2次拌料喂服母猪，直至患病仔猪痊愈；预防量50g/（次·头），拌料喂服母猪，从产仔前5d开始至产后5d，连喂10d，1次/d。先后在3个养猪场和11个养猪户中应用，其中预防母猪76例，用药后母猪所产仔猪均未发生三痢，保护率达100%；治疗三痢自然病例带仔母猪16例（红痢4例、黄痢5例、白痢7例），患病仔猪139例，治愈120例（投药前死亡12例）。（林勇等，T89，P43）

2. 香连丸。黄连100g，淡吴茱萸50g。同炒，去吴茱萸，再用木香30g，共研细末，醋调制成丸，如梧桐子般，灌服10g/次·头，空腹时用米汤送下。热痢初起时宜用下剂通利祛邪，不可急于服用本丸。

3. 天香炉（为野蔷薇科植物金锦香全草，在8～10月采收，切断、阴干）、地榆（为蔷薇科植物地榆的根，在秋冬季节采回，洗净切片，炒黄）、金樱（为蔷薇科植物金樱子的根，在秋冬季节采回，洗净切片，炒黄）、檵叶（花）（为金缕梅科植物檵木的叶或花，晒干）各60g。加水2000mL，武火煮沸，文火煎至1000mL。20日龄以内仔猪5mL/次，2次/d；20日龄以上仔猪7～10mL/次，2次/d，灌服。或制成糊状，涂在母猪乳头上喂服，可预防仔猪红痢。（刘巧生等，T37，P36）

【典型医案】　1. 1999年6月30日，仁寿县慈航镇白龙村梁某一头母猪产仔8头，30日龄时由于仔猪采食了霉变饲料，且喜饮污水，加之受寒，全窝仔猪均发生赤痢邀诊。根据临床症状，诊为红痢。治疗：取方药2，用法同上，连服2剂，全部治愈。

2. 仁寿县勤乐乡新田村郭某一头母猪产仔15头，25日龄时发生赤白痢，经邻村兽医数次医治均不见效邀诊。检查：患猪被毛粗乱，食欲减退，口色淡白，脉象沉迟，个别仔猪泻粪白多红少。治疗：香连丸，用法同方药2，连服3剂，痊愈。7d后追访，无复发。（熊小华等，T101，P45）

第二节　寄 生 虫 病

弓形虫病

弓形虫病是由刚第弓形虫（*Tozoplasma gondii*）引起猪以高热、呼吸困难、繁殖障碍为特征的一种原虫病，又称弓形体病。

【病因】　本病病原为刚地弓形虫。刚地弓形虫的终末宿主猫和其他猫科动物是本病最主要的传染源。猫和其他猫科动物吞食了感染有弓形虫的小鼠后，排出感染性卵囊，通过口、眼、鼻、呼吸道、肠道及损伤皮肤等途径侵入猪体内；非猫科动物，包括人在内的绝大多数哺乳类、鸟类、某些爬行类和两栖类动物在传播弓形虫病上也具有重要作用；猪只之间通过粪、尿、分泌物和撕咬相互感染；患猪通过胎盘、子宫和产道感染胎儿，某些吸血昆虫和蜱等可能通过螫刺传播本病。该病原为严格细胞内寄生虫，可侵犯除红细胞外的任何有核细胞。温暖潮湿地区、较寒冷干燥地区多见；流行季节不甚明显，以夏秋季节较多；仔猪较成年猪易感。

【辨证施治】　单纯的弓形虫病分急性型、亚急性型和慢性型。

（1）急性型　潜伏期为3～7d。患猪体温升高至40～42℃、呈稽留热，精神沉郁，食欲减退或废绝，头、耳和四肢下部有瘀血斑，腰背弓起，行走摇摆，喜卧，呼吸困难、呈腹式呼吸，严重时呈犬坐姿势，咳嗽，流鼻液，口流白沫，先便秘后腹泻，或便秘腹泻交替出现，粪秘结、如算盘珠状、表面附白色黏液或带血，后期呼吸困难，严重时张口呼吸，鼻腔有浆液性分泌物，终因大量泡沫堵塞鼻孔而窒息死亡。

（2）亚急性型　潜伏期为10～14d或更长，症状与急性型相似而轻，病程缓慢。

（3）慢性型　常为急性、亚急性型转变而来，或轻度感染后的耐过猪，临床症状不明显，且可长期带虫。怀孕猪流产、产死胎或木乃伊胎。

【病理变化】　猪肺炎、局灶性肝炎、肠炎、肠系膜淋巴结炎、胸膜腔积水、视网膜脉络膜炎和非化脓性脑炎等。镜检可见以肺、淋巴结、肝、脾、肾及肾上腺的局灶性坏死和肉芽性炎症为特征，以及中枢神经系统出血、坏死、水肿、血管周围白细胞聚集和脱髓鞘等。并发或继发感染时，患猪的临床症状和病理变化更趋复杂。

【鉴别诊断】　经临床病理学观察和有关流行病学分析，可做出初步诊断，借助病原学检查和免疫学试验可以确诊。病原学检查包括直接镜检和虫体分离，前者可取患猪或病死猪心、肝、脾、肺、肾、淋巴结、脑及体腔液等进行制片，直接镜检或经姬姆萨染色后镜检，以观察弓形虫速殖子（橘瓣状或新月形，一端较尖，另一端钝圆，长4～7μm，宽2～4μm，胞浆蓝色，中央有一紫红色的核）、假囊及包囊，有条件时进行扫描电镜以观察虫体的超微结构；后者为无菌选取上述病料，加适量灭菌生理盐水或pH值7.2的磷酸盐缓冲液，研磨后吸取混悬液，加青霉素（1000单位/mL）和链霉素（1000mg/mL），给小鼠腹腔接种0.5～1.0mL，然后观察小鼠的临床表现。如小鼠出现精神委顿和被毛粗乱等症状时，吸取腹渗液镜检观察弓形虫速殖子或取脑组织压片观察弓形虫包囊，如未观察到虫体，可取接种小鼠的上述材料盲传2～3代，每代7～21d，如仍无所见，即视为分离阴性。免疫学诊断包括染色试验、皮内试验、间接血凝试验、补体结合试验、酶联免疫吸附试验等。

本病应与猪瘟、猪丹毒、猪肺疫、猪流行性感冒和猪霉形体病等进行鉴别，尤其要与猪瘟进行鉴别。首先对于那些经猪瘟等疫苗预防接种生效后仍发生高热稽留、呼吸困难和腹泻等症状的群体或个体，或对于那些经磺胺类药物治疗后临床状况明显好转的群体或个体作为疑似弓形虫病患猪，进而采用上述实验室病原学检查和血清特异抗体检查进行确诊。

【治则】 杀虫解毒，清热散瘀。

【方药】 1. 自拟灭弓汤。常山 10g，槟榔 7g，柴胡、桔梗各 6g，麻黄、甘草各 5g。先将常山、槟榔加水，文火煎 20min，再加柴胡、桔梗、甘草同煎 15min，麻黄最后入锅，只煎 5min，取汁，分 2 次胃管投服，2 剂/（d·头）。共治疗 53 例，治愈 51 例，收效满意。（周广生等，T32，P50）

2. 自拟蟾蜍汤。蟾蜍 2～3 只（大者 2 只，小者 3 只，鲜品、干品均可），苦参、大青叶、连翘、大黄、赤芍各 20g，蒲公英、金银花各 40g，山豆根、射干、桔梗各 25g，甘草 15g。水煎取汁，候温灌服（为 50kg 猪药量，仔猪可酌减）。共治疗 36 例，其中架子猪 22 例，瘦弱母猪 10 例，仔猪、老龄猪 4 例，均取得较好的疗效。

3. 活蟾蜍 5～7 只（约 500g），洗净置容器内，加水约 500mL，加热至沸，再以文火煎煮 20min，取其煎液（煎液过多可浓缩），候温，加大黄苏打片 45g（研末），用胃管 1 次投服，1 次/d（为 50kg 猪药量）。一般 1 次即可，病重者需连服 2～3 次。对病程长、体弱者，可同时用 10% 葡萄糖注射液 500mL、地塞米松磷酸钠注射液、20% 安钠咖注射液各 5mL，混合，静脉注射。共治疗 409 例，治愈 392 例，治愈率达 96%。（葛绍全等，T83，P42）

4. 常山 20g，槟榔 12g，柴胡、桔梗、麻黄、甘草各 8g（为 35～40kg 猪药量）。先用文火煎煮常山、槟榔 20min，然后将柴胡、桔梗、甘草加入，煎煮 15min，最后加入麻黄，煎煮 5min，取汁，过滤，灌服或饮水，或为末拌料，1 剂/d。同时对症状较重的猪用 10% 葡萄糖注射液 100～500mL，维生素 B_1、维生素 B_2、维生素 C 注射液，混合，静脉注射，1 次/d；磺胺-6-甲氧嘧啶注射液，0.07g/kg，肌内注射，2 次/d。

5. 复方青蒿注射液。青蒿 1500g，铁苋菜 500g，鱼腥草 1000g。洗净后放入蒸馏器中，加水超过药面，蒸馏，收集蒸馏液 3000mL，过滤后重新蒸馏，收集重蒸馏液 1000mL，备用。将过滤的药渣加水煎煮 2 次，合并滤液，过滤，滤液加热至流浸膏，加 20% 石灰乳调节 pH 值至 12 以上，放置过夜。用 5% 硫酸将 pH 值调至 5～6，充分搅拌，放置 3～4h，过滤，滤液用 4% 氢氧化钠溶液调节 pH 值至 7～8，放置 3～4h，过滤，滤液加热至流膏状，加蒸馏水稀释至原药量，放置 3～4h，过滤，滤液加热浓缩至 500mL 后加入重蒸馏液，加入抗氧化剂亚硫酸钠 1.5g。再加入注射用氧化钠调等渗，精滤（G_3 垂融漏斗过滤），分装 10mL 安瓿，100℃ 流通蒸汽消毒 30min，即得每 1 毫升含生药 1.5g 复方青蒿注射液。1mL/kg，肌内注射，1～2 次/d。

注：蟾蜍有毒，用量不宜过大，药液不宜过多，量大会引起呕吐，但无蓄积作用。

【典型医案】 1. 1982 年 6 月 7 日，镇平县郭庄村郭某一头约 45kg 架子猪发病来诊。主诉：该猪发病已 2d，喜晒太阳，吃食减少，按热证用葱、姜、苇子根、大曲等煎水灌服，病情反而加重，今晨不食。检查：患猪体温 41℃，呼吸 29 次/min，精神沉郁，行走摇晃，呼吸困难，呈腹式呼吸，尿呈棕黄色，粪呈算盘珠状、外附白色黏液，耳、腹、股内侧皮肤有小红紫点。穿刺鼠蹊淋巴结，病料送检，查出猪弓形体。诊为弓形体病。治疗：取方药 2，上午、下午各灌服 1 次。第 2 天早晨，患猪体温降至 40.1℃，余症好转，又按上法用药 1 剂。第 3 天，患猪体温降至 39℃，出现食欲，精神较好，继服药 1 剂。第 4 天，患猪食欲大增。随访 10d，完全康复。(郭睿，T35，P61)

2. 1989 年 6 月 10 日，礼县上坪乡上坪村王某一头约 50kg 架子猪发病，畜主曾用抗生素和磺胺类药治疗多次无效邀诊。检查：患猪精神沉郁，行走摇摆，消瘦，食欲废绝，卧地不起，喜晒太阳，浑身颤抖，病初腹泻，后期便秘，粪带白色黏液和血丝，体温 41.5℃，耳温很高，时而咳嗽，四肢内侧有瘀血斑，似猪瘟症状。诊为弓形体病。治疗：取方药 2，将煎液与面粉制成药丸喂服。喂服 1 剂，患猪能少量进食；喂服 2 剂，患猪精神复常，食欲增加，治愈。(刘九一，T45，P38)

3. 2006 年 3 月 27 日，湟源县城关镇一养猪户的 40 余头猪先后发生不明原因死亡，其余 345 头猪体温升高，呼吸迫促、浅表，常为腹式呼吸，喘鸣，咳嗽，流鼻液，皮肤上出现蓝紫色斑块，昏睡，食欲减退。剖检病死猪可见胸腹腔与心包积水，右心室扩张；肺水肿，间质增宽、有散在实变区；全身淋巴结肿胀；胃肠充血发炎。取肝、脾、肺、肾、淋巴结等组织涂片，姬姆萨液染色，油镜检查发现弓形虫虫体。诊为弓形体病。治疗：对发病猪全部灌服方药 2 中药，同时取磺胺嘧啶钠注射液，0.07g/kg，肌内注射。病重猪用复方新诺明 50～100mL，静脉注射；甲氧苄胺嘧啶片，0.014g/kg，灌服，2 次/d，1 个疗程/5d（首次剂量加倍）。经以上方法治疗，发病猪全部痊愈。(朱芬花，T161，P32)

4. 2005 年 9 月中旬，商丘市西郊李某散养的育肥猪，大部分猪只精神沉郁，喜饮水，粪干硬、呈板栗状、表面有黏液，食欲减退，个别猪泻水样稀粪，不食，体温升高至

40.5～42.0℃，肌内注射链霉素、地塞米松，当天体温降至 40.0℃，食欲好转。第 2 天，病情加重，病猪咳嗽，呈明显的腹式呼吸，耳、腹下及四肢内侧皮肤可见片状紫红色斑块。血检有弓形虫，诊为弓形虫病。治疗：取方药 4，连用 2d。第 3 天，患猪全部康复。(刘秀玲等，T138，P51)

5. 1998 年 8 月 25 日，天门市黄潭镇七岭村 9 组杨某 388 头猪，发病 222 头，死亡 50 头。检查：患猪体温升高至 40～42℃，稽留不退，精神委顿，食欲减退或废绝，便秘，有的下痢，呼吸困难、呈腹式呼吸，60～80 次/min，有的咳嗽，呕吐，流少量清亮鼻液，四肢和全身肌肉强直，体表淋巴结尤其是腹股沟淋巴结明显肿大，耳壳、下腹部、肢下端有紫色斑点。急性者 3～4d 死亡。剖检病死猪可见耳壳、颈部、腹下等处皮下瘀血、出血；肺呈浆液性肺炎、水肿、间质增厚，充满清亮或胶冻样液体；全身淋巴结肿大、质地变硬，间有坏死点；肝脏变性肿大、有粟粒大的坏死灶；胃肠有急性炎症；肾质地变软、有少量出血点；脾肿大、呈紫红色。取胸、腹水直接涂片染色镜检或取病死猪淋巴结、肝、脾脏涂片，染色，镜检见滋养体呈新月状、香蕉形或弓形，大小 4～7μm 或 2～4μm，一端稍尖、一端钝圆，胞浆呈浅蓝色，核呈深蓝色，偏于钝圆一端。根据临床症状、剖检变化和实验室检查发现滋养体，诊为猪弓形体。治疗：复方青蒿注射液（制备同方药 5），1mL/kg，肌内注射，2 次/d。用药 3d 治愈 100 头，用药 5d 全部治愈。对未发病猪取青蒿、铁苋菜、马鞭草、马齿苋各 500g。粉细拌入 2000kg 饲料喂服，连喂 7d，再未发病。(杨国亮，T166，P70)

蛔虫病

蛔虫病(*Ascariosis*)是由猪蛔虫寄生于猪小肠引起的一种线虫病，主要危害 3～6 月

龄的仔猪，集约化养猪场和散养猪均广泛发生。

【病因】　多因饲养管理不善，卫生条件差，饲养密度过大，营养物质缺乏尤其是维生素和矿物元素缺乏的猪易感。主要通过采食被蛔虫卵污染的饲料、饮水，或母猪乳房沾染蛔虫卵，仔猪吮乳时被感染。寄生于猪小肠中的雌性蛔虫大量产卵，虫卵随粪排出体外，污染饮水、饲料等，在外界环境中发育成含有感染性幼虫的虫卵，随同饲料或饮水被猪吞食后进入消化道，在猪小肠中孵出幼虫并进入肠壁血管，随血流进入肝脏，再继续沿腔静脉、右心室和肺动脉而移行至肺脏，此后再沿支气管、气管上行，随黏液进入会厌，再次经食道而移至小肠。成虫以黏膜表层物质及肠内容物为食，在猪体内寄生7～10个月后，即随粪排出。

【主证】　蛔虫幼虫移行至患猪肝脏时，引起肝组织出血、变性和坏死，形成云雾状的蛔虫斑，直径约1cm。移行至肺时，引起蛔虫性肺炎，患猪表现为咳嗽，呼吸增快，体温升高，食欲减退，精神沉郁，伏卧于地，不愿走动。幼虫移行时还引起嗜酸性粒细胞增多，出现荨麻疹和某些神经症状类反应。成虫寄生在猪小肠时机械性地刺激肠黏膜，引起腹痛、腹泻或下痢与便秘交替发生。蛔虫数量多时常聚集成团，堵塞肠道，导致肠破裂。有时蛔虫可进入胆管，造成胆管堵塞，引起黄疸等症状。成虫分泌的毒素作用于中枢神经和血管，引起一系列神经症状。成虫夺取宿主大量营养，仔猪被毛粗乱、无光泽，高度消瘦，食欲减退，严重贫血，发育不良，生长受阻，形成僵猪，严重时可导致死亡。

【病理变化】　肺内有大量蛔虫幼虫，肺表面有暗红色小出血斑点；肝表面有斑痕化的白色斑点；小肠内聚集大量蛔虫，扭结成团，肠黏膜有卡他性炎症，肠壁变薄。

【鉴别诊断】　采用饱和盐水漂浮法检查虫卵。正常的猪蛔虫受精卵为短椭圆形，黄褐色，卵壳内有一个受精的卵细胞，两端有半月形空隙，卵壳表面有起伏不平的蛋白质膜，通常比较整齐。有时粪中可见到未受精卵，偏长，蛋白质膜常不整齐，卵壳内充满颗粒，两端无空隙。

【治则】　杀虫消积，收敛止泻。

【方药】　1. 北鹤虱（天名精种子），研末，仔猪10g，架子猪15g，成年猪20g。开水冲调，候温灌服，1剂/d。共治疗187例，效果良好。

2. 5%盐酸左旋咪唑注射液，8mg/kg，肌内注射。同时配合胃肠道消炎、健胃。

3. 酒醋200～500g（视猪体大小而定，食醋亦可），鸡蛋清2～3个，置盆内搅匀，用小竹筒慢慢投服。0.5h后症状不减者可再服1次。待呕吐平息后，必须用左旋咪唑或精制敌百虫进行驱虫。本方药适用于蛔虫引起的呕吐。共治疗22例（40kg以下猪19例，40kg以上猪3例），1次治愈21例，2次治愈1例。

【典型医案】　1. 1965年4月，九江市海会乡长岭大队伍某一头阉猪发病邀诊。检查：病初，患猪精神委顿，食减，被毛粗乱，消瘦，有时咳嗽，甚至呕吐，曾吐出两条蛔虫。诊为蛔虫病。治疗：北鹤虱15g，用法同方药1。翌日，患猪排出蛔虫21条，食欲好转。第3天又服药1剂，又排蛔虫数条，食欲增加，10d内康复。

2. 九江市海会乡光明大队于某一头55kg猪发病邀诊。主诉：该猪一年来消瘦，贫血，被毛粗乱，下痢和便秘交替发生。检查：患猪粪检有蛔虫卵。诊为蛔虫病。治疗：北鹤虱20g，捣碎调服。翌日，患猪排出蛔虫38条。第3天又服药1剂。半月后追访，该猪食欲已正常，被毛光滑，精神好。（吴周水，T18，P38）

3. 1988年7月，淮滨县固城乡吴岗村王某一头约20kg仔猪发病邀诊。主诉：该猪食欲不振已月余，被毛逆立、无光泽，四肢软弱，易卧，头小，肚大下垂，可视黏膜苍白，身及四肢末端厥冷，体温正常。诊为蛔虫病。治疗：取方药2，用法同上。第2天，患猪排出数十条蛔虫。接着进行洗胃，给以健胃药，逐渐痊愈。（李明君，T45，P19）

4. 1987年7月9日中午，开江县任市镇三村吴某一头38kg母猪发病来诊。主诉：该猪吃食半饱时突然停食，摇头不安，呼吸迫促，继而倒地，四肢抽搐，腹部阵发性剧烈收缩，呕出食糜约2000g，口角大量流涎，随后吐出4条长8～12cm的蛔虫，左侧鼻腔呛出一条长16cm的蛔虫。检查：患猪毛焦体瘦，结膜苍白，体温38.9℃，其他未见异常。治疗：酒醋350g，鸡蛋清2个，搅匀，1次灌服。患猪呕吐立即停止。30min后，患猪呼吸平息，在户外游走，采吃青菜、野草，但精神欠佳，当晚食欲、精神恢复正常。第4天，用精制敌百虫片驱出大小不等的蛔虫57条，其后生长迅猛，8月10日称重54.5kg，仅1个月增重16.5kg。（陈远见等，T32，P62）

疥螨（癣）病

疥螨病是一种由疥螨虫寄生在猪皮肤表面或表层引起的一种以皮肤剧痒、湿疹性皮炎为特征的高度传染性寄生虫病，又称疥癣病、癞子病、疥疮、螨病和银屑病。一般秋末冬初或春季发病最多，阴暗潮湿的条件下更易发病，多发于5月龄以下的猪。

【病因】 本病病原为疥螨虫，患猪为感染源。猪只多因与患疥螨的病猪直接接触或接触被疥螨污染的用具、猪舍等感染，极易传染同群。患病种公猪通过精液传播给母猪，母猪可通过胎盘传播给仔猪，仔猪也常在吮乳时被感染。猪舍阴暗、潮湿、卫生条件差、饲养密度过大等均可诱发本病。

【主证】 感染后2～4周出现症状。患猪病初多由头部开始，特别是眼周、耳部，随后向腹侧及四肢蔓延。瘙痒不安，常在墙壁、栏柱等硬物上摩擦，患部被毛脱落，皮肤出血、干涸后结痂，出现皱褶或龟裂。随着病程延长，全身脱毛，食欲减退，卧地不起，逐渐消瘦、贫血，严重者可引起死亡。

【鉴别诊断】 从患部与健康部交界处皮肤刮取带血皮屑，滴加少量的甘油水等量混合液或液体石蜡，置载玻片上用低倍显微镜检查，可发现活疥螨虫。此外，将刮取的病料装入试管内，加入5％～10％氢氧化钾（或钠）溶液，浸泡2h，或煮沸数分钟，取管底沉渣镜检虫体。

【治则】 软化皮肤，杀虫止痒。

【方药】 1. 川椒40g，硫黄50g，冰片10g，用凡士林100g调制成药膏。用热水、肥皂水洗净患部皮肤，涂搽药膏。共治疗33例，1次治愈者21例，2次治愈者12例。（周校柏，T4，P32）

2. 农乐1份，加温米汤50～100份，配成第1液；将敌百虫配成1％～2％的溶液作为第2液。1、2液再按1∶1的比例混合后，用喷雾法或直接涂搽患部，隔5～7d重复1～2次效果更好。用药前先剪去患部和健康部连接处的被毛，用温肥皂水刷洗，除去表面的泥垢、鳞屑及痂皮，然后把药液涂搽或喷洒在患部表面。对全身感染的患猪要分区、分次涂搽药物。共治疗315例，其中1次喷雾治愈236例；2次喷雾治愈66例；3次喷雾后治愈13例。（张权，T49，P41）

3. 花椒、荆芥、防风、苍术各等份，研细末，用凡士林调成膏涂敷患部。共治疗217例，治愈205例。

4. 足光粉（成都中药厂研制）1包，加沸水100mL，搅拌溶解，候温，涂搽患部，1次/d，一般2～3次即可。共治疗46例，均获痊愈。

5. 癞子粉。硫黄100g，雄黄、川椒各

50g，白藓皮 60g，百部根 80g。共研为细末，备用。用时用植物油调成糊状外涂。共治疗 30 例（其中猪 25 例），治愈 28 例，有效 2 例。

6. 狼毒（剧毒，用量不宜过大）1～3g/kg，研末，用白酒浸泡 3d，涂擦患部。用药时先将患部洗净，除去痂皮，患部面积大者应分期分片涂擦，一般用药 6 次即愈。

7. 取棉油 0.5kg，微火烧开，放入预先打碎研末的巴豆、红娘、斑蝥各 10g，微火 2～3min，将巴豆等炸枯，停火 20min，待温时再放入硫黄细末 120g，搅匀，装瓶备用。方中巴豆、红娘、斑蝥均为剧毒药，因此调制成的药油不能内服，外用也应慎用。如果患猪皮肤疥癣面积过大，使用药油时，应注意间隔一定时间进行分区涂擦，且一次涂擦面积不宜超过体表的 1/3。此外，调制药油时应用微火，忌武火；待温时再放入硫黄末，否则将降低药效。

8. 枯矾 75g，蛇床子、花椒各 40g，硫黄 50g，雄黄 25g。共研细末，用植物油调：涂擦患部。1% 伊维菌素注射液 0.3mL/kg，1 次皮下注射，间隔 5d 重复用药 1 次。也可用 1% 敌百虫溶液涂擦患部，见效很快，但敌百虫毒性较强，如大面积涂擦易造成仔猪中毒，应慎用。注意将病猪隔离，对病猪污染的圈舍及周围环境用 3% 克辽林或双甲脒乳油进行消毒，5d 后重复消毒 1 次。

9. 狼毒 60g，百部、当归各 20g，蛇床子、巴豆、木鳖子、荆芥各 15g。共为细末。将硫黄 30g，冰片 10g，研末另包。植物油 1kg 烧热，将前 7 味药放入，慢火熬 5min，候温加入硫黄、冰片，混匀。先将患部皮肤用温肥皂水刮洗干净，待干后，擦药于患处。患区皮肤面积较大者，可隔日分区涂擦，以免中毒。同时加强饲养管理，对猪舍、用具定期消毒，保持猪舍干燥、透光。共治疗 293 例，经 1～2 次治疗，治愈 285 例，治愈率达 97%。

（霍全胜，T155，P22）

10. 蛇床子、白藓皮、当归、百部各 15g，地肤子、紫草、荆芥、狼毒各 12g。共为细末。另取硫黄粉 20g，冰片 12g，棉油或猪脂 500mL。将前 8 味药放油内炸 3min，候温，再将硫黄、冰片加入拌匀即可。用时先将患部用温肥皂水洗净，待干后分次将药涂擦患处，涂药时，每次面积不宜过大，以免中毒。共治疗 214 例，治愈 208 例，治愈率 95%。（钱立富，T89，P29）

【典型医案】 1. 1991 年 11 月，舞钢市武功乡某养猪场 12 头母猪和 27 头肉猪发生疥癣病邀诊。检查：大多数患猪发生于四肢内侧、颈部，患部皮肤发黏、色红，继而起硬块、发痒，擦破后出血，生长缓慢。诊为疥螨病。治疗：取方药 3 药膏，均匀涂于患部，轻者 1 次治愈，重者 2～3 次痊愈。（刘春雨等，T82，P21）

2. 余庆县白泥镇城关田某 4 头猪，其中 1 头猪先见头部皮肤发红，奇痒，3d 后蔓延至颈部及肩部，同时其余 3 头猪亦感染发病邀诊。检查：患部有痂块，被毛脱落。诊为疥癣。治疗：取方药 4，用法同上，用药 1 次，患猪瘙痒减轻，嘱畜主继续用药治疗，1 周后追访，畜主告知，用药 3 次，患猪瘙痒消失，且患部逐渐长出被毛。（孟居美，T75，P18）

3. 1997 年 5 月，保康县重阳乡重阳村杨某一头母猪发病邀诊。检查：患猪背部被毛脱落，形成秃斑，皮肤枯裂，烦躁不安，食欲减退。诊为疥螨病。治疗：取癞子粉 50g，用法同方药 5，加植物油 200g，调匀涂擦，1 周后又涂擦 1 次，半月余结痂脱落，痊愈。（杨先锋，T97，P45）

4. 1996 年 3 月 12 日，大庆市和平牧场方某 2 头猪患病邀诊。主诉：该猪长癞已有 20 余天，曾用除癞灵等药治疗效果不佳。检查：2 头患猪约 25kg，瘦弱，颈部、肩部、背部皮肤增厚、粗糙、触之较硬、无弹性、龟裂

诊为疥螨病。治疗：狼毒 50g，用法同方药 6，用药 6 次即愈。（刘敏等，T97，P37）

5. 2000 年 8 月 9 日，博兴县寨郝镇韩某一头 25kg 杂交育肥猪发病邀诊。主诉：2000 年 6 月上旬，该猪头部、颈部皮肤出现十几个红色小结节，继而形成小水泡，瘙痒，常在圈舍墙根处摩擦，患部因摩擦而出血，可见由渗出物结成的痂皮。2000 年 7 月，痂皮蔓延到肩部、背部以至全身，皮肤出现皱褶，被毛脱落，食欲不振，他医诊断为疥螨病，每间隔 4～6d 给患猪体表涂擦敌百虫溶液，但经涂擦多次仍无好转，病情加剧。刮取病猪患病皮肤与健康皮肤交界处的皮屑于载玻片上，用 50％甘油水溶液处理后，置于显微镜下观察，可看到爬动的圆球形虫体。诊为疥螨病。治疗：将猪患部皮肤用温肥皂水洗净、晾干，取方药 7 药油，先涂擦体表的 1/4，隔 2d 后再涂擦另 1/4，全身体表分 4 次涂擦。如果患部皮肤未康复，需重复涂擦药油 1 次。共涂药 8 次。9 月 3 日，患猪痊愈。（刘焕忠等，T115，P24）

6. 2004 年 9 月 18 日，唐山市一养猪户 30 日龄的吮乳仔猪先后出现皮肤干裂，消瘦。当地兽医诊为湿疹性皮炎，同时使用青霉素、链霉素等药物治疗无效，个别猪症状加剧，9 月 22 日死亡 2 头。诊为疥癣病。治疗：取方药 8，用法同上，经 10～15d 治疗逐渐痊愈。（杨浩，T137，P46）

蠕形螨病

蠕形螨病是由蠕形螨科的猪蠕形螨（*Demodex phylloides*）寄生于猪的皮脂腺和毛囊中所引起的一种皮肤性寄生虫病，亦称猪毛囊虫病或脂螨病。

【病因】　猪蠕形螨虫体细长呈蠕虫样，半透明乳白色，一般体长 0.17～0.44mm，宽 0.045～0.065mm。全体分为颚体、足体和末体三个部分，颚体（假头）呈不规则四边形，由一对细针状的螯肢、一对分三节的须肢及一个延伸为膜状构造的口下板组成，为短喙状的刺吸式口器。足体（胸）有 4 对短粗的足，各足基节与躯体腹壁愈合成扁平的基节片，不能活动，其他各节呈套筒状，能活动，伸缩，跗节上有一对锚状义形爪。末体（腹）长，表面具有明显的环形皮纹。蠕形螨钻入宿主毛囊皮脂腺内，以针状口器吸取宿主细胞内含物，由于虫体的机械刺激和排泄物的化学刺激使组织出现炎性反应，虫体在毛囊中不断繁殖，逐渐引起毛囊和皮脂腺的袋状扩大和延伸，甚至增生肥大，引起毛干脱落。此外，由于腺口扩大，虫体进出活动，易使化脓性细菌侵入而继发毛脂腺炎、脓疱。首先发生于猪的头部颜面、鼻部和耳基部颈侧等处的毛囊和皮脂腺，而后逐渐向其他部位蔓延，通过直接接触进行传播。

【主证】　本病多发生于眼周围、鼻部和耳基部，之后逐渐向其他部位蔓延。患猪痛痒轻微，或没有痛痒，仅在病变部位毛根部出现针尖、米粒甚至核桃大的白色囊，囊内含有很多蠕形螨、表皮碎屑及脓细胞。若伴有细菌感染严重时，形成单个的小脓肿，最后连成片，有的患猪皮肤增厚、不洁、凹凸不平且覆以皮屑，并发生皲裂。

【鉴别诊断】　早期诊断比较困难。在可疑的情况下，可切破皮肤上的结节或脓疱，取其内容物作涂片镜检，发现虫体即可确诊。猪蠕形螨感染时应与疥螨感染相区别，本病毛根处皮肤肿起，皮表不红肿，皮下组织不增厚，脱毛不严重，银白色皮屑具黏性，瘙痒不严重。疥螨病时，毛根处皮肤不肿起，脱毛严重，皮表红而有疹状突起，但皮下组织不增厚，无白鳞皮屑，有小黄痂，奇痒。

【治则】　杀虫除螨。

【方药】　荆防杀虫汤。荆芥、防风、金银花各 1 份，蛇床子、百部各 1.5 份，花椒 2 份

（后下），加常水 10 倍，水煎取汁，候温加浓酒精少许。用针头挑破患猪脓疱，先以温肥皂水洗刷患部，刮净鳞屑及分泌物，揩干，用纱布蘸取上述药汁洗擦患部，1 次/d，连洗 5d。

【典型医案】 1981 年 5 月，吴县望亭乡红旗大队梁某 3 头均 15kg 猪发病来诊。主诉：3 头猪于半月前购进。近日，3 头猪的鼻梁、眼周、颈侧、腹下及股内侧皮肤脓疱患面增大，微有痒感，偶尔擦墙。1 周前曾涂以 2.5% 的敌百虫水溶液，连续用药 3 次效果不佳。检查：每头患猪皮肤患面有十余处，各处均散布菜籽大小的结节和砂粒到绿豆大的脓疱，脓疱周围鲜红或暗红，破溃的脓疱形成红色或褐色的溃疡面。患部皮肤变厚，有的被覆皮屑或形成皲裂。在皮肤健患交界处，用针头挑破脓疱，刮取黄色内容物，作涂片直接镜检（10×40），见有细小而狭长的活动虫体，呈典型的蠕形螨形态。诊为蠕形螨病。治疗：用上方药涂洗 3 次，痒觉消失；5d 后局部炎症消退，脓痂减少；10d 后患部开始脱痂。取痂膜，以内侧面涂片镜检，均未发现虫体。1 个月后追访，猪只生长良好，未复发。（还庶，T3，P62）

附红细胞体病

附红细胞体病是由猪附红细胞体（属立克次体）寄生于红细胞表面、血浆、骨髓而引起的热性溶血性人畜共患寄生虫病，临床上以持续高热、贫血、黄疸、皮肤发紫、尿黄等为主要特征，又称红皮病、黄疸性贫血、类边虫病、赤兽病。

【病因】 本病病原为猪附红细胞体。病猪和隐性感染带虫猪是主要传染源。耐过猪可长期携带病原。可通过接触、血源、交配、垂直及媒介昆虫（如蚊子）叮咬等多种途径传播。猪只之间可通过舔伤口、互相斗咬或饮用血液污染的尿液以及被污染的注射器、手术器械等

媒介物而传播；交配或人工授精时，可经污染的精液传播；感染母猪通过子宫、胎盘使仔猪感染。应激、饲养管理不良、气候恶劣、长途运输等均可使隐性感染的猪突然发病甚至大群猪发病。各种不同年龄、性别和品种的猪均易感，一年四季都可发生，但多发生于夏、秋和雨水较多的季节。猪附红细胞体病可继发于其他疾病，也可与一些疾病合并发生。

【辨证施治】 临床分为夏季高热型和秋冬低热型。

（1）夏季高热型 6～10 月份多发。患猪主要表现高热稽留，体温一般在 40～42.5℃之间，食欲减退或废绝。病初皮肤发红，后期贫血，皮肤苍白，耳、腹部、四肢内侧瘀血，粪先干后稀或发病初泄泻、呈稀糊状，尿黄如橙黄色或血尿，有的开始发病时尿如常，后期血尿。耐过的仔猪成为僵猪。母猪流产或产死胎和弱胎。公猪生殖能力下降、性行为减退等。患猪全身脂肪和脏器显著黄染，广泛性黄疸较为多见；血液稀薄、凝固不良、黏膜和浆膜黄染；淋巴结肿胀；肝脏肿大，表面有黄条纹状坏死灶，有的表面有小出血点，胆囊充盈；肺脏瘀血、水肿、出血；脾肿大 1～2 倍，质软，表面有粟粒大的丘疹结节，有时有针尖大小的黄色点状坏死；心脏、肾脏苍白并松弛；膀胱黏膜出血；腹水增多，结肠黏膜上有大小不均、凹凸不平的溃疡灶。

（2）秋冬低热型 秋冬季节多发。体温一般在 39.6～40.5℃之间，架子猪及母猪发病多表现体温升高；仔猪发病多体温下降（在冬季），食欲减退或废绝，大部分发病猪皮肤苍白、贫血，粪稀或正常，尿正常或黄。剖检病死猪可见全身皮肤、黏膜、脂肪显著黄染；心、肝、脾、肺、肾水肿、黄染；腹腔和心包积液等。

【鉴别诊断】 根据流行病学、临诊症状和病理变化，对本病可以作出初步诊断，但确诊需进行实验室检测。可采用相差显微镜和染色

血液涂片以及鲜血直接压片进行观察。取病猪耳静脉血1滴于载玻片上，加上同等量的生理盐水，混匀，加上盖玻片，在600倍暗视野显微镜下进行检查，红细胞呈锯齿状、菜花状、星芒状等。红细胞边缘可见许多球形、逗点型的附着物，血浆中游离的附红细胞体有很强的运动性。

本病须与猪肺疫、猪气喘病、猪蓝耳病、猪弓形体病等进行鉴别诊断，其相似之处为均有发热、食欲减退、气喘、皮肤紫红、呼吸困难等症状。区别在于猪肺疫喉部及其周围结缔组织出血性浆液浸润，纤维性肺炎、切面呈大理石纹，抗生素药物及时治疗有效；猪气喘病咳嗽呈痉挛性，体表皮肤有少量出血性紫斑；蓝耳病病猪耳尖耳边缘呈现蓝紫色，个别猪鼻端瘙痒，鼻盘擦地，极度不安；猪弓形体病病猪流水样鼻液，虫体侵害脑部时有癫痫样痉挛，后躯麻痹，用磺胺类药物治疗有效。

【治则】　杀虫利胆，清热解毒，凉血消斑。

【方药】　1. 清瘟败毒饮加减。金银花、连翘、丹皮、玄参、枳壳、常山各20g，大青叶、生地各30g，黄连、黄芩各10g，石膏50g，竹叶、槟榔、柴胡、大黄各15g，芒硝50g（后下）（为75～100kg猪药量，50kg左右猪酌减）。同时取血虫净，肌内注射。本方药适用于夏季高热型。

2. 小柴胡汤加减。柴胡、茵陈、半夏、黄芩、丹皮、枳壳各10g，常山、槟榔、竹叶各6g（为25～50kg猪药量）。水煎取汁，候温灌服。土霉素注射液，5mg/kg，肌内注射，1次/d，连用3d。本方药适用于秋冬低热型。

3. 西药选用两种或两种以上的抗生素、磺胺类和四环素类（须是养猪户以前在临床上未曾使用过的药物）进行交替注射，如长效土霉素、长效制菌磺、氧氟沙星、血虫净等。严重贫血者配合使用富铁力或牲血素、维生素C、维生素B$_{12}$注射液，深部肌内注射，连用3～5d；高热不退者可配合肌内注射或静脉滴注双黄连注射液40～80mL/头，2次/d，连用3d。对大群猪尚有食欲者，可用板蓝根，20g/头；或香薷粉，30g/头，拌料或饮水，2次/d，连用5～7d。（薛焕彩，T133，P38）

4. 金银花、连翘、丹皮、玄参、枳壳、常山、大青叶、淡竹叶、柴胡、槟榔各15g，生地20g，神曲、麦芽、黄连、黄芩、黄柏各10g。便秘者用金银花、连翘、丹皮、玄参、枳壳、常山、大青叶、淡竹叶、柴胡、槟榔、生地各20g，神曲、麦芽、大黄各15g，芒硝50g（以上均为50kg猪药量）。水煎取汁，候温灌服，1剂/d。同时全群猪饲料中添加长效土霉素或磺胺类药物。血虫净配成5%溶液，3～7mg/kg，深部肌内注射，1次/2d，连用1～2次。对严重贫血者同时补充铁和维生素。

5. ①金银花、连翘、板蓝根各15g，黄连14g，黄柏、藿香、紫苏、蒲黄、当归、山楂、茯苓各13g，石膏20g（为50kg猪药量）。水煎2次，取汁混合，拌料喂服或灌服，2次/d。②四环素或土霉素注射液，0.1～0.2mL/kg，用5%葡萄糖生理盐水稀释，深部肌内注射，1次/d。增效联磺注射液（磺胺间甲氧嘧啶0.5g，磺胺甲噁唑0.5g，甲氧苄啶0.2g），0.1～0.2mL/kg，肌内注射，1次/d。复方磺胺间甲氧嘧啶混悬注射液，0.1～0.2mL/kg，深部肌内注射，1次/d。复方长效盐酸氧四环素注射液（泰妙菌素、氧四环素碱各0.5g，治菌磺1.5g，甲氧苄啶0.3g），0.1mL/kg，肌内注射，1次/d。各药可交叉使用，对症施治并同时使用清热解毒类药，双黄连注射液，0.1～0.2mL/kg，肌内注射，1～2次/d。疑有并发症者可同时使用其他抗菌类药，如硫酸卡钠霉素、青霉素等。③土霉素或金霉素，20～30mg/kg，拌料喂服，或400～500g/t饲料，群饲7～14d，辅助治疗可用维生素类及补铁类，如牲血素等。共治疗63例，治愈率92.6%。（黄文仟等，T151，P49）

6. 复方青蒿注射液。青蒿 1500g，铁苋菜 500g，鱼腥草 1000g。洗净后放入蒸馏器中，加水超过药面，蒸馏，收集蒸馏液 3000mL，过滤后重新蒸馏，收集重蒸馏液 1000mL，备用。将过滤的药渣加水煎煮 2 次，合并滤液，过滤，滤液加热至流浸膏，后加 20% 石灰乳调节 pH 值至 12 以上，充分反应，放置过夜。用 5% 硫酸将 pH 值调至 5~6，充分搅拌，放置 3~4h，过滤，滤液用 4% 氢氧化钠溶液调节 pH 值至 7~8，放置 3~4h，过滤，滤液加热至流膏状，加蒸馏水稀释至原药量，放置 3~4h，过滤，滤液加热浓缩至 500mL 后加入重蒸馏液，加入抗氧化剂亚硫酸钠 1.5g。再加入注射用氧化钠调等渗，精滤（G₃垂融漏斗过滤），分装 10mL 安瓿，100℃ 流通蒸汽消毒 30min，即得每 1 毫升含生药 1.5g 复方青蒿注射液。1mL/kg，肌内注射，1~2 次/d。

【护理】 加强饲养管理，做好卫生消毒，圈舍阴凉通风，消除应激因素，驱除体外寄生虫，灭蚊蝇，以防吸血昆虫传播，并注意医疗器械的清洁消毒。

【典型医案】 1. 2001 年 7 月 5 日，济宁市鱼台县清河镇一养猪专业户 50 余头 40~50kg 猪，有 23 头猪高热，不食，皮肤发红，他医诊为猪丹毒，用安乃近、青霉素及普太注射液治疗 3d 无效邀诊。检查：大部分患猪体温在 40~42.5℃，食欲减退，尿黄。经血液涂片检查发现附红细胞体，红细胞变形严重，呈放射状、锯齿状、畸形等。诊为附红细胞体病。治疗：贝尼尔 3~7mg/kg，1 次/d，连用 3d；金银花 300g，连翘、菊花、生地、丹皮、栀子、竹叶、水牛角、玄参各 200g，黄连、黄芩、甘草各 100g，石膏 500g。水煎取汁，候温灌服，1 剂/d，连服 3 剂，痊愈。

2. 2002 年 12 月 2 日，济宁市许庄一养猪专业户 30 多头猪，其中有 20 头发病来诊。主诉：该猪发病后按流行性感冒治疗 5d 无效。检查：全群猪精神差，食欲废绝，饮欲尚可，

畏寒，粪如常，体温 39~40℃ 之间。采耳静脉血涂片，姬姆萨染色，镜检发现附红细胞体。诊为附红细胞体病。治疗：土霉素注射液 5mg/kg，肌内注射，1 次/d，连用 3d。个别严重者注射维生素 C、维生素 B₁ 注射液。柴胡 200g，半夏、党参、黄芩各 150g，甘草 50g，大枣 20 枚，生姜 20 片。水煎取汁，候温灌服，1 剂/d，连服 3 剂，痊愈。（周勇等，T122，P28）

3. 2004 年 7 月，睢县一养猪场 5 头猪发病邀诊。主诉：患猪食欲减退，行走时尾摇摆，常舔地，体温 40.5℃，肌内注射青霉素和安乃近不见好转。检查：新发病患猪精神沉郁，食欲废绝，呈腹式呼吸，有的病猪咳嗽，大部分病猪粪干结、尿浓、呈棕红色，个别病猪腹泻，耳部暗红发紫。又在饲料中加入磺胺嘧啶，治疗 2d 效果不佳。经采血检查发现附红细胞体。诊为附红细胞体病。治疗：用方药 4 中药、西药，用法同上。用药后的第 2 天，患猪病情明显好转，第 3 天注射血虫净 1 次，其他药物连续应用到第 5 天，患猪全部康复。（刘秀玲等，T138，P51）

4. 2003 年 9 月 2 日，天门市黄潭镇杨泗潭村 7 组杨某 110 头猪发病，自行采用抗生素治疗 1 周无效，而且死亡 8 头。检查：患猪消瘦，贫血，嘴唇、耳壳、四肢及胸腹部皮肤发绀，被毛粗乱无光，鼻盘干燥，精神沉郁，食欲废绝，眼结膜初期潮红，后苍白，有少量眼眵，先便秘后腹泻，排黄褐色胶状腥臭粥状粪，体温 40~41℃，高者可达 42℃，呼吸迫促，肌肉震颤，呻吟，哼叫，全身皮肤多处呈现黄豆大或大拇指大凸出体表的紫黑色疹块状结节。后期尾尖、耳边缘干裂或断裂脱落，有的出现共济失调，后肢麻痹，卧地难起，全身衰竭而死，死亡前体温降至 35℃ 左右。剖检 4 头病死猪见淋巴结肿大；脾脏肿大，质地柔软，边缘有点状出血；心包内有较多淡红色积液；肾脏肿大、表面有针尖大小的出血点，切

开后可见肾盂积水；膀胱充盈，膀胱壁有针尖大的出血点；肝脏肿大、呈土黄色，表面有灰白色的坏死灶；肠道有大量出血斑块。病猪耳静脉采血，经姬姆萨染色，镜检，红细胞表面均附有大小不等的虫体，绝大多数呈球形，胞膜较厚，中心呈淡黄色，有较强的折光性。诊为附红细胞体病。治疗：复方青蒿注射液 2mL/kg，维生素 B_{12} 注射液 500mg/头，混合，肌内注射，2 次/d，连用 5d；党参、当归各 10g，黄芪 15g，马鞭草、青蒿、铁苋菜各 50g（为 1 头猪药量）。水煎取汁，候温灌服或自饮，连用 5d，全部治愈。（杨国亮，T166，P70）

第五章
中毒病与营养代谢病

第一节 中 毒 病

霉变黑饭豆中毒

霉变黑饭豆中毒是指猪采食霉变黑饭豆而引起中毒的一种病症。

【病因】 多因黑饭豆保存不当、发霉变质，被用作饲料喂猪而导致中毒。

【主证】 患猪精神不振，喜饮凉水，呕吐，可视黏膜黄染，粪干燥、呈算盘珠状，有时表面附有黏液，个别有腹泻，粪中带血或排黑红色血粪，尿短少、色黄，后期行走时摇摆不定，后肢软弱无力，呆立一隅或头抵墙壁，严重时后肢麻痹，强行驱赶，则发出嘶哑的嚎叫，后肢站立困难，若勉强站起来，拖行几步即倒地，四肢划动呈游泳状，或全身麻痹瘫痪，惊叫。剖检病死猪可见皮下水肿；腹腔积有黄色液体；胃内充满食糜，胃黏膜、胃底部弥漫性充血；小肠壁变薄，黏膜容易剥落，有的混有游离血块，肠腔内有血液；肝脏稍肿大、质地硬，切面外翻呈黄色或暗色；胆汁浓稠、如同黄绿色胶胨状；肾肿大、色淡黄或苍白；全身淋巴结水肿；膀胱内有浓茶样积尿；心肌松软；肺表面凸凹不平；脑膜轻度水肿、充血。

【治则】 清热解毒，滋补肝肾。

【方药】 六味地黄汤加味。熟地黄、山药、山萸肉、泽泻、茯苓各60g，丹皮、杏仁、甘草各50g，车前草、金银花各70g，茵陈、田基黄、栀子各80g。水煎取汁，候温灌服。在治疗的同时，停喂霉变黑饭豆，改喂适口性好的青饲料，并将白糖和甘草煎汤盛于食具，任其自饮。共治疗16例，均收到了较好的效果。

【典型医案】 1. 1986年8月10日，田阳县畜禽品改站黄某用该站处理的黑饭豆喂猪12头（母猪1头，约100kg；育肥猪2头，约60kg/头；仔猪9头，约10kg/头），数日后，发现仔猪食欲减退，皆喜饮冷水，有的出现呕吐，2~3d后，眼球下陷，后肢软弱无力。继而母猪、育肥猪也相继发病，病初体温升高至40℃左右（有的正常），精神沉郁，多挤睡在一起，食欲减退甚至废绝，喜饮冷水，喜食青绿饲料或菜叶，可视黏膜黄染，粪干燥、呈算盘珠状，有时表面附有黏液，个别腹泻，粪中带血或排黑红色血粪，尿短少、色黄，后期行走时摇摆不定，后肢软弱无力，呆立一隅或头抵墙壁，严重时后肢麻痹，强行驱赶，则发出嘶哑的嚎叫，后肢站立困难，若勉强站起，拖行几步即倒地，四肢划动呈游泳状，约经数日，则全身麻痹瘫痪，惊叫，直至死亡。治疗：取上方药，用法同上，1.5剂/d，共服9剂，患猪逐渐康复，母猪康复后正常发情、配种，产仔8头。

2. 1986年8月，田阳县田州镇桑园街黄某购入粮管所清仓处理的黑饭豆100kg喂猪，其所养4头育肥猪先后发病，行走时后躯摇摆不定，腿软无力，嗜睡，驱赶时前肢勉强站立，后肢站立困难，呈犬坐姿势，喜食青菜叶。诊为霉变黑饭豆中毒。治疗：取上方药去车前草，加威灵仙、葛根，用法同上，1周痊愈。（黄光华等，T88，P24）

霉稻草中毒

霉稻草中毒是指猪采食霉变的稻谷或稻穗而引起中毒的一种病症。

【病因】 由于稻草保存不善、霉败变质，猪采食了铺垫栏舍稻草上未脱掉的霉谷粒与草穗，致使霉菌毒素在体内蓄积而发病。

【主证】 患猪精神委顿，被毛粗乱，不食或少食，可视黏膜苍白，鼻镜干燥，伏卧，以腹触地，四肢伸直，或前肢张开，后肢蜷缩，呼吸困难，体温正常，行走艰难，拱背，部分猪流涎，病初便秘，后期下痢，粪恶臭、带白色黏液。剖检病死猪胃肠黏膜常有出血性炎症；肾、膀胱发炎；肝肿大、变硬；脾有出血点；淋巴结肿大、出血；皮下出血；心包周围出血。

【治则】 排毒解毒，祛湿解痉。

【方药】 防风、甘草各20g，贯众30g，金银花15g，大蒜梗10g，白糖50g，黄豆250g。先将诸药煎水，加白糖、豆浆冲服。一般2剂痊愈。同时内服硫酸镁液，静脉注射葡萄糖、维生素C、安钠咖（剂量按猪的大小与中毒的轻重而定）。共治疗43例，收效良好，未发生死亡。

【典型医案】 1978年11月，桃源县观音寺、三望坡、龙潭水等公社的部分农户饲养的猪因采食了铺垫栏舍稻草上未脱掉的霉谷粒与草穗，相继发病212头，其中仔猪116头，占56.1%。检查：患猪发病突然，精神委顿，被毛粗乱，不食或少食，可视黏膜苍白，鼻镜干燥，多伏卧，以腹触地，四肢伸直，或前肢张开，后肢蜷缩。呼吸困难，体温正常，一般在38.5～39.8℃。行走艰难，拱背，部分猪流涎。病初便秘，后期下痢，粪恶臭，带白色黏液。仔猪运动减少，母猪泌乳量下降。轻症治疗后3～5d可以恢复，重症恢复较慢，约需7d。剖检病死猪胃肠黏膜常有出血性炎症；肾、膀胱发炎；肝肿大、变硬；脾有出血点；淋巴结肿大、出血；皮下出血，部分病猪心包周围有出血。根据病因分析、剖检和化验结果，诊为霉稻草中毒。治疗：取上方药，用法同上。共治疗43例，均痊愈。（于华光，

T13，P43）

棉籽饼中毒

棉籽饼中毒是指猪长期或大量采食榨油后的棉籽饼，棉酚在体内特别是肝脏中蓄积而引起慢性中毒的一种病症。

【病因】 由于大量、长期饲喂未经脱毒处理或调制的棉籽饼，使棉酚（为一种嗜细胞性、血管性、神经性毒素）蓄积于猪体内而导致中毒。日粮搭配不合理，营养不良，尤其是维生素和矿物质缺乏可促使本病的发生。棉酚可由乳汁排出，仔猪吮乳后可引发间接中毒。

【主证】 病初，患猪食欲减退，精神不振，行动无力，喜卧于阴湿凉爽处，便秘或泄泻，口色微黄，结膜淡白，被毛粗乱无光。重症猪食欲废绝，肌肉震颤，呼吸急促，卧地不起，结膜黄染，间有羞明流泪，视力减退或失明，耳尖、尾尖呈紫蓝色，有时皮肤上出现疹块，全身水肿。粪秘结，粪、尿带血。后期下痢，气味恶臭，昏睡不起，时有痉挛现象。最后衰竭倒地抽搐而死亡。妊娠母猪常发生流产。

【治则】 利尿解毒。

【方药】 1. 调胃承气汤加减。大黄，芒硝，食母生（用量依据病情轻重、生猪大小而定）。先将大黄煎水或研末，开水冲调，再加入芒硝、食母生片（研末），胃管投服。共治疗56例，治愈54例（轻症33例，重症21例）。

2. 西药：①10%葡萄糖注射液250mL，维生素C 2g，庆大霉素20万单位，氢化可的松50mg，静脉注射；②5%氯化钙注射液20mL，40%乌洛托品注射液10mL，静脉注射；③维生素B_1 200mg，维生素B_2 15mg，维生素AD注射液2mL，肌内注射。中药：金银花、车前子各30g，甘草45g。水煎取汁，候温灌服。共治疗68例，治愈59例。疗程短者3d，长者8d，痊愈。（刘万平等，T24，

P44)

【典型医案】 1. 1982 年 10 月 21 日，淮滨县防胡乡曾某一头约 60kg 花猪，因连喂单一的棉籽饼数日发病来诊。检查：患猪精神沉郁，食欲废绝，体温正常，咳嗽、气喘，体瘦毛乱，喜卧，强行走动时步态不稳，粪球干而难排，表面附有脓性血样分泌物，用力踩破内有大量棉籽饼（纤维）；排尿频数淋漓、呈黄红色。诊为棉籽饼中毒。治疗：大黄 60g，芒硝 70g，食母生 30 片，用法同方药 1。服药后 9h，患猪开始腹泻，内含坚硬粪球和大量棉籽饼（纤维）。翌晨，患猪出现食欲，改喂其他饲料，痊愈。

2. 1984 年 2 月 20 日，淮滨县防胡乡程某一头约 95kg 长白猪，因喂棉籽饼发病，喘息不食，3d 未进食，用链霉素、猪喘平等药物治疗均无效邀诊。检查：患猪症状同典型医案 1，诊为棉籽饼中毒。治疗：大黄 75g，芒硝 70g，食母生 40 片，用法同方药 1。服药后 10h，患猪开始腹泻，粪中有大量棉籽饼（纤维）。第 2 天早晨，患猪仍不吃。重煎大黄，另加芒硝 50g，食母生 30 片，侯凉胃管投服。当日下午 6 时，患猪出现食欲，改喂他食而愈。（赵天龙，T13，P44）

马铃薯中毒

马铃薯中毒是指猪大量采食发芽、腐败的马铃薯块根或马铃薯开花或结果前期的茎叶而引起的以胃肠炎和神经症状为特征的一种中毒病。

【病因】 多因猪采食贮存不当发芽、发绿、腐烂的马铃薯或马铃薯开花或结果前期的茎叶而引发本病。

【主证】 病初，患猪精神沉郁，食欲减退或废绝，流涎，呕吐，腹泻。后期呈水样腹泻，粪中混有黏液和血液，腹痛，头颈及眼睑部水肿，可视黏膜发绀，腹部出现紫色疹块。

重症者步态不稳，运动失调，呼吸困难，结膜发红，如抢救不及时，很快心力衰竭、抽搐、全身皮肤发紫，体温下降至 37℃ 以下，多因极度衰竭、麻痹而死亡。

【治则】 保肝解毒，清理肠胃，促进毒物排出。

【方药】 金银花 20g，明矾、甘草各 30g。水煎取汁，待温加蜂蜜 30g，灌服，1 剂/d，连用 3d（为 50kg 猪药量）。重症者视猪体大小，同时静脉注射 5% 葡萄糖生理盐水 300～500mL，10% 安钠咖注射液 5～10mL，维生素 C 注射液 10～20mL，1 次/d，连用 3d。出现神经症状者用复方氯丙嗪，2mg/kg，肌内注射；继发感染者用青霉素 2 万单位/kg、链霉素 10mg/kg，肌内注射。共治疗 39 例，治愈率达 92.8%。

【典型医案】 1. 2007 年 4 月 8 日，都兰县察苏镇上庄村康某 2 头 5 月龄猪患病来诊。主诉：给猪饲喂发芽的马铃薯，昨天发现 1 头猪吃少量饲料，卧地不起，今天早上又有 1 头猪不食。检查：患猪精神沉郁，鼻镜干燥，排水样粪，腹痛，体温正常，腹部有紫色疹块。诊为马铃薯中毒。治疗：金银花 15g，明矾、甘草各 25g。水煎取汁，待温加蜂蜜 30g，灌服，1 剂。9 日，患猪病情明显好转，食欲和精神有所恢复，按原方继续服药 2d。痊愈。

2. 2009 年 5 月 12 日，都兰县察苏镇下滩村土某 4 头约 50kg 猪发病邀诊。主诉：昨天给猪饲喂窖中已发芽腐烂的马铃薯 2 袋，约 80kg，晚上有 2 头猪少食，12 日早上 4 头猪卧地不起。检查：患猪精神沉郁，鼻镜干燥，体温正常或偏低，排水样粪，混有黏液和血液，结膜发红，其中有 1 头病猪出现间歇性抽搐。诊为马铃薯中毒。治疗：5% 葡萄糖注射液 500mL，10% 安钠咖注射液 5mL，维生素 C 注射液 10mL，静脉注射；青霉素 160 万单位、链霉素 1g，肌内注射。对抽搐患猪肌内注射复方氯丙嗪 100mg。中药取金银花 20g，明矾、甘草各 30g。水煎取汁，待温加蜂蜜 50g，灌服，1 剂/d，连服 2d。14 日，患猪症状减轻，食欲、精神转好。中药按原方继续服用 2d。16 日，4 头猪痊愈。（祁子显，T166，P64）

苦楝子中毒

苦楝子中毒是指猪采食过量苦楝树成熟后落下的苦楝子或苦楝子用量过大而引起中毒的一种病症。多发于苦楝树果实成熟季节。

【病因】 由于散养生猪自由采食大量的苦楝子，或用苦楝籽、若楝子根皮驱虫时用量过大而引发本病。

【辨证施治】 根据临床症状，分为急性型、慢性型和轻微型。

（1）急性型 患猪突然发病，倒地呻吟，口吐白沫，眼神惊恐，口腔黏膜发绀，心跳快而弱，呼吸极度困难，四肢抽搐，皮肤苍白，体温下降，常在 1 至数小时内昏迷窒息死亡。

（2）慢性型 患猪四肢无力，卧地不起，全身肌肉震颤、痉挛，皮肤发绀，腹痛，呕吐或流涎，嘶叫不安，心跳加快，呼吸迫促，体温降至常温下，如不及时抢救，1～2d 内发生死亡。

（3）轻微型 患猪食欲减退或停止，步态不稳，驱赶时前肢无力，后肢勉强移动，四肢发抖，精神沉郁，有轻叫或呻吟声，如治疗及时，很快康复。

【治则】 排毒解毒，保肝镇痉。

【方药】 初期先用 0.1% 高锰酸钾洗胃，再用甘草 10g，芒硝 50g，水煎取汁 1000mL，候温灌服，2 剂/d，轻者即愈。中期取 10% 安钠咖注射液 10mL，或樟脑注射液 10mL；肌内注射；体温偏低、流涎者，取阿托品注射液 5mL，肌内注射。后期用 25% 葡萄糖注射液 100mL，维生素 C 注射液 10mL（500mg），维生素 B 注射液 10mL，混合，耳静脉注射。

共治疗百余例，取得了比较满意的疗效。（魏如清等，T17，P35）

【护理】 除注意防寒保暖、对症治疗外，还要适当饲喂一些易于消化吸收的营养食物，如稀饭、麸皮水或绿豆白糖粥、红糖甘草水之类，起到保肝解毒作用，同时又可补液和增加营养，保护胃肠黏膜。切忌给予生硬、有刺激性的食料。

蓖麻中毒

蓖麻中毒是猪误食蓖麻籽实、茎叶或饲喂大量未经处理的蓖麻籽饼所引起的以出血性胃肠炎和神经症状为特征的一种病症。

【病因】 猪误食圈舍附近或路边的蓖麻茎叶、落地的蓖麻籽，或用蓖麻籽饼喂猪时未经脱毒处理而引起中毒。

【主证】 患猪采食后 15min 至 3h 内出现症状。轻者精神沉郁，食欲减退，呕吐，口流白沫，腹痛，腹泻，粪气味、恶臭、带血或黏液，排血红蛋白尿，或因膀胱麻痹而尿闭，心跳、呼吸加快，黄疸，卧地不起，强迫站立肌肉震颤，行走摇晃，头抵地或抵墙。病初体温升高，后期低于正常。重症者突然倒地，头颈伸直，皮肤发绀，不停嘶叫，四肢痉挛，肌肉震颤，心跳加快，逐渐衰竭而死亡。

【治则】 排毒解毒，保肝护肝。

【方药】 1. 鸡蛋 5 枚，白酒 50～100mL。将鸡蛋清和白酒混合均匀，灌服。

2. 绿豆 300g，甘草 30g。水煎取汁，候温灌服或研为细末，沸水调为糊状，灌服。共治疗 10 例，治愈 9 例。

【典型医案】 1. 1996 年 8 月 15 日，天门市黄潭镇向张嘴村 3 组向某一头约 25kg 架子猪发病来诊。主诉：今天上午给猪喂了些蓖麻叶，不到 20min，该猪狂躁不安，呼吸困难，病情渐渐加重。检查：患猪体温 37.5℃，口吐白沫，狂躁不安，腹痛，躯体蜷缩，泻水样恶臭粪，呼吸困难，心跳加快。诊为蓖麻叶中毒。治疗：鸡蛋清 5 枚，白酒 50mL，混合，灌服，1 次/d；绿豆 250g，甘草 20g。水煎取汁，分 2 次灌服。16 日，患猪诸症悉除，完全康复。

2. 1996 年 8 月 10 日，天门市黄潭镇罗口村 5 组罗某一头约 30kg 架子猪发病来诊。主诉：今天上午出工前给猪喂了蓖麻叶，中午即发现猪呼吸困难，口吐白沫。检查：患猪体表冰冷，体温 37℃，卧地，嘶叫，四肢发抖，泻粪如水，粪带血。诊为蓖麻叶中毒。治疗：鸡蛋清 5 枚，白酒 50mL，混合，灌服，1 次/d；绿豆 250g，甘草 20g。水煎取汁，候温，分 2 次灌服。连续治疗 2d，痊愈。（杨国亮，T99，P35）

牛皮菜中毒

牛皮菜中毒是指猪长时间过多采食加工处理或贮存不当的牛皮菜而导致中毒的一种病症。

【病因】 牛皮菜作为猪饲料，加工或储存不当（如焖煮时间过长、潮湿堆放过夜等），可产生亚硝酸盐，猪采食后引起中毒。牛皮菜中含草酸较多，长时间过多饲喂，影响猪钙代谢而引起跛行。

【主证】 患猪精神沉郁，体温正常，可视黏膜发白，喜欢舔食泥土、石块、墙壁等，跛行，逐渐多卧少立，若强行驱赶则发出尖叫声，进而卧地不起，关节肿大，食欲废绝，消瘦，当病猪摔倒时易发生四肢骨折。母猪多在产后不久发生跛行，重症者后肢瘫痪。久卧不起者，常并发褥疮及败血症而死亡。

【治则】 排毒解毒。

【方药】 1. 饲料中补充骨粉 10～30g/d，或碳酸钙 5～20g/d，适当增加运动和阳光浴，直至痊愈。

2. 5％右旋糖酐铁注射液 10～20mL，5％

维生素 B₁ 注射液 5～10mL，分别肌内注射，轻者 1 次，重者第 3 天可重复用药 1 次。

3. 苍术 50～150g，当归 30～100g。共为末，拌入饲料中，5d 喂完。共治疗 386 例，除 11 例因病情过于严重而死亡外，其余 375 例均获治愈。

【护理】 立即停喂牛皮菜，适当增加运动和阳光浴，直至痊愈。

【典型医案】 1. 1989 年 3 月 6 日，仪陇县日兴镇九湾村二社聂某 4 头商品猪，其中 2 头体重分别为 42kg、45kg，10 日前发现食欲不振，舔食泥土，精神不振，后肢跛行，经他医治疗无效。今又发现 2 头体重分别为 51kg、54kg 的猪发生类似前 2 头病猪的症状。检查：前 2 头患猪被毛粗乱，眼结膜发白，后肢关节肿大，卧地不起，强令站立即发出尖叫声，食欲废绝，体温正常。后发病的 2 头精神沉郁，食欲减退，舔食墙壁，后肢跛行，体温正常。经调查，自 1988 年 12 月上旬至发病日，几乎全用牛皮菜作青饲料。诊为过食牛皮菜引起的中毒。治疗：4 头患猪全部改饲配合饲料；5％右旋糖酐铁注射液 20mL，5％维生素 B₁ 注射液 10mL，分别肌内注射，同时让病猪适当运动和晒太阳。第 3 天，给先发病的 2 头猪继用上方药 1 次。第 5 天，4 头病猪症状均有不同程度的减轻。连续治疗 10d，均痊愈。

2. 1995 年 2 月 28 日，仪陇县日兴镇古楼村二社杨某一头约 90kg 带仔母猪发病就诊。主诉：该猪产仔后刚 1 个月，便出现食欲不振，舔食石块和被粪便污染的垫草等物，后肢跛行且日渐加重。检查：患猪精神沉郁，消瘦，喜卧地，不愿站立，触摸头与四肢则发出呻吟声，眼结膜发白，体温正常。经调查，患猪于产前 2 个月一直以牛皮菜为主食，产后才加喂少量的配合饲料。诊为过食牛皮菜引起的中毒。治疗：立即停止哺乳，停喂牛皮菜，饲以配合饲料，适当运动，多晒太阳。药用苍术 150g，当归 100g。共为末，分为 15 等份，拌

入饲料中喂服，3次/d，1份/次。第6天，患猪症状明显减轻，第12天痊愈。（张学全，T80，P29）

小麦赤霉菌中毒

小麦赤霉菌中毒是指猪采食腐烂变质麦秸、麦麸等引起的一种病症。

【病因】　小麦收割后，阴雨连绵，麦秸、麦麸等腐烂变质，将其作为饲料喂猪而引发中毒。

【主证】　患猪阴部光滑、充血、肿大，有稀薄的卡他性分泌物流出；怀孕母猪流产，严重者阴道和直肠脱出，有的乳腺增大，乳头潮红，体重下降。小公猪则睾丸萎缩，大公猪或去势的公猪发生包皮炎、阴茎肿大、皮肤瘙痒等。

【治则】　清热利湿。

【方药】　鲜凤尾草、鲜车前草各100～150g，水煎取汁，掺入饲料中让其自食，1剂/d，连服5剂。共治疗6例，全部治愈。

【典型医案】　1989年7月2日，苍溪县石马乡青平村袁某6头母猪发病就诊（2月龄断奶猪4头，架子猪2头）。主诉：2头架子猪从市场购回，自收割小麦以来，出现外阴红肿，逐日增大，每月发情1次，但不停食。4头小猪自繁自养，未断奶就出现外阴红肿、增大，断奶后逐渐出现发情，外阴特别肿大。检查：患猪阴部光滑、充血，比正常肿大3～4倍，常有稀薄的卡他性渗出物。严重者阴道和直肠脱垂。部分病猪乳腺增大，乳头潮红，体重下降。小公猪睾丸萎缩。诊为小麦赤霉菌中毒。治疗：取上方药，用法同上。服药5剂，6头猪逐渐痊愈。（袁永太，T51，P21）

玉米赤霉烯酮中毒

玉米赤霉烯酮中毒是指猪采食被玉米赤霉烯酮污染的饲料而引起的一种病症。

【病因】　由于天气潮湿，玉米、小麦、燕麦、大麦等霉变，用被玉米赤霉烯酮污染的饲料饲喂猪而引发本病。

【主证】　急性者食欲废绝，呕吐，外阴、阴道炎症，阴户红肿，分泌黏液混有血液，乳腺增大，严重者阴道和子宫外翻，甚至直肠和阴道脱出。哺乳母猪无乳或少乳。育肥猪精神轻度兴奋，食欲稍有下降，泌尿、生殖器官表现发情姿势。性未成熟的中、小母猪阴唇红肿、色鲜红、外翻，乳房隆起，乳头肿大、发红，少数猪因阴唇肿胀而擦破。未断奶小母猪也会出现阴唇红肿。去势小公猪包皮肿大，乳房隆起，乳头肿大。未去势小公猪阴茎、包皮明显肿大，常爬跨其他猪。后备母猪频现发情症状，却多次配种不孕。断奶母猪发情期延迟或发情不明显，多次配种不孕或出现假孕。妊娠母猪出现流产，产死胎、畸形胎、木乃伊胎。种公猪性欲降低，包皮水肿，睾丸萎缩，体温无明显变化。

【治则】　排毒解毒。

【方药】　灌服绿豆苦参煎剂；静脉注射葡萄糖和樟脑磺酸钠，同时取维生素A、维生素D、维生素E和黄体酮，肌内注射。将饲料中维生素C、维生素E、维生素A量加倍，补喂青绿饲料，并加入蒲公英。保护胃肠黏膜可灌服淀粉10～50g或用阿拉伯胶2～5g。饲料中全程添加优质的吸附能力强的霉菌毒素吸附剂以抗菌消炎。皮肤、外阴部溃疡，用0.1%～0.2%高锰酸钾溶液冲洗。共治疗12例，全部治愈。

【典型医案】　2009年7月，民和县川口镇一养猪户40头猪（公母分开饲养，饲喂配合饲料），出现异常邀诊。检查：12头小母猪提前发情，乳房、乳头潮红肿胀，阴唇肿大、色鲜红、外翻，个别红肿，阴唇擦破，猪圈和猪体上留有血迹。去势后的小公猪包皮肿大，乳房隆起，乳头肿大。诊为玉米赤霉烯酮中毒。治疗：立即改换饲料；在饲料中多加1倍量维生素 C、维生素 E、维生素 A；灌服绿豆苦参煎剂；肌内注射维生素 E、黄体酮；灌服诺氟沙星，10mg/kg，2 次/d，连用 4～6d；2%阿莫西林 3g/kg，连续饲喂 7d；补喂青绿饲料，并加入蒲公英 40g/头。治疗后，患猪症状逐步减轻；外阴部溃疡，用 0.1%～0.2%高锰酸钾溶液冲洗，涂敷氧化锌软膏。治疗 15d 后，患猪基本痊愈。（杨良存，T171，P57）

黄曲霉毒素中毒

　　黄曲霉毒素中毒是指猪采食被黄曲霉毒素污染的饲料，而引起以全身性出血、消化机能障碍和神经症状等为特征的一种病症。

　　【病因】　多因管理或饲喂不当，猪食用被黄曲霉毒素污染的饲料，如花生、玉米、黄豆、麦类和棉籽等导致中毒。

　　【辨证论治】　临床上分为急性、亚急性和慢性 3 种类型，其中亚急性较常见。

　　（1）急性　多发生于 2～4 月龄的仔猪，尤其是食欲旺盛、体质健壮的猪。患猪在临床症状出现前突然死亡，或在发病后 2d 内死亡。

　　（2）亚急性　患猪体温正常或升高 1.0～1.5℃，精神沉郁，食欲减退或不食，后躯无力，行走摇摆，粪干燥、呈球状、表面被覆黏液和血液，有时站立一隅或头抵墙下，黏膜苍白，皮肤出血、充血。后期出现间歇性抽搐，可视黏膜黄染。

　　（3）慢性　多发生于育成猪和成年猪。患猪精神委顿，步态强拘，异嗜，常离群低头站立，拱背，蜷腹，可视黏膜黄染，粪干燥。有的病猪眼、鼻周围皮肤发红或出现紫斑，以后变蓝色。随着病情的发展，呈现神经症状，如兴奋不安、痉挛、角弓反张等。

　　【治则】　清热解毒，除湿利水，保肝排毒。

　　【方药】　1. 发现本病应及时断尾或静脉放血，然后采用药物治疗。药用自拟清热利湿

解毒汤：龙胆草 10g，栀子、金银花、生地、甘草、茵陈各 15g，防风、大黄、郁金、当归各 12g。共研为细末，加白糖 60～100g，用热绿豆汤 500mL 冲调，分 2 次灌服，或拌入饲料、饮水中喂服，1 剂/d，连服 3 剂。取 5%～10%葡萄糖注射液 500～1000mL，20%甘露醇注射液 100～150mL，三磷酸腺苷（ATP）40～80mg，维生素 C 2～4g，氨胆注射液 5～10mL，混合，静脉注射，1～2 次/d。精神沉郁者加 10%安钠咖 5～10mL，皮下注射；精神兴奋者加盐酸氯丙嗪 2～3mg/kg，皮下注射。采用综合疗法比单独应用西药和中药治愈率分别提高 11.0%与 11.2%，且疗效好，疗程短。共治疗 363 例，治愈 349 例，治愈率 96.1%。

　　2. 自制三桉一樟注射液。取大叶桉、小叶桉、柠檬桉和樟脑叶（全是鲜叶）各 500g，加清水过药面，浸泡 4h，蒸馏，得药液 500mL，过滤，分装，灭菌、密封备用（本品每 1 毫升相当生药 4g）。取 15～20mL/头，颈部皮下注射，1 次/d，连用 4～6d。共治疗 16 例，全部治愈。

　　3. 栀子解毒汤。栀子、连翘各 60g，黄药子、白药子各 90g，天花粉、黄芪各 70g，大黄、车前、茯苓各 100g，茵陈 120g，甘草 30g，郁金 50g。1 剂水煎 3 次，取汁混合，（灌服）2 次/d，用药 2 剂（为大家畜药量，猪酌减）。西药用 10%葡萄糖注射液 1500mL，三磷酸腺苷 75mg，维生素 C 40mL，10%樟脑磺酸钠注射液 20mL、四环素 400 万单位，1 次静脉注射。共治疗 758 例，治愈 675 例，治愈率为 89%。

　　4. 茵陈汤。绵茵陈、广陈皮、炒神曲、车前草各 20g，川郁金、制香附、杭白芍、炒白术各 15g，炒柴胡 10g，生甘草 5g。病程较长、皮肤发红者加红花、三棱各 5g，莪术 10g。水煎取汁，候温灌服。1 剂/d，连服 3 剂（为 50kg 猪药量）。共治疗 390 例，治愈

372 例，治愈率达 95.5%。

5. 茵陈、栀子、大黄各 30g，柴胡 20g，甘草 25g。水煎取汁，候温加葡萄糖 40g，维生素 C 0.6g，任其自饮或灌服，1 剂/d，连服 3～5d；硫酸钠 40g，灌服（均为 60kg 猪药量，可视患猪大小加减）。继发感染者，用青霉素 2 万单位/kg，肌内注射；心脏衰弱者，取 10%安钠咖注射液 5～10mL，肌内注射；出现神经症状者用复方氯丙嗪 2mg/kg，肌内注射。共治疗 42 例，治愈率 92.8%。

6. 菌毒灵注射液。黄芪、板蓝根、金银花、黄芩各 250g，鱼腥草 1000g，蒲公英、辣蓼各 500g。将诸药品洗净切碎置蒸馏器中，加水 7000mL，加热蒸馏收集蒸馏液 2000mL，将蒸馏液浓缩至 900mL 备用。药渣加水再煎 2 次，每次 1h，合并 2 次滤液浓缩至流浸膏，加 20%石灰乳调 pH 值至 12 以上，放置 12h，用 50%硫酸溶液调 pH 值至 5～6，充分搅拌放置 3～4h，过滤，滤液用 4%氢氧化钠溶液调 pH 值至 2～8，放置 3～4h，过滤加热至流浸膏状，与上述蒸馏液合并，用注射用水加至 1000mL，加抗氧化剂亚硫酸钠 1g，用注射用氯化钠调至等渗，精滤，分装，100℃煮沸 30min 灭菌，即为每 1 毫升含生药 3g 菌毒灵注射液。0.5mL/kg，肌内注射，1～2 次/d。重症者 3 次/d。共治疗 23 例，均治愈。

7. 甘草绿豆冬瓜饮。甘草 60g，绿豆、薏苡仁、白砂糖各 50g，冬瓜 100g。水煎取汁，药渣拌少量精饲料喂服，成年猪 1 剂/d，1 次喂完，仔猪减半。每天上午每只猪饮 0.1%维生素 C 溶液 1000mL 以帮助解毒；下午供给 0.01%高锰酸钾溶液 1000mL 保护胃肠黏膜。共治疗 77 例，治愈 75 例，死亡 2 例。

【护理】 饲料存放要通风干燥，防止雨淋受潮，发现疑似黄曲霉毒素中毒应立即更换新鲜优质饲料，并在饲料中添加 3%的脱毒素或 0.1%驱毒霸饲喂 1 周，供给充足洁净饮水，并加入电解多维。

【典型医案】 1. 2007 年 5 月 8 日，邵武市某养猪场 215 头生猪先后发病 98 头，其中仔猪 46 头，育肥猪 32 头，种用母猪 20 头。畜主先后用抗生素及磺胺类药物治疗 5d 无效，死亡 37 头，占发病数的 37.76%。检查：患猪被毛粗乱、消瘦、行走不稳、后躯无力，粪干燥、带血、呕吐，头抵墙，啃食泥土、瓦砾等，胸腹部、四肢内侧出现紫红斑点或斑块。诊为疑似黄曲霉毒素中毒。治疗：立即改变饲料后再未见发病。取方药 1，用法同上，痊愈。（李有辉，T149，P53）

2. 1978 年 6 月初，扶绥县山坪公社坝引生产队误将霉烂变质的玉米（表面发霉变黑）粉碎煮熟喂猪，至 6 月 19 日，51 头猪先后出现中毒症状。当地兽医曾用抗生素、磺胺类等药治疗 10d，无效，死亡 27 头。死猪胃内容物和猪吃剩的玉米粉送县卫生防疫站检测，黄曲霉毒素 B_1 定性分析为阳性反应，定量分析玉米中的含量为 750mg/kg，严重超标。诊为黄曲霉毒素中毒。治疗：将 24 头病猪随机分为试验组（16 头）和对照组（8 头），试验组用三棱一樟注射液（见方药 2）治疗，16 头病猪均治愈；对照组的 8 头猪在试验开始的第 2、第 3、第 4 天全部死亡。（何时扬，T18，P39）

3. 1998 年 11 月初，扶绥县某养猪场的长陆杂交肥猪（其中 60～90kg 的 21 头，30～55kg 的 33 头），由于饲喂了发生霉变的玉米（200kg）粉与米糠、麦麸等，至 11 月 15 日，全群 71 头猪先后发病，当地兽医用抗生素、磺胺类药物治疗多日未见效，18 日前死亡 17 头，19 日剩余的 54 头猪发病邀诊。检查：患猪精神沉郁，食欲减退，有的废绝，喜饮清水，全身震颤，口流涎、夹有泡沫，可视黏膜和皮肤有不同程度的黄染，尿呈黄色，有的患猪尿液如浓茶样，有的患猪头抵墙壁不动，四肢软弱，行走无力，左右摇摆。体温 38.5～40.0℃，心跳 30～35 次/min，粪干硬、呈珠状，身体消瘦。重症患猪9头（成年猪7头，育成猪2头）极度消瘦，可视黏膜、皮肤严重黄染，卧地不起，驱赶时勉强站立，两后肢拖地而行。剖检病死猪可见尸僵不全，血凝不良，尸体消瘦，皮肤、皮下脂肪和肌肉黄染；心脏冠状沟脂肪呈黄色胶胨状；肝脏肿大、呈土黄色，肝表面有粟粒大至绿豆大的突出于表面的黄色坏死灶；肺部表面凹凸不平，较严重者整个肺部呈干酪状；膀胱积有浓茶样黄色尿液；肌肉经煮熟后其色更黄，且有难闻的石灰样气味。中毒死亡的猪胃内容物（未消化的饲料）和饲喂的霉玉米经化验室检验，黄曲霉毒素 B_1 为阳性反应，玉米中黄曲霉毒素 B_1 含量为 0.45mg/kg，严重超标。诊为黄曲霉毒素中毒。治疗：用自制三桠—樟注射液 15～20mL/（头·次），用法同方药2，2次/d，连续6d为1个疗程。心脏衰弱者，皮下注射或肌内注射10%安钠咖注射液5～10mL；粪硬结者，用硫酸钠（或镁）50g，加水2500mL，1次灌服。共治疗54例，治愈48例。（何时扬，T104，P25）

4. 1984年9月，新野县新店镇某养猪专业户饲养长白猪80头，饲喂霉玉米后第10天发病，突然死亡4头，32头腹泻，粪带血，口流白沫，24头食欲减退，精神不振。停喂霉玉米后再未发病。剖检病死猪4头，胸、腹腔和心包积液、呈黄色或棕红色，有的积液中混有少量纤维素；肝脏稍肿大、色淡呈土黄色，表面间有粟粒至绿豆大突出于表面的灰黄色坏死灶，质地坚硬，边缘钝圆；胆囊皱缩，囊壁增厚，胆汁浓稠、如黄绿色或墨绿色胶状。急性死亡者胃内充满食糜，胃黏膜尤其是大弯底部数处充血；小肠全段充满血性食糜，颜色由红色至黑色、呈煤焦油状，有的混有游离血块，肠黏膜脱落，肠壁变薄。小肠充气严重者，肠道出血亦严重。全身淋巴结水肿、呈黄白色、切面多汁；肾呈淡黄色；部分猪膀胱内有浓茶样积尿；心肌柔软，心冠脂肪呈胶胨

状；肺部表面凸凹不平，间质增宽，可见斑块状实质性病变，呈小叶性肺炎；脑膜轻度水肿、充血，有少量出血点，有的脑血管明显怒张。实验室诊断：取饲料和胃内容物样品进行测定，发现饲料中有黄曲霉菌，黄曲霉菌毒素量达 2.23mg/kg。诊为黄曲霉菌毒素中毒。治疗：取方药3中药、西药，用法同上，痊愈。（孙荣华，T86，P8）

5. 1981年9月14日，海安县王垛乡兔塘村李某16头60日龄仔猪发病邀诊。主诉：从9月7日开始，每日用霉变的玉米2kg煮熟连喂1周。检查：患猪嘶叫，采食时猛吞几口又跑开，体温 38.7～39.1℃，呼吸22～26次/min，心跳78～84次/min，被毛粗乱，喜食稀薄食物和青草，不时啃砖、嚼物，粪呈棕褐色硬珠状，尿少色黄，眼结膜黄染。诊为霉玉米中毒。治疗：当即嘱畜主停喂霉玉米，取方药4，用法同上，连用3剂（1剂/d），1周后追访，均痊愈。

6. 1989年9月7日，海安县王垛乡翁庄村王某2头60kg架子猪患病邀诊。主诉：于8月10日开始饲喂霉变玉米，约0.5kg/（头·d），连喂20余天，近日猪饮食减退，喜食稀汤，焦躁不安。检查：患猪体温38.8℃，呼吸、心跳正常，肚腹胀满，粪干燥，排粪困难，尿微黄，有异食癖，耳、鼻、吻及眼眶周围皮肤发红。曾用板蓝根、肌苷治疗3d效果不明显。诊为霉玉米中毒。治疗：取茵陈汤加大黄，1剂，用法同方药4，嘱畜主停喂霉玉米。服药后，患猪排粪通畅，腹胀消除，食欲增加。上方药去大黄，再服3剂，痊愈。（孙福星等，T47，P25）

7. 2003年11月15日，务川县镇南镇同心村申某3头4月龄猪患病邀诊。主诉：前几天喂给猪霉变玉米配制的饲料，昨天发现2头猪只吃少量青饲料，饮水减少，卧地不动，曾用氨基比林、柴胡治疗不见好转，今早又有1头猪也出现类似症状。检查：患猪精神沉郁，

鼻镜干燥，眼结膜苍白，异嗜，粪干带有黏液，体温正常，后肢无力，步态僵硬。治疗：青霉素160万单位，肌内注射，2次/d；硫酸钠40g，加水灌服，1次/d。中药取茵陈、栀子、大黄各25g，柴胡15g，甘草20g。水煎取汁，候温加葡萄糖30g，维生素C 0.4g，任猪自饮，1剂/d。17日，患猪病情明显好转，食欲和精神已正常，停用青霉素和硫酸钠，中药按原方继续服用2d。1周后随访，痊愈。

8. 2004年8月5日，务川县镇南镇王某17头6月龄猪发病邀诊。主诉：8月2日有5头猪出现食量减少，粪干燥，相继全部猪发病，曾用青霉素、卡那霉素、病毒灵、柴胡等药物治疗无效，已死亡2头。检查：患猪精神沉郁，鼻镜干燥，弓背缩腹，可视黏膜黄染，腹部皮肤出现紫斑，粪干呈球形，表面被覆血液，体温正常或偏低，心律不齐，其中有3头猪出现间歇性抽搐。检查发现配制饲料的玉米霉变。剖检病死猪腹腔积有大量黄色液体；肝脏呈土黄色、质地变硬；胃肠黏膜出血；肾肿大；膀胱内积有橘黄色尿液。治疗：全群猪投服硫酸钠；心脏衰弱者肌内注射10%安钠咖注射液5mL；间歇性抽搐者肌内注射复方氯丙嗪2mg/kg。中药取茵陈、栀子各40g，大黄45g，柴胡、甘草各25g。水煎取汁，候温，加葡萄糖40g，维生素C 0.6g，任其自饮或灌服，1剂/d。8日，患猪症状基本消失，停用硫酸钠，中药按原方继续服用2d。12日追访，15头猪皆痊愈。（邓位喜等，T137，P62）

9. 1978年8月2日，天门市黄潭镇杨洒潭村6组杨某一头50kg猪，用霉玉米饲喂7d后，开始不食，2d后病情加重来诊。检查：患猪精神沉郁，不愿行动，结膜潮红，体温36.3℃，呼吸37次/min，心跳139次/min，粪干、带黏液。诊为霉玉米中毒。治疗：菌毒灵注射液20mL，肌内注射，2次/d，连用3d，治愈。（杨国亮等，T168，P63）

10. 1991年7月，甘肃省某繁殖场饲养员

将贮料库底部存放过久而发霉变质的混合饲料（麸皮、玉米、豆饼等）与醋糟按1∶1拌和喂猪，第2天即见大部分猪食欲减退，第3天出现腹泻、呕吐，精神沉郁，垂头呆立，驱赶时步态蹒跚、不稳，严重者卧地不起，喜饮水，食欲废绝，呼吸极粗厉，有的口角流白沫或带血黏液；尿色深黄，粪稀带有黏液，有的带血丝、气味臭；有的怀孕母猪狂躁不安，神态痛苦，个别严重者流产，并陆续出现死亡。剖检6具病死猪可见胸、腹腔内有大量渗出液；全身淋巴结肿大、变形、切面渗出液体；心肌松脆、无弹力，心内膜有散在的出血点；肺表面萎缩，凸凹不平，形如无光泽的大理石样，切面渗出含血丝的黏液；肠系膜有不同程度的充血和水肿；胃肠道黏膜有大小不等的出血点，甚至有的呈斑状溃烂，也有的肠黏膜脱落、呈豆腐渣样；肝、脾肿大，边缘变钝，切面黄染；肾脏肿大，肾盂充血、水肿，有深黄色胶状物，切面为褐色。先后发病98头，死亡21头。根据临床症状、尸体剖检、流行病学及饲料品质综合分析，诊为霉败饲料中毒。治疗：取甘草绿豆冬瓜饮，用法同方药7。共治疗77例，治愈75例，死亡2例。（董曼霭，T70，P31）

亚硝酸盐中毒

亚硝酸盐中毒是猪摄入含硝酸盐或亚硝酸盐过多的饲料或饮水，引起高铁血红蛋白症，导致组织缺氧的一种急性、亚急性中毒性疾病，又称高铁血红蛋白症。常于猪吃饱后不久发病，故俗称饱潲病、饱食瘟或跳跳瘟。

【病因】　多因饲喂富含硝酸盐的饲草、饲料（如白菜、油菜、萝卜缨、甘蓝、牛皮菜、甜菜叶、洋芋叶、莴苣叶、甘薯藤叶、南瓜藤、野菜等青绿饲料及马铃薯等块根饲料）保存或调制方法不当，如蒸煮不透或加盖焖煮不搅拌，或煮后放置时间过长，通风不良，潮湿

霉烂变质，硝酸盐极易转化为毒性很强的亚硝酸盐；或饮用了大量富含亚硝酸盐的饮水等而引起中毒。

【主证】 患猪突然精神不安，呼吸困难，流涎、呕吐、腹泻，可视黏膜、鼻盘、皮肤呈青紫色，耳尖、鼻盘、四肢末端发凉，体温正常或偏低（35～37℃）。有时呆立不动，有时兴奋不安，两前肢呈划水状，穿刺耳静脉或剪断尾尖放血，血液为酱油状，凝固不良，转圈或摇头，四肢无力，肌肉震颤，左右摇摆，突然倒地。濒死期抽搐，角弓反张，窒息而死亡。

【鉴别诊断】 取胃内容物或残余饲料的液汁一滴，滴在滤纸上，加10％联苯胺液1～2滴，再加10％冰醋酸液1～2滴，如含有亚硝酸盐，滤纸即变为棕色，否则不变色。也可将胃肠内容物或残余饲料的液汁1滴，加10％高锰酸钾溶液1～2滴，充分摇动，如有亚硝酸盐则高锰酸钾变为无色，否则不褪色。也可做变性血红蛋白检查：取少许血液置于试管内，与空气振荡后血液变为鲜红色则为正常血液，振荡后血液仍为棕褐色则为阳性。

【治则】 解毒保肝。

【方药】 1. 市售蓝墨水（河南省项城县范集大吴敬老院综合厂产品）10～20mL，颈部肌内注射。共治疗23例（架子猪17例、育肥猪6例），均获良效。

2. 仙人掌500～1000g，去皮、刺，捣烂成泥，拌入白糖20～50g，1次灌服（仔猪酌减）。同时可内服或肌内注射维生素C 10～20mg/kg。共治疗24例，治愈21例，有3例因病程太长，病情严重，治疗无效。

【护理】 加强预防，合理管理和调制青绿饲料且应摊开敞放，严禁堆放，受雨淋时停喂，接近收割时的青绿饲料不应施用大量氮肥，不可饲喂腐烂蔬菜，煮青绿饲料时应敞开锅盖，并不断搅拌，煮后应迅速冷却喂猪，不可长期放置或留在锅内过夜。烧煮饲料时可加

入适量醋或0.15％～1.00％盐酸或硫酸，防止亚硝酸盐的产生。

【典型医案】 1. 1985年7月23日，张掖市新墩乡隋家寺四社王某3头白色架子猪采食用铁锅（加盖）煮的甜菜叶后不久，全部发病邀诊。检查：患猪发抖，痉挛，呼吸困难，口吐白沫，行走摇晃，有的倒地不起；个别猪下泻，皮肤青紫，结膜充血、发绀；针刺耳静脉，血液呈棕紫色，凝固不良。其中有一头卧地不起，体温为37.8℃，其余2头猪体温分别为38.5℃、38℃。诊为亚硝酸盐中毒。治疗：每头猪肌内注射蓝墨水10mL，10min后，倒地猪已能站起，但行走仍不稳，其余2头猪发抖、呼吸困难、口吐白沫等症状基本消失。30min后，再次各肌内注射蓝墨水10mL，症状全部消失，均出现食欲。次日痊愈。

2. 1986年8月7日，张掖市城儿闸六社李某一头育肥猪，因吃了上午煮过的甜菜叶而发病来诊。检查：患猪发抖，流涎，呼吸困难，耳静脉血呈棕紫色，体温38.4℃。诊为亚硝酸盐中毒。治疗：蓝墨水20mL，肌内注射，10min后，患猪症状消失，30min后出现食欲。次日，患猪恢复正常。（周贤，T24，P61）

3. 2000年6月25日，遵义县土坝村农井组张某4头白色架子猪（2公2母，体重每头约55kg）相继发病邀诊。检查：患猪精神萎靡，四肢无力，体温偏低，呼吸困难，起卧不安，流涎，皮肤、耳尖、嘴唇及鼻盘等处苍白。穿刺耳静脉流出酱油色血液，且凝固不良。诊为亚硝酸盐中毒。治疗：仙人掌500～1000g，去皮、刺，捣烂成泥，拌入白糖20～50g，1次灌服，全部治愈。

4. 2001年7月18日，遵义县新舟村谢某两头约60kg白色架子猪发病邀诊。主诉：所用饲料是上午煮的喂一天的饲料，上午饲喂后余下的存放在锅里，下午喂给猪后大约半小时

就见一头猪口吐白沫，随着另一头开始鸣叫、不安。检查：患猪体温偏低，四肢末端和耳尖冰凉，脉搏细数，全身抽搐、嘶叫、伸舌、流涎，并伴有呕吐等症状。穿刺耳静脉流出酱油状血液。诊为亚硝酸盐中毒。治疗：取方药2，用法同上。第2天随访，患猪已恢复健康。（张仕颖，T122，P35）

食盐中毒

食盐中毒是由于猪采食含过量食盐的饲料、饮水，尤其是在饮水不足的情况下而发生的一种中毒性疾病。

【病因】　由于猪采食含盐较多的饲料或饮水，如泔水、腌菜水、饭店食堂的残羹、洗咸鱼水、含盐量过高的鱼粉或酱渣等，配合饲料时误加过量食盐或混合不均匀等。

【主证】　患猪极度口渴，兴奋不安，口吐白沫，肌肉震颤或痉挛，横冲直撞，头部抵墙，视觉和听觉障碍，有的作转圈运动，或向后退；食欲大减或废绝，呕吐，腹泻，下痢或有便血。有时呈犬坐姿势。呼吸、心跳加快，结膜潮红，皮肤发绀，口色青白，脉象细数而涩。继而四肢麻痹，神志昏迷，瞳孔散大。重症者1～2d内虚脱而死亡，轻者数日病亡或经1～2周恢复。

【治则】　排毒解毒，利尿镇惊。

【方药】　1. 药食合剂。绿豆面、白糖各60g，食醋100mL，鸡蛋4枚（为30kg猪用量，可依据患猪体重、大小加减）。首先将鲜鸡蛋去壳置容器内，然后加其他"药食"和适量的凉水（加水量使合剂浓度以能够通过胃管为宜），再充分搅拌均匀即可应用。轻症尚有食欲者，将合剂置食具内让其自食；重症者可使用胃管灌服，2次/d，一般服用2次痊愈。

2. 黄桉素注射液。取鲜小桉叶500g，洗净泥沙，切细，置蒸馏锅内，加水2000mL，文火蒸馏，可得小桉叶蒸馏液1000～1500mL，再称

取精制黄连素粉1.5g，加小桉叶蒸馏液1000mL，经高压灭菌后即成黄桉素注射液。20kg以下者40mL，20～40kg者80～100mL；40kg以上者150mL，1次耳静脉注射，6h后若症状不缓解，可同法再用药1次。共治疗124例（40kg以下者106例，40kg以上者18例），治愈119例，治愈率为95.8%。

3. 25%硫酸镁注射液10～20mL、维生素C注射液10～20mL，分别肌内注射，3次/d，连用2～3d。共治疗11头，治愈10头。

4. 清营汤加味。水牛角15g，生地、麦冬各12g，玄参10g，丹参、金银花各9g，连翘6g，黄连、大黄各3g（为15kg猪药量），苦竹叶心为引，水煎取汁，冲水牛角末，频频灌喂。

【护理】　立即停喂含有盐分的饲料，将患猪放于温暖、肃静、通风良好的圈舍中，多饮或灌服清洁温水。

【典型医案】　1. 1989年3月16日，文水县城关镇南街村吴某一头60kg猪中毒来诊。主诉：该猪早晨出现磨牙，口吐白沫，转圈，有时往前直撞，碰到墙根也不回头，倒地后四腿前后活动，饮食欲废绝。诊为食盐中毒。治疗：取绿豆面、白糖各90g，食醋150mL，鸡蛋（去壳）6枚。加凉水适量，灌服。下午，患猪病情减轻。再服药1次，痊愈。

2. 1995年12月2日，文水县土堂村王某一头30kg猪患病来诊。主诉：某职工食堂会餐，将剩余的饭、菜带回，连喂2d，今天发现该猪口流涎沫，直顶墙根。诊为食盐中毒。治疗：用绿豆面、白糖各60g，食醋100mL，鸡蛋4枚（去壳）。用法同方药1，置食具内让其自食。食后2h，患猪症状减轻，当日下午又喂服1次，痊愈。（李文中等，T127，P24）

3. 1981年1月16日下午2时许，开江县灵岩乡屈某用腌肉水约1.5kg拌食喂猪（体重49kg），约过40min后开始发病，起初患猪极度口渴，埋头吸吮圈角脏水，稍后呼吸困

难，口吐白沫，来回走动，头抵墙壁，继而站立不稳，倒地抽搐，每隔4～5min发作1次。诊为食盐中毒。治疗：取黄桉素（见方药2）100mL，1次耳静脉注射。30min后，患猪呼吸症状缓解，抽搐减轻，但仍反复发作，6h后，再按上述用量给药1次。次日晨，患猪精神好转，能起立行走，采食鲜菜叶，晚间饲喂时观察，精神、食欲基本恢复正常。（陈远见等，T39，P27）

4. 1986年3月27日上午8时，南县八百弓乡第四砖瓦厂1号猪栏13只猪表现异常，有的倒地四肢乱划；有的乱撞墙壁；有的发出尖叫声等，口流白沫，死亡2头。饲养员误认为是26日下午给猪涂擦"驱虫精"引起中毒，但其余3栏猪都未见类似情况。经查，发现放在1号栏舍墙上的一蒸钵食盐（约5.5kg）掉在食槽里，仅余0.8kg，其余被猪吃掉。检查：患猪极度口渴，口流泡沫状黏液，食欲减退或废绝，呕吐，结膜潮红，腹痛，便秘或下痢，有的尿多；有的不断咀嚼，畏光后退，呼吸困难；有典型的神经症状，其中5头猪向一侧转圈，6头盲目直冲，有时头抵墙角，全身颤抖，呈现阵发性痉挛，1次/（15～20）min，持续2～3min/次，体温38.2～39.8℃，仅1头猪体温为36.3℃，心跳140～200次/min。诊为食盐中毒。治疗：25%硫酸镁注射液10～20mL、维生素C注射液10～20mL，分别肌内注射，3次/d。3头病猪用药3次后痊愈；6头病猪用药5次痊愈；1头病猪用药6次后痊愈；1头病猪（体温36.3℃）用药1次，并配合樟脑水、尼克刹米等治疗无效死亡。（孙灿华等，T38，P54）

5. 1984年2月7日，古蔺县王某一头猪食盐中毒，经常规解毒法治疗无效邀诊。主诉：该猪病前曾饲喂2次腌肉盐水，病初站立不稳，前冲后撞，周身打战，突然倒地；夜间骚动不安，出窝外窜。检查：患猪颊、腮、颌下和胸腹部有紫红色隐斑；皮肤发烫，鼻、唇

及牙齿干燥；口紧闭，强行打开见舌绛而干缩；闭目，扒开眼皮也不惊动；肛探有燥粪；心跳130次/min，心音微弱，已呈昏迷状态。诊为食盐中毒。治疗：清营汤加味。水牛角15g，生地、麦冬各12g，丹参、银花各9g，玄参10g，连翘6g，黄连、大黄各3g（为15kg猪药量），苦竹叶心为引。用法同方药4，1剂。患猪缓下燥粪数枚，并能站立游走。方药4去大黄再服1剂。患猪病情好转，隐斑退尽，并能进食少许；再服三才汤加味善后而愈。（刘天才，T16，P35）

磺胺类药物中毒

磺胺类药物中毒是指临床大剂量、长时间使用磺胺类药物导致猪中毒的一种病症。

【病因】　大剂量、不规范或误用磺胺类药物引起中毒。

【主证】　患猪高热，食欲减退或不食，精神沉郁，有时咳嗽、气喘，被毛粗乱，喜卧。有的皮肤呈土黄色，有的胸腹部皮肤呈紫红色，有的腹泻、排出灰黄色稀粪，后肢无力、行走不稳、跛行，病重者卧地不起。

【病理变化】　全身淋巴结肿大、呈暗红色、切面多汁；皮下有少量淡黄色液体，皮下与骨骼肌有不同程度的出血斑；胸腔和腹腔积液；心包积液，心外膜出血；肝脏有大小不等的白色坏死灶；脾脏肿大、质脆；胃和小肠黏膜充血、出血；肾肿大、呈淡黄色，肾盂内有黄色磺胺结晶沉积物。

【治则】　解毒排毒，利尿。

【方药】　连翘、板蓝根、地骨皮、淡竹叶各100g，金银花50g，黄连20g，栀子、黄花地丁、生地、麦冬、夏枯草各80g，黄芩30g，芦根200g（为250kg猪用量）。水煎取汁，候温灌服，1次/d，连服5d。上午用猪用转移因子（按说明书使用）和穿心莲注射液，下午用排疫肽和盐酸林可霉素注射液，分别肌内注

射，连用 5d。同时在饮水中添加葡萄糖、电解多维，给猪大量饮水，使其尿量增加，以降低尿中药物浓度，防止结晶形成，加速药物排出；口服碳酸氢钠，使尿液呈碱性，提高磺胺药物的溶解速度。在饲料中加入氟苯尼考、泰妙菌素，以防止继发感染。

【典型医案】 2009 年 8 月 30 日，滨海县樊集乡陆塘村养猪专业户徐某 261 头15～80kg生猪发病邀诊。主诉：猪发热、体温 41～43℃，食欲减退，精神沉郁，有时咳嗽、气喘，发病 9 天死亡 32 头。初期用青霉素、链霉素治疗效果不明显，并继续出现新病例，已死亡 13 头，请当地兽医诊治，大剂量注射头孢西林和磺胺嘧啶钠后，患猪病情稍有好转，体温略有下降，

采食量有明显增加，连续治疗 7d 后病情无好转，病重猪又陆续死亡 19 头。检查：患猪精神萎靡，食欲减退或不食，体温 39～41℃，被毛粗乱，喜卧，有的皮肤呈土黄色，有的胸腹部呈紫红色，有的腹泻，排出灰黄色稀粪，部分病猪后肢无力，行走不稳，跛行，病重者卧地不起。根据临床使用磺胺嘧啶钠史、临床症状及剖检情况，诊为磺胺嘧啶钠中毒。治疗：取上方药，用法同上。9 月 9 日，患猪病情明显好转，食欲、精神、粪尿均已明显好转。继续用药 1 次。9 月 12 日，患猪症状基本消失，食欲、精神、体质恢复如常，停止注射治疗，继续中药治疗和辅助治疗 3d。患猪均已康复如前，体壮膘圆，长势良好。(仇道海，T166，P58)

第二节　营养代谢病

异食癖

异食癖是由于饲料营养不全，导致代谢机能紊乱等的一种应激综合征，临床上以随处舔食、啃咬异物为特征，又称异嗜癖、异嗜病或舔食症。多见于母猪和仔猪，母猪常发生在怀孕初期或产后断乳前。

【病因】 多因饲料配合不当，缺乏矿物质、维生素和蛋白质，特别是钠盐摄入不足，不能满足猪生长发育的需要，或饲养密度过大，组群不合理，圈舍潮湿，通风不良，饮水不足，或由于胃肠病、骨软症、寄生虫病等而发病。

【主证】 患猪舔食、啃咬垫草，舔食墙壁、泥土食槽、砖瓦块、煤渣、破布等。病初患猪易惊恐，敏感性增高，后期反应迟钝、磨牙、畏寒，有时便秘，有时腹泻，或便秘腹泻交替出现，贫血，消瘦，皮肤、被毛干燥、无

光，相互间啃咬尾巴或耳朵，常因相互啃咬引起外伤。

【治则】 健脾开胃，对症治疗。

【方药】 1. 党参、白术、白芍、槟榔各25g，苍术、牡蛎粉、茯苓、炒食盐各 30g，陈皮、麦芽、厚朴、骨粉各 20g（为 50kg 猪药量）。共为细末，混入饲料中喂服，2 次/d，分 5d 喂完。对有异食癖的猪单独饲喂，用碘酊涂擦咬伤部位。伊维菌素 2～4mg/10kg，皮下注射，1 周后同剂量重复用药 1 次。"一针肥"（又名牲畜高效助长剂，含有铁、锌、钴等几十种微量元素）注射液 4mL/10kg，深部肌内注射，1 周后同剂量重复用药 1 次。复合维生素 B 5～10mL，1 次/d，连用 3d。猪舍中每天放入新鲜青绿饲料和红壤土供猪自由采食，并及时更换。用药前最好先驱虫。

2. 苍术血粉散。自制血粉（在屠宰牲畜时，先将血液接入容器内，再加入适量麸皮，搅拌至能形成颗粒状，晒干即可）100g，苍

术 90g，牡蛎粉、骨粉各 60g，槟榔 50g，苏打粉、炒食盐各 40g。共为细末，40～50g/d，分 2～3 次混入饲料喂服，分 10d 喂完。共治疗 100 例，治愈 81 例，好转 16 例，总有效率达 97%。

3. 苍术、牡蛎、陈皮、枳壳各 15g，焦三仙 20g，黄芪、山药、广木香各 10g，甘草 5g。共为细末，开水冲调，加麻油或核桃仁 50g，灌服。一般连服 3 剂即可。（张呆龙，T33，P60）

4. 自拟三仙敌合散。炒山楂、炒神曲、麦芽各 20g，敌百虫 0.25g/kg（超过 50kg 的猪均给 10 片）。共为细末，开水冲调，候温灌服。

【护理】 改善环境和卫生条件，合理组群，饲养密度适宜，供给全价均衡的配合饲料，及时补充氨基酸、矿物质、微量元素、维生素，提供充足清洁饮水，添加新鲜青绿饲料和深层红壤土供猪自由采食，并定期驱除体内外寄生虫。

【典型医案】 1. 2006 年 12 月 9 日，龙泉市许某 69 头 10～30kg 仔猪，半月前发现食欲减退，频频相互啃咬，喜欢跳出栏舍啃石头、泥土、鸡粪等，用止咬灵等药物治疗效果不明显邀诊。检查：患猪消瘦，食欲较差，被毛散乱，皮肤上有疥螨寄生，同群猪相互攻击，频频跳出栏舍，啃食鸡粪、砖块、泥土、木头等异物，可视黏膜苍白，先便秘后腹泻。诊为异食癖。治疗：取方药 1，用法同上。治疗 10d 后，患猪异食症状消失，被毛恢复光泽，体重增加，痊愈。

2. 2007 年 2 月 15 日，龙泉市余某的 12 头母猪、87 头仔猪，于 1 周前发现饲养在定位栏中的 5 头母猪有 1 头流产，其余 4 头母猪骚动不安，频频啃咬铁栏杆，仔猪也相互嘶咬、啃泥土等。检查：患病母猪和仔猪被毛粗乱，皮肤粗糙，精神不振，消瘦，可视黏膜苍白，仔猪生长缓慢，舔食墙壁，饮尿液，啃咬

粪、鸡毛等异物，频频跳圈，先便秘后腹泻，粪中有蛔虫虫体。诊为异食癖。治疗：取方药 1，用法同上。治疗 15d 后，患猪食欲大增，异食症状消失，精神恢复正常，痊愈。（项海水等，T158，P59）

3. 1978 年 10 月，大宁县三多乡阿龙村赵某一头约 8kg 仔猪，喂养 3 个月，不但未增重反而减至 5kg 左右，曾多次服药无效来诊。检查：患猪消瘦，食欲极差，喜食鸡粪、碱土、煤渣等异物，粪时干时稀，可视黏膜苍白。诊为慢性消化不良引起的异食癖。治疗：取方药 2，用法同上，1 剂，3 次/d，15g/次。服药 10d 后，患猪异食现象减轻，2 个月后异食现象消失，被毛有光泽，体重增至 20kg 左右。（张承效，T43，P23）

4. 1988 年 6 月，丰宁满族自治县土城乡三间房村刘某 4 头约 25kg 猪，均患异食癖邀诊。检查：患猪形体瘦弱，被毛粗乱，皮肤粗糙，爱吃鸡粪、骨头、砖头、瓦片、塑料袋、树条等。治疗：取三仙敌合散，1 剂/猪，用法同方药 4。1 周后追访，患猪异食现象消失，食欲增加，被毛光润。（宗瑞林，T36，P11）

骨软症

骨软症是由于猪饲料中钙、磷不足或比例不当，钙磷代谢障碍，导致骨骼异常脱钙、骨质疏松、软化、变形为特征的一种慢性营养代谢性疾病，又称软骨病、软腿病。常见于妊娠后期、泌乳高峰期的母猪。

【病因】 由于饲料单一，营养不全，维生素尤其是维生素 AD 不足，钙、磷缺乏或其比例失调，或脾胃虚弱，消化不良，或种公猪配种过早、过度，母猪产仔过多，母猪妊娠期因胎儿生长需要或泌乳高峰期钙、磷消耗过多而发病。

【辨证论治】 临床上分为痹痛肢跛型、佝偻异嗜型、拱背肢挛型和产后瘫痪型。

（1）痹痛肢跛型　多见于软骨病初期。患猪精神较差，食欲减退，消化不良，被毛粗乱，喜卧懒动，跛行，站立时不时换蹄，轮换负重，肌肉震颤，触诊敏感、躲闪惊叫。

（2）佝偻异嗜型　多见于幼猪、架子猪的软骨病中后期。患猪消化机能严重紊乱，粪干、难下，跛行，舔食煤渣、石子、砖瓦和泥沙等异物。随着病程延长，跛行加重，有时四肢强拘，不愿行走，步态蹒跚，甚至共济失调，嘶叫。

（3）拱背肢挛型　见于骨瘘挛缩，关节肿大，骨骼变型。患猪拱背缩腹，脊柱隆起，形如鲤背，四肢挛缩，前肢肘部外展呈弧形，后肢附部向内弯曲呈 X 状；胸骨前突变为鸡胸式，骨盆狭窄，后躯尖突、呈船尾形，患猪无力行走，不能运动，驱赶时前肢跪地，后肢拖拽，爬行，嘶叫。

（4）产后瘫痪型　见于胎产过多或哺乳多胎的母猪。患猪病初跛行，继则腰胯无力，走路摇摆，随即卧地不起，后期瘫痪，泌乳下降，食欲不定，粪干燥、呈球形，逐渐消瘦。

【治则】　健脾补肾，调养气血。

【方药】　1. 健骨散。仙灵脾、白芍、苍术各 1.5%，五加皮、茯苓、大黄各 2.5%，骨粉 70%，小麦麸 18%。混合研末，加骨粉搅拌均匀，分装。取 30～50g/d，分 2 次拌料喂服，1 个疗程/7d。共治疗 482 例，治愈 470 例，治愈率为 97.5%。（王建武，T20，P54）

2. 苍麦粉（苍术和麦芽按 2：1 配合，晒干研为细粉）10～30g/次，2 次/d，拌入料中喂服，连喂 20～30d。维丁胶性钙注射液 0.2mL/kg，肌内注射，每日或隔日 1 次，连用 7～10 次。共治疗 499 例，治愈 484 例，治愈率为 96.99%。

3. 独活寄生汤（《千金要方》）加减。独活 90g，桑寄生、杜仲、牛膝、细辛、秦艽、茯苓、桂心、防风、川芎、人参、甘草、当归、芍药、干地黄各 60g。共研末，开水冲调，候温灌服。

①痹痛肢跛型，取上方药（党参代人参），混合研末，10g/10kg，2 次/d，拌精料喂服。共治疗 262 例，服药 1 剂，5～7d 痊愈。②佝偻异嗜型和拱背肢挛型，上方药去细辛、川芎、甘草，加黄芪、巴戟天、破骨纸、续断、龙骨、牡蛎、伸筋草，桂心易桂枝，人参改用潞党参。诸药焙焦研末，10～15g/10kg，开水冲调，拌精料喂服，2 次/d。佝偻异嗜型连服 2 剂，拱背肢挛型连服 3 剂。共治疗佝偻异嗜型 48 例，7～10d 痊愈；拱背肢挛型 8 例，服药 15d 基本康复。③产后瘫痪型，上方药加黄芪、白术，服药 2 剂，连服 10d。共治愈 16 例。

4. 苍术血粉散。自制血粉（在屠宰牲畜时，先将血液接入容器内，再加入适量麸皮，搅拌至能形成颗粒状，晒干即可）100g，苍术 90g，牡蛎粉、骨粉各 60g，槟榔 50g，苏打粉、炒食盐各 40g，共为细末，40～50g/d，分 2～3 次混入饲料喂服，分 10d 喂完。

【护理】　使用全价日粮。将病猪散养于阳光充足、温暖干燥、清洁干净的环境，让其自由运动，增加光照时间，促进维生素 D 的转化利用。治疗期间给予充足的青绿新鲜、柔软多汁、易消化的青饲料，同时添加 2%～3% 骨粉。

【典型医案】　1. 1979 年 11 月下旬，南部县优虎乡杨某一头约 40kg 初产母猪，产仔半月后出现跛行，行走艰难，多次使用安乃近、强的松和祛风除湿、活血止痛的中药治疗 20 余天，病情重邀诊。检查：患猪已瘫卧不动。治疗：维丁胶性钙注射液 8 盒（10 支×1mL），8 支/d，肌内注射；苍术 1000g，麦芽 500g，晒干研成细粉，灌服，30g/次，2 次/d。服药 7d 后，患猪能站立，10d 后能行走，15d 痊愈，未复发。（刘旭银，T16，P39）。

2. 1987 年 2 月 15 日，蓬溪县永前乡双界村五社一头 30kg 猪跛行已月余邀诊。检查：

患猪生长缓慢，吃食如常；近日站立频换肢，运步艰难，有时跪地而行，甚至卧地采食、排粪尿，触诊后肢则尖叫，趾部呈"人脚"状（卧系）。治疗：初次肌内注射康母郎 20mL，维丁胶性钙 8mL，苍麦粉 20g/次，2 次/d。16 日，患猪后肢跛行、疼痛减轻，起卧情况好转，继续喂苍麦粉，维丁胶性钙隔日注射。经 10d 治疗，患猪后肢站起，行走不跛，食量增加，被毛光滑。（漆雪锋，T26，P61）

3. 1991 年 4 月 3 日，高县罗场乡新集村肖某 4 头各约 25kg 架子猪就诊。主诉：近半月来，4 头猪均食欲减退，被毛粗乱，疑患寄生虫病，内服驱虫药、健胃药无效。检查：患猪体温、呼吸、心跳均正常。4 头猪均跛行，不愿抬腿运步，触诊疼痛尖叫，喜食煤渣。诊为软骨病。治疗：独活寄生汤加味。独活、桑寄生、杜仲、怀牛膝、秦艽、茯苓、潞党参、当归、白芍、熟地黄、防己各 120g，桂枝、防风、川芎各 60g，木瓜 90g，细辛、甘草各 30g。共研细末，30g/次，开水冲调，拌精料喂服，2 次/d，6d 服完 1 剂，全部治愈。（杨家华等，T59，P22）

4. 大宁县三多乡南堡村席某一头已产 2 胎母猪就诊。主诉：近月余，该猪饮食欲减退，跛行，卧地后不愿站立，不发情。检查：患猪被毛粗糙、消瘦、跛行，运步困难，两后肢几乎膝部着地，有异食表现。诊为骨软病。治疗：苍术血粉散 1 剂，用法同方药 4。服药 15d 后，患猪诸症减轻；45d 后完全康复，增膘，发情受配怀胎。（张承效，T43，P23）

僵　猪

僵猪是指猪因先天性营养不良或某些疾病导致发育不良、生长缓慢或停滞的一种病症，俗称落脚猪、小老猪、老头猪、侏儒猪。

【病因】　多因近亲繁殖或种猪尚未发育成熟，过早配种，造成新生仔猪先天不足，抵抗

力差，发育不良；或胚胎期母猪营养不良，不能满足胎儿发育需要，致使胎儿生长发育不良，影响后天生长。母猪怀孕后期和哺乳期饲养管理不当，饲料中的蛋白质、维生素、微量元素供应不足，乳汁少、质量差，不能满足仔猪营养需要，生长停滞。断奶后仔猪饲料品质差，饲料单一，组群不合理，或长期患慢性消耗性疾病，或耐过某些传染病等。

【主证】　本病分为先天不足型、慢性消化不良型、耐过型、虚弱型、虫积型和营养不良型。

（1）先天不足型　患猪常有生理上的缺陷，如瞎眼、畸形等，瘦弱矮小，营养不良，行走打晃，精神沉郁，常呆立于墙角或伏卧不动。

（2）慢性消化不良型　患猪消化不良，长期腹泻，甚至完谷不化。

（3）耐过型　耐过慢性猪瘟患猪耳尖、尾尖常有坏死，耐过猪丹毒皮肤常有局部病灶性坏死，即形成顽固的黑痂皮，长期不脱落；患仔猪副伤寒的猪长期腹泻且时好时坏。

（4）虚弱型　患猪精神不振，皮毛粗乱，毛焦肷吊，食欲不振，消化不良。

（5）虫积型　患猪被毛粗糙，皮肤增厚，患部常因擦痒脱毛，腹部下垂，异嗜，呕吐，干咳，消瘦贫血，发育不良，粪中带虫。

（6）营养不良型　患猪消瘦，四肢无力，毛焦肷吊，皮毛干燥，皮肤出现皱褶，头大而形体瘦小。

【治则】　补脾健胃，杀虫消积。

【方药】　1. 中草药合谷维素。先用番泻叶 15g，香附 10g（为 50kg 猪药量）。共为末，开水冲调，混合多量温水，1 次投服（用药当天喂以稀料）。24h 后投服以下药物：当归、党参各 20g，川芎 5g，茯神、白术、炒枣仁、炒山药、炒扁豆各 15g，肉桂、甘草、焦三仙各 10g。共为细末，50kg 体重 50g/次，加入谷维素 20mg，连服 7～10d，以后可单服谷维

素，20mg/次，3次/d。对患有体内、外寄生虫病的猪应采取有效驱虫措施。共治疗30例，治愈28例。

2. 黄豆粉30g（童尿浸，1头猪量），加少量泔水与饲料，每日清晨饲喂，连喂5d。再服健脾消积汤：党参25g，茯苓、白术、淮山药各20g，白扁豆、陈皮、麦芽各15g，算盘子根30g，肉桂、甘草各12g（为25～40kg猪药量）。虫积型，先用敌百虫片1g/10kg，研末，混于少量精料中，早晨喂服，1次/d，连喂2次。驱虫后3～4d服用健脾消积汤。营养不良型，上方药加诃子肉、泽泻、生姜、大枣。水煎取汁，候温灌服。共治疗222例，其中虚弱型147例，治愈138例，治愈率93.8％；虫积型41例，治愈39例，治愈率95.1％；营养不良34例，治愈32例，治愈率94.1％。

3. 参苓白术散加减。党参、土炒白术各24g，茯苓、山药各20g，炒扁豆、陈皮、麦芽各15g，肉桂、炙甘草各12g（为60～80kg猪药量）。共研细末，掺入少量精料，开水调匀，候温喂服，1剂/2d，2次（早、晚）/d，连服5～7剂。虚弱型先给土霉素片，0.6g/10kg，2次/d，连服2d。第3天开始喂服中药，1剂/2d，连服5～7剂。虫积型先给敌百虫片驱虫，1g/10kg，于清晨空腹喂服；外寄生虫用敌百虫粉，2～3g/10kg，拌湿沙50～70kg，置圈内让猪自行滚擦1～2d。第3天开始喂服中药，隔日1剂，连服3～5剂。营养不良型用参苓白术散加当归、益母草等，1剂/2d，连服7～9剂。共治疗35例，显效21例，有效8例，好转3例，无效3例。（张兆伦，T62，P31）

4. 健康猪全血（选择在同一猪场中的待宰健康猪为供血猪，并经常规检查）。取5％枸橼酸钠溶液作为抗凝剂，取抗凝剂1滴，初选供血猪和受血僵猪的血各1滴，置于玻片上，用火柴棒搅匀，静置5～10min，用放大镜观察，无颗粒沉凝者方可作为供血猪，并做好标记。在宰杀供血猪时，以无菌操作采血，按10：1加入抗凝剂，并加适量双抗素后对僵猪进行输血，1次/15d，共输血4次。哺乳期僵猪输血60～150mL/次，断奶期僵猪200～300mL/次，架子僵猪300～500mL/次。第一次输血略少些，以后逐次增加输血量。共治疗20例，其中奶僵猪8例、断奶仔猪7例、架子猪5例。输血后半个月患猪体重明显增加。输血量多的僵猪比输血量少的增重快，输入僵猪体内的红细胞能存活3个月。因此，3个月内仍有增重效果。在同等饲养管理条件下，可使猪多增重20kg左右。（梁兵，T43，P27）

5. 死胚蛋500枚（约重30.5kg），石灰400g，纯碱40g，食盐1000g，狗牙茶150g（可用细茶叶代之），草木灰250g，陈皮150g。同置锅内，加水以淹过蛋面为度（约13kg），加盖煮沸，5min翻拌1次，再煮10min，待冷却后连同药液入缸，封存备用。每天每头猪投喂死胚蛋8枚。

【护理】 加强饲养管理，合理搭配饲料，对营养不良的僵猪在饲料中除补给缺乏的营养物质（如蛋白质、维生素、微量元素等）外，还应加入适量"生长素"。

【典型医案】 1. 1999年3月2日，临河市杭后三道桥乡和平村董某一头5月龄猪就诊。主诉：该猪刚出生时体格弱小，吮乳困难，与其他同窝猪食同一饲料，食欲良好，但不见长膘。1个月前曾服驱虫药未见有虫驱出。检查：患猪精神不振，被毛粗乱、稀疏，行走无力，体温正常，未发现体表寄生虫。诊为僵猪。治疗：取方药1，用法同上。2个月后追访，该猪精神正常，食欲旺盛，体重明显增长。

2. 1999年5月3日，临河市杭后五星乡二社常某一头6月龄猪就诊。主诉：该猪半月龄时曾患过仔猪白痢，治愈后至今只吃料不增重。检查：患猪极度消瘦，体重25kg左右，精神一般，粪时干时稀，体温及其他体征未见异常。诊为僵猪。治疗：取方药1，用法同上。2个月后追访，畜主反映，遵医嘱按时按量在饲料中添加药物，并加强饲养管理，现在该猪生长正常。（郝向阳，T105，P27）

3. 克东县宝泉镇付华村高某一头猪就诊。主诉：该猪自1984年3月16日从本屯购入以来，一直食欲差，不上膘。据查询，吮乳期曾患白痢病10d之久。检查：患猪食欲不振，形体消瘦，欣吊，被毛粗而稀少，四肢无力。诊为虚弱型僵猪。治疗：健脾消积汤（见方药2），1剂/2d，水煎2次，合并滤液，分早、晚灌服，连服5剂。服药3剂后，患猪食欲增加，腹围增大，1个月后追访，该猪膘肥体壮，增重25kg。

4. 克东县宝泉镇付华村刘某一头30kg猪就诊。主诉：该猪从市场购买时体重23.75kg，已饲养3个月。自购入一直食量少，喜食泥沙、鸡屎等异物，有时咳嗽，粪中时见蛔虫。检查：患猪消瘦，异嗜，尤其喜食脏土、鸡鸭粪。诊为寄生虫型僵猪。治疗：敌百虫2.4g，2次/d。于驱虫后第3天开始灌服健脾消积汤，1剂/d，用法同方药2，连服5剂。15d后追访，患猪食欲增加，进食量增加10倍以上，皮毛光滑，34d共增重8.5kg。

5. 克东县宝泉镇治安村王某购入体重分别为14.75kg、16.4kg、18.0kg的3头仔猪，饲养3个月后，体重均不超过25kg。主要原因是长期喂食量不足，导致生长发育不良。治疗：黄豆粉30g（童尿浸，1头猪量），加少量泔水与饲料，每日清晨饲喂，连喂5d，第6日开始加服健脾消积汤：党参、白术各45g，淮山药36g，茯苓、白扁豆、陈皮、诃子、算盘子根、甘草各30g，泽泻、生姜、大枣各24g。用法同方药2，连服5剂。同时增加精饲料和青饲料。给药后15d，3头猪生长均明显好转，腹围增大，皮毛光润，皮肤淡红，体态浑圆，45d称重，3头猪平均增重2.5kg/d。（赵君等，T78，P22）

6. 1989年8月3日，苍梧县外贸局鸡场2头5月龄的长白小僵猪，其中1头体重仅18kg，另一头23kg，食料少且挑食，并有异食现象，经用盐酸左旋咪唑驱虫后，每天每头投喂死胚蛋8枚，20d后该猪饮食欲复常，且逐日旺盛，皮毛日渐润泽。至1990年1月1日，分别体重增至107.5kg和120.5kg，5个月两头猪共增重187kg，平均每月增重37.4kg。（李赞兴，T61，P41）

第三节　临床典型医案集锦

【独角莲中毒】　一头约40kg肉用荣昌猪，黄昏时在宅旁掘土觅食，晚8时许突然发病就诊。检查：患猪站立不安，口半开而流涎，有间断性咀嚼动作，颈略伸直，体温不高，咽喉不肿，口腔无伤痛和异物。检查觅食处，见一拳头大独角莲块茎被拱出地面，并被咬去大半块。诊为独角莲中毒。治疗：当即用棉花浸湿酸盐水（酸菜用盐水）放入猪口，并不断用注射器吸酸盐水冲洗口腔，以缓解口中之辛辣刺激。治疗7min毫无结果。又改用鲜生姜约0.25kg，切片捣碎，用破布包住放入猪口，1～2min移动一次布包，变换与口腔四壁接触的位置，5～6min后病猪开始不断咀嚼，流涎停止，遂取出布包，将所余生姜碎末继续喂服，20min后，该猪恢复正常。（冯昌荣，T18，P31）

【黄瓜秧中毒】　一头食入过量黄瓜秧的猪发病来诊。检查：病初，患猪拒食不安，眼结膜充血，流泪，口吐白色间有草绿色的泡沫，吐出含有碎黄瓜秧的绿色食糜团。进而呼吸困难，呈犬坐姿势，喘粗并发"吭"声，腹痛，左右翻滚，腹泻，粪初期呈黄绿色水样，间有黄瓜秧绿色粥样粪。病情逐渐加重，粪呈血水样，带有脱落的出血性肠黏膜碎片；体温升高至40℃。病情迅速恶化，卧地不起，呼吸140次/min，心跳132次/min，全身发青，四肢痉挛，前肢呈游泳状运动。最后粪、尿失禁，瞳孔散大，心力衰竭、呼吸麻痹而死亡。剖检病死猪血液呈煤焦油状；心脏内膜及乳头有条状出血斑；肝脏稍肿大、色暗；肺气肿，有大片出血斑；呼吸道黏膜发绀；胃肠黏膜水肿，呈弥漫性出血并有部分脱落；肠腔内有血水样内容物；脑膜呈树枝状充血。治疗：应立即停喂黄瓜秧，采取催吐、洗胃、灌肠、对症治疗等抢救措施。用吐酒石催吐、洗胃、灌肠，对症治疗，内服矽炭银（或活性炭）、防风甘草绿豆汤；皮下注射或肌内注射硫酸阿托品、维生素K、安钠咖等药物；静脉注射葡萄糖生理盐水、维生素C等。共治疗4例，全部治愈。食入黄瓜秧量少于20g/kg，并能呕吐出绝大部分黄瓜秧者可以自愈。（贺清生等，T36，P16）

【明雄黄中毒】 1992年1月15日，郡陵县望田乡黄家村曹某制作爆竹时，不慎将明雄黄掉在地上，被1头母猪及3头仔猪采食约200g，全部中毒，3只仔猪死亡。检查：患猪精神沉郁，食欲废绝，后躯颤抖，眼结膜充血，双眼半闭，四肢凉，口色青白，口津滑利，心跳85次/min，呼吸迫促。治疗：①绿豆500g，甘草100g。水煎取汁，候温灌服。②5%硫代硫酸钠注射液40mL，5%阿托品注射液5mL，硫酸镁注射液20mL，肌内注射。次日，患猪体温正常，能进食约1000g，继用②去阿托品，静脉注射，痊愈。（黄学坤，T77，P42）

【山麻叶中毒】 1. 1996年5月，保康县朱家湾宋某2头猪发病，经他医诊治死亡1头，另1头病情很重。剖检病死猪肝脏肿大，脂肪呈黄色。另一患猪眼结膜黄染，粪稀臭，尿液呈酱油色（暗红色），体温37.5℃。经询问，两头猪病前曾大量喂食山麻叶。诊为山麻叶中毒。治疗：茵陈汤加味：茵陈40g，大黄、栀子、板蓝根各30g，枳壳、神曲各20g，茯苓、泽泻各25g。水煎取汁，拌料喂服，1剂/d，连服2剂。5%葡萄糖注射液500mL，三磷酸腺苷注射液80mg，肌苷注射液0.6g，维生素B6注射液0.5g，辅酶A 200单位，维生素C注射液5g，混合，静脉注射，1次/d，连用2d。5d后追访，患猪痊愈。

2. 1997年3月，保康县紫阳四组王某3头猪均发病邀诊。检查：患猪食欲废绝，可视黏膜黄染，尿液呈暗红色，便秘。询问畜主，发病前连喂山麻叶5d。诊为山麻叶中毒。治疗：茵陈汤加味。茵陈120g，大黄、栀子、板蓝根各90g，枳壳60g，神曲20g，茯苓、泽泻各75g。水煎取汁，分为3份，拌料喂服，连服3剂。3头患猪均采用5%葡萄糖注射液500mL，三磷酸腺苷注射液80mg，肌苷注射液0.6g，辅酶A 200单位，维生素B6注射液0.5g，维生素C注射液0.5g，混合，静脉注射，痊愈。（杨先锋，T102，P20）

【喹乙醇中毒】 2005年3月，北京市朝阳区某种猪场饲养员将99%的喹乙醇原粉100g混入50kg饲料中饲喂14头祖代种猪，于当晚发病，其中有2头迪卡祖代母猪产后3d，各哺乳仔猪12头，发病较重。检查：患病母猪及仔猪均全身出汗，状如水洗，触之全身发凉，舌体、口腔、眼角膜呈紫黑色，腹部皮肤发红，体温39～39.4℃，呼吸急促，剧烈抽搐、痉挛而死亡。其中一窝仔猪12头至次日上午死亡11头。2头哺乳母猪食欲废绝，其他12头母猪精神沉郁、食欲减退。剖检病死猪口腔内有大量黏液；胃、小肠有出血点；肝脏肿大、质脆；胆囊肿大；心外膜有针尖大小出血点。治疗：立即停止饲喂混有喹乙醇原粉的饲料；对采食混有喹乙醇饲料的14头母猪全部饮服5％葡萄糖注射液和绿豆汤，能采食者喂以胡萝卜；对病重不食的2头哺乳母猪每头静脉注射5％葡萄糖注射液100mL、维生素C注射液20mL，2次/d；仔猪每头灌服50％葡萄糖20mL、维生素C 5mL，3次/d，连用3d。发病3d内死亡仔猪12头，病重哺乳母猪虽痊愈，但腹部全部蜕皮，其他母猪逐渐康复。（高玉臣，T144，P60）

【缺铁性贫血】 2009年春，丹东市宽甸县杨木川镇养猪场17头妊娠母猪，由于体虚贫血，所产仔猪又未及时补铁，于10日龄时共有168头仔猪发生缺铁性贫血。检查：患猪可视黏膜苍白，精神沉郁，生长发育缓慢，呼吸频率增加，驱赶易疲劳，血液稀薄、凝固不良，机体呈进行性消瘦，全身衰竭等。发病率100％，死亡17头。宜补肾益精、益气养血。治疗：每头母猪用鲜胎盘1枚，大枣180g，切细煮熟，拌入饲料，分3～5次喂完。所有仔猪取右旋糖酐铁注射液（含铁50mg/mL）2mL，肌内注射。治疗后仔猪再未出现死亡情况，贫血症状很快改善。（胡成波等，T169，P61）

第六章

其他疾病

僵口病

僵口病（本病名在专业书籍和资料中未见有记载或报道，是江苏省如皋市养猪场、养猪户对此类猪病的俗称）是指猪两侧颊部锁口处、上齿龈外侧、嘴唇内侧的黏膜增生（俗称"马口"）和口腔两侧内上方最后 2～3 对白齿间隙所对的颊部各有一圆锥形乳头状物凸出于黏膜外，其基部与血管相连（俗称"马丁"）的一种病症，又称马带、锁口疗等，不分品种、大小、性别均可发生，以断奶仔猪多发；无明显的季节性、地域性和传染性。

【病因】 多因饲喂熟食时食温过高，饲草粗硬或饲喂变质饲料引发；或继发于某些慢性病。

【主证】 病初，患猪精神尚可，随后饮食欲减退，体温略偏高，采食、咀嚼缓慢；中期，患猪有食欲但采食困难，重症者甚至废绝，腹围渐小、呈吊袋状，被毛粗乱、无光泽甚至逆立，眼结膜呈白色，粪尿基本正常；后期，患猪粪呈球状，生长缓慢或停滞，体重减轻，瘦弱无力。当患猪不能采食和饮水时则衰竭死亡。阉割时可见卵巢充血，较同龄健康猪的稍大、子宫细长、充血（割前无发情表现）；睾丸充血，但比同龄健康猪的睾丸小得多。

【治则】 手术切除。

【方药】 1. 冷切术。将患猪侧卧或仰卧保定，猪嘴朝向光线明亮处，助手保定头部和四肢，将细麻绳套向患猪上下唇的切齿或犬齿内侧，向相反两个方向拉开嘴唇，暴露"马口"和"马丁"。常规消毒术部和器械，先将马口切除，然后将马丁连同其基部周围发炎的黏膜一并切除，有时可用止血钳夹住马丁，连同其基部与血管一并拔除（可连带拉出5～6cm的血管），一般不用止血，仅用食盐或酱类涂擦术部即可。

2. 烧烙术。保定方法同方药1。术者用粗细适中的铁棍或电烙铁，加温后沿马口和马丁基部烧烙。

3. 针刺术。患猪保定后，术者持三棱针或圆利针对准马丁平刺，以穿透为度，然后用调匀的食盐、豆油、百草霜合剂涂擦即可。

无论用上述何种方法，可同时配合针刺承浆、山根、玉堂、锁口等穴，或投服活血、健胃剂（当归、党参、川芎、黄芪各 30g，麦芽、神曲、山楂各 40g），效果更佳。对未表现临床症状者施术后，食欲增强，生长速度加快；病猪施术后，1～2h 即恢复食欲，且食欲增加，被毛光亮，精神渐佳，长势良好。

【典型医案】 1. 1995 年 11 月 5 日，如皋市郭元乡郭元村 6 组郭某一头母猪，产仔 16 头，80 日龄时出售 12 头，自留 4 头，平均体重 30kg/头。至 120 日龄时出现食欲减退，被毛粗乱，生长缓慢等症状，于 1996 年 3 月 6 日邀诊。经检查，诊为僵口病。治疗：行冷切术（见方药 1），切除马口和马丁。2d 后，患猪食欲增加，至 6 月 1 日上市时，平均 101.5kg/头，术后平均增重 0.69kg/d。

2. 1992 年 5 月中旬，张家港市合兴镇 15 村 11 组黄某一头 15.5kg 种用母猪，购入后采食缓慢且量少，饮食欲减退，生长缓慢，饲养 2 个月体重仅 20kg 左右，于 7 月下旬来诊。治疗：行冷切术（见方药 1），切除马口和马丁，并行阉割术，嘱畜主投喂优质配合饲料，于 9 月底育成出售。

3. 1991 年 8 月 20 日，如皋市郭元乡沙王村二组沙某买回 3 头白色杂交猪，体重分别为 27.5kg、25kg、22kg，进栏后，3 头猪食欲均差，尤其是 25kg 猪，一次仅吃 1～2 碗干粉料，食后即将嘴唇搁于猪栏上，抽打其嘴唇亦无反应、似麻木状。他医对 3 头猪分别针刺人中、锁口、玉堂等穴，肌内注射胃复安、肝泰乐（2 次/d，连用 5d）仍未见效，9 月 28 日邀诊。检查：患猪被毛焦燥、无光泽、逆立、蓬乱，吊腹瘪肚，粪干燥、呈球状，结膜苍白。将最瘦小的一头猪侧卧保定，打开口腔，见其两侧锁口部口轮匝肌僵硬，两侧马丁又粗又长，马丁及基部黏膜皆呈紫黑色，基部直径达1.2cm。治疗：行冷切术（见方药1），切除马口和马丁，同时针刺承浆、锁口、玉堂等穴（刺左侧玉堂穴时出血约100mL）。对另2头猪亦行此术。2d后，3头猪食欲均增加，腹肌松弛，腹围增大，被毛滑顺、有光泽；1周后膘情明显好转。据畜主反映，出血最多的一头瘦猪摄食量变化最大，生长最快，上市时最大的一头猪体重达109kg，另两头猪体重分别为91kg、92kg。（吴仕华等，T85，P24）

血箭病

血箭病是指血不循经、溢于脉管外的一种病症，从患猪毛孔中流出的血似箭射出状，故称血箭病。

【病因】 由于喂养失调，猪舍狭窄、通风不良，久卧湿地，湿浊之邪侵袭于胸，伤及心脏、肺脏，导致心肺热盛，血热妄行，溢于毛孔之外而发病。

【主证】 病初，患猪精神不振，易疲劳，机体消瘦，被毛松乱，皮肤瘙痒，毛易脱落，不久体表毛孔均渗溢出血液，形如针尖大的环形出血点或细筛孔样出血点，清晰可见；有的毛孔内渗溢的血液流到他处呈不规则的条痕，也有射线状血迹，溢血稀薄如水，出血处的皮肤发硬、干燥；体温40～40.5℃，喜卧，不愿行走，耳、鼻、四肢末端温热，鼻盘干燥；有的怀孕母猪流产、产木乃伊胎等，产后阴道常有污秽的脓性分泌物，常导致久配不孕。

【治则】 清心火，泻肺火。

【方药】 1. 生地30g，丹皮20g，紫草、元参各25g。水煎取汁，候温灌服；穿心莲20mL，肌内注射。

2. 生地、紫草各20g，丹皮、元参、黄芩、蝉蜕、白术、焦山楂各15g，神曲10g。

共研细，开水冲调，候凉灌服，1剂/d，连服3剂。为促进食欲，取清胃散（市售，主要成分为大黄、芒硝、石膏、枳实等）30g，人工盐40g。灌服。

【典型医案】 1. 1985年8月上旬，钠河县太和乡灯塔五队陈某一头约130kg母猪就诊。主诉：该猪春天产的一窝仔猪（初产）全是木乃伊胎，产后阴道常有污秽的脓性分泌物，常发情而不妊娠。检查：患猪伏卧，不愿起立，全身发热，白睛发红，鼻盘无津，粪较干，尿色黄；全身毛孔均渗溢出血液，如针尖大的环形出血点，密密麻麻，如细筛孔一般，清晰可见；有的毛孔内渗溢的血液流到他处呈不规则的条痕，也有射线状血迹，溢血均稀薄如水。诊为血箭病。治疗：取方药1，用法同上，连用3剂。患猪毛孔出血消失，食欲恢复。

2. 1985年11月16日，钠河县太和乡灯塔二队孙某一头约60kg黑色架子猪就诊。主诉：该猪已病数日，体表数处出血，不食。检查：患猪体温40.1℃，卧于草窝，不愿走动，耳鼻、四肢末端温热，鼻盘干燥，在山根穴后上方有一纽扣大小的环状皮下出血斑，在股内侧及会阴下部也有数处形状不同、大小不一的皮下出血斑，指压不褪色，呈暗红色；从两耳后缘连线中点开始，鬐甲部、两胸肋上部、后臀部尾根外侧的皮肤都有轻度皲裂和血液渗溢，溢出的血稀薄如水，溢血处的皮肤发硬、干燥。诊为血箭病。治疗：取方药2，用法同上。20日，患猪食欲增加，皮肤出血明显消退。为促进食欲，灌服清胃散。23日，患猪再未复发，皮肤皲裂尚未完全复常，已不出血。（张世千，T20，P39）

发　热

发热是指在致热原的作用下，猪体温调节中枢紊乱，导致以发热为特征的一种病症。

【病因】 多因外感风寒，毛窍闭塞，卫气不能外达，热不能外散而发热；热邪侵袭，或风寒在表，郁久化热传里，灼肺金，耗津液而发热；热邪伤津，真阳不固，真阴不生，阳虚阴脱导致发热；非时寒暑、湿热、瘴气、酷热等，或伤寒温病邪传阳明，因失治、误治耗伤津液而发热；伤寒温病邪传入营分，热灼营阴，或血行不畅，瘀血内结，产后瘀血未尽等发热。

【辨证论治】 根据发热病因、病机，分为外感发热和内伤发热。外感发热有外感风寒、外感风热、气分实热、阳明燥热和表里俱热；内伤发热有气虚发热、血瘀发热等。

（1）外感风寒 患猪发热，颤抖，喜钻草堆，卧多立少，食欲减退，咳嗽流涕，被毛粗乱，四肢、耳鼻俱冷等。

（2）外感风热 患猪体温升至41℃左右，精神沉郁，食欲废绝，四肢发热，鼻盘干燥，颈部肿胀，咳嗽较重，粪干燥，舌苔黄燥。

（3）气分实热 患猪高热不退，烦渴、喜饮水，粪干燥，尿短少，舌苔黄燥，脉象洪数。

（4）阳明燥热 患猪粪干、秘结，排粪困难，体温41.3℃，心跳131次/min，呼吸48次/min；拱腰努责，鼻盘干燥，腹部拒按并能摸到硬粪块，眼红肿，口渴，口色红燥，舌苔黄燥，脉沉数、有力。

（5）表里俱热 患猪心神昏乱，狂躁不安，粪秘结，尿短涩；舌红，苔黄，脉数。

（6）气虚发热 患猪神疲，发热，鼻盘稍热，食欲减退，有时泄泻，舌质淡红，脉大无力。

（7）血瘀发热 患猪精神不振，回头顾腹，体温升高，心跳急速，呼吸加快；产后瘀血，阴道流出少量红色黏液；舌色红紫，脉弦紧。

【治则】 外感风寒发热宜辛温解表，宣肺散寒；外感风热发热宜辛凉解表，宣肺清热；气分实热宜清热泻火，生津止渴；阳明燥热宜清热解毒，润燥；表里俱热宜清热解表，攻下；血瘀发热宜活血化瘀。

【方药】 1. 防风、荆芥、柴胡、前胡、桔梗各9g，羌活6g，枳壳、川芎各5g。畏寒者加麻黄3g，桂枝6g；咳嗽、流鼻涕重者加半夏、茯苓各6g。水煎取汁或研末，开水冲调，候温灌服（为30～40kg猪药量，视猪体大小增减）。西药取安痛定注射液8mL，肌内注射，2次/d，或30%安乃近注射液20mL，肌内注射。

2. 金银花、鲜芦根各30g，连翘9g，牛蒡子、桔梗、荆芥穗、薄荷各6g，甘草3g，竹叶9g。热盛者加黄芩、栀子各9g；咽喉红肿较重者加山豆根、射干各9g或板蓝根30g。水煎取汁或研末，开水冲调，候温灌服。取青霉素，160万单位/次，2次/d，或安痛定注射液8mL，肌内注射。

3. 黄连、黄芩、黄柏、栀子各9g。口干、大渴者加生石膏30g，知母9g；热盛者加金银花30g，连翘9g；粪干、秘结者加大黄15g，芒硝60g，枳实9g；尿赤短或时有疼痛者加滑石30g，木通9g。水煎取汁，候温灌服。取青霉素160万单位，链霉素1g，混合，肌内注射，2次/d；阿司匹林3～5g，灌服，2次/d，或30%安乃近注射液20mL，肌内注射，2次/d。

4. ①便秘期，取大黄、枳实各9g，厚朴15g，芒硝20g。便秘轻者去芒硝；体弱气虚者去枳实、厚朴，加甘草6g；粪内带血者加丹皮、赤芍各9g。水煎取汁，候温灌服。②便秘之后出现泄泻，取黄连、黄芩、黄柏、郁金、诃子各9g，白芍12g。夏季发病者加藿香、香薷各9g；粪内夹有未消化食物者去诃子、白芍，加麦芽、山楂各25g。水煎取汁，候温灌服。取庆大霉素，16万单位/次，肌内注射，2次/d。

5. 生地15g，钩藤、菊花、白芍、板蓝根各 9g，栀子、黄芩、连翘、地龙、贝母、茯神、蝉蜕各 6g，全蝎 3g。水煎取汁，候温灌服。同时，取白酒 250mL，涂擦背部；或用樟脑 200mL，涂擦背部及四肢；或用肥皂一小块，加水半桶，加热水使肥皂溶化，待温后刷洗患猪全身，2 次/d。取 30%安乃近 20mL 或安痛定注射液 8mL，肌内注射。抽搐痉挛时，取盐酸氯丙嗪 250mg，肌内注射。（聂成富，T32，P31）

6. 白虎汤加味。石膏 40g，知母、滑石各 30g，黄芩 25g，玄参、芒硝（另包）、大青叶各 20g，木通 15g，木香 12g，甘草 10g，水煎取汁，加入芒硝，候凉灌服。

7. 大承气汤加味。大黄（后下）、玄参各 20g，厚朴、莱菔子、丹皮各 18g，板蓝根、枳实各 15g，芒硝 50g（另包），生地 30g，甘草 6g，水煎取汁，加入芒硝，候温灌服。

8. 犀角地黄汤加味。水牛角 35g，生地、茜草、玄参、黄芩各 20g，丹皮、芒硝（另包）各 25g，白芍、白芨、木通、仙鹤草各 15g，甘草 6g。水煎取汁，候温灌服。

9. 防风通圣散加减。防风、滑石、丹皮、玄参、桔梗、木通、川芎各 12g，连翘、薄荷、黄柏、大黄、栀子、黄芩各 15g，生地、芒硝（另包）各 20g，石膏 18g，白芍 10g，甘草 6g。水煎取汁，候温，加入芒硝，灌服。

10. 生化汤加味。当归、益母草、柴胡、川芎各 20g，党参、桃仁（去皮尖）各 15g，黑姜 10g，厚朴、黄芪、赤芍各 12g，艾叶 1 把。水煎取汁，候温灌服。

【典型医案】 1. 1977 年 7 月 13 日，万县集贤村一头 85kg 母猪就诊。主诉：该猪已病 2d，12 日下午食欲废绝。检查：患猪精神沉郁，全身发热，体温 41.7℃，心跳 106 次/min，呼吸 42 次/min，四肢内侧出汗，口渴喜饮，粪干，尿短少，苔黄燥，脉洪大。诊为气分实热。治疗：取方药 6，用法同上，连服 2 剂，痊愈。

2. 1978 年 6 月 13 日，万县万全部队黄某一头 60kg 猪就诊。主诉：该猪粪干、难下，治疗几次不见好转。检查：患猪体温 41.3℃，心跳 131 次/min，呼吸 48 次/min；拱腰努责，排粪困难，鼻盘干燥，腹部拒按并能摸到硬粪块，眼红肿，口渴，口色红燥，舌苔黄燥，脉沉数、有力。诊为阳明实热。治疗：大承气汤加味，用法同方药 7，连服 2 剂，痊愈。

3. 1980 年 6 月 9 日，万县双河二队周某一头 85kg 母猪就诊。主诉：该猪已病 4d，打针治疗效果不明显。检查：患猪体温 41.3℃，心跳 112 次/min，呼吸 41 次/min；精神较好，不食，全身发热，口渴贪饮，躁动不安，鼻孔流红色血丝，粪秘结，尿红黄，脉细数。诊为热入营血。治疗：犀角地黄汤加味，用法同方药 8，连服 3 剂；再服大黄苏打片善后。

4. 1980 年 5 月 9 日，万县云龙红星四组何某一头 35kg 白猪就诊。检查：患猪体温 41℃，心跳 132 次/min，呼吸 58 次/min，体瘦，毛焦，结膜潮红，口渴，喜饮冷水，腹壁及四肢内侧有出血斑，喘急气粗，粪秘结，尿短赤，口色红绛，舌苔黄燥，脉洪数、有力。诊为表里俱热。治疗：防风通圣散加减，用法同方药 9，连服 3 剂。12 日，患猪吃食不多，瘀斑减少。上方药加陈皮、白术，去川芎、白芍，连服 2 剂，痊愈。

5. 1982 年 11 月 19 日，万县永清村 3 组张某一头 85kg 母猪就诊。主诉：该猪于 6 日产仔 9 头，17 日中午拒食，发热，用青霉素、链霉素治疗无效。检查：患猪体温 40℃，心跳 87 次/min，呼吸 34 次/min；精神差，回头顾腹，阴道流出少量红色黏液，舌色红紫，脉弦紧。诊为产后瘀血发热。治疗：生化汤加味，用法同方药 10，连服 2 剂。24 日，患猪痊愈。（邓华学，T19，P46）

低温症

低温症是指猪体温低于正常温度的一种病症。一年四季均可发病，以严冬、春初季节多发。

【病因】　多因天气突变，寒邪内侵，或长期饮喂冰冷水料，寒邪积聚，阳气不足，致使体温下降而发病。

【主证】　患猪体温降至 35.5～37.0℃，全身冰凉，口色发青，卧地不起，强迫驱赶行走数步后卧地，食欲减退或废绝，心跳缓慢而微弱。

【治则】　升阳救逆。

【方药】　升麻、党参各 30g，柴胡、陈皮、当归、菖蒲、生姜、甘草各 15g。水煎取汁，候温灌服，1 剂/d。肾上腺素注射液 3mL，肌内注射，每隔 3～4h 注射 1 次，连用 3 次（均为 50kg 猪药量，仔猪酌减）。共治疗 48 例，治愈 43 例，因灌药失误导致死亡 2 例，效果不明显 3 例。

【典型医案】　2001 年 3 月 2 日，大荔县解放村王某一头肥育猪就诊。检查：患猪体温 36℃，耳、鼻、四肢冰冷，全身发凉，口色发青，多卧少立，强迫行走几步又卧下，不食。治疗：肾上腺素注射液 3mL，肌内注射；取上方药，1 剂，用法同上。患猪体温升到 38℃。随后每隔 4h 注射肾上腺素 1 次，共注射 3 次。第 2 天，继服上方中药 1 剂。患猪体温正常，痊愈。（宋双成，T114，P33）

温热症

温热症是猪感受热邪而引起的一种病症。

【病因】　多因热邪所致。热邪初犯肌表（病在卫分），病势轻浅；由卫分传至气分或因伏邪内发（病在气分），热邪渐盛，里热蒸腾，正邪相争于里，影响脏腑功能，病势加重；也

有营血证经治疗病邪透出而呈现气分证候者。

【辨证施治】　本病分为温邪初起、高热期、热入营血。

（1）温邪初起　患猪发热重，恶寒轻，毛乍发抖，叫声沉闷，喜卧厌动，轻微咳嗽，鼻流清涕，鼻镜汗少，舌红苔白。

（2）高热期　患猪高热不退，口渴欲饮，鼻干无汗，叫声沉闷或嘶哑，喜卧厌动，尿短赤，舌红苔黄。病邪侵犯肺者，兼有咳喘、气急；侵犯胃者，口渴，苔黄，尿短赤；侵犯肠者，粪气味恶臭，干结难下。

（3）热入营血　患猪高热（尤以夜间为甚），侧卧昏睡，有时哼叫，口渴但不多饮，股内侧或耳根部皮肤有或隐或现的出血点，舌质红绛；严重者拱腰，行走摇摆，极度虚弱，骨瘦如柴。

【治则】　清热凉血，通便导赤。

【方药】　1. 八味清凉饮加减。金银花、连翘、生地、麦冬、竹叶各 30g，生石膏 100g，板蓝根、大青叶各 40g。温邪初起去石膏，加柴胡、杏仁、荆芥各 30g；寒冷季节加紫苏 30g；高热期加栀子、黄连各 20g；有咳喘症状者加知母、桑白皮各 30g；粪气味恶臭者加大黄 20g；粪干结者加大黄、芒硝 30g；配合温水灌肠。热入营血则石膏、金银花、连翘、竹叶用量加倍，加当归、赤芍、丹参各 30g，山羊角 50g；有出血点者加阿胶 15g、黄连 20g（均为 75kg 左右猪药量）。先将生石膏捣碎，加水煮沸 15min，再将诸药放入石膏水中浸泡 30min，轻煎 2 次，合并药液，分 2 次灌服。共治疗 309 例，治愈 294 例，治愈率为 95.1%。

2. 板蓝根、鲜车前草各 20g，大青叶、知母、生地、鲜地骨皮、红花、桃仁各 15g，黄连、黄柏、栀子、金银花、连翘各 10g，黄芩、赤芍、甘草各 12g。水煎取汁，冲芒硝 15g，候温灌服（为 2 头仔猪药量）。

3. 板蓝根、鲜桑白皮各 30g，黄连 24g，

生地 25g，生石膏 100g（碾细，冲服）、黄芩、知母、连翘、金银花、玄参、天花粉各 20g，鲜桔梗、鲜薄荷各 50g，鲜地骨皮、赤芍、桃仁、甘草各 15g，鲜芦根 100g。水煎取汁，候温灌服。

【典型医案】 1. 1972 年 7 月 17 日，平舆县老王岗乡常某一头 35kg 猪发病，曾多次用抗生素、解热剂、磺胺类和激素等药物治疗均无效，25 日邀诊。检查：患猪精神不振，喜卧厌动，体温 40.7℃，食欲废绝，微喘，鼻镜干燥，叫声沉闷，饮冷水，粪干结，尿黄，舌红苔黄。注射解热剂后病情好转。诊为气分温热病。治疗：八味清凉饮加减，生石膏用原药量，其余 7 味药均减半，加芒硝 20g，大黄、知母、桑皮各 15g，栀子、黄连各 10g。用法同方药 1，并用温水灌肠。26 日，患猪粪变软，体温 39.7℃，精神好转，能寻食。取上方药 1 剂，用法同上。下午，患猪病情减轻，体温 39℃；饮稀麸皮水 1000mL。为巩固疗效，再服八味清凉饮 1 剂。第 3 天，患猪体温 38.6℃，舌苔已退。继续饮稀麸皮水 2d，痊愈。

2. 平舆县老王岗乡辛某一头 70kg 猪，已患病 2d，用安乃近、青霉素治疗 2 次效果不佳邀诊。检查：患猪体温 40.6℃，发抖，食欲减退，流清涕、咳嗽、声沉，舌红苔白，卧于草堆中。诊为卫分温热病。治疗：八味清凉饮加减，去生石膏，加柴胡、杏仁、荆芥各 30g，用法同方药 1。次日，患猪体温降至 39℃，活动复常，开始寻食。饮稀麸皮水 2d，痊愈。

3. 1984 年 1 月 20 日，平舆县老王岗乡李某一头 70kg 猪发病，用抗生素、解热剂、激素等药物治疗疗效不佳，31 日邀诊。检查：患猪体温 40.7℃，侧卧昏睡，有时哼叫，声音嘶哑，鼻镜干燥，强行站立时能到食槽边饮水，少饮即卧，股内侧皮肤有出血点，粪干结，尿短赤，舌绛苔黄。诊为温热病营血证。

治疗：八味清凉饮加减，石膏、金银花、连翘、竹叶用量加倍，加当归、丹参、赤芍、黄连、阿胶、栀子各 20g，山羊角 50g（捣碎），大黄、芒硝各 30g。水煎 2 次，混合药液，分上午、下午灌服；用温水灌肠 2 次。次日，患猪粪转稀，体温 40℃，精神好转，上方药去大黄、芒硝，再服 1 剂。第 3 天，患猪能起立走动，寻食，饮少量稀麸皮水；又服药 1 剂。第 4 日，患猪恢复正常。为巩固疗效，再服八味清凉饮原方药 1 剂；连饮麸皮水 4d，痊愈。（王可行等，T15，P35）

4. 汝南县马庄村 10 组常某从集市购回 2 头仔猪，因高热，不食就诊。主诉：该猪发病后用青霉素、链霉素、地塞米松、安乃近、庆大霉素、卡那霉素、氨苄青霉素治疗 5d 高热不退。检查：2 头患猪食欲废绝，体温 41.5℃，伏卧，粪干、如羊粪状，尿深黄色，口色绛紫，舌苔黄干。诊为热入营血。治疗：取方药 2，用法同上，各服 1/2 药量。翌日晨，患猪精神好转，体温降至 39.2℃，觅食。再服药 1 剂，用法同上，痊愈。

5. 一头 50kg 架子猪，因发热、张口喘气，用井水泼身降温，于当晚食欲减退，第 2 天废食，先后在两处治疗 4d 后热度增高。检查：患猪精神委顿，喜卧湿地，体温 41.8℃，鼻盘干，口舌深红，苔黄，脉洪数。诊为暑热挟湿、热壅于内。治疗：取方药 3，用法同上。夜间 2 时，患猪觅食；第 2 天，患猪体温降至 39.5℃。继服药 2 剂，痊愈。（崔海龙，T58，P40）

湿温高热证

湿温高热证是猪外感湿热，缠绵难退引起的一种病症。多发生于夏秋季节。

【病因】 多因外感湿热邪气所致。夏、秋季节多雨，湿暑气盛，上蒸而成湿热，猪外感暑湿，入里化湿为阴邪，而热为阳邪，湿热相合，缠绵不已，日久化燥化火，出现高热稽留。

【辨证论治】 本病分为湿重于热型、热重于湿型、湿热郁表型、湿热并重型、湿热下阻型、湿热弥漫三焦型、湿热郁阻中焦型和湿遏卫阳型。

（1）湿重于热型 患猪精神沉郁，食欲减退或废绝，头低耳聋，喜卧草堆，肢体疼痛，重着懒动，行走拘紧，后躯摇摆，发热不退，体温 40～41.5℃，午后热盛，兼见发抖，鼻盘时有少量汗，汗出热稍减，粪溏不爽，尿短赤，舌苔厚腻。

（2）热重于湿型 患猪精神沉郁，食欲废绝，剧热不退，体温在 40.5～42℃ 之间，呼吸喘促，行走蹒跚，后肢不稳，口渴不多饮，粪干燥，尿短赤、稠浊，口舌红黄，苔黄厚腻。严重者出现视听障碍。

（3）湿热郁表型 患猪体温 40.2℃，多卧少动，垂头站立，拱腰夹尾，肢体蜷缩，初期肌肤不热，逐渐有灼热感，肢端凉，前肢跪胸伏卧，鼻盘略黄染，口不渴，尿稍黄，苔白腻。

（4）湿热并重型 患猪肌肤发热，体温 40.4℃，检查时兴奋，检查后呆立少动，神情淡漠，跪胸伏卧，腹饱不饥，粪少不燥，有时恶呕，尿微黄，苔黄腻。

（5）湿热下阻型 患猪身热不退，腹饱不饥，有时恶呕，粪溏稀、气味臭、如黄酱色，舌苔黄腻。

（6）湿热弥漫三焦型 患猪持续高热，发热恶寒，食欲废绝，午后更甚，四肢发凉，鼻镜少汗，全身疼痛，腹部听诊有肠鸣音，伴有泄泻，有时伴有呕吐。

（7）湿热郁阻中焦型 患猪持续高热，呕吐，粪稀、气味恶臭，尿黄。

（8）湿遏卫阳型 患猪体温升至 40℃ 以上，神情呆滞，躯体蜷缩，饮食欲废绝，腹部饱满，皮温不整，鼻盘略黄，肢端冰凉，尿黄，舌苔黄腻。

【治则】 湿重于热型宜化湿；热重于湿型宜清热化湿；湿热郁表型宜畅中渗下，宣化表里；湿热并重型宜燥湿清热；湿热下阻型宜导滞通下，清热化湿；湿热弥漫三焦型宜清三焦湿热；湿热郁阻中焦型宜燥湿化滞，清热解毒；湿遏卫阳型宜宣表化湿。

【方药】 （1、3、6 适宜于湿重于热型；2、4、8 适宜于热重于湿型；5 适宜于湿热郁表型；7 适宜于湿热并重型；9、10 适宜于湿热下阻型；11 适宜于湿热弥漫三焦型、湿热郁阻中焦型；12 适宜于湿遏卫阳型）

1. 三仁汤加减。杏仁、豆蔻仁、薏苡仁、藿香、石菖蒲、茯苓、大腹皮、半夏、茵陈、川厚朴、滑石、竹叶。后肢疼痛严重者加羌活、独活；尿短赤稠浊者加木通、薄荷。水煎取汁，候温，胃管灌服，1 剂/d。

2. 栀子、黄芩、木通、滑石、连翘、茵陈、藿香、白豆蔻、赤芍、金银花、丹皮、鲜芦根。口干渴者加天花粉；粪黏滞难下者加枳实；热久伤津者加麦冬、天花粉；病初少用赤芍、黄连、丹皮。水煎取汁，候温，胃管投服，1 剂/d。

3. 藿香、神曲、麦芽各 50g，厚朴、陈皮、大腹皮、茵陈、滑石各 20g，虎杖 60g，杏仁、茯苓、黄芩各 15g。共为细末，开水冲调，候温，胃管投服，1 剂/d。

4. 黄芩、黄连、栀子、厚朴、生地、玄参、麦冬各 20g，半夏 15g，石膏 100g，苍术、虎杖、大黄各 30g。共为细末，开水冲调，候温，胃管投服，1 剂/d。

5. 三仁汤加味。藿香、杏仁各 12g，半夏、竹叶各 10g，薏苡仁、滑石、淡豆豉各 15g，豆蔻仁、厚朴、通草各 5g。水煎取药液 400mL，连煎 3 次/剂，候温，1 次灌服，2 次/d。

6. 一加减正气散。藿香梗、神曲、麦芽各 6g，厚朴、大腹皮、陈皮、杏仁各 4g，茯苓皮、茵陈各5g，水煎取药液200mL，候温灌服。

7. 连朴饮加味。黄连4g，栀子10g，厚朴、半夏、石菖蒲各5g，香豆豉12g，鲜芦根66.67cm，杏仁6g。水煎取汁400mL，候温灌服。

8. 三石汤。生石膏25g，金银花、滑石、寒水石各15g，杏仁10g，通草6g。水煎取汁，候温灌服。

9. 猪苓、茯苓各12g，寒水石15g，皂荚子（去皮）10g，晚蚕砂20g。水煎取汁，候温灌服。

10. 枳实导滞汤。枳实、大黄、槟榔、厚朴各4g，连翘、紫草各5g，黄连、木通、甘草各3g，焦山楂、神曲各6g。水煎取汁，候温灌服。

11. 三黄汤合藿朴夏苓汤。黄连10g，黄芩25g，黄柏、藿香、厚朴、半夏、薏苡仁、苍术、野菊花、大青叶各15g，茯苓40g，滑石30g，白花蛇舌草20g。水煎取汁，候温灌服。共治疗86例，均取得了较好疗效。

12. 藿朴夏苓汤。藿香、半夏、赤茯苓、杏仁、生薏仁、白蔻仁、猪苓、淡豆豉、厚朴、泽泻。水煎取汁，候温灌服。共治疗28例，治愈25例，好转3例（中途被畜主处理）。

13. 二白散。石膏3份、滑石2份。共研末，开水冲调，候温灌服。腹泻或下痢，湿重于热者，加大滑石用量；便秘者配芒硝、大黄等或用大黄苏打片；长期不食者用调理脾胃药（如白术、神曲、山楂等），或配合助消化的西药；后期津伤体弱者用增液汤或西药强心补液。

【典型医案】1. 1987年9月12日，淮滨县桃园村焦某一头约150kg猪发病，用青霉素、庆大霉素、大安针、安乃近等药物治疗3d未见好转，于15日就诊。检查：患猪精神沉郁，食欲废绝，肚胀，行走蹒跚，喜卧草堆，体温40.5℃，鼻盘无汗，粪稀软不爽，口舌稍黄，舌苔白腻。诊为湿温病（湿重于热型）。治疗：杏仁15g，豆蔻仁、薏苡仁、藿香、茯苓、茵陈、大腹皮各20g，半夏、川厚朴各25g，滑石40g，竹叶30g，石菖蒲10g。用法同方药1。翌日晨，患猪精神、食欲好转。继服药1剂，痊愈。

2. 1987年11月10日，淮滨县刘桥村胡某一头约70kg架子猪发病，于11日就诊。检查：患猪精神沉郁，食欲废绝，肚胀，有时轻微腹痛，喜卧草堆，体温41.5℃，渴不多饮，行走时两后肢摇摆，粪干硬，尿短黄，口舌黄腻。诊为湿温病（热重于湿型）。治疗：栀子、黄芩各30g，滑石40g，木通、连翘、茵陈、藿香、白豆蔻、黄连、金银花、丹皮各20g，鲜芦根35g。用法同方药2。服药1剂，患猪吃食近饱；服药2剂，痊愈。（胡观耀，T33，P63）

3. 2006年8月15日，宣威市格宜镇启文村尤某一头约90kg育肥猪发病邀诊。诊为湿热证（湿重于热型）。治疗：取方药3，用法同上。服药2剂，痊愈。

4. 2006年8月20日，宣威市格宜镇启文村大坪子刘某一头约100kg育肥猪就诊。主诉：该猪发病已医治7d，至今未见觅食。诊为湿热证（热重于湿型）。治疗：取方药4，用法同上。连服3剂，患猪食欲正常，痊愈。（徐德昌，T145，P62）

5. 1986年6月24日，盐城市永丰乡石华村袁某一头40kg公猪就诊。检查：患猪拱腰夹尾，肢体蜷缩，多卧少动，赶起垂头站立，体温40.2℃，触摸肌肤不热，摸久觉有灼热感，肢端凉，前肢跪胸伏卧，鼻盘略黄染，口不渴，尿稍黄，苔白腻。治疗：取方药5，用法同上。3d连服2剂，痊愈。

6. 1986年7月4日，盐城市郊区石华村邵某一头20kg黑母猪就诊。检查：患猪体温39.6℃，躯体不热，伏卧，腹饱，呕吐，粪少不燥，舌苔白腻。治疗：取方药6，用法同上，2剂痊愈。

7. 1984年6月6日，盐城市郊区永南村徐某一头30kg白公猪就诊。检查：患猪肌肤发热，体温40.4℃，检查时兴奋，检查后呆立少动，神情淡漠，跪胸伏卧，腹饱不饥，粪少不燥，有时恶呕，尿微黄，苔黄腻。治疗：取方药7，用法同上，连服3剂，痊愈。

8. 1983年8月12日，盐城市郊区永南村蔡某一头40kg白猪就诊。检查：患猪身热灼手，皮肤有潮湿感，体温41.6℃，鼻盘潮红，见水急饮几口，胡乱拱掘几下后呆立一旁，前肢跪胸伏卧，粪少不燥，尿少色黄，舌苔黄腻。治疗：取方药8，用法同上。服药2剂，患猪热象减轻，但胸脘痞闷仍未好转。上方药加大腹皮、厚朴各6g，连服2剂。3d后，患猪病势减轻，体温降至38.7℃，唯尚不饱食，嘱畜主对患猪注意调理。

9. 1986年6月26日，盐城市郊区石华村许某一头40kg白母猪就诊。主诉：该猪已病5d，用抗生素治疗热象不退。检查：患猪胸脘痞闷，粪、尿甚少或全无，时有恶呕，腹胀满，口干不渴，舌苔厚腻，体温一直在40.2℃左右。治疗：取方药9，用法同上，2剂好转；再服药2剂，痊愈。

10. 1986年7月4日，盐城市郊区永南村成某一头20kg白猪就诊。检查：患猪身热不退，腹胀满，有时恶呕，粪溏稀、气味臭、如黄酱色，舌苔黄腻。治疗：取方药10，用法同上，连服3剂，痊愈。（吴杰，T26，P43）

11. 1988年7月26日，灌阳县王某一头约60kg猪发病邀诊。检查：患猪体温41～41.5℃、已持续4d，食欲废绝，曾用过氨基比林、安乃近治疗热仍未退。诊为湿温高热证（湿热弥漫三焦型）。治疗：取方药11，用法同上。用药后，患猪热势逐渐减轻，采食量少；又服药1剂，热退，痊愈。

12. 1990年8月4日，灌阳县刘某一头

45kg猪发病邀诊。检查：患猪体温41.7℃，已持续3d，呕吐，粪溏稀。用西药治疗效果不明显。诊为湿热郁阻中焦型。治疗：三黄汤合藿朴夏苓汤，用法同方药11，连服2剂，患猪病情减轻，康复。（范文亮，T58，P29）

13. 1992年7月下旬，思南县官寨乡官堂坝村安某2头（体重分别为46kg和40kg）苏本杂交猪先后相继发病，用安痛定、抗生素等药物治疗3d疗效差来诊。检查：2头患猪体温分别为40.6℃和40.2℃，皮温不整，肢端冰凉，尿稍黄，苔黄腻；一头猪鼻盘稍黄，食量少，不见饮水，神情呆滞；另一头猪蜷缩在圈里不食不饮，腹部饱满。诊为湿热病（湿遏卫阳型）。治疗：藿香15g，杏仁、赤茯苓、猪苓各12g，半夏、生薏苡仁、厚朴、淡豆豉、白蔻仁、泽泻各10g。水煎4次，混合药液450～500mL，成年猪120mL/（头·次），仔猪90mL/（头·次），3次/d，连服3d（4剂），全部治愈。（谢友华，T76，P24）

14. 1983年7月13日上午，淮滨县新里乡杨集村董某一头约25kg长白猪来诊。主诉：该猪已病3d，气喘，高热不食，在他处治疗（用药不详）6次无效。检查：患猪体温40.9℃，结膜赤紫、轻度黄染，精神沉郁，有时咳嗽，粪稀、带有未消化的饲料，尿少色黄。治疗：石膏粉、滑石粉各50g，酵母6g，大黄苏打片1.5g，维生素B$_{12}$ 50mg，温水冲调，1次灌服。晚上，患猪能吃半饱，精神好转。翌日，患猪痊愈。

15. 1985年7月27日，淮滨县芦集乡大王庄村某户一头约50kg架子猪就诊。主诉：该猪已病4d，他医治疗无效。检查：患猪体温41.3℃，颈部发硬，抬头困难，结膜潮红，嗜卧懒动，粪干、呈球状，尿黄色。治疗：石膏粉150g，滑石粉100g，大黄苏打片9g，芒硝120g，安乃近片5g，复方新诺明5g。温水冲调，1次灌服；去芒硝，继服药2次，痊愈。

16. 1984 年 8 月 5 日，淮滨县新里乡孙庄村尹某一头 90kg 猪就诊。主诉：该猪已病 8d，始终高热不退，用青霉素、链霉素等药物治疗均未见效。检查：患猪体温 40.0℃，精神沉郁，肚腹蜷缩，肛门松弛，结膜黄染，眼下陷，鼻镜干，粪干、呈球状、带有黏液，尿深黄色，口色赤红、干燥，舌苔较厚。治疗：玄参、麦冬、党参各 30g，生地 50g，槟榔 25g，山楂、神曲各 40g，水煎取汁，冲石膏粉 150g，滑石粉 180g，1 次灌服。当日晚，患猪有食欲。翌日上午，患猪能吃半饱，痊愈。（方广超，T44，P23）

红 皮 病

红皮病是指猪皮肤发红、体温升高的一种病症。主要感染 50～150kg 架子猪和肥猪；多发生于春末、夏季和秋初季节。

【病因】　患猪感受热邪，侵入肺胃化热，里热渐盛，或热邪入气分，走窜血络，迫血外行所致。

【主证】　患猪皮肤从背部开始变成鲜红色，逐渐蔓延至全身，指压退色，一般在静卧时皮肤红色较为明显；轻微运动后，红色渐减甚至不明显；体温 39.5～40.5℃，鼻流清涕，精神不振，呼吸稍快，有时咳嗽，食欲减退或废绝。病程一般 5～7d，最长的达 15d。

【治则】　凉营泄热，解毒透邪。

【方药】　1. 生地、玄参、丹皮、赤芍、柴胡各 20g，黄芩、杏仁、荆芥、薄荷、银花、连翘各 15g，石膏 40g，板蓝根 30g，甘草 5g（为 30～40kg 猪药量，成年猪、仔猪酌情增减）。水煎取汁，候温灌服。1～2d/剂，3 次/d，连服 2～4d。共治疗 422 例，治愈 386 例。

2. 取鸡蛋清，大椎穴注射，1 枚/猪（不论猪大小）；针刺耳尖、尾根穴；0.2%氢化可的松注射液 20～30mL（为 100kg 以上猪药量，100kg 以下猪 10～20mL），静脉注射，一般 1～2 次即愈。共治疗 135 例，治愈率达 95%以上。

【典型医案】　1. 1978 年 6 月，仁怀县石油公司张某 2 头肥猪，先后患红皮病就诊。检查：患猪皮肤从背部开始变成鲜红色，逐渐蔓延至全身，指压退色；一般在静卧时皮肤红色较为明显，轻微运动后红色渐减甚至不明显；体温 39.5～40.5℃，鼻流清涕，精神不振，呼吸稍快，有时咳嗽，食欲减退或废绝。用大量抗生素和磺胺类药治疗 7d 无效。治疗：取方药 1，用法同上，1 剂即愈。

2. 1980 年 3 月，仁怀县茅台镇河滨街金某一头架子猪来诊。检查：患猪全身皮肤呈鲜红色，指压退色，静卧时皮肤红色明显，运动后红色减退至不明显；食欲减退，精神不振，体温 39.5℃，常用药物治疗 12d 效果不理想。治疗：取方药 1，用法同上，1 剂即愈。

3. 1981 年 8 月，仁怀县交通公社李某一头架子猪，因患红皮病四处寻医治疗无效来诊。治疗：取方药 1，用法同上，2 剂治愈。（张模杰，T10，P49）

4. 2001 年 8 月，息烽县养龙司乡保子村李某一头 150kg 肥猪来诊。主诉：当天，该猪精神沉郁，卧地不起，不食；次日全身皮肤开始发红，用大剂量抗生素治疗无效。检查：患猪四肢无力，卧地不起，体温 40.7℃，呼吸急促，全身皮肤发红。诊为红皮病。治疗：0.2%强的松注射液 30mL，静脉注射；鸡蛋清，大椎穴注射；针刺耳尖、尾根穴，2 次即愈。（李定龙等，T132，P63）

应激反应综合征

应激反应综合征是指猪受到体内外环境改变和不良刺激所产生以肌肉震颤、呼吸困难、皮肤发白（有时发红）为特征的一系列非特异性病理反应。

【病因】 本症内在因素与遗传、内分泌失调、硒和蛋白质缺乏有关；环境应激刺激因素有惊吓、捕捉、运输、驱赶、过冷过热、拥挤、噪声、电刺激、感应、空气污染、环境突变、防疫、公猪配种、母猪分娩、夏秋季节高温等；某些吸入麻醉剂（氟烷、加氧氟烷等）和某些去极化型肌松剂（如琥珀酸胆碱等）等也可诱发。

【主证】 重症，患猪体温升高，呼吸急促，背部单侧或双侧肿胀，肿胀部无疼痛反应；肌肉僵硬，震颤、卧地、呈犬坐状；皮肤红一阵白一阵；哺乳母猪泌乳量减少或无乳；公猪性欲下降。

长途运输中的育肥猪，由于生存环境突然改变、拥挤、高温等，诱发肺炎或胸膜炎，患猪呼吸困难，体温升高，全身肌颤；仔猪神情紧张，恐惧，腹泻，重症者可导致死亡。

【治则】 镇静安神，消除病因。

【方药】 1. 消暑散。香薷、藿香、车前、知母各15g，连翘、金银花、葛根、紫苏、沙参、芦根各20g，神曲、麦芽、山楂、生石膏各40g，竹茹、佩兰、陈皮、砂仁各10g，黄连、大黄、黄芩各10g（为50kg猪药量）。加水1500mL，煎至1000mL，候温，分3次灌服。共治疗34例，有效33例，治愈31例。

2. 大承气汤加味。生大黄（后下）、厚朴、天门冬各20g，芒硝（冲服）、元参各60g，枳实、麦冬各15g（为1头猪药量）。初期重用大黄、芒硝，后期重用枳实、厚朴；镇静加远志、枣仁、琥珀、柏仁；益阴加五味子、玉竹、天门冬、麦门冬；益气加山药、党参、炙黄芪；凉血加地榆、丹皮、槐花；活血化瘀加赤芍、丹参、桃仁、鸡血藤。水煎取汁，候温，分早、晚2次灌服。禁忌饲喂稻谷、高粱、棉籽饼、葵花饼等。共治疗33例，痊愈30例，死亡3例。

【典型医案】 1. 1989年7月23日，商洛市李庙乡高桥村张某一头80kg育肥猪就诊。主诉：该猪昏睡2d，不食，泄泻并伴有呕吐，用黄连素、解热药治疗无效，病情反而加重，泻粪如水，日渐消瘦，食欲废绝。检查：患猪精神不振，体温38.6℃，心跳76次/min，呼吸17次/min，营养不良，鼻镜干燥，粪稀、气味臭，尿少，舌苔黄而厚腻。诊为应激反应综合征。治疗：取方药1，用法同上，2剂，2次/d。第3天，患猪痊愈。（张立民，T124，P24）

2. 长治市种猪场从外地引进一批法系大约克夏种猪，其中33头猪（约占70%）发病，用抗生素、解热止痛药等治疗无效邀诊。检查：患猪体温41.7～42.3℃，心跳92次/min，皮紧毛逆，神态激动、惊恐，频频做进攻防卫姿势，粪干结、如珠状，带有黏液。轻症者口含白沫，粪、尿短少，饮食欲差；重症者粪呈黑色、球状如梧桐籽、3～4粒/d，饮食废绝；危重者急起急卧，粪、尿失禁，粪稀、呈黑色，尿呈红色，体温38.2℃左右，头颈平伸于地。诊为应激反应综合征。治疗：取方药2，用法同上。服药后4～7h，患猪开始排黑色稀粪。服药1剂，患猪粪、尿、体温恢复正常（38.7℃），神态安静，饮食欲转好，痊愈。（李有福等，T27，P43）

新生仔猪溶血病

新生仔猪溶血病是指初生健康仔猪吮食初乳后，导致红细胞溶解，出现以黄疸、贫血和血红蛋白尿为主要特征的急性免疫溶血性疾病，也称新生仔猪溶血性黄疸。

【病因】 一般认为，本病与种公猪和母猪的血型有关。种猪血细胞特性遗传于胎儿，成为一种特异性抗原，刺激怀孕母猪在体内产生对胎儿和种猪红细胞的特异性抗体（溶血素、凝集素）。在胎儿期间，由于这种抗体不能通过胎盘屏障，所以仔猪能够健康出生，出生以后，随着初乳吮入大量抗体，经肠黏膜进入血液，而使红细胞溶解，从而引起溶血。按祖国医学辨证，属先天不足，阴阳暴脱。

【主证】 体况良好、活泼的新生仔猪，吮食初乳后突然出现精神委顿，两眼无神或半闭，吮乳减少或废绝，尿频、排出红黄色或褐色尿液，迅速衰竭，皮肤黄染，尤以腋下及腹股沟皮肤为甚。随着病情发展，四蹄及后肢关节出现紫红色瘀斑，眼结膜发黄，体温一般正常，1 窝仔猪中 1 头首先发病，1～4d 波及全群，病程 1～3d，基本全窝死亡。

【病理变化】 肾略肿大、充实、呈黄色；肝脏呈棕黄色、脆弱，体腔和心包腔内有多量红色渗出液；胃内有干酪样凝乳块。

【鉴别诊断】 临床上，新生仔猪溶血病极易与新生仔猪低血糖病、最急性黄痢和红痢相混淆，应注意鉴别。新生仔猪溶血病，仔猪吮食初乳后即发病，以黄疸、贫血、血红蛋白尿为特征；血液检查，红细胞数明显下降。新生仔猪低血糖病多由于饥饿和寒冷引起，并伴有阵发性神经症状，喂饲白糖、葡萄糖后很快康复。至于暴发型红痢、黄痢，临床上也有仔猪不见下痢而突然精神委顿、不吮乳的黄痢、红痢患病仔猪，并且死亡率高，死亡时一般也不减膘，剖检病死猪可见直肠内充满黄色或红色黏稠粪，皮肤、黏膜黄染之症不明显。

【治则】 敛阴潜阳，对症治疗。

【方药】 龙骨牡蛎散。煅龙骨、煅牡蛎各 10g（为 1 头仔猪药量）。研末，取药末适量，撒于仔猪舌上，以布满全舌为度，任仔猪吞下，治疗：2 次/d；预防：1 次/d，连用 2d。西药取维生素 B₁₂、维生素 C、维丁胶性钙等；有继发感染者，用抗生素对症治疗。共治疗 19 窝 195 例，治愈 181 例，治愈率 92.8%。

【典型医案】 1. 金华市婺城区唐宅村唐某一头经产母猪产仔 16 头，产下时均健康、活泼，吮食初乳后 1h 左右开始发病邀诊。检查：患猪精神沉郁，不吮乳，皮肤略见红黄色，频频排尿，尿呈黄红色，怕冷，体温正常。经实验室检验，4 头仔猪红细胞分别为 245 万个/mm³、252 万个/mm³、250 万个/mm³、260 万个/mm³，均远低于正常范围（340 万～590 万个/mm³）。诊为新生仔猪溶血病。治疗：煅龙骨、煅牡蛎各 15g。研末，撒于舌上，全窝给药，2 次/d。翌日下午，畜主来告，服药后 1h 许病猪即恢复吮乳，未再出现病仔猪。

2. 1996 年春，金华市苏孟乡苏孟村陈某一头初产母猪，于凌晨 5 时许产仔 10 头，7 时许发现 2 头仔猪死于母猪腹下，疑为母猪压死，畜主即守候于猪舍加以护理。上午 9 时左右，又有 3 头仔猪停止吮乳，畜主以为母猪缺奶，即为仔猪补饲葡萄糖及奶粉，仍不吮食邀诊。检查：3 头患病仔猪蜷缩于稻草堆中，发抖，被毛粗乱，皮肤发黄，眼结膜黄染。血液检查：红细胞数均低于正常值范围，平均为 305 万个/mm³。诊为新生仔猪溶血病。治疗：龙骨牡蛎散配合卡那霉素、维生素 B₁₂、维丁胶性钙，用法同上。治疗后 1h，患猪逐渐恢复正常。（何海健，T103，P37）

先天性肌阵挛

先天性肌阵挛是仔猪出生后出现以各肌群阵发性痉挛为特征的一种病症，俗称仔猪抖抖病。多发于 20 日龄以内仔猪，多呈急性发作。

【病因】 多因种公猪品质不良，或仔猪先天性发育不良；或助产者手指不洁、感染先天性震颤病毒（CTV），或仔猪脐部感染而发病。

【主证】 患猪出生后不久，出现局部或全身肌肉阵挛，有的全窝发病，或同窝仔猪部分发病，临床症状轻重不一。病猪往往单独离群，动作迟钝，全身骨骼肌阵发性痉挛，上下跳跃，后肢尤为明显，头左右摇摆不定。上述症状在躺卧时减轻或消失，站立时即复发，受外界刺激后症状加剧。由于全身或头部等部位强烈肌痉挛，无法吮乳，多因饥饿而死亡。

【治则】 镇惊解痉，补益精血。

【方药】 1. 取鼠妇（俗称地虱婆、负蟠、湿生虫、鞋板虫）10～30 只，致死后置于光洁瓦片上，用文火焙干，碾末，加少量红糖，喂服，早、晚各 1 次，一般连服 2～3d 即可治愈。（黄正明，T22，P3）

2. 母猪，药用钙粉 60g（可用蛋壳 60g 炒黄碾细代之）、何首乌粉 60g，混合拌入精料内饲喂母猪，1 剂/d，连服 3d，并增加动物性饲料及青绿多汁饲草。仔猪药用硫酸阿托品注射液 30mg、樟脑磺酸钠注射液 0.7mL，分别皮下注射或肌内注射，2～3 次/d，连用 2～3d。共治疗 10 窝 135 例，除 5 例被压致死和 10 例因体质虚弱、不能站立吮乳而死亡外，其余全部治愈。（杨国亮，T39，P56）

临床典型医案集锦

【苦夏病】 1. 1989 年 7 月 23 日，商州市李庙乡高桥村张某一头肥猪就诊。主诉：时值伏天，气候酷热，猪喜卧湿地，整天昏睡不食，泄泻，伴有呕吐。曾用黄连素和解热药物医治无效，病情反而加重，泻粪如水，日渐消瘦，食欲废绝。检查：患猪体温 38.5℃，心跳 75 次/min，呼吸 17 次/min，营养不良，精神不振，鼻镜干燥，粪稀、气味臭，尿少，舌苔黄腻。诊为苦夏病。治疗：清暑散。香薷、藿香、车前子、金银花、知母各 15g，连翘、葛根各 20g，神曲、生石膏、麦芽各 30g，山楂 3g，竹茹 9g，砂仁 6g，佩兰、陈皮、黄连、黄芩、大黄、甘草各 10g。加水 1000mL，煎至 500mL，候温加冰糖 50～100g，灌服，1 剂/d。连服 2 剂，第 3 天痊愈。

2. 1990 年 7 月 3 日，商州市大荆镇李渠村李某一头母猪发病来诊。主诉：该猪连续 3d 食欲不振，腹泻，体表温热，结膜潮红，曾用庆大霉素、安痛定、柴胡注射液等药物治疗 2 次无效，且病情加重，泻水样稀粪，食欲废绝，消瘦。检查：患猪体温 38.1℃，心跳 72 次/min，呼吸 18 次/min，鼻镜微干，尿少，多眼眵，舌苔黄腻。诊为外感风寒、内伤暑湿。治疗：清暑散，用法同 1，连服 2 剂，2d 痊愈。

共治疗 10 例，收效满意。（张立民，T60，P33）

【晕槽症】 1. 1975 年 4 月，重庆市某奶牛场一头 2 岁、约 115kg 长白种公猪，采食 3～4min 时突然晕倒睡地，约经 15min 慢慢站起，有时连续晕倒 2 次。诊为晕槽症。治疗：四君子汤加味。党参 48g，白术、木香、茯苓各 40g，炙甘草、天麻各 30g，焦大黄 35g，草豆蔻、当归各 45g。水煎取汁，候温灌服，3 剂，1 剂/2d，痊愈。

2. 1978 年 10 月，重庆市某奶牛场一头约 70kg 约克夏种公猪来诊。主诉：该猪采食时嘴唇刚接触到食物，两后肢就慢慢蹲下，接着整个身躯倾向一侧，晕倒在地，30min 才能站起。发病月余，日渐消瘦，被毛粗乱，粪溏稀，性欲明显减退。治疗：四君子汤加味。党参、当归各 40g，白术、茯苓、草豆蔻、木香各 35g，炙甘草 25g，苍术 38g，天麻 30g。水煎取汁，候温灌服，5 剂，1 剂/d，5d 后痊愈。

3. 1984 年 11 月，东至县查桥华丰村贾某一头 40kg 猪来诊。主诉：该猪每次进食，刚食几口就晕倒睡地，睡 10 多分钟才站起，近期病情加重。检查：患猪鼻盘稍干，结膜苍白，苔腻稍黄，脉象细弱。治疗：四君子汤加味。党参、当归、麦门冬、天门冬各 30g，白术、茯苓、木香、草豆蔻各 27g，炙甘草、天麻各 24g，焦大黄 35g。水煎取汁，候温灌服，1 剂/d，连服 3 剂，痊愈。（郑建文，T23，P64）

【少阳证】　延津县僧固乡辉县屯村吴某一头约 150kg 母猪发病来诊。主诉：该猪发病已数天，前期食欲不振，今晨不食，呕吐，粪、尿变化不大。饲料同前、无异常，亦无排吐蛔虫史。检查：患猪精神尚好，间有烦躁欲吐，鼻盘湿润，体温 39.5℃。诊为少阳病。治疗：复方氨基比林注射液 10mL，硫酸庆大霉素注射液 40 万单位，清热解毒注射液 30mL，临用时混合，1 次肌内注射。轻者 1 次/d，重者上午、下午各注射 1 次。3h 后，患猪出现食欲，不再呕吐。（郭清标，T25，P52）

【仔猪猪瘟超前免疫过敏反应】　新生仔猪超前免疫，也称临时免疫，是猪瘟疫区和受威胁地区预防猪瘟的行之有效的措施。在妊娠母猪中，可能因某种原因致使猪瘟弱毒或疫苗中某种成分透过母体胎盘进入胎儿体内，成为致敏原使胎儿机体致敏，呈现对猪瘟弱毒或某种成分的超敏状态，当新生仔猪注射猪瘟弱毒疫苗时，机体再次接触过敏源而发生过敏反应。发病仔猪一般于注射疫苗后 10～30min 出现明显症状，快的仅数分钟便有反应。轻者表现不安、呕吐，皮肤充血发红，被毛逆乱，注射部位轻度肿硬；重者皮肤发绀，黏膜暗紫，呼吸困难，心跳疾速，鸣叫，声音嘶哑，口吐白沫，抽搐，昏迷。剖检病死猪仅见全身各器官具有不同程度的瘀血；心肌松软、色淡；肺轻度水肿、气肿。轻症者可不予用药，只需将其轻轻放入护仔箱，30～60min 便可自愈。严重者以 0.1% 肾上腺素 0.1mL，用生理盐水 10 倍稀释后静脉注射或肌内注射。（王锦松，T74，P45）

【仔猪耐过某些疾病后生长发育不良】　2000 年 3 月 23 日，鹿邑县耐过黄白痢后生长发育不良仔猪 3 头来诊。检查：患猪被毛粗乱无光，体瘦，头尖长，背腰弓，行走蹒跚，体温 38.5℃，体重分别为 8.5kg、7.9kg、7.8kg。治宜补脾健胃，调整胃肠。治疗：第 1 头肌内注射维生素 B_1 10mg，维生素 B_6 50mg，复方能量合剂 1 支，1 次/d，连用 10d；第 2 头肌内注射参麦注射液 2mL，黄芪注射液 2mL，鲜鸡蛋清 2mL，1 次/d，连用 10d；第 3 头肌内注射维生素 B_1 20.5g，肌苷 100mg，维生素 AD 1mL，1 次/d，连用 10d。4 月 4 日起，3 头仔猪均用参麦注射液 4mL、黄芪注射液 4mL、鲜鸡蛋清 4mL，肌内注射，连用 10d。4 月 15 日，3 头仔猪体重分别为 13.2kg、15.1kg、10.5kg。共治疗 129 例，疗效较为满意。（闫超山，T135，P53）

【新生仔猪假死抢救法】　对难产母猪应用催产素或进行助产、剖腹产时，仔猪往往因产出期拖长而发生假死。仔猪发育正常，但软而不动。可按下列顺序进行抢救，直至救活为止。①迅速擦去仔猪鼻、口黏液，用手抓住前肢提起仔猪，对其口、鼻用力吹气。②一手抓住两后肢倒提仔猪，一手轻拍几下胸腹、臀部等，以刺激呼吸反射，促使肺内黏液排出。③进行人工呼吸。一手抓住两前肢，一手抓住两后肢，使仔猪仰卧于地面，两手不断地一合一张，直至仔猪挣动或有叫声。④将仔猪头部以下部分浸入 45℃ 左右的温水中数分钟，以刺激呼吸反射，并配合人工呼吸。经上述方法抢救无效时，可给仔猪注射适量的尼可刹米、安钠咖等，同时在鼻、口处涂上清凉油、酒精、祛风油等刺激剂，然后将仔猪侧身放在干燥温暖处观察一段时间，仍有救活的可能。共抢救 28 例，救活 26 例。（李宇强，T15，P63）

附 录

保定术

一、倒提保定法

用双手抓住猪的两后肢，提起猪，使猪的腹部朝前；用两腿夹住猪的头颈部，猪即不能乱动（附图 1-1）。保定育成猪和仔猪多用本法。

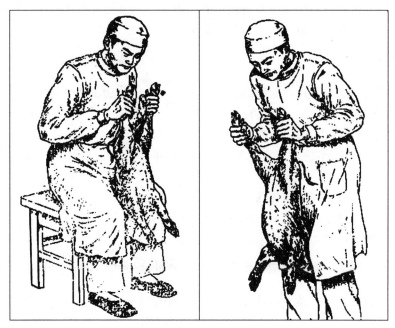

附图 1-1　猪倒提保定法

二、担架保定法

选取 1.3～2.0m 长木杆或竹竿 2 根，直径 6～8cm。用麻绳结成担架状，架子两端搭在长木凳上。把猪捉住，1 人提两耳，另 1 人提尾及后肢，放在担架上。猪四肢伸入担架网内不能挣脱（附图 1-2）。成年猪、育成猪针灸治疗常用本法保定。

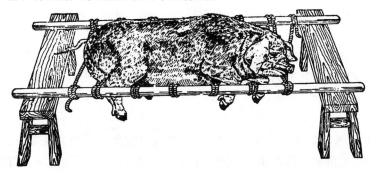

附图 1-2　担架保定法

三、横卧保定法

将猪捉住，按倒在地，两前肢、两后肢分别缠结在一起，或四肢缠结在一起。猪不能挣脱即可施针治疗。此法操作简单，保定容易，但保定不够稳定，须助手辅助或按压保定。

阉 割 术

公猪、母猪在出生后 50d 即可施术阉割。为了防止术后感染，阉割时间最好避开炎热季节和阴雨季节。在破伤风多发地区施术，应做好预防措施。

一、母猪阉割术

母猪去势常用的方法有两种，即肷部去势法（小挑花）和肋部去势法（大挑花）。体重小于 15kg 猪适宜小挑花；体重在 15kg 以上猪或成年猪适宜大挑花。

（一）仔母猪阉割术（小挑花）

1. 术前检查和准备。小挑花适宜出生约 45d、体重 7kg 左右仔母猪；出生 30～80d、体重 5～15kg 母猪亦可采用本法施术。

（1）准备好手术刀、70％酒精棉球等。

（2）询问并检查猪健康情况，如近期有无猪死亡，有无腹泻、便秘、不食等，有类似情况则不宜施术；发情期的仔母猪亦不宜施术，以免引起出血过多。

（3）为了减轻腹内压，使卵巢顺利拉出，术前 12h 应禁止饮水、喂食；尽量在上午施术，便于术后临床观察。

（4）为了防止切口感染，施术应选在天晴、无风雨的日子，且场地要平坦清洁；术后注意勿使猪卧在污泥浊水里。

2. 术部构造

（1）卵巢（俗称花子）　位于骨盆腔入口顶部的两旁。卵巢外面包有一层鲜红色的被膜，叫卵巢伞（俗称花衣）。未发情的仔母猪卵巢形如肾脏，大小如小黄豆粒状、呈淡红色或淡黄色。初发情的母猪卵巢表面有高低不平的突起、如桑葚样。

（2）输卵管　是一条弯曲的细管，一端连接卵巢，另一端与子宫角相连，呈粉红色。

（3）子宫　包括子宫颈、子宫体、子宫角三部分。子宫角（俗称儿肠）长而弯曲，左右各 1 条，其末端与输卵管相连，前部位于骨盆腔入口的两侧略前方、髋结节（即胯尖）稍后方的位置。因此，髋结节是小挑花术确定切口位置的标志。两个子宫角会合的粗短部分称子宫体。

子宫角的管径呈圆形，其壁较肠道壁厚；肠道壁薄而松软，肠道内食物少时形如扁带状，色泽比子宫角红；子宫角比膀胱圆韧带粗大，膀胱圆韧带比子宫角细（附图 2-1）。

3. 保定与手术部位

（1）保定

① 骑马蹲裆式（术者站立保定法）　术者左手提起仔猪的左后肢跗关节下方，右手抓住同侧膝前皱襞，使猪成右侧卧位，仔母猪头在术者右前方，背向术者。术者用右脚踩住仔猪的颈部，然后把仔猪左后肢向后拉直，把该肢前面转向朝上面，再用左脚踩住该肢，使仔猪被保定为前驱

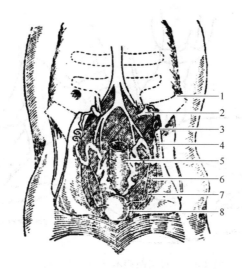

附图 2-1　小母猪骨盆腔内有关脏器

1—髋结节；2—卵巢；3—输卵管；4—子宫角；5—直肠；

6—膀胱圆韧带；7—输尿管；8—膀胱

成右侧卧位，后躯成半仰卧姿势。整个猪体一定要平展。术者站成骑马式姿势施术。

②坐凳式（术者坐凳保定法）　保定方法与骑马蹲裆式相同，不同的是术者保定时坐在小凳上。小凳的高低要与术者小腿的长短差不多，以便保定确实、可靠。

（2）手术部位的确定　术者左手中指抵住左侧髋结节（胯尖），拇指压在同侧腹壁上，使中指、拇指在一条直线上，拇指指端要按在同侧乳头与膝前皱襞之间中点的稍略外方，即为切口的位置（附图 2-2）。

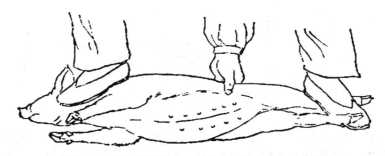

附图 2-2　仔母猪阉割术（小挑花）保定法及手术部位

仔猪营养良好、发育快，则子宫角相应比较粗大，切口可适当向前；仔猪身体较瘦、营养状况较差时，子宫角则较细小，切口可适当略向后；腹腔内容物较多时，切口略偏向腹侧；腹腔空虚时，切口可适当向背侧。所谓"肥朝前、瘦朝后、饱朝内、饥朝外"之意。

4. 手术方法

（1）术部剃毛、酒精消毒。左手拇指用力按压腹壁，右手持刀，用中指逼住刀尖（以控制进刀深度，1～2cm），沿左手拇指端边缘紧贴皮肤，此时左手拇指上抬，利用腹壁弹力将刀尖刺入腹壁，一次切透皮肤和腹壁肌肉层，切口大小为 0.6～1cm。再用刀柄端捣破腹膜，并向左右扩大（附图 2-3）。

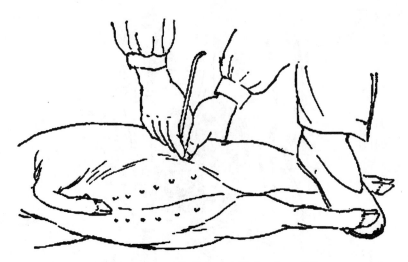

附图 2-3　仔母猪阉割术（小挑花）切口手势

（2）在捣破腹膜时，似有一种穿透薄纸的感觉，即有腹水流出。在左手拇指同时按压局部的情况下，子宫角可从切口内自行突出；若不能自行突出时，可将刀柄左右摇晃，用刀柄端向骨盆腔内钩拉。

（3）当子宫角暴露于切口之外时，继续牵拉子宫的方法有两种：一种是用左右食指第一、第二指节背侧面用力按压腹壁，再用两手拇指交替滑动拉出两侧的子宫角、卵巢及部分子宫体；另一种是以两手自然屈曲的后三指一、二指节的侧面用力压迫腹壁，再用两手拇指、食指交替拉出子宫角、卵巢，连同部分子宫体一并摘除。切口小，放松后切口皮肤、肌肉归位，不必缝合（附图 2-4）。

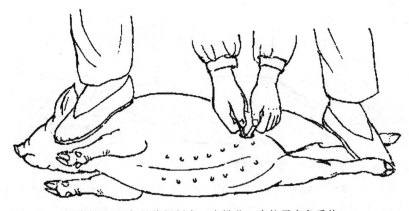

附图 2-4　仔母猪阉割术（小挑花）牵拉子宫角手势

5. 手术要点及注意事项

（1）保定要正确、牢靠，必须呈前侧、后仰卧姿，肢体平展。

（2）要准确地确定手术部位。手术部位若偏前则肠管容易脱出；若偏后膀胱圆韧带易脱出。如遇以上情况，按压切口的左手拇指，可有意识地向相反方向移动，并用刀柄向相反方向部位勾取。

（3）膀胱圆韧带与输卵管相似，应加以区别。输卵管为粉红色，常伴有鲜红色的卵巢伞（即花衣），而膀胱圆韧带为乳白色、带青紫色、质地坚韧。若暴露出输卵管，稍加牵拉便可拉出卵巢及子宫角；若为圆韧带则牵拉不动，腔内牵引很紧；若强行牵拉可带出少部分膀胱。

（4）切口边缘要整齐。一是1次切透腹壁各层，不要分次切割，以免出现参差不齐；二是用刀柄捣腹膜时也要1次捣破，而且保持1个破孔，不可多次捣戳。同时，左手拇指端一定要压在切口边缘上，使切口上下边缘错开，以利子宫角流出。

（5）用刀尖做切口及用刀柄端钩取子宫角时不可过深，更不能顶触底壁，以免损伤后腔静脉，造成大出血引起死亡。

（6）仔猪子宫角非常细嫩，极易拉断，在向外牵拉时不可用力过猛，应以轻柔的力量牵拉，同时要注意猪挣扎。卵巢连于子宫角的末端，位置较深，有时不易拉出。在牵拉时必须同时紧压腹壁，使其尽量接近卵巢，如猪发情、卵巢较大不易拉出切口时，应将刀柄插入切口左右摇晃、加以扩创，以便卵巢突出。

（二）成年母猪阉割术（大挑花）

本法适宜3个月以上、体重15kg以上的母猪。

1. 术前检查和准备。一般检查和术前准备同仔母猪阉割术，另外还要注意以下两点。

（1）发情（俗称跑圈）检查 若猪阴户充血、肿大、跑圈不安，不好好吃食，即为发情表现。在发情期，母猪生殖器官极度充血，此时不宜行阉割术，如果要施术则须结扎，以免出血过多。

（2）妊娠检查 首先询问畜主被施术猪是否与公猪同圈饲喂，附近有无乱跑的公猪等。若母猪怀孕，则阴户缩小、阴户下端上翘。若怀孕已久，则母猪腹大下垂，腹外触压可摸到胎儿，则不宜施术。

2. 局部构造

成年母猪随着饲养时间延长，术部的结构也发生相应变化。

（1）皮下和腹膜外脂肪增厚，其脂肪厚薄程度与营养状况有关。

（2）腹膜变得坚韧、厚，易于剥离。

（3）卵巢增大，直径3～4cm，在发情时形状很不规则，表面有大小不一的卵泡、像葡萄样；怀孕后，卵巢表面变得平滑，卵巢系膜变长，卵巢伞（花衣）多包被着卵巢。

（4）子宫角变粗增长，未发情期间表面可见纵行的细皱纹、呈淡红色；发情时变得比较松软，纵向皱纹不明显、呈红色。如果怀孕，在子宫角上可见到一节一节的松软粗大部分，松软及粗大的程度随着怀孕时间的延长而加大。

3. 保定与手术部位

（1）保定 行左侧倒卧保定。因个人施术方式不同亦可作右侧倒卧保定。

① 较小仔猪保定法：术者右手提起猪右后肢，左手抓住同侧膝前皱襞，使猪成左侧倒卧，左脚踩住颈部，将猪的右后肢交给另1人牵拉保定。

② 成年母猪保定法：1人握紧两耳，另1人从猪右侧通过腹下提拉左后肢，并推压右侧臀部，使猪向左侧倒下，立即在颈部压上1根木杠，两端各由1人按压，上侧右后肢由1人握住保定。

（2）手术部位的确定 手术部位有2个。一是肷部三角的中央（多用于较小仔猪或瘦弱猪）；

二是髋结节与膝前皱襞间垂直连线的下 1/3 与中 1/3 交界处的稍前方（多用于较大猪或膘肥猪）。肷部三角区的确定法是从髋结节向腹下引一条垂线至膝前皱襞，再由此线两端即髋结节和膝前皱襞，分别向肋骨与肋软骨连接处引两条连线相交，即为肷部三角区（附图 2-5）。

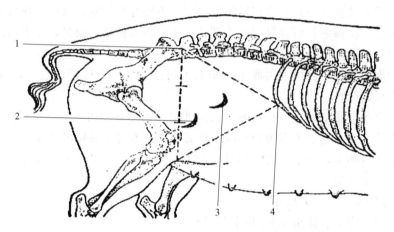

附图 2-5　成年母猪阉割术（大挑花）切口部位

1—髋结节；2—垂线中、下 1/3 交界切口处；3—肷部三角中央切口处；

4—肋骨与肋软骨连接处

4. 手术方法

术部去毛、消毒后，按下列步骤进行。

（1）采用中央切口者，用左手拇指按住切口位置边缘；采用下部切口者，须用左手抓住同侧膝前皱襞向外牵拉，使局部皮肤绷紧。右手持刀做一长 2～4cm 的半月形切口，只切透皮肤或将肌肉略刺一小口（附图 2-6）。

附图 2-6　成年母猪阉割术（大挑花）切口手势

（2）用左手食指捣破腹壁肌肉全层和腹膜。为了易于捣破，避免腹膜剥离，用力要迅速，同时保定右后肢的人要用力向后牵拉，使腹壁紧张；对膘肥体壮、腹壁较厚及腹膜坚韧的猪，可先用刀柄捣透，再用刀柄或手指分离扩大。

（3）切口打开后，用左手食指伸入腹腔，在骨盆腔入口顶部两侧触摸卵巢，摸到后用第一指节钩住卵巢沿腹腔内壁向外钩拉；钩拉有困难时，可将刀柄插入别在卵巢根颈部，左手食指按住卵巢以免滑脱，慢慢拉出。

（4）手术不甚熟练摸不到卵巢时，可将子宫角摸出进行抽拉，游至末端便把卵巢带出，抽拉时勿使子宫角暴露过多，应边抽边送。

（5）较小的母猪，卵巢小而未充血者撕去即可；较大的母猪，卵巢大而充血者，须予以结扎再行切除术。卵巢摘除后要把子宫送回原位。

（6）如果切口不大，因放松后腹壁肌肉层与皮肤可互相错位压盖，只需缝合皮肤，采用饶阳式缝合（附图2-7）。对切口过大、肌肉松弛者，对肌肉和腹壁要加以缝合。

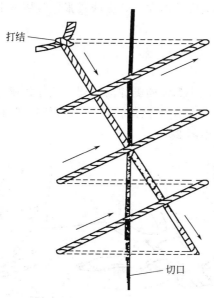

附图 2-7　成年母猪阉割术（大挑花）切口缝合法（饶阳式缝合）

5. 手术医案

选取 50kg 以上母猪，由 3 人取右侧卧保定。将猪左前肢向前、向头部牵拉，置蹄于耳后头顶；将左耳向背侧翻卷包住左前蹄，固定于耳后，避免前后摆动。1 人将母猪头部向背侧地上下压，使猪前半躯呈半仰卧姿势，右前肢自然翘起，与地面成 5°～10°角，使其无力挣扎。两后肢分别由 2 人向后牵拉，使母猪左右后肢自然形成 5°～10°角。这样，母猪左腹壁平展便于施术。术者在触摸左侧卵巢时，猪的左后肢可自然松弛便于寻找；在寻找右侧卵巢时，两位保定者可不动位置，交换母猪左右后肢，使其左后肢前移，术部腹壁进一步松弛便于术者下压。行分束结扎术施术。方法：术者左手固定欲割除部分，右手持针，从子宫角、输卵管结合处开始缝一束，左手拇指、食指配合结扎一束。分 3～10 束结扎，越紧越好，打结确实牢固。将两侧卵巢如此结扎后先右后左切除。在割除时如果仍有动脉管流血要及时再行结扎，以避免大量失血而死亡。本法对发情期母猪可提高阉割成功率。（娄秀山，T79，P14）

二、公猪阉割术

公猪阉割术比较简单，以 2 个月龄左右、体重 10～15kg 为宜，成年猪和老龄猪均可阉割。阉割前最好禁食半天，并选在晴朗天气的早晨进行。注意圈内卫生，防止猪手术后卧在烂泥污水中继发感染。

（一）术前检查和准备

一般检查和术前准备与母猪阉割术相同，必须特别注意以下两点。

（1）隐睾的检查　隐睾是睾丸留在腹腔内未降入阴囊的异常现象，一侧或两侧均可发生，一侧较为多见。当发现阴囊内无睾丸时，术者左手拇指和食指应从腹壁向阴囊部按压寻找睾丸，确无睾丸者即为隐睾。

（2）阴囊疝气的检查　阴囊疝气是内腹股沟管及鞘膜管宽大，小肠或网膜进入总鞘膜囊内而引起。在饱食或剧烈运动后，阴囊突然增大，其皮肤紧张、皱褶展平。用手触摸阴囊，其内容物松软，能送回腹腔。

（二）保定方法

1. 仔公猪的保定

术者右手提起仔猪右后肢，左手抓住同侧膝前皱襞，使仔猪成左侧倒卧、背向术者，术者用左脚踩住其颈部，右脚踩住尾根，用左手腕部按压仔猪右侧后股部，使该肢向前、向上靠紧腹壁，以使仔公猪充分暴露睾丸（附图 2-8）。

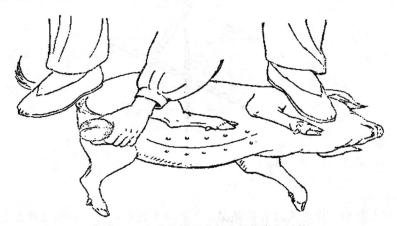

附图 2-8　仔公猪阉割术保定及握睾丸手势

2. 成年公猪的保定

与成年母猪完全相同，仅将右后肢由 1 人拉向前方并压住臀部。

（三）手术方法

（1）仔公猪由术者 1 人保定和施术。阴囊部消毒，以左手中指背面由前向后顶住睾丸，拇指和食指捏住阴囊基部，将睾丸挤向阴囊底壁，使局部绷紧。右手持刀，在睾丸最突出部与阴囊中缝平行方向用腕力刺入刀尖，切透阴囊各层并左右晃刀扩创，睾丸即被挤出。左手向外牵拉睾丸，用右手拇指、食指、中指三指指端向内侧刮挫精索。从原切口通过阴囊纵膈再做一切口，挤出另一侧睾丸，以同法摘除。

（2）成年公猪的阉割法与仔公猪的阉割法基本相同。但一般多在阴囊中缝的两侧各做一切口；同时对血筋较粗的成年公猪精索需进行结扎。再则由于腹股沟管和鞘膜管短而阔，阉割后很易发生网膜和小肠脱出，因此可将总鞘膜囊剥离后捻转数周加以结扎，或将阴囊切口予以缝合。

三、隐睾和阴囊疝气猪的阉割术

（一）隐睾猪的阉割术

隐睾多位于肾脏（俗称腰子）的后方，有时也位于腹股沟管内环处，以 2～6 月龄猪较多见。

公猪隐睾分双侧和单侧两种。施术前先要确定隐睾位置。双侧隐睾，可将公猪仰卧保定，在同侧肷部做切口。切口开在倒数第 2 乳头与阴鞘之间（左右均可），根据猪的大小，切口以 4～6cm 为宜。切开后用右手的中指、食指伸入腹腔两侧寻找，可触摸到如核桃大小的睾丸，提出后分别结扎摘除，对伤口进行外科常规处理。单侧隐睾可询问畜主原来正常睾丸多在哪侧（也可根据以前去势的愈合切口来确定）；摘除时（按上法施术），切口部位在隐睾侧倒数第 2 乳头外侧 1～2cm 处。（昔会毅，T46，P14）

（二）阴囊疝气猪的阉割术

1. 保定

仔猪由 1 人倒提起两后肢，腹部朝向术者。成年猪可将两后肢倒吊起。

2. 手术方法

先将阴囊内的小肠送回腹腔，切开阴囊壁（勿切开总鞘膜），剥离总鞘膜至腹股沟管外环后，在此处用消毒丝线横穿一针并做结扎，于结扎的外方切断总鞘膜及精索，睾丸即被摘除（附图 2-9）。若肠道不能送回腹腔时，可能是发生粘连，须小心切开总鞘膜，伸入手指仔细分离肠道后送入腹腔，再按上法结扎后摘除睾丸。

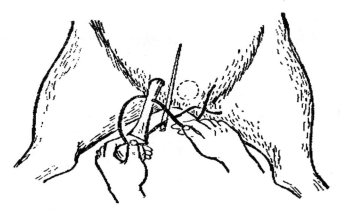

附图 2-9　阴囊疝气猪阉割术（在鞘膜外结扎精索）

四、仔猪单睾间隔阉割术

分别在仔猪 40 日龄和 100 日龄时各摘除 1 个睾丸，既能阻止仔猪性兴奋的扰乱，又不立即中断性腺与垂体前叶的联系，在不增加饲养成本的情况下，使仔猪性情温顺，增重快，实现预期的经济效益。（王宽德等，T83，P10）

剖腹产术

本术适宜胎儿过大、母猪骨盆腔狭窄、子宫收缩无力、子宫扭转、分娩过程中子宫破裂等。

一、术前准备

施术场地应选择光线良好、地面整洁、避风无尘土、温度适宜的室内或户外，用常规消毒液消毒。清除猪体被毛上的污物，最好将施术的一侧皮肤用消毒液浸湿。要有足够的助手、保定人员（通常 4～6 人）、绳索、木杆等。

手术部位剪毛或剃毛，其范围是大于预定切口 1 倍的区域，用温水清洗干净，再用碘酊（5%）消毒 2 次，间隔 10min/次，75% 酒精脱碘。

二、保定与麻醉

分别保定猪的头部、前肢和后肢。腹壁切口法采用左侧卧或右侧卧保定；腹白线切口法采用仰卧保定。

全身麻醉用 846 合剂（氟哌啶醇、双氢埃托啡）、氯胺酮、鹿眠宁（赛拉嗪），静脉注射；局部浸润麻醉用 3% 盐酸普鲁卡因 20～40mL，切口周围注射；3% 普鲁卡因 2～5mL，腰间硬膜外腔麻醉。

三、手术部位

1. 腹壁切口法

由髋结节下角至脐部连线的中点处做一长 10～15cm 切口。

2. 腹白线切口法

在两侧乳头之间做一长 12～15cm 切口，有时因胎儿或姿势异常或乳房影响，切口 1 次不能切足够的长度，先切 5～6cm，手伸入子宫探明子宫、胎儿的位置、大小、方向、姿势后确定切口的长度，向前或向后扩大切口。

四、手术方法

沿肌纤维方向依次切开腹外斜肌、腹内斜肌、腹直肌、腹横肌。切开腹膜后，应探查子宫及孕角。隔子宫壁握住胎儿，把子宫从腹腔中拉出于切口外。同时，在暴露的子宫角上覆盖温生理盐水纱布，保持子宫浆膜湿润。

子宫切口要尽可能靠近子宫体附近，在子宫角大弯上做一长约 10cm 纵行切口，以便从同一切口取出两侧子宫角中的胎儿。如果必须要做两个子宫切口，第 2 切口位于子宫角大弯的中段。先缝合 1 个切口，送回腹腔，再切开另 1 个子宫角。将胎儿从子宫角逐个取出，助手从子宫外按压推动胎儿，使胎儿逐渐接近切口，以便施术。整个取胎的过程必须快速，助手应该用温生理盐水的消毒纱布随时覆盖子宫，以保持子宫的温度，以免温度过低使子宫过早地收缩，导致术者伸手取胎发生困难。

胎儿取出完毕，检查整个子宫是否有胎儿遗漏，特别是子宫颈、阴道前端等。用温生理盐水冲洗子宫，除去污血及血凝块，修整子宫切口。常规缝合子宫切口，切口涂布青霉素粉剂，还纳子宫于腹腔内。连续缝合腹膜（用 10～18 号缝合丝线），结节缝合肌肉层、皮肤，用 5% 的碘酊消毒皮肤表面。结系绷带，用普通毛巾或消毒纱布都可。

五、术后护理

促进子宫收缩，西药可用垂体后叶素或麦角碱，中药灌服生化汤加减等。防止感染，肌内注射青霉素钠（钾）、链霉素等，连用 5～7d；适当运动，给予易消化饲料和清洁饮水。

猪针灸常用穴位

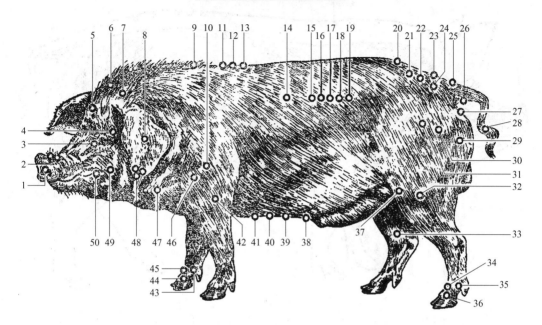

附图 4-1　猪体表穴位

1—鼻中；2—山根；3—睛明；4—太阳；5—大风门；6—天门；7—风池；8—卡耳；9—大椎；10—冲天；11—三合；12—鬐甲；13—苏气；14—肺俞；15—肝俞；16—脾俞；17—胃俞；18—大肠俞；19—关元俞；20—百会；21—上窖；22—中窖；23—开风；24—下窖；25—尾根；26—尾本；27—后海；28—尾尖；29—汗沟；30—环后；31—环中；32—后三里；33—曲池；34—滴水；35—后缠腕；36—后蹄头；37—掠草；38—海门；39—下脘；40—中脘；41—上脘；42—肘俞；43—前缠腕；44—前蹄头；45—涌泉；46—抢风；47—颈黄；48—耳尖；49—开关；50—锁口

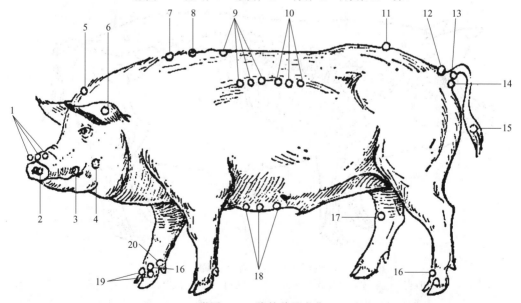

附图 4-2　猪外貌及穴位

1—山根；2—鼻梁；3—锁口；4—开关；5—天门；6—卡耳；7—大椎；8—三台；9—苏气；10—六脉；11—百会；12—尾根；13—尾本；14—后海；15—尾尖；16—涌泉；17—曲池；18—三脘；19—蹄头；20—缠腕

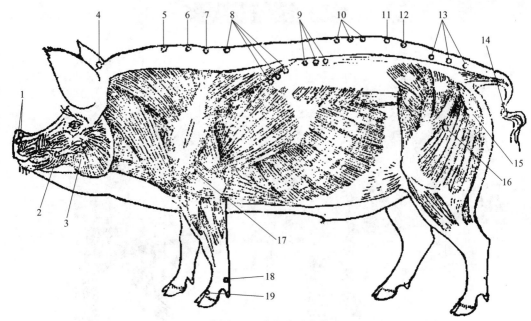

附图 4-3　猪肌肉及穴位

1—山根；2—锁口；3—开关；4—天门；5—大椎；6—三台；7—身柱；8—苏气；

9—六脉；10—断血；11—肾门；12—百会；13—六眼；14—尾尖；15—大胯；

16—小胯；17—抢风；18—缠腕；19—涌泉

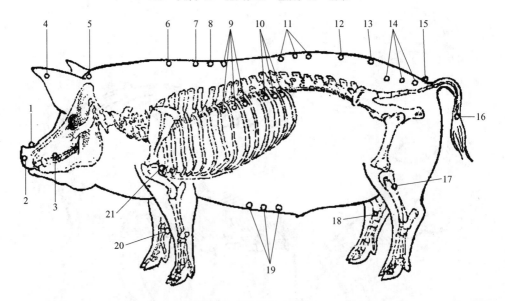

附图 4-4　猪骨骼及穴位

1—山根；2—鼻梁；3—锁口；4—耳尖；5—天门；6—大椎；7—三台；8—身柱；

9—苏气；10—六脉；11—断血；12—肾门；13—百会；14—六眼；15—尾根；

16—尾尖；17—后三里；18—曲池；19—三脘；20—七星；21—抢风

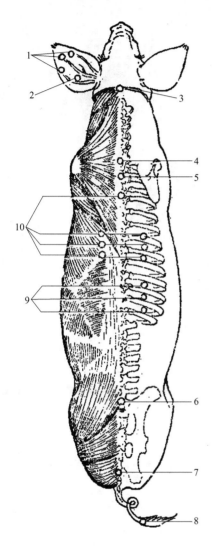

附图 4-5　猪背部穴位

1—耳尖；2—卡耳；3—天门；4—大椎；
5—三台；6—百会；7—尾根；8—尾尖；
9—六脉；10—苏气

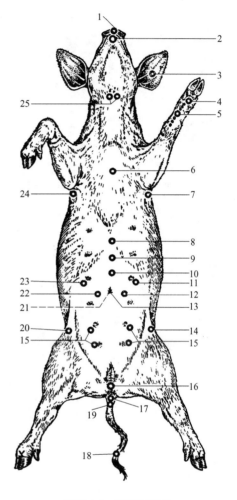

附图 4-6　猪腹部穴位

1—鼻中；2—承浆；3—卡耳；4—前灯盏；5—七星；
6—理中；7—前结带；8—上脘；9—中脘；10—下脘；
11—乳基；12—海门；13—肚口；14—后结带；
15—阳明；16—阴俞；17—后海；18—尾尖；
19—尾本；20—后结带；21—脐；22—海门；
23—乳基；24—前结带；25—喉门